高等职业教育路桥工程类专业系列教材

基础工程

JICHU GONGCHENG

主编 **杨志鹏 柳 军**

重庆大学出版社

内容提要

本书为活页式教材，共分为6个学习情境，包括桥梁上的作用、天然地基上的刚性浅基础、桩基础、沉井基础及其他深基础、地基处理和特殊土地基。每个学习情境均设置若干个学习项目和教学实训项目，突出实践教学，教学中坚持"工学结合""工学交替"的模式，按照"行动导向"六步法开发情境、项目、任务和执行教学任务。

本书可作为高等职业教育道路桥梁工程技术、城市轨道交通工程技术等相关专业教材，也可供相关工程技术人员学习使用。

图书在版编目(CIP)数据

基础工程/杨志鹏，柳军主编. --重庆：重庆大学出版社，2022.7

高等职业教育路桥工程类专业系列教材

ISBN 978-7-5689-3451-0

Ⅰ.①基… Ⅱ.①杨… ②柳… Ⅲ.①基础(工程)—高等职业教育—教材 Ⅳ.①TU47

中国版本图书馆CIP数据核字(2022)第119483号

基础工程

杨志鹏 柳 军 主 编

责任编辑：肖乾泉 版式设计：肖乾泉

责任校对：王 倩 责任印制：赵 晟

*

重庆大学出版社出版发行

出版人：饶帮华

社址：重庆市沙坪坝区大学城西路21号

邮编：401331

电话：(023) 88617190 88617185(中小学)

传真：(023) 88617186 88617166

网址：http://www.cqup.com.cn

邮箱：fxk@cqup.com.cn (营销中心)

全国新华书店经销

重庆俊蒲印务有限公司印刷

*

开本：787mm×1092mm 1/16 印张：16 字数：411千

2022年7月第1版 2022年7月第1次印刷

ISBN 978-7-5689-3451-0 定价：49.00元

前　言

进入21世纪以来，随着国民经济的快速发展和我国交通强国战略的实施，交通土建行业已经成为我国国民经济快速发展的支柱产业和新的增长点。随着我国交通土建行业的快速发展，尤其是2019年教育部“1+X证书制度”的试行，用人单位会更加注重高等职业教育土建类专业学生的工程应用能力、自主学习能力和自主创新能力。因此，教材作为课程教学的核心资料，其重要性不言而喻。然而大多数高等职业院校所使用的教材及教学过程与企业生产实际脱节、内容陈旧老化，跟不上高等职业教育发展的需求。因此，《国家职业教育改革实施方案》（国发〔2019〕4号）特别“倡导使用新型活页式、工作手册式教材”。

与传统教材不同，活页式教材可以根据学生的需求和不足，灵活地为学生挑选内容，可以根据企业的岗位能力和需求加入活页夹进行授课，可以将新知识、新技术、新工艺、新方法添加到课堂中。本书为活页式教材，紧紧围绕道路桥梁工程技术专业和城市轨道交通工程技术专业人才培养目标，突出技能性、应用性、实践性，精心构建课程结构、教学内容，明确课程的知识目标、能力目标，并融合了近年来课程改革的理念和成果。

本书以面向路桥工程施工企业技术员和施工员岗位为目标，从职业岗位的现状和发展趋势入手，开展职业岗位的职责、任务、工作过程调研和分析，确定典型工作任务，归纳行动领域，将其转换成学习领域，并以施工过程为导向，按照典型工作任务设置课程，构建符合工作过程的课程体系，然后针对学习领域设计学习情境，编写学习内容。学习情境将理论知识、实践技能与实际应用环境结合在一起，每个学习情境都应是一个完整的工作过程。本书开发了6个学习情境：桥梁上的作用、天然地基上的刚性浅基础、桩基础、沉井基础及其他深基础、地基处理和特殊土地基。每个学习情境均设置若干个学习项目和教学实训项目，突出实践教学，教学中坚持“工学结合”“工学交替”的模式，按照“行动导向”六步法开发情境、项目、任务和执行教学任务。

本书有机融入家国情怀、劳模精神、工匠精神、劳动教育等专题化的课程思政，以工程项目为载体，通过预期工程岗位训练，逐步培养学生的工程规范意识、团队合作精神、职业岗位能力和桥梁基础施工的工程应用能力等，确保每个任务所应达到的学习成果，达成所应具备的知识、技能、素质。

本书由甘肃林业职业技术学院杨志鹏和柳军担任主编。杨志鹏编写绪论、学习情境1、学习情境5；柳军编写学习情境2、学习情境3、学习情境4、学习情境6。全书由杨志鹏统稿。

本书编写过程中得到了甘肃智通检测科技咨询有限公司高级工程师杨玉君的支持和帮助，在此表示衷心的感谢。

由于编者水平有限，书中难免有疏漏之处，敬请读者批评指正。

编　者

2022年2月于天水

目　录

绪　论

【**学习目标**】了解地基与基础的概念及其分类，熟悉地基与基础在桥涵工程的应用，了解基础工程学科发展概况，掌握本课程的学习方法。

【**学习内容**】基础的概念及分类，地基与基础在桥涵工程的应用，地基与基础的重要性，地基与基础的设计原则和要求，基础工程学科发展概况。

【**学习重点**】能够区分桥涵工程中常见的基础类型。

【**学习难点**】能够区分桥涵工程中常见的基础类型。

1. 地基与基础的概念及其分类

1) 地基与基础的概念

人类在地表修筑的所有建筑物都与岩土体有着密不可分的关系。任何结构物都建造在一定的地层(土层或岩层)上，结构物的全部荷载都由它下面的地层来承担。

地基指直接承受建筑物全部荷载并维持建筑物稳定的那一部分地层。在建筑物荷载作用下，地基土会产生相应的应力和变形，其范围随基础类型和尺度、荷载大小及地层分布的不同而不同。

在地基中，将与建筑物下部直接接触、受建筑物影响最大的那一部分地层称为地基持力层，将位于持力层之下的其他岩土层称为下卧层(图 0.1)。特别地，当下卧层明显比持力层软弱时，则将该层称为软弱下卧层。

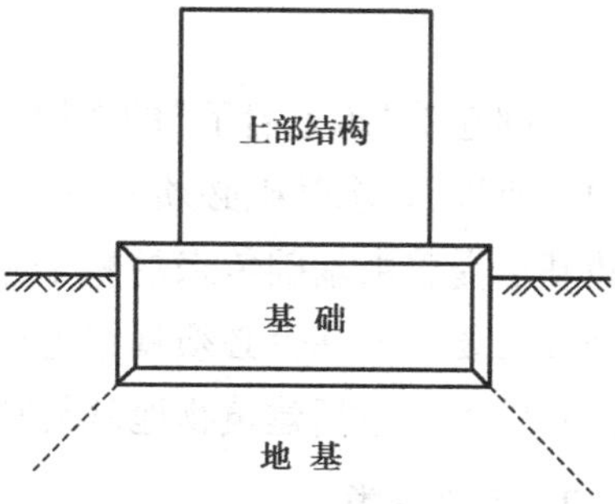

图 0.1　地基与基础

根据施工中对地基的扰动和利用情况，地基可分为天然地基和人工地基两大类(图 0.2)。天然地基指未经过人工处理就可以满足设计要求，直接用作建筑物地基的天然岩土层，如图 0.2(a)所示。天然地基可根据构成成分细分为土质地基、岩石地基和土岩组合地基。如果场地基岩埋藏较深，地表覆盖土层较厚，建筑物经常建造在由土层所构成的地基上，这种地基称为土质地基，简称土基。如果场地基岩埋藏较浅，甚至出露于地表，建筑物经常建造在由岩层所构成的地基上，这种地基称为岩石地基，简称岩基。也有局部地区遇到的地基土土质特殊，如湿陷性黄土、多年冻土、压缩性强的软土等，这些地基均需做特殊的设计和施工，称为特殊土地基。人工地基是指经过人工处理和加固后满足建筑物地基基础设计要求的岩土层，如图 0.2(b)所示。人工地基根据处理的方式不同而有不同的名称。

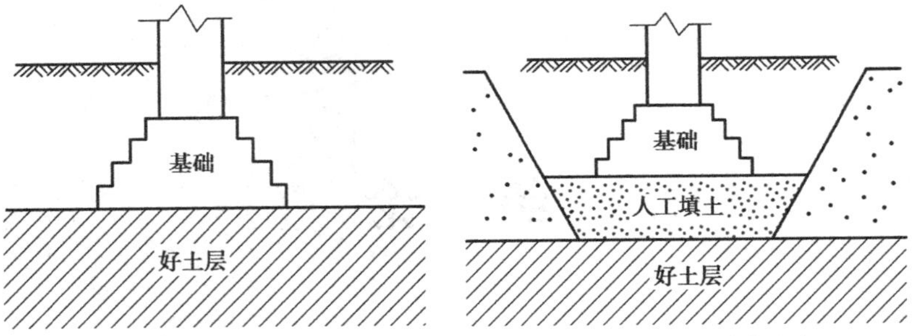

(a) 天然地基上的浅基础　　(b) 人工地基上的浅基础

图 0.2　天然地基和人工地基

基础是指结构物最下端与地基直接接触并经过特殊处理的结构部件,其主要功能是支承上部结构,将上部结构承担的各种荷载传至地基中并保持建筑物的稳定。对于不同的结构物,基础的意义略有不同。公路、铁路桥梁通常由上部结构和下部结构组成,上部结构为桥跨结构,而下部结构包括桥墩、桥台及其基础,基础为墩台底面以下的结构部分(图 0.3)。一般而言,基础常置于地面以下,但半地下室箱形基础、桥梁基础和码头桩基础等均有一部分置于地表之上。

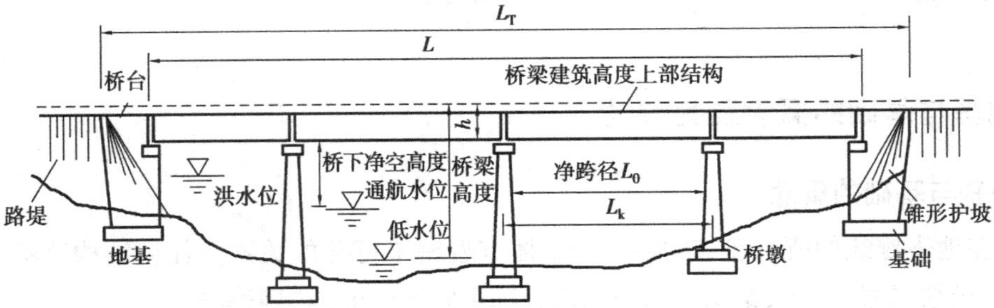

图 0.3　桥梁工程地基与基础

基础起着“承上启下”的作用,也就是承受其上部作用的全部荷载,并将其传递、扩散到地基中。所以,要求基础必须具有足够的强度与稳定性,以保证整个建筑物的安全和正常使用。而地基承受着由基础传来的整个建筑物荷载,它对整个建筑物的安全和正常使用起着根本作用,所以,要求地基也必须具有足够的强度与稳定性,且变形(主要指沉降)也应在容许范围以内。基础工程包括建筑物地基与基础的设计与施工。

2)基础分类

基础的类型,可按基础的埋置深度、刚度、构造形式及施工方法等进行分类。

(1)按埋置深度分类

基础按埋置深度可分为浅基础(5 m 以内)和深基础两种。当浅层地基承载力较大时,可采用埋深较小的浅基础。浅基础施工方便,通常采用明挖法从地面开挖基坑后,直接在基坑底面砌筑、浇筑基础。桥梁及各种人工构造物常采用天然地基上的浅基础。如果浅层土质不良,需将基础埋置于较深的良好土层上,这种基础称为深基础。深基础设计和施工较复杂,但具有良好的适应性和抗震性,常见的形式有桩基础沉井和管柱基础。我国公路桥梁应用最多的深基础是桩基础。

基础结构形式很多,习惯上常根据其埋置深度不同分为浅基础和深基础,如图 0.4 所示。埋置深度不大(一般小于 5 m 或不大于基础宽度)时,如单独基础、条形基础、筏形基础、箱形基础等,这类基础统称为浅基础;反之,当埋置深度较大,且需要采用特殊施工方法和机具施工的基础，如桩基础、沉井基础、沉箱基础和地下连续墙基础等，则称为深基础。有些基础埋置在土层内的深度虽较浅，但位于水下的部分较深，如深水中桥墩基础，称为深水基础，在设计和施工中有些问题需要作为深基础考虑。

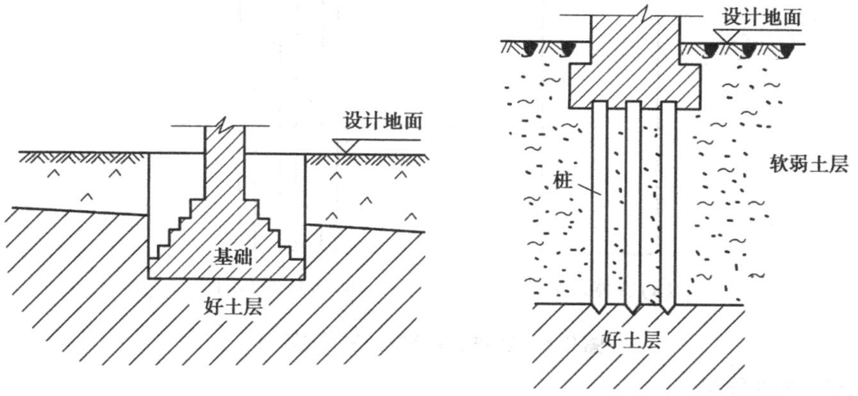

(a) 浅基础　　(b) 深基础

图 0.4　浅基础和深基础

(2)按基础的刚度分类

按基础的刚度也即受力后基础的变形情况，可分为刚性基础和柔性基础，如图 0.5 所示。采用圬工材料(如浆砌块石、混凝土等)砌筑、刚度极大的基础，称为刚性基础[图 0.5(a)]。它是桥梁、涵洞和房屋等建筑物常用的基础类型。由于圬工材料的抗压强度大而抗弯拉强度小，所以，基础受力后不容许发生挠曲变形，否则将产生开裂破坏。这种基础不需要钢材，造价较低，但圬工体积较大，且支承面积受一定限制。采用钢筋混凝土砌筑，具有一定刚度和弹性的基础，称为柔性基础或弹性基础[图 0.5(b)]。由于钢筋可以承受较大的弯曲拉应力和剪应力，所以，基础受力后容许发生一定挠曲变形。当地基承载力较小时，采用这种基础可以有较大的支承面积。

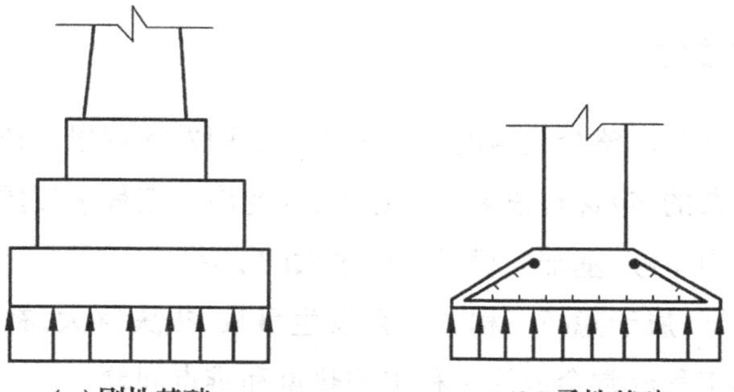

(a) 刚性基础　　(b) 柔性基础

图 0.5　刚性基础和柔性基础

(3)按构造形式分类

按构造形式，基础可分为实体式基础和桩柱式基础两类。当整个基础都由圬工材料筑成时，称为实体式基础，如图 0.6(a)所示。其特点是基础整体性好，自重较大，对地基承载力要求也较高。由多根基桩或小型管桩组成，并用承台连接成为整体的基础，称为桩柱式基础，如图 0.6(b)所示。这种基础较实体式基础圬工体积小，自重较小，对地基强度的要求相对较低。桩柱本身一般要用钢筋混凝土制成。

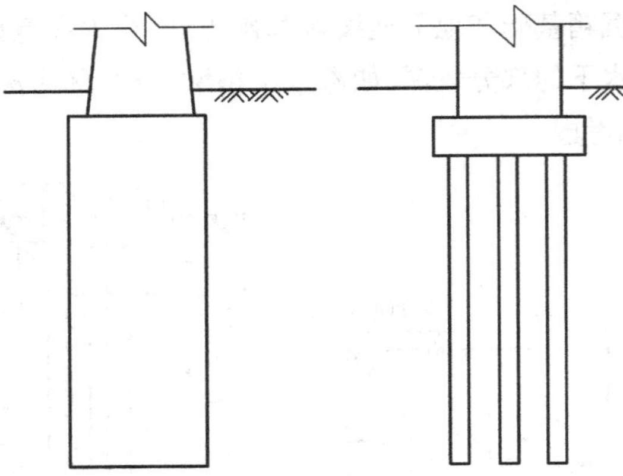

图 0.6 实体式基础和桩柱式基础

(4)按施工方法分类

基础按施工方法可分为明挖法、沉井、沉桩、沉管灌注桩、就地钻(挖)孔灌注桩以及钻(挖)孔埋置桩等。明挖法最为简单,但只适用于浅基础,其他方法均用于深基础。本书将在后续章节中分别介绍明挖法、沉井、沉桩、就地钻(挖)孔灌注桩等施工方法。

(5)按基础的材料分类

目前,我国公路建筑物基础大多采用混凝土或钢筋混凝土结构,少部分用钢结构。在石料丰富的地区,可就地取材,采用石砌基础。

另外,交通土建工程中常将基础分为平基和桩基两大类。其中,平基的基底一般为一平面,即使有些基础建筑在倾斜的岩面上,需将基底做成台阶状,也属于平基。平基按其基底埋置深度,又分为浅平基和深平基两类。浅平基一般是在露天开挖的基坑内直接修筑基础,也称为明挖基础。而用沉井和沉箱等特殊施工方法修筑的基础,可称为深平基。

2. 基础工程的重要性

基础工程的设计和施工对整个建筑的质量和正常使用发挥着根本作用。实际工程中,地基基础条件往往是十分复杂的,包含有很多不确定性,因此许多工程事故的发生与地基基础有关,主要反映在地基的承载力不够、基础失稳或产生过大的沉降。

①基础位于地面以下,属于隐蔽工程。一旦发生事故,损失巨大,补救和处理十分困难,甚至是不可能的。故基础工程经常会成为工程中的热点和难点问题。

②基础工程施工常在水下进行,往往需要挡土挡水,施工难度大,工程造价较高。据统计,一般桥涵工程中,基础工程造价占总造价的 20% ~30%,相应的施工工期占建筑总工期的 25% ~30%。如果采用人工地基,其造价和工期所占比例更大。所以,既要求基础工程的设计和施工必须保证建(构)筑物的安全和正常使用,同时也要求能选择最合适的设计方案和施工方法,以降低基础工程部分的造价。

③基础工程的进度经常控制着整个建筑物的施工进度。近年来,随着重大交通工程设施建设的推进,高速铁路和公路、大型水电站、大坝、海港码头、大型地下商场、地下铁道等不断涌现。它们对地基土质条件的要求很高,而我国的人均土地资源有限,特别是耕地面积逐年减小,必须

充分利用各种不良地基,最大限度地提高土地利用率,因此建筑物的地基更加复杂。另外,建(构)筑物向高、大、重及密集型方向发展,其基础的形式及功能更加多样复杂,对地基和基础的承载能力、沉降及变形的要求更加严格。深基础的施工不仅要保证自身的稳定与安全,还应考虑对邻近建筑物的影响及对周边地下管线、电缆等的影响。随着人们环保意识的提高,对控制施工所带来的环境污染的要求越来越高,因而基础工程设计和施工技术难度均会进一步加大。这些因素给从事基础工程设计和施工的工作人员带来严峻的挑战。

大量的工程实践表明,建筑物的安危在很大程度上取决于基础工程的成败。而影响基础工程的因素多且复杂,稍有不慎,就会给整个工程带来隐患,引发地基基础事故,造成上部结构无法正常使用,甚至倒塌和毁坏。所以,基础工程的成功与否直接影响上部结构的安危,基础工程的重要性显而易见。

3. 地基与基础的设计原则与要求

基础工程的研究内容为各类建(构)筑物(如房屋建筑、桥梁结构、水工结构、近海工程、地下工程、支挡结构等)的基础与地基相互作用而共同承担上部结构荷载所引起的变形、强度与稳定问题。基础工程主要包括各类常见桥涵地基的勘察、设计、施工及运营维护,其中的一些内容,如地基勘察、部分基础的内力和配筋计算、基础的施工方法和技术等,在工程地质学、混凝土结构设计原理等课程中已有所涉及。本课程主要介绍常见桥涵地基和基础的设计和施工,重点介绍常见基础的施工知识。

基础工程的设计包括基础设计和地基设计两大部分。基础设计包括基础形式的选择、基础埋置深度及基底面积大小的确定,以及基础内力和断面计算等。地基设计包括地基土的承载力确定、地基变形计算、地基稳定性计算等。当地基承载力不足或压缩性很大,不能满足设计要求时,需要进行地基处理。

1)设计原则

对地基与基础进行设计时,要遵循以下设计原则:

①保证建筑物的质量。也就是技术上要求建筑物稳固、耐用和适用,以保证建筑物的正常和安全使用。

②保证设计方案的经济性。即要求建筑物总造价尽可能低。

③保证设计方案的可行性。也就是根据当时、当地的具体情况(如技术和施工队伍的水平、材料、机械设备的供应及施工现场具体条件等),实现的设计方案切实可行。

为使全国各地都有一个统一的设计依据和标准,各建设部门都制订相应的设计规范。这些规范是根据我国现有生产技术水平、实际经验和科学研究成果,结合各专业的特殊要求编制出来的。其中,《公路桥涵地基与基础设计规范》(JTG 3363—2019)是公路桥涵地基与基础设计的最新依据,对公路桥涵地基和基础的设计计算作出了一系列具体的规定和要求。

2)设计要求

地基与基础设计计算的基本要求如下:

①地基具有足够的强度和稳定性,以保证建筑物在荷载作用下,不出现地基承载力不够或

产生失稳破坏使基础底面压力小于地基的容许承载力。即保证地基在建筑物等外荷载作用下，不出现过大、有可能危及建筑物安全的塑性变形或丧失稳定性的现象。

②地基的沉降或相邻基础的沉降差在允许范围以内，以保证建筑物不因地基变形过大而毁坏或影响建筑物的正常使用。

③基础具有足够的强度、刚度及耐久性，以保证基础本身坚固耐用。

④基础具有足够的稳定性，以保证建筑物不致发生滑动和倾覆，并防止地基土从基础底面被水流冲刷掉。

⑤防止地基土发生冻胀。基础底面以下的地基土发生严重冻胀时，对建筑物往往是十分有害的。冻胀时，地基虽有很大的承载力，但其所产生的冻胀力有可能将基础向上抬起，而冻土一旦融化，土体中含水率很大，地基承载力突然大幅降低，基础有可能发生很大沉陷，这是不允许的。所以，在寒冷地区，这一点必须予以考虑。

4. 基础工程设计所需资料

桥梁地基与基础的设计方案、计算中有关参数的选用，都需要根据当地的地质条件、水文条件、上部结构形式、荷载特点、材料情况及施工要求等因素全面考虑。因此，桥梁的地基与基础在设计之前，应通过详细的调查研究，充分掌握必要、符合实际情况的资料（表 0.1）。

①建筑物的情况，如上部结构形式、跨径、建筑物用途、桥梁和墩台的构造与尺寸等。

②荷载作用情况，包括可能作用于建筑物上的各种荷载大小、方向、作用位置、荷载性质（静荷载还是动荷载）及作用时间等。

③水文资料，如桥梁所在江河水流的高水位、低水位、常水位、水流流速及冲刷深度等。

④工程地质资料，主要包括地质剖面图或柱状图，图上应表示出各土层的分布情况、厚度、冻结深度、地下水位高度、岩面高程、倾斜度以及土中大而硬的孤石、不良工程地质现象等。此外，还必须有各种地基土必要的物理、力学性质指标。

⑤施工条件，包括施工队伍的人力、物力（主要是机具设备的配备）、技术水平、施工经验、施工期限以及附近的材料、水电供应和交通等情况。掌握这方面资料有助于选择经济合理而又切实可行的地基基础方案。

此外，如工地附近有已建成的桥梁，还应调查掌握现有桥梁结构及使用情况的资料，这对新建结构物设计有重要的参考价值。

上述资料是设计的重要依据，尤其是水文和地质资料，它的准确性将直接影响设计的质量，必须给予足够的重视。

总之，进行基础设计时，既要考虑上部结构的情况，又要考虑地基土的特点；既要考虑多方面的技术要求，又要考虑当时、当地的具体条件。只有将这几方面关系全面地处理好，才能把基础设计工作做好。这是从根本上保证整个建筑物设计质量的重要环节，必须充分加以重视。

基础工程设计所应掌握的地质、水文、地形等详细资料如表 0.1 所示。其中，各项资料内容范围可根据桥梁工程重要性及工程所在地的地质、水文条件的具体情况确定取舍。

表0.1　基础工程设计所需资料

资料种类		资料主要内容	资料用途
平面图(或桥址地形图)		①桥位地形; ②桥位附近地貌、地物; ③不良工程地质现象的分布位置; ④桥位与两端路线平面关系; ⑤桥位与河道平面关系	①桥位的选择、下部结构位置的研究; ②施工现场的布置; ③地质概况的辅助资料; ④河岸冲刷及水流方向改变的估计; ⑤墩台、基础防护构造物的布置
桥位工程地质勘测报告及工程地质纵剖面图		①桥位地质勘测调查资料包括河床地层分层土(岩)类及岩性、层面高程、钻孔位置及钻孔柱状图; ②地质、地史资料的说明; ③不良工程地质现象及特殊地貌的调查勘测资料	①桥位、下部结构位置的选定; ②地基持力层的选定; ③墩台高度、结构形式的选定; ④墩台、基础防护构造物的布置
地基土质调查试验报告		①钻孔资料; ②覆盖层及地基土(岩)层状生成分布情况; ③分层土(岩)层状生成分布情况; ④荷载试验报告; ⑤地下水位调查	①分析和掌握地基的层状; ②地基持力层及基础埋置深度的研究与确定; ③地基各土层强度及有关计算参数的选定; ④基础类型和构造的确定; ⑤基础下沉量的计算
河流水文调查报告		①桥位附近河道纵横断面图; ②有关流速、流量、水位调查资料; ③各种冲刷深度的计算资料; ④通航等级、漂浮物、流冰调查资料	①根据冲刷要求确定基础的埋置深度; ②桥墩身水平作用力计算; ③施工季节、施工方法的研究
其他调查资料	地震	①地震记录; ②震害调查	①确定抗震设计强度; ②抗震设计方法和抗震措施的确定; ③地基土震动液化和岸坡滑移的分析研究
	建筑材料	①就地可采取、供应的建筑材料种类、数量、规格、质量、运距等; ②当地工业加工能力、运输条件有关资料; ③工程用水调查	①下部结构采用材料种类的确定; ②就地供应材料的计算和计划安排
	气象	①当地气象台有关气温变化、降水量、风向风力等记录资料; ②实地调查采访记录	①气温变化的确定; ②基础埋置深度的确定; ③风压的确定; ④施工季节和方法的确定
	附近桥梁的调查	①附近桥梁结构形式、设计书、图纸、现状; ②地质、地基土(岩)性质; ③河道变动、冲刷、淤泥情况; ④营运情况及墩台变形情况	①掌握架桥地点地质、地基土情况; ②基础埋置深度的参考; ③河道冲刷和改道情况的参考

5. 基础工程学科发展概况

与其他技术学科一样，基础工程也是人类在长期的生产实践中不断发展起来的。在世界各文明古国数千年前的建筑活动中，有很多关于基础工程的工艺技术成就，但由于当时受社会生产力和技术条件的限制，在相当长的时期内发展很缓慢，仅停留在经验积累的感性认识阶段。

1）国外发展情况

国外在 18 世纪产业革命以后，城建、水利、道路与桥梁工程建设规模的扩大促使人们加强对基础工程的重视与研究，对有关问题开始寻求理论上的解答。在这一阶段，作为本学科理论基础的土力学方面，如土压力理论、土的渗透理论等有局部的突破。基础工程也随着技术的发展而得到新的进步，如 19 世纪中叶利用气压沉箱法修建深水基础。20 世纪 20 年代，基础工程有了比较系统、完整的专著问世。1936 年，第一届国际土力学与基础工程会议召开后，土力学与基础工程作为一门独立的学科出现。20 世纪 50 年代起，现代科学新技术的注入使基础工程学科得到进一步发展与充实，成为一门较成熟、独立的现代工程技术学科。

2）国内发展情况

我国是一个具有悠久历史的文明古国，古代劳动人民在基础工程方面很早就表现出高超的技艺和创造才能。例如，远在 1 300 多年前，隋朝李春修建的赵州安济石拱桥，不仅在建筑结构上有独特的技艺，而且地基基础处理也非常合理。该桥桥台坐落在较浅的密实粗砂土层上，沉降量小而稳定，基底压力为 500 ~ 600 kPa，与现行设计规范中所采用的该土层容许承载力的数值（550 kPa）极为接近。

随着我国经济快速发展，国家在基础建设上投入大量的人力、物力和财力，这极大地促进了本学科发展。例如，在桥梁基础工程方面，为充分利用天然的地基承载力，发展和改进了多种浅基础，以适应不同地基土质和荷载形式及上部结构的使用要求。

为适应大型及大跨度桥梁的建设需要，我国发展了深基础。随着各种土质中基础的设计和施工经验的积累，桩基础尤其是钻孔灌注桩已成为我国应用最广泛的深基础形式，并在保障基桩施工质量及承载力检测方面也取得了可喜成就。为提高基桩承载能力、减少沉降，采用扩底和压浆等措施也获得了很好的经验。

我国对沉井基础技术的研究，在轻型、薄壁、助沉技术、机械化施工方面及沉井与桩、管柱组合式深水基础等方面开展了许多工作，取得了丰富的经验。

近年来，我国铁路、高速公路发展迅速，在长江、黄河等大江大河和近海区域修筑的大型桥梁工程中采用了大直径钻孔灌注桩、预应力管桩、管柱、钢管桩、多种形式的浮运沉井、组合式沉井等一系列新型深基础以及各种结构类型的单壁、双壁钢围堰等，成功地解决了复杂地质、深水、大型桥梁基础工程问题。此外，在墩基、地下连续墙等其他深基础设计及施工方面也取得了较大进步。

在软土地基方面，我国地基加固技术发展较快，结合软土特性处理沉降和稳定问题获得了丰富经验。在吸收国外新成就的基础上，发展了一些符合我国国情、充分利用我国材料特点、新的地基处理施工工艺，如堆载预压、深层挤压、搅拌桩、强夯（动力固法）等，并在地下连续墙、深基坑支护、新材料应用等方面取得了丰富的经验。

目前，国内对常用的主要基础的结构设计，已基本上实现了电算化。在设计理论上，主要采用概率极限状态设计方法。将高强度预应力混凝土技术应用于基础工程,基础结构向薄壁、空心、大直径、大深度的方向发展。在施工技术方面,出现了许多新的工艺和方法,如以大口径磨削机对基岩进行处理、在水深流速较大处采用水上自升式平台进行沉桩(管柱)施工等。

基础工程既是一项古老的工程技术又是一门年轻的学科,发展至今在设计理论和施工技术及质量检测中都存在不少亟待解决的问题。随着我国经济建设不断进步,大型和新型建筑结构的出现对基础工程将会提出更高的要求。为适应这些变化,我国目前的基础工程学科在设计理论、施工技术及检测手段上需要进一步完善。因此,需要重点开展以下工作:加强对地基强度、变形特性的理论研究,开展各类基础设计理论和施工方法的深入研究,完善地基处理施工方法。

6. 基础工程课程的特点与学习注意事项

本课程是阐述桥涵设计和施工中有关地基和基础问题的学科,是道路桥梁工程技术专业课程体系中设置的一门专业核心课程。在学科体系上,基础工程是用土力学、结构设计原理等课程的基本理论和方法去解决地基基础方面工程问题的一门课程。教学内容以实用为原则,侧重于桥梁基础的设计、施工和试验检测,但其中阐述的基本理论和方法,也适用于其他土建工程有关基础工程问题。教学方法应通过典型案例分析、情景视频等方式注重对学生实践能力的培养。

学生应勤于思考,理解问题的实质,重点掌握各类基础的施工技术及检测技术,弄清方法步骤,其中对天然地基上的浅基础和桩基础,应全面掌握其施工方法步骤和注意事项。

本课程以工程力学、结构力学为基础,与工程地质与土力学、结构设计原理、桥梁工程、道路建筑材料等课程配合教学,涉及的学科较多,内容多,应用性强,因而要求有广泛、扎实的先修课基础,尤其是工程地质与土力学,它是本课程的重要理论基础。

本课程是一门有着较强实践性和应用性的学科。地基土层是自然历史的产物,复杂多变,影响因素多,各类基础工程都有其自身特点,各种技术要求和规定较多,学习时应注意理论联系实际,因地制宜,灵活应用,增强处理基础工程问题的能力。

复习思考题

0.1 什么是地基和基础?各起什么作用?

0.2 地基和基础的类型有哪些?

0.3 基础工程设计的原则与要求有哪些?

0.4 基础工程在桥梁工程的重要性体现在哪些方面?

0.5 基础工程设计时,常用的资料有哪些?

学习情境1　桥梁上的作用

【**学习目标**】能够阐述作用的概念及分类，能够进行汽车荷载和人群荷载的布置和计算，了解作用效应组合的概念、要求和方法。

【**学习内容**】作用的概念和分类，汽车荷载及其布置，作用效应组合。

【**学习重点**】作用的分类，作用效应组合。

【**学习难点**】作用效应组合。

项目1　梁上的作用及其分类

1.作用的有关概念

作用是指直接施加在结构上的一组集中力（或分布力），或引起结构外加变形或约束变形的原因。前者称为直接作用（也称为荷载），如车辆、人群、结构自重等；后者称为间接作用，它不是以外力形式施加于结构，它们产生的效应与结构本身的特性、结构所处环境有关，如地震、基础变位、混凝土收缩徐变、温度变化等。

在结构设计时，针对不同设计目的所采用的各种作用规定值，称为作用代表值。设计的要求不同，采用的代表值也不同。作用代表值一般可分为标准值、频遇值和准永久值；作用的标准值是其基本代表值，频遇值和准永久值一般可在标准值的基础上计入不同的系数后得到。

作用的设计值为作用的标准值乘以相应的分项系数。

作用效应是指结构对所受作用的反应，如由作用产生的结构或构件的轴向力、弯矩、剪力、应力、裂缝、变形和位移等。

2.作用的分类

为了便于设计时应用，将作用于桥涵及其他结构物上的各种作用，按其作用时间和出现的频率分为3类，即永久作用、可变作用和偶然作用。

1）永久作用

永久作用是指在结构使用期间，其量值不随时间而变化，或其变化值与平均值比较可忽略不计的作用。永久作用包括结构重力、预加力、土的重力、土侧压力、混凝土收缩及徐变作用、水的浮力、基础变位作用。

永久作用应采用标准值作为代表值，具体确定方法如下：

①土的重力标准值可按作用于基础上的土的体积和土的重度计算确定。结构重力标准值可按结构构件的设计尺寸与材料的重度计算确定。

②土侧压力标准值可按《公路桥涵设计通用规范》(JTG D60—2015)中有关的规定采用。

③水的浮力为水作用于建筑物基础底面的由下向上的力,其大小等于建筑物排开的水的重量。地表水或地下水通过与土体孔隙中自由水的连通来传递水压力与浮力。水是否能渗入基底是产生水浮力的前提条件,因此,水的浮力与地基土的透水性、地基与基础的接触状态以及水压力大小(水头高低)和漫水时间等因素有关。

根据《公路桥涵设计通用规范》(JTG D60—2015),水的浮力应分别按下列规定采用:

a. 对于基础底面位于透水性地基上的桥梁墩台,当验算稳定时,应考虑设计水位的浮力;当验算地基应力时,可仅考虑低水位的浮力,或不考虑水的浮力。

b. 基础嵌入不透水性地基的桥梁墩台,不考虑水的浮力。

c. 作用在桩基承台底面的浮力,应考虑全部底面积。对于桩嵌入不透水地基并灌注混凝土封闭的,不应考虑水的浮力,在计算承台底面浮力时应扣除桩的截面面积。

d. 不能确定地基是否透水时,应以透水或不透水两种情况与其他作用组合,取其最不利者。

e. 预加力、混凝土收缩及徐变作用、基础变位作用的标准值,可按《公路钢筋混凝土及预应力混凝土桥涵设计规范》(JTG 3362—2018)中的规定采用。

2)可变作用

可变作用是指在结构使用期间,其量值随时间变化,且其变化值与平均值比较不可忽略的作用。可变作用包括汽车荷载、汽车冲击力、汽车离心力、汽车引起的土侧压力、人群荷载、汽车制动力、风荷载、流水压力、冰压力、温度作用。

可变作用根据不同的极限状态分别采用标准值、频遇值或准永久值作为其代表值。

承载能力极限状态设计及按弹性阶段计算结构强度时,应采用标准值作为可变作用的代表值。正常使用极限状态按短期效应(频率)组合设计时,应采用频遇值作为可变作用的代表值;按长期效应(准永久)组合设计时,应采用准永久值作为可变作用的代表值。

可变作用的标准值应按《公路桥涵设计通用规范》(JTG D60—2015)中有关规定采用。可变作用频遇值为可变作用标准值乘以频遇值系数 ψ_1。可变作用准永久值为可变作用标准值乘以准永久值系数 ψ_2。

3)偶然作用

偶然作用是指在结构使用期间出现的概率很小,一旦出现,其值很大且持续时间很短的作用。偶然作用包括地震作用、船只或漂流物的撞击作用、汽车的撞击作用。

偶然作用采用标准值作为代表值。

地震作用标准值按《公路工程抗震规范》(JTG B02—2013)的规定采用。船只或漂流物的撞击作用、汽车的撞击作用标准值,按《公路桥涵设计通用规范》(JTG D60—2015)中有关规定采用。偶然作用标准值也可根据调查、试验资料,结合工程经验确定。

3. 可变作用标准值的计算

1)汽车荷载

公路桥涵设计时,汽车荷载分为公路-Ⅰ级和公路-Ⅱ级两个等级。

汽车荷载由车道荷载和车辆荷载组成。桥梁结构的整体计算采用车道荷载;桥梁结构的局部加载和涵洞、桥台、挡土墙土压力等的计算采用车辆荷载。车辆荷载与车道荷载的作用不得叠加。各级公路桥涵设计的汽车荷载等级见表 1.1。

表 1.1 各级公路桥涵设计的汽车荷载等级

公路等级	高速公路	一级公路	二级公路	三级公路	四级公路
汽车荷载等级	公路-Ⅰ级	公路-Ⅰ级	公路-Ⅱ级	公路-Ⅱ级	公路-Ⅱ级

二级公路为干线公路且重型车辆多时,其桥涵的设计可采用公路-Ⅰ级汽车荷载。

四级公路上重型车辆较少时,其桥涵设计所采用的公路-Ⅱ级车道荷载的效应可乘以折减系数 0.8,车辆荷载的效应可乘以折减系数 0.7。

(1)车道荷载

①车道荷载由均布荷载和集中荷载组成,计算图式如图 1.1 所示(公路-Ⅰ级,车道荷载的均布荷载标准值为 $q_k = 10.5$ kN/m)。

集中荷载标准值按以下规定选取:

a. 桥梁计算跨径小于或等于 5 m 时,$P_k = 180$ kN;

b. 桥梁计算跨径大于或等于 50 m 时,$P_k = 360$ kN;

c. 桥梁计算跨径在 5 ~ 50 m 时,P_k 采用线性内插法求得。

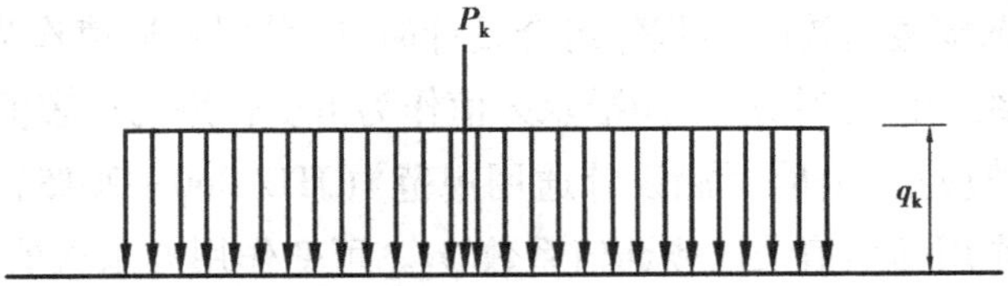

图 1.1 车道荷载

计算剪力效应时,上述集中荷载标准值 P_k 应乘以系数 1.2。

②公路-Ⅱ级。车道荷载的均布荷载标准值 q_k 和集中荷载标准值 P_k 按公路-Ⅰ级车道荷载、集中荷载取值的 75% 采用。

③车道荷载的布设方法。均布荷载标准值应满布于使结构产生最不利效应的同号影响线上;集中荷载标准值只作用于相应影响线中一个最大影响线峰值处。

(2)车辆荷载

公路-Ⅰ级和公路-Ⅱ级汽车荷载采用相同的车辆荷载标准值。车辆荷载的立面布置、平面尺寸如图 1.2 所示。车辆荷载的横向布置如图 1.3 所示。

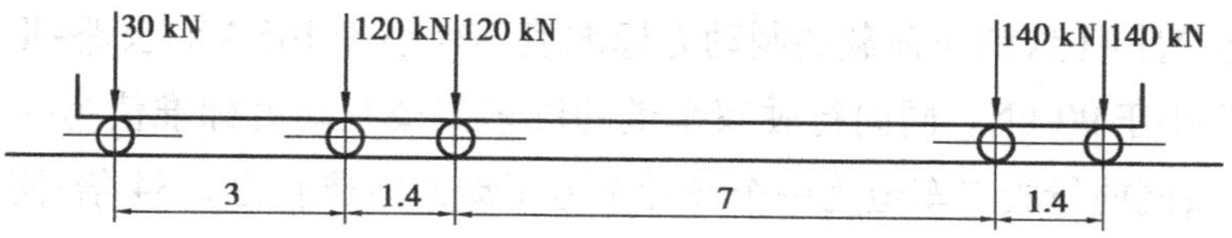

(a)立面布置

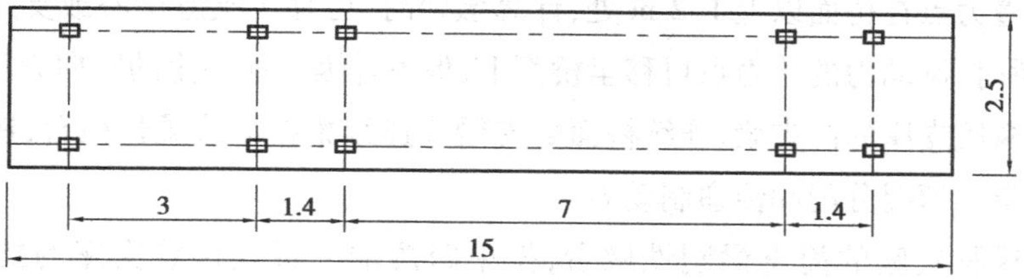

(b)平面尺寸

图1.2　车辆荷载的立面布置、平面尺寸(单位:m)

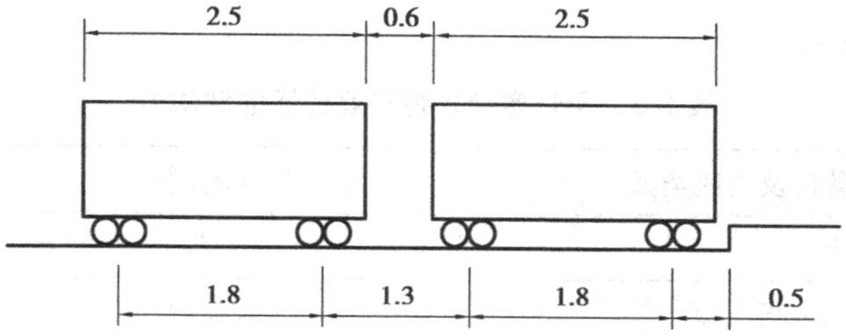

图1.3　车辆荷载的横向布置(单位:m)

2)汽车冲击力

(1)汽车冲击力标准值

汽车冲击力标准值为汽车荷载标准值乘以冲击系数μ。

冲击系数μ可根据结构基频(也称为自振频率)f按下列规定采用:

①当$f<1.5$ Hz时,$\mu=0.05$;

②当1.5 Hz$\leqslant f \leqslant$14 Hz时,$\mu=0.176\ 7\ln f-0.015\ 7$;

③当$f>14$ Hz时,$\mu=0.45$。

结构基频计算参见《公路桥涵设计通用规范》(JTG D60—2015)的有关规定。

汽车冲击力的局部加载及在T梁、箱梁悬臂板上的冲击系数μ取0.3。

(2)汽车冲击力采用情况

①钢桥、钢筋混凝土及预应力混凝土桥、圬工拱桥等上部构造和钢支座、板式橡胶支座、盆式橡胶支座及钢筋混凝土柱式墩台,应计算汽车的冲击作用。

②填料厚度(包括路面厚度)大于或等于0.5 m的拱桥、涵洞以及重力式墩台不计汽车荷载冲击力。

③支座的冲击力,按相应的桥梁取用。

3)汽车制动力

汽车制动力是汽车在桥上制动时为克服其惯性力而在车轮和路面之间发生的滑动摩擦力(摩擦系数可达0.5以上)。由于在桥上行驶的汽车不可能同时制动,制动力并不等于摩擦系数乘以桥上全部汽车的重力,可采用简化办法进行计算。

一个设计车道上由汽车荷载产生的制动力标准值为车道荷载标准值在加载长度上计算的

总重力的10%，但公路-Ⅰ级汽车荷载的制动力标准值不得小于165 kN，公路-Ⅱ级汽车荷载的制动力标准值不得小于90 kN。同向行驶双车道的汽车荷载制动力标准值为一个设计车道制动力标准值的2倍；同向行驶三车道为一个设计车道制动力标准值的2.34倍；同向行驶四车道为一个设计车道制动力标准值的2.68倍。

制动力的着力点在桥面以上1.2 m处，计算墩台时，可移至支座中心或支座底座面上。计算刚构桥、拱桥时，制动力的着力点可移至桥面上，但不计因此而产生的竖向力和力矩。

设有板式橡胶支座的简支梁、连续桥面简支梁或连续梁排架式柔性墩台，应根据支座与墩台抗弯刚度的集成情况分配和传递制动力。

设有板式橡胶支座的简支梁刚性墩台，按单跨两端的板式橡胶支座的抗弯刚度分配制动力。

设有固定支座、活动支座（滚动或摆动支座、聚四氟乙烯板支座）的刚性墩台传递的制动力，按表1.2的规定采用。

表1.2 刚性墩台各种支座传递的制动力

桥梁墩台及支座类型		应计的制动力	符号说明
简支梁桥台	固定支座	T_1	T_1—加载长度为计算跨径时的制动力； T_2—加载长度为相邻两跨计算跨径之和时的制动力； T_3—加载长度为一联长度的制动力
	聚四氟乙烯板支座	$0.30T_1$	
	滚动（或摆动）支座	$0.25T_1$	
简支梁桥墩	两个固定支座	T_2	
	一个固定支座，一个活动支座两个聚四氟乙烯板支座	$0.30T_2$	
	两个滚动（或摆动）支座	$0.25T_2$	
连续梁桥墩	固定支座	T_3	
	聚四氯乙烯板支座	$0.30T_3$	
	滚动（或摆动）支座	$0.25T_3$	

注：固定支座按T_4计算，活动支座按$0.30T_5$（聚四氟乙烯板支座）计算或$0.25T_5$（滚动或摆动支座）计算，T_4和T_5分别为与固定支座或活动支座相应单跨跨径的制动力，桥墩承受的制动力为上述固定支座与活动支座传递的制动力之和。

每个活动支座传递的制动力，其值不应大于其摩阻力。当大于摩阻力时，按摩阻力计算。

4）汽车引起的土侧压力

汽车引起的土侧压力采用车辆荷载加载。

车辆在桥台或挡土墙后填土的破坏棱体上引起的土侧压力标准值，可按《公路桥涵设计通用规范》（JTG D60—2015）中有关规定计算。

5）人群荷载

公路桥梁设置人行道时，应同时计入人群荷载。

（1）人群荷载标准值

当桥梁计算跨径小于或等于50 m时，人群荷载标准值为3.0 kN/m^2；当桥梁计算跨径大于或等于150 m时,人群荷载标准值为2.5 kN/m²;当桥梁计算跨径为50～150 m时,可由线性内插得到人群荷载标准值。对于跨径不等的连续结构,以最大计算跨径为准;对于城镇郊区行人密集地区的公路桥梁,人群荷载标准值取上述规定值的1.15倍;对于专用人行桥梁,人群荷载标准值为3.5 kN/m²。

(2)人群荷载的布设方法

人群荷载横向应布置在人行道的净宽度内,在纵向施加于使结构产生最不利荷载效应的区段内。

6)其他可变作用

(1)支座摩阻力

受上部结构因温度变化引起的伸长或缩短以及受其他纵向力的作用,活动支座将产生一个方向相反的力,即支座摩阻力。支座摩阻力的大小取决于上部构造自重的大小、支座类型以及材料等因素。

活动支座所承受的制动力、温度作用、混凝土的收缩作用等纵向力,不允许超过支座与混凝土或其他结构材料之间的摩阻力。

按《公路桥涵设计通用规范》(JTG D60—2015)的规定,支座摩阻力标准值可按式(1.1)计算:

$$F = \mu W \tag{1.1}$$

式中　W——作用于活动支座由上部结构重力产生的效应;

μ——支座的摩擦系数,无实测数据时,可按表1.3取用。

表1.3　支座摩擦系数

支座种类		支座摩擦系数
滚动支座或摆动支座		0.05
板式橡胶支座	支座与混凝土面接触	0.30
	支座与钢板接触	0.20
	聚四氟乙烯板与不锈钢板接触	0.06(加硅脂,温度低于－25 ℃时为0.078) 0.12(不加硅脂,温度低于－25 ℃时为0.156)

(2)风荷载、流水压力、冰压力及温度作用

风荷载、流水压力、冰压力及温度作用的计算方法,详见《公路桥涵设计通用规范》(JTG D60—2015)的有关规定。

项目2　作用效应组合

结构上几种作用分别产生效应的随机叠加称为作用效应组合。地基与基础设计应考虑整个结构上可能同时出现的作用(如除永久作用外,可能同时出现汽车荷载、人群荷载等可变作用),按承载能力极限状态和正常使用极限状态进行作用效应组合,并取其最不利效应组合进行设计。

最不利作用效应组合是指所有可能的作用效应组合中对结构或结构构件产生的总效应最

不利的一组作用效应组合。

1. 承载能力极限状态设计的作用效应组合

按承载能力极限状态设计时，结构构件自身承载力及稳定性验算应采用作用效应基本组合和偶然组合。

1)基本组合

基本组合为永久作用设计值效应与可变作用设计值效应相组合，其表达式如下：

$$S = \gamma_0 S_{ud} = \gamma_0 \left(\sum_{i=1}^{m} \gamma_{Gi} S_{Gik} + \gamma_{Q1} S_{Q1k} + \psi_c \sum_{j=2}^{n} \gamma_{Qj} S_{Qjk} \right) \tag{1.2}$$

式中 γ_0——结构重要性系数，根据设计安全等级采用，对应于设计安全等级一级、二级、三级分别取 1.1,1.0,0.9；

S_{ud}——承载能力极限状态设计下的作用效应基本组合设计值；

S_{Gik}——第 i 个永久作用效应的标准值；

γ_{Gi}——第 i 个永久作用效应的分项系数，应按表 1.4 的规定采用；

S_{Q1k}——汽车荷载效应(含汽车冲击力、离心力)的标准值；

γ_{Q1}——汽车荷载效应(含汽车冲击力、离心力)的分项系数，取 1.4；

S_{Qjk}——除汽车荷载效应(含汽车冲击力、离心力)外的其他第 j 个可变作用效应的标准值；

γ_{Qj}——除汽车荷载效应(含汽车冲击力、离心力)外的其他第 j 个可变作用效应的分项系数，风荷载取 1.1，其他取 1.4；

ψ_c——除汽车荷载效应(含汽车冲击力、离心力)外的其他可变作用效应组合系数，当永久作用与汽车荷载和人群荷载(或其他一种可变作用)组合时，人群荷载(或其他一种可变作用)组合系数取 0.80；除汽车荷载外还有两种其他可变作用时，组合系数取 0.70；还有 3 种其他可变作用时，取 0.60；还有 4 种及多于 4 种的其他可变作用时，取 0.50。

进行稳定性验算时，上述各项系数均取为 1.0。设计弯桥时，离心力与制动力同时参与组合，制动力标准值或设计值按 70% 取值。

表 1.4 永久作用效应的分项系数

序 号	作用类别	永久作用效应分项系数	
		对结构的承载能力不利时	对结构的承载能力有利时
1	混凝土和圬工结构重力(包括结构附加重力)	1.2	1.0
	钢结构重力(包括结构附加重力)	1.1 或 1.2	
2	预加力	1.2	1.0
3	土的重力	1.2	1.0
4	混凝土的收缩及徐变作用	1.0	1.0
5	土侧压力	1.4	1.0

续表

序　号	作用类别		永久作用效应分项系数	
			对结构的承载能力不利时	对结构的承载能力有利时
6	水的浮力		1.0	1.0
7	基础变位作用	混凝土和圬工结构	0.5	0.5
		钢结构	1.0	1.0

注:本表序号1中,钢桥采用钢桥面板时,永久作用效应分项系数取1.1;采用混凝土桥面板时取1.2。

2)偶然组合

偶然组合为永久作用标准值效应与可变作用某种代表值效应、一种偶然作用标准值效应组合。偶然作用的效应分项系数取1.0;与偶然作用同时出现的可变作用,可根据观测资料和工程经验取用适当的代表值。地震作用标准值及其表达式按《公路工程抗震规范》(JTG B02—2013)规定采用。

偶然组合的表达式如下:

$$S = \gamma_0 S_{ad} = \gamma_0 \left(\sum_{i=1}^{m} \gamma_{Gi} S_{Gik} + \gamma_a S_{ak} + \psi_{11} S_{Q1k} + \sum_{j=2}^{n} \psi_{2j} S_{Qjk} \right) \tag{1.3}$$

式中　γ_0——结构重要性系数,取1.0;

S_{ad}——承载能力极限状态下的作用效应偶然组合设计值;

S_{Gik}——第i个永久作用标准值效应;

S_{ak}——偶然作用标准值效应;

γ_{Gi},γ_a——式(1.3)中相应作用效应的分项系数,均取值为1.0;

S_{Q1k}——除偶然作用外,第一个可变作用标准值效应,该标准值效应大于其他任意第j个可变作用标准值效应;

ψ_{11}——第一个可变作用的频遇值系数,按式(1.4)中的规定取用,稳定性验算时取1.0;

S_{Qjk}——其他第j个可变作用标准值效应;

ψ_{2j}——其他第j个可变作用的准永久值系数,按式(1.5)中的规定取用,稳定性验算时取1.0。

2.正常使用极限状态设计的作用效应组合

按正常使用极限状态设计时,应根据不同的设计要求,采用作用短期效应组合和作用长期效应组合。

1)作用短期效应组合

作用短期效应组合为永久作用标准值效应与可变作用频遇值效应相组合,其表达式如下:

$$S_{sd} = \sum_{i=1}^{m} S_{Gik} + \sum_{j=1}^{n} \psi_{1j} S_{Qjk} \tag{1.4}$$

式中　S_{sd}——作用短期效应组合设计值;

ψ_{1j}——第j个可变作用效应的频遇值系数,汽车荷载(不计入冲击力)取0.7,人群荷载取1.0,风荷载取0.75,温度作用取0.8,其他作用取1.0。

其他符号意义同前。

2)作用长期效应组合

作用长期效应组合为可变作用标准值效应与可变作用准永久值效应相组合,其表达式如下:

$$S_{ld} = \sum_{i=1}^{m} S_{Gik} + \sum_{j=1}^{n} \psi_{2j} S_{Qjk} \tag{1.5}$$

式中 S_{ld}——作用长期效应组合设计值;

ψ_{2j}——第 j 个可变作用效应的准永久值系数,汽车荷载(不计入冲击力)取0.4,人群荷载取0.4,风荷载取0.75,温度作用取0.8,其他作用取1.0。

其他符号意义同前。

3)地基与基础的设计组合要求

①地基进行竖向承载力验算时,传至基底或承台底面的作用效应应按正常使用极限状态设计的短期效应组合采用,同时还应考虑作用效应的偶然组合(不包括地震作用)。其作用效应组合值应小于或等于相应的抗力-地基承载力容许值或单桩承载力容许值。

a.采用作用短期效应组合时,其中可变作用的频遇值系数均取为1.0,且汽车荷载应计入冲击系数。但填料厚度(包括路面厚度)大于或等于0.5 m的拱桥、涵洞以及重力式墩台可不计冲击力。

b.采用作用效应的偶然组合时,其组合表达式中的结构重要性系数、作用分项系数、频遇值系数和准永久值系数均取为1.0。

②计算基础沉降时,传至基础底面的作用效应应按正常使用极限状态下作用长期效应组合采用。

该组合仅为直接施加于结构上的永久作用标准值(不包括混凝土收缩及徐变作用、基础变位作用)和可变作用准永久值(仅指汽车荷载和人群荷载)引起的效应。

3.进行作用效应组合应注意的问题

进行作用效应组合时,应根据实际情况将可能同时出现的作用进行组合,并按以下情况考虑:

①只有在结构上可能同时出现的作用,才进行其效应的组合。结构或结构构件需做不同受力方向的验算时,则应以不同方向的最不利作用效应进行组合。

②可变作用的出现对结构或结构构件产生有利影响时,该作用不应参与组合。

③实际不可能同时出现的作用和或同时参与组合概率很小的作用,按表1.5的规定不考虑其作用效应的组合。

表1.5 可变作用不同时的组合表

编 号	作用名称	不与该作用同时参与组合的作用编号
a	汽车制动力	b、c、d
b	流水压力	a、c

续表

编　号	作用名称	不与该作用同时参与组合的作用编号
c	冰压力	a、b
d	支座摩阻力	a

④多个偶然作用不同时参与组合。

⑤施工阶段作用效应的组合，应按设计需要及结构所处条件确定。结构上的施工人员和施工机具设备均应作为临时荷载加以考虑。

复习思考题

1.1　什么是作用？桥梁上的作用有哪几种？

1.2　什么是作用效应组合？地基与基础设计验算时，应考虑哪些组合？

1.3　进行作用效应组合时，应注意哪些问题？

1.4　什么是车道荷载？设计计算时应如何布置？

1.5　基础一般以什么样的受力形式进行设计计算？

1.6　基础的设计验算方向如何考虑？

学习情境 2　天然地基上的刚性浅基础

【学习目标】了解浅基础的定义,熟悉浅基础的形式与构造特点;掌握浅基础埋置深度的确定方法;了解水中浅基础施工常用的围堰类型;掌握旱地上浅基础施工工艺流程。

【学习内容】浅基础的形式与构造,刚性浅基础的设计计算,刚性浅基础施工。

【学习重点】旱地上刚性浅基础的施工。

【学习难点】刚性浅基础地基承载力和基础稳定性验算。

天然地基上的刚性浅基础埋入地层深度较浅,施工方法简单(一般采用明挖法施工),设计计算时可以忽略基础侧面土体对基础的影响,设计计算较简单,基础结构形式也较简单,造价也较低。所以,天然地基上的刚性浅基础是桥梁基础中最简单、最经济合理的类型。条件适宜时,应首先选用天然地基上的刚性浅基础设计方案。

虽然浅基础的设计计算内容较简单,但其设计中所考虑的一些基本问题,其他类型基础也涉及,因此,掌握浅基础的设计计算原理,将有助于理解和掌握其他类型基础的设计计算原理和内容。

项目 1　刚性浅基础的形式与构造

1. 刚性基础的受力要求和特点

基础在外力(包括基础自重)作用下,对地基表面产生压应力,反之,基底受到同样大小的反作用力 p,此时基础的悬出部分即 a—a 截面左端[图 2.1(a)],相当于承受着强度为 p 的均布荷载的悬臂梁。在荷载作用下,a—a 截面(所有截面中最不利的截面)将产生弯曲拉应力和剪应力,其值随着基础悬出部分长度的增加而增大,随着基础截面面积的增加而减小。

由于圬工材料的抗弯拉强度较差,为了防止基础的悬出部分发生挠曲开裂破坏,应使基础圬工具有足够厚的截面,使弯曲拉应力和剪应力分别小于材料强度设计值。截面厚度一定时,其悬出部分长度应控制在一定范围内。否则,就需加入受力钢筋而设计成柔性基础[图 2.1(b)]。

刚性基础的优点是稳定性好、施工简便、能承受较大的荷载。所以,只要地基强度能满足要求,它是桥涵等结构物首先考虑的基础形式。

刚性基础的主要缺点是自重大,且当持力层为软弱土时,由于扩大基础面积有一定限制,需要对地基进行处理或加固后才能采用,否则会因所受的荷载压力超过地基强度而影响建筑物的正常使用。所以,对于荷载大或上部结构对沉降差较敏感的建筑物,持力层的土质较差又较厚时，刚性基础不宜作为浅基础。

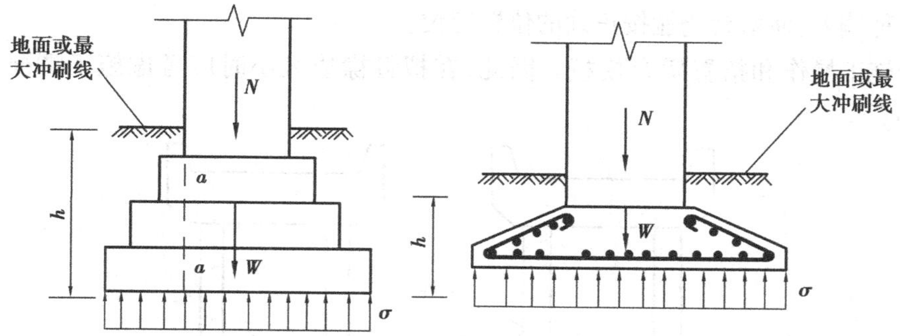

(a)刚性基础　　(b)柔性基础

图2.1　刚性基础和柔性基础

2. 刚性基础的形式和构造

1)刚性基础的形式

为满足地基强度要求，需将基础平面尺寸扩大，这种刚性基础又称为刚性扩大基础。桥涵、挡土墙中的刚性基础一般均为刚性扩大基础，其形式主要有实体墩台下的刚性扩大基础(图2.2)、挡土墙或涵洞墙下的刚性基础(图2.3)、柱下刚性基础(图2.4)等。

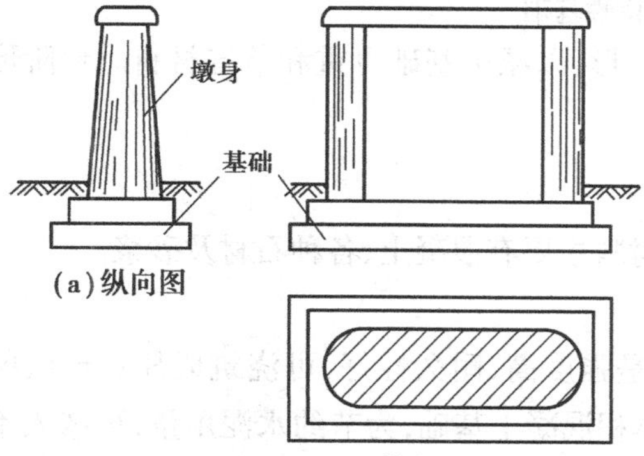

(a)纵向图　　(b)横向及平面图

图2.2　实体墩台下的刚性扩大基础

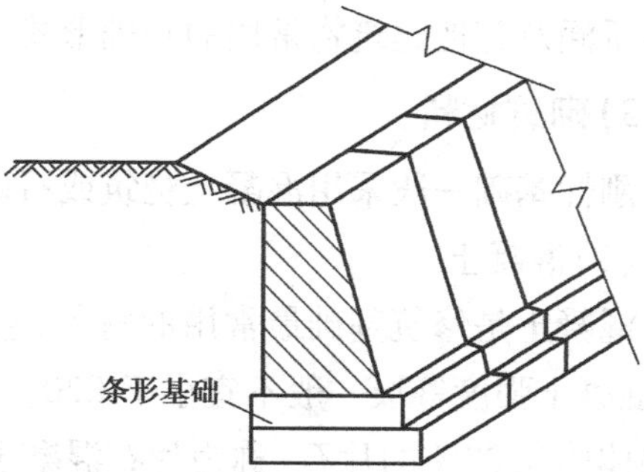

图2.3　墙下条形基础

墙下条形基础是挡土墙或涵洞下常用的基础形式。其横剖面可以是矩形或将一侧筑成台阶形。如挡土墙很长，为避免在沿墙长方向因沉降不匀而开裂，可根据土质和地形予以分段，设置沉降缝。

有时，为了增强桥柱下基础的承载能力，可将同一排若干个柱子的基础联合起来，也就成为柱下刚性基础(图2.4)。

2)刚性基础的构造

刚性基础的平面形状常为矩形，其每边应较墩台底面扩大一部分。为防止基础的悬出部分发生开裂破坏，每边扩大的尺寸应限制在一定范围内，具体尺寸应视土质、基础厚度、埋置深度、施工方法及经验计算确定。

基础顶面超出墩台底部边缘的部分，称为襟边。襟边的主要作用为：

①考虑基础施工条件较差,基础砌成后的位置可能会有所偏差,襟边的设置应留有调整余地以弥补这种偏差,使墩台仍能按正确的位置定位。

②便于施工操作和搭置墩台模板。因此,在拟订襟边大小时应考虑施工情况,一般可取0.2~1.0 m。

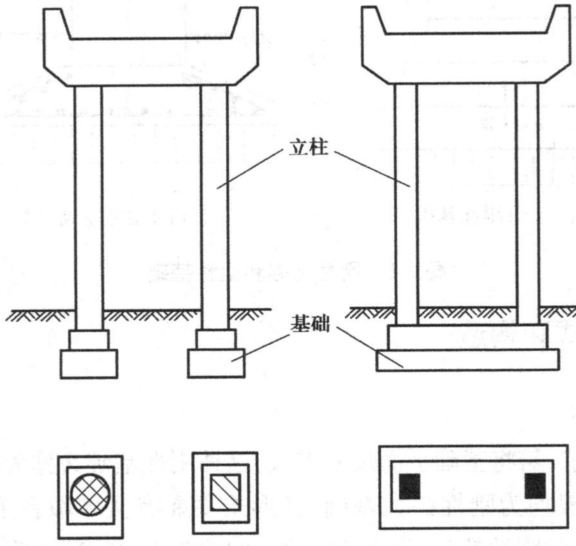

图2.4 柱下刚性基础

基础较厚时,可在纵横两个剖面上都做成台阶形,以减少基础自重和节省材料。台阶形基础是桥涵及其他建筑物常用的基础形式。

3)砌筑材料

刚性基础一般采用混凝土浇筑或石砌,砌筑材料主要有混凝土、各种石材及砂浆。

(1)混凝土

混凝土是修筑基础最常用的材料,它的优点是强度高、耐久性好,可浇筑成任意形状的砌体,混凝土强度等级一般不宜小于C20。对于大体积混凝土基础,为节约水泥用量,可掺入不多于砌体体积20%的片石(称为片石混凝土),片石强度等级不应低于混凝土强度等级和规范规定的石材最低强度等级。

(2)石材

刚性基础常用的石材主要有各种料石、块石和片石。

料石外形方正,厚度为200~300 mm,宽度为厚度的1.0~1.5倍,长度为厚度的2.5~4.0倍。根据表面平整情况,可分为细料石、半细料石和粗料石。

块石要求外形大致方正,厚度和宽度要求与料石相同,长度为厚度的1.5~3.0倍。

片石为不规则石块,使用时形状不受限制,但厚度不得小于150 mm,卵石和薄片不得采用。

采用石材砌筑时应错缝,并用水泥砂浆填缝。

(3)砌筑材料的最低强度等级要求

砌筑刚性基础所采用圬工材料的最低强度等级要求见表2.1。

表 2.1　圬工材料的最低强度等级

结构物类型	材料最低强度等级	砌筑砂浆最低强度等级
大、中桥墩台及基础，轻型桥台	石材为 MU40 混凝土（现浇）为 C25 混凝土（预制块）为 C30	M7.5
小桥涵墩台及基础	石材为 MU30 混凝土（现浇）为 C20 混凝土（预制块）为 C25	M5

项目 2　刚性浅基础设计计算

1. 概述

一般而言，基础底面的埋置深度小于基础短边宽度的尺寸，或从施工角度考虑，埋置深度不超过 5 m 时，可以采用比较简单的施工方法施工。如对于最常用的明挖法，在设计计算时可以忽略基础侧面土体对基础的影响。这种基础结构形式也较简单，统称为浅基础。而采用桩基、沉井和地下连续墙等特殊施工方法修建的基础称为深基础，其埋置深度较大。设计计算时，需考虑基础侧面土体对基础的影响，基础结构形式和施工方法也较复杂。

天然地基上浅基础由于埋深浅，结构形式简单，施工方法简便，造价也较低，在满足地基承载力和变形要求的前提下，应优先选用。因此，天然地基上浅基础也成为建筑物最常用的基础类型。本项目介绍天然地基上浅基础的设计计算原理，这些原理也基本适用于人工地基浅基础。

天然地基上的浅基础施工简单，造价低，一般地基条件较好时应首选天然地基上的浅基础。对于某一较差的地基条件，可以在原基础上扩大基础底面尺寸或做成深基础，也可以直接对地基进行处理，形成人工地基。所以，地基和基础的方案是密切配合、相辅相成的，设计上常称为地基基础设计，而不是单纯地称为基础设计或地基设计。

基础设计主要包括对地基作出评价，结合建筑物和其他具体条件初步拟订基础的材料、埋置深度、类型及尺寸，然后通过验算，证实各项设计要求是否能得到满足，最后确定方案。

如前所述，浅基础分为刚性基础和柔性基础。刚性基础结构比较简单，只需圬工材料，不需要钢材，桥梁工程中用得较多。柔性基础要用钢筋混凝土，桥梁中用得较少。这两类基础在底面尺寸相同时，对地基的要求和验算内容均相同，但是它们的结构强度设计计算方法不同，应分别按《公路圬工桥涵设计规范》（JTG D61—2005）和《公路钢筋混凝土及预应力混凝土桥涵设计规范》（JTG 3362—2018）的规定进行。这里只介绍刚性浅基础的设计计算方法。

刚性浅基础设计计算的一般步骤为：

①初步选定基础的埋置深度；

②选定基础的材料（采用石砌还是混凝土浇筑），初步拟订基础的形状和尺寸；

③验算地基强度（持力层和软弱下卧层）；

④验算基底的合力偏心距；

⑤验算基础抗滑动和抗倾覆稳定性；

⑥必要时，验算基础的沉降。

验算中如发现某项设计不满足要求，或虽然满足，但尺寸或埋深显得过大而不经济，则需适当修改尺寸或埋置深度，重复各项验算，直到各项要求全部满足，使基础尺寸较为合理为止。

2. 基础埋置深度的确定

确定基础埋置深度是地基基础设计中首先要解决的重要问题，它决定将基础支承在哪一个土层上。由于不同土层的承载力存在很大差别，因此，基础的埋置深度将直接影响结构物的牢固、稳定和正常使用问题。此外，埋置深度的大小还影响采用的基础类型及相应的施工方法，也关系到工程的造价。

确定基础埋置深度时，应考虑以下原则：

①将基础设置在变形较小，而强度又比较大的持力层上，以保证地基强度满足要求，而且不致产生过大的沉降或沉降差；

②使基础有足够的埋置深度，以保证基础的稳定性，确保基础的安全。

基础埋置深度的确定，必须综合考虑地基的地质、地形、河流的冲刷深度、当地的冻结深度、上部结构形式，以及保证基础稳定所需的最小埋深和施工技术条件、造价等因素。对于某一具体工程来说，往往是几种因素起决定作用，所以，设计时必须从实际出发，以各种原始资料为依据，统一考虑结构物对地基基础的各项技术要求，抓住主要因素进行分析研究，确定合理的埋置深度。

1）地基的地质条件

地质条件是确定桥涵基础埋深的重要因素之一。覆盖土层较薄（包括风化岩层）的岩石地基，一般应清除覆盖土和风化层后，将基础直接修建在新鲜岩面上。如岩石的风化层很厚，难以全部清除时，基础放在风化层中的深度应根据其风化程度、冲刷深度及相应的地基承载力容许值确定。如岩层表面倾斜时，不得将基础的一部分置于岩层上，而另一部分则置于土层上，以防止基础因不均匀沉降而发生倾斜甚至断裂。在陡峭山坡上修建桥台时，还应注意岩体的稳定性。

当基础埋置在非岩石地基上，如受压层范围内为均质土，基础埋置深度除满足冲刷、冻胀、基础最小埋深等要求外，可根据荷载大小，由地基土的承载能力和沉降特性确定。当地质条件较复杂，如地层为多层土组成或对大中型桥梁及其他建筑物基础持力层的选定，应通过较详细计算或方案比较后确定。

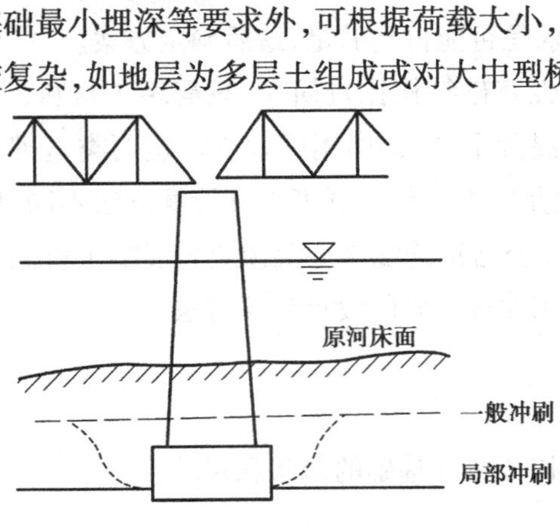

图 2.5　河流冲刷示意图

2）河流的冲刷深度

在有水流的河床上修建基础时，要考虑洪水对基础下地基土的冲刷作用（图 2.5），洪水水流越急，流量越大，洪水的冲刷越大，整个河床面被洪水冲刷后要下降，称为一般冲刷，被冲下去的深度称为一般冲刷深度。同时桥墩的阻水作用使洪水在桥墩四周冲出一个深坑，称为局部冲刷。

在有冲刷的河流中,为防止桥梁墩、台基础四周和基底下土层被水流掏空冲走以致倒塌,基础必须埋置在设计洪水的最大冲刷线以下一定深度,以保证基础的稳定性。

《公路桥涵地基与基础设计规范》(JTG 3363—2019)规定如下:

①对于涵洞基础,基底应埋置在局部冲刷线以下不小于 1 m。如河床上有铺砌层时,基底宜设置在铺砌层顶面以下不小于 1 m。

②非岩石河床桥梁墩台基底埋深安全值可按表 2.2 确定。

表 2.2　基底埋深安全值

桥梁类别	总冲刷深度/m				
	0	5	10	15	20
大桥、中桥、小桥(不铺砌)	1.5	2.0	2.5	3.0	3.5
特大桥	2.0	2.5	3.0	3.5	4.0

注:①总冲刷深度为自河床面算起的河床自然演变冲刷、一般冲刷与局部冲刷深度之和。

②表列数值为墩台基底埋入总冲刷深度以下的最小值;若对设计流量、水位和原始断面资料无把握或不能获得河床演变准确资料时,其值宜适当加大。

③若桥位上下游有已建桥梁,应调查已建桥梁的特大洪水冲刷情况,新建桥梁墩台基础埋置深度不宜小于已建桥梁的冲刷深度且酌加必要的安全值。

④如河床上有铺砌层时,基础底面宜设置在铺砌层顶面以下不小于 1 m 处。

③对于位于河槽的桥台,其最大冲刷深度小于桥墩总冲刷深度时,桥台基底的埋深应与桥墩基底相同。桥台位于河滩时,对河槽摆动不稳定河流,桥台基底高程应与桥墩基底高程相同;在稳定河流上,桥台基底高程可按照桥台冲刷结果确定。

修筑在覆盖土层较薄的岩石地基上,河床冲刷又较严重的大桥桥墩基础,应置于新鲜岩面或弱风化层中并有足够埋深,以保证其稳定性。也可用其他锚固措施,使基础与岩层能连成整体,以保证整个基础的稳定性。如风化层较厚,在满足冲刷深度要求下,一般桥梁的基础可设置在风化层内,此时,地基各项条件均按非岩石考虑。

3)当地的冻结深度

在寒冷地区,应考虑由于季节性的冰冻和融化对地基土引起的冻胀影响。

产生冻胀的原因是冬季气温下降,当地面下一定深度内土中的温度达到冰冻温度时,土中孔隙水分开始冻结,体积增大,使土体产生一定的隆胀。对于冻胀性土,如土温在较长时间内保持在冻结温度以下,水分能从未冻结土层不断地向冻结区迁移,引起地基的冻胀和隆起,这些都可能使基础遭受损坏。

为保证结构物不受地基土季节性冻胀的影响,除地基为非冻胀性土外,基础底面应埋置在天然最大冻结线以下一定深度。《公路桥涵地基与基础设计规范》(JTG 3363—2019)规定,上部结构为超静定结构时,基底应埋置在冻结线以下不小于 0.25 m 处;对于静定结构的基础,一般也按此要求。

但在冻结较深地区,为减少基础埋深,有些类别的冻土经计算后也可将基底置于最大冻结线以上。冻土分类和基础埋深的具体计算方法见学习情境 6 项目 5。

我国幅员辽阔,地理气候情况差异很大,各地冻结深度应按实测资料确定。无资料时,可参照《公路桥涵地基与基础设计规范》(JTG 3363—2019)附录 H 中的标准冻深线图结合实地调查确定。

4)上部结构形式

上部结构形式不同,对基础产生的位移要求也不同。对于中、小跨径简支梁桥来说,该因素对确定基础的埋置深度影响不大,但对于超静定结构即使基础发生较小的不均匀沉降也会使内力产生一定变化。例如,对于拱桥桥台,为减少可能产生的水平位移和沉降差值,有时需将基础设置在埋藏较深的坚实土上。

5)当地的地形条件

当墩台、挡土墙等结构位于较陡的土坡上,确定基础埋深时,还应考虑土坡连同结构物基础一起滑动的稳定性。确定地基容许承载力时,一般按地面为水平的情况下确定,因此当地基为倾斜土坡时,应结合实际情况,予以适当折减并采取相关措施。

若基础位于较陡的岩体上,可将基础做成台阶形,但要注意岩体的稳定性。斜坡上基础埋深与持力层土类关系见表2.3。

表2.3 斜坡上基础埋深与持力层土类关系

持力层土类	h/m	l/m	示意图
较完整的坚硬岩石	0.25	0.25~0.50	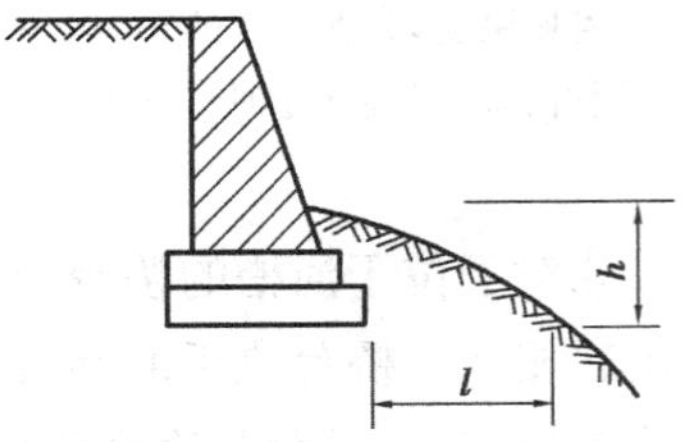
一般岩石(如砂页岩等)	0.60	0.60~1.50	
松软岩石(如千枚岩等)	1.00	1.00~2.00	
砂类砾石及土层	>1.00	1.50~2.50	

6)保证持力层稳定所需的最小埋置深度

桥涵基础基底不应埋置在不稳定地层。《公路桥涵地基与基础设计规范》(JTG 3363—2019)规定:

①对于小桥涵基础在无冲刷处,除岩石地基外,应在地面或河床底以下至少埋深1 m;如有冲刷,基底埋深应在局部冲刷线以下不小于1 m。

②对于小桥涵的基础底面,如河床上有铺砌层时,宜设置在铺砌层顶面以下1.0 m。

除以上因素以外,还应考虑相邻建筑物的影响(如城市立体交叉建筑),较浅基础上的荷载所产生的侧向土压力对较深的基础会产生影响。新建基础比原基础深时,新建基础施工又会影响原有基础的稳定性,新基础施工采用的技术措施(支挡、排水、开挖设备等)也影响其经济性,甚至影响基础结构形式,这些都是地基基础设计需要考虑的因素。地下水的渗流情况对基础埋深也有很大影响,特别是土质为粉砂、细砂时,要注意可能发生流砂的影响。另外,施工机具设备、工期等也直接影响基础类型的选择和基础埋置深度的确定。

上述影响基础埋深的因素不仅适用于天然地基上的浅基础,有些因素也适用于其他类型的基础(如沉井基础)。

【例2.1】某大桥建于长年有流水的河中,其河流的地质、水文资料如图2.6所示,试根据资料确定基础的埋置深度。

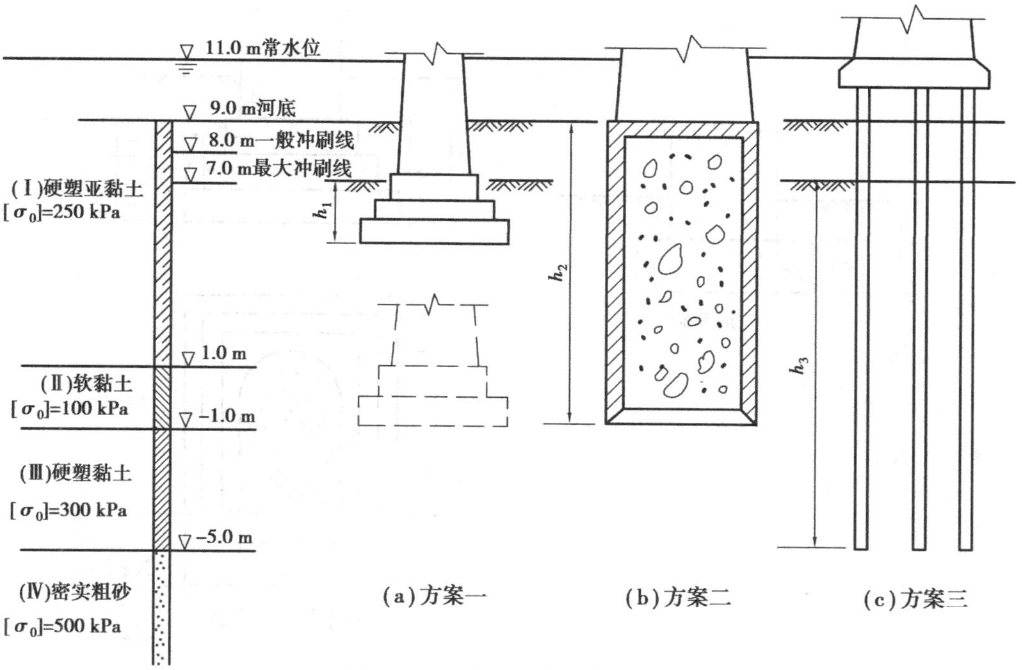

图 2.6　某桥梁基础埋深方案

【解】根据已知水文地质资料，由于基础修建在长年有流水的河中，所以可以不考虑冻结深度的影响，而主要根据最大冲刷深度确定基础的埋置深度。土层Ⅰ、Ⅲ、Ⅳ均可作为持力层，具体可选择如下3种方案：

方案一：将基础埋置在第Ⅰ层硬塑亚黏土中。考虑到经济简便的原则，基础应尽量浅埋，做成浅基础。由表2.2可知，基础应埋于最大冲刷线以下1.5～2.0 m。确定基础埋深后，需要进行以承载力为主的各项验算。若不满足要求，则可以考虑将基础埋置深度加大或埋置在第Ⅲ或第Ⅳ层中。

方案二：将基础埋置在第Ⅲ层硬塑黏土中。此时，基础位于最大冲刷线以下的最小埋置深度为8 m。若采用刚性扩大基础，施工开挖和防排水工作量较大，需要考虑技术和经济的合理性。还可以考虑采用沉井基础或桩基础方案，这样可以减少基坑开挖和排水工作，具体方案应根据技术、经济比较后选定。

方案三：如荷载较大，要求基础埋置深度更深时，可以采用桩基础，将桩端设置在第Ⅳ层密实粗砂土中，这样可以避免水下施工。

3.基础形状和尺寸拟订

基础形状和尺寸的拟订是基础设计中的关键环节，尺寸拟订恰当，可以减少重复的设计计算工作。拟订时，一般要考虑上部结构形式、荷载大小、初定的基础埋置深度、地基容许承载力、施工情况及墩台底面的形状和尺寸等因素。所拟订的基础尺寸应是在可能的最不利荷载组合条件下，能保证基础本身有足够的结构强度，并能使地基与基础的承载力和稳定性均能满足规定要求，并且经济合理。

基础尺寸包括基础厚度、立面尺寸和平面尺寸3个方面，如图2.7所示。

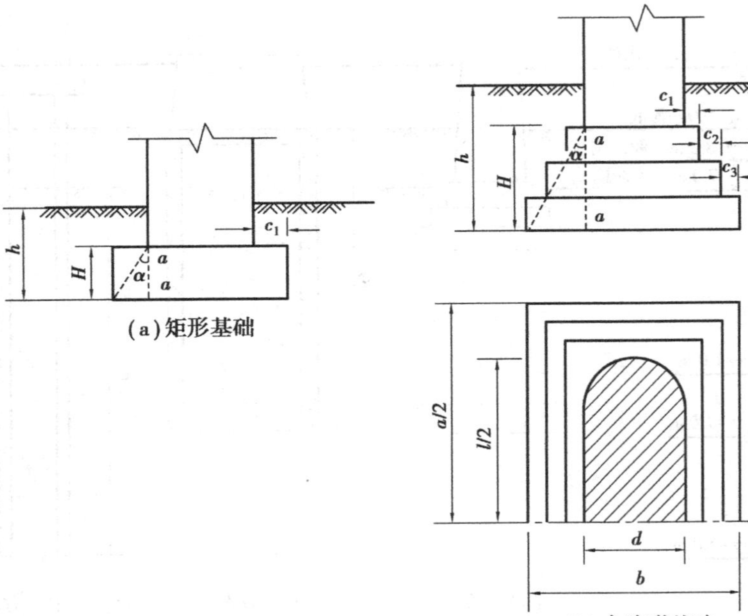

(a)矩形基础　(b)台阶形基础

图 2.7　刚性扩大基础立面、平面图

1)基础厚度

按基础埋深的要求确定基底高程,然后根据桥位情况、施工难易程度,考虑美观、整体协调性及安全因素综合确定基顶高程。基础厚度即为顶面高程和底面高程之差。一般情况下,大、中桥墩(台)混凝土基础厚度为 1.0 ~2.0 m。

2)立面尺寸

刚性基础的立面形式应力求简单、节省材料和便于施工,一般可做成矩形或台阶形。基础较薄时,可做成矩形[图 2.7(a)]:基础较厚(超过 1.0 m 以上)时,可做成台阶形[图 2.7(b)]。

立面尺寸包括襟边宽度、各台阶宽度和高度。襟边宽度应视基底面积的要求、基础厚度及施工方法而定。桥梁墩台基础襟边最小值为 20 ~30 cm。各台阶尽可能采取相同的宽度与高度,以便于设计计算和施工。各台阶宽度宜与襟边相同,各台阶高度通常为 0.5 ~1.0 m。

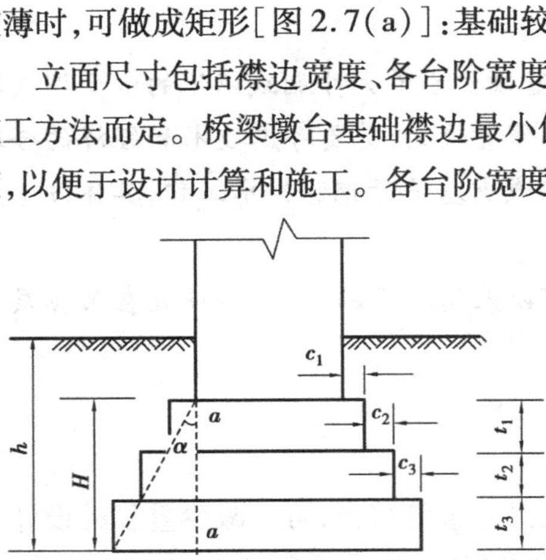

图 2.8　基础刚性角示意图

自墩(台)身底面边缘处与地基边缘的连线和垂线间的夹角 α 称为基础的扩散角。很显然,基础悬出长度(包括襟边与台阶宽度之和)越大,扩散角 α 越大。

根据刚性基础的受力要求,基础悬出总长度应受到一定限制,应使悬出部分在基底反力作用下,在 $a—a$ 截面所产生的弯曲拉力和剪应力不超过基础材料的强度设计值,否则将产生开裂破坏(图 2.8)。将相应于基础最大悬出长度时的扩散角 α 的极限值 α_{max} 称为刚性角。

所以,在拟定尺寸时,应使 $\alpha \leqslant \alpha_{max}$,同时使每个台阶宽度与厚度 t_i 保持在一定比例内,使其扩散角 $\alpha_i \leqslant \alpha_{max}$,这时认为基础本身强度能够得到保证,不必对基础进行弯曲拉应力和剪应力的强度验算,在基础中可不设置受力钢筋。

刚性角 α_{max} 的大小与基础所用的圬工材料强度有关。《公路圬工桥涵设计规范》(JTG D61—2005)规定：实体墩台基础的刚性角，对于片石、块石和料石砌体，用强度等级为 M5 的砂浆砌筑时，不应大于 30°；用 M5 以上的砂浆砌筑时，不应大于 35°；对于混凝土，不应大于 40°。

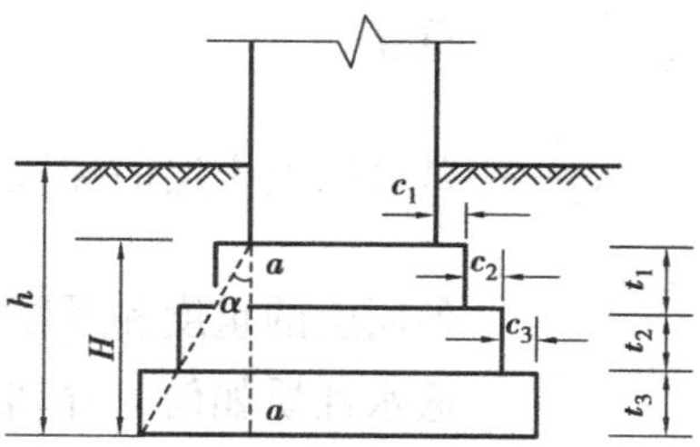

(a)立面图

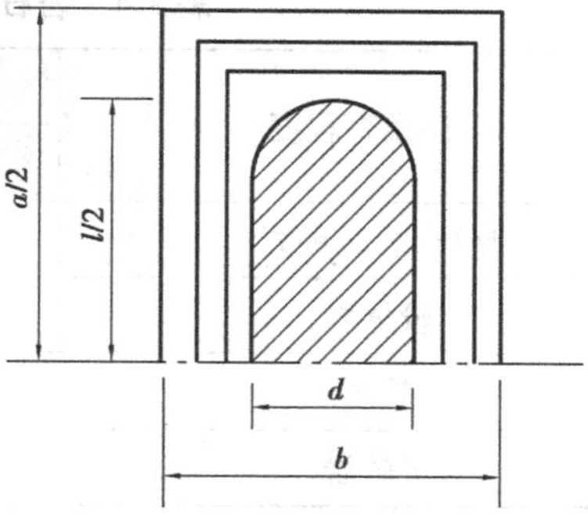

(b)平面图

图 2.9 刚性扩大基础立面、平面图

3)平面尺寸

基础平面形状一般应根据墩、台身底面的形状确定(图 2.9)。考虑到施工方便，基础平面形状常采用矩形。

基础底面长宽尺寸与高度有如下的关系式：

$$a = l + 2H \tan \alpha \tag{2.1}$$

$$b = d + 2H \tan \alpha \tag{2.2}$$

式中 l——墩、台身底截面长度，m；

d——墩、台身底截面宽度，m；

H——基础高度，m；

α——墩、台身底截面边缘至基础边缘线与垂线间的夹角。

4. 地基强度验算

地基强度验算包括持力层强度验算和软弱下卧层验算。验算要求基底最大压应力和软弱下卧层顶面的应力不超过地基土的容许承载力，以保证地基具有足够的强度。

1)地基容许承载力的确定

《公路桥涵地基与基础设计规范》(JTG 3363—2019)规定，地基承载力的验算应以修正后的地基容许承载力值 $[f_a]$ 控制。该值是在地基原位测试或规范给出的各类岩土承载力基本容许值 $[f_{a0}]$ 的基础上，经修正而得。

(1)修正后的地基承载力容许值的计算公式

修正后的地基承载力容许值 $[f_a]$ 按式(2.3)确定。基础位于水中不透水地层上时，$[f_a]$ 按平均常水位至一般冲刷线的水深每米再增大 10 kPa。

$$[f_a] = [f_{a0}] + k_1\gamma_1(b-2) + k_2\gamma_2(h-3) \tag{2.3}$$

式中 $[f_a]$——修正后的地基承载力容许值，kPa。

$[f_{a0}]$——地基承载力基本容许值，由载荷试验或其他原位测试取得，其值不应大于地基极限承载力的 1/2；对于小桥、涵洞，受现场条件限制，或载荷试验和原位测试确有困难时，可根据岩土类别、状态及其物理力学特性指标按表 2.4 至表 2.10 选用。

b——基础底面最小边宽，m。当 $b<2$ m 时，取 $b=2$ m；当 $b>10$ 时，取 $b=10$ m。

h——基础底面的埋置深度，m。自天然地面算起，有水流冲刷时，自一般冲刷线算起；当 $h<3$ m 时，取 $h=3$ m；当 $h/b>4$ 时，取 $h=4b$。

γ_1——基底持力层土的天然重度，kN/m³。若持力层在水面以下且为透水者，应取浮重度。

γ_2——基底以上土层的加权平均重度,kN/m^3,$\gamma_2=\frac{\sum \gamma_i h_i}{\sum h_i}$。其中 γ_i、h_i 分别为基底以上各层土的重度和厚度;换算时,若持力层在水面以下且不透水,不论基底以上土的透水性质如何,一律取饱和重度;透水时,水中部分土则应取浮重度。

k_1、k_2——基底宽度、深度修正系数,根据持力层土类按表 2.11 确定。

表 2.4 岩石地基承载力基本容许值[f_{a0}]([σ_0])

节理发育程度	坚硬程度[f_{a0}]/kPa		
	节理不发育	节理发育	节理很发育
坚硬岩、较硬岩	>3 000	2 000 ~ 3 000	1 500 ~ 2 000
较软岩	1 500 ~ 3 000	1 000 ~ 1 500	800 ~ 1 000
软岩	1 000 ~ 1 200	800 ~ 1 000	500 ~ 800
极软岩	400 ~ 500	300 ~ 400	200 ~ 300

表 2.5 碎石土地基容许承载力[f_{a0}]([σ_0])

土 名	[f_{a0}]/kPa			
	密 实	中 密	稍 密	松 散
卵石	1 000 ~ 1 200	650 ~ 1 000	500 ~ 650	300 ~ 500
碎石	800 ~ 1 000	550 ~ 800	400 ~ 550	200 ~ 400
圆砾	600 ~ 800	400 ~ 600	300 ~ 400	200 ~ 300
角砾	500 ~ 700	400 ~ 500	300 ~ 400	200 ~ 300

注:①由硬质岩组成填充砂土者,取高值;由软质岩组成填充黏性土者,取低值。

②对于半胶结的碎石土,可按密实的同类土的[f_{a0}]提高 10% ~30%。

③松散的碎石土在天然河床中很少遇见,需特别注意鉴定。

④漂石、块石的[f_{a0}],可参照卵石、碎石适当提高。

表 2.6 砂土地基容许承载力[f_{a0}]([σ_0])

土名及水位情况		[f_{a0}]/kPa			
		密 实	中 密	稍 密	松 散
砂砾、粗砂	与湿度无关	550	430	370	200
中砂	与湿度无关	450	370	330	150
细砂	水上	350	270	230	100
	水下	300	210	190	—
粉砂	水上	300	210	190	—
	水下	200	110	90	—

表2.7 粉土地基承载力基本容许值$[f_{a0}]$($[\sigma_0]$)

单位:kPa

e	ω					
	10%	15%	20%	25%	30%	35%
0.5	400	380	355	—	—	—
0.6	300	290	280	270	—	—
0.7	250	235	225	215	205	—
0.8	200	190	180	170	165	—
0.9	160	150	145	140	130	125

表2.8 粉土地基承载力基本容许值$[f_{a0}]$($[\sigma_0]$)

E_s/MPa	10	15	20	25	30	35	40
$[f_{a0}]$/kPa	380	430	470	510	550	580	620

表2.9 一般黏性土地基承载力基本容许值$[f_{a0}]$($[\sigma_0]$)

单位:kPa

e	I_l												
	0	0.1	0.2	0.3	0.4	0.5	0.6	0.7	0.8	0.9	1.0	1.1	1.2
0.5	450	440	430	420	400	380	350	310	270	240	220	—	—
0.6	420	410	400	380	360	340	310	280	250	220	200	180	—
0.7	400	370	350	330	310	290	270	240	220	190	170	160	150
0.8	380	330	300	280	260	240	230	210	180	160	150	140	130
0.9	320	280	260	240	220	210	190	180	160	140	130	120	100
1.0	250	230	220	210	190	170	160	150	140	120	110	—	—
1.1	—	—	160	150	140	130	120	110	100	90	—	—	—

注:①土中含有粒径大于2 mm的颗粒质量超过总质量的30%者,$[f_{a0}]$可适当提高。

②当$e<0.5$时,取$e=0.5$;当$I_l<0$时,取$I_l=0$。此外,超过表列范围的一般黏性土,$[f_{a0}]=57.22E_s^{0.57}$。

表2.10 新近沉积黏性土地基承载力基本容许值$[f_{a0}]$($[\sigma_0]$)

单位:kPa

e	I_l		
	$I_l \leqslant 0.25$	$I_l=0.75$	$I_l>1.25$
≤0.8	140	120	100
0.9	130	110	90
1.0	120	100	80
1.1	110	90	—

表 2.11 地基容许承载力宽度、深度修正系数

系数	黏性土				粉土	砂土								碎石土			
	老黏性土	一般黏性土		新近沉积黏性土		粉砂		细砂		中砂		砾砂、粗砂		碎石、圆砾、角砾		卵石	
		$I_l \geq 0.5$	$I_l < 0.5$			中密	密实	中密	密实	中密	密实	中密	密实	中密	密实	中密	密实
k_1	0	0	0	0	0	1.0	1.2	1.5	2.0	2.0	3.0	3.0	4.0	3.0	4.0	3.0	4.0
k_2	2.5	1.5	2.5	1.0	1.5	2.0	2.5	3.0	4.0	4.0	5.5	5.0	6.0	5.0	6.0	6.0	10

注:①对于稍密和松散状态的砂、碎石土,k_1、k_2 可采用表列中密值的 50%。

②强风化和全风化的岩石,可参照所风化成的相应土类取值;其他状态下的岩石不修正。

(2)软土地基的容许承载力

软土地基的容许承载力,必须同时满足稳定和变形两方面的要求。可按下列方法确定,但同时应检算基础的沉降量,并符合有关规定。

①根据原状土强度指标确定软土地基承载力容许值$[f_a]$。

$$[f_a] = 5.14c_u \frac{k_p}{m} + \gamma_2 h \tag{2.4}$$

$$k_p = \left(1 + 0.2\frac{b}{l}\right)\left(1 - \frac{0.4}{bl} - \frac{H}{c_u}\right) \tag{2.5}$$

②对于小桥和涵洞地基,可按式(2.6)确定软土地基容许承载力。

$$[f_a] = [f_{a0}] + \gamma_2 h \tag{2.6}$$

式中 $[f_a]$——软土地基容许承载力,kPa;

m——抗力修正系数,可视软土灵敏度及基础长宽比等因素选用,其值为 1.5~2.5;

c_u——不排水剪切强度,kPa;

b——基础宽度,m;

l——垂直于 b 边的基础长度,m,当有偏心荷载时,b 与 l 分别用 b' 与 l' 代替,$b' = b - 2e_B$,$l' = l - 2e_L$,e_B、e_L 分别为荷载在基础宽度方向、长度方向的偏心矩;

H——荷载的水平分力;

$[f_{a0}]$——软度地基的承载力基本容许值,按表 2.12 选用。

γ_2、h 意义同前。

表 2.12 软土地基基本承载力

天然含水率 ω/%	36	40	45	50	55	65	75
$[f_{a0}]$/kPa	100	90	80	70	60	50	40

(3)地基土容许承载力的提高

①桥梁墩台建在水中,且持力层为不透水性土时,基底不受水浮力作用,基底以上的水柱压力可当作超载看待,故地基容许承载力随平均常水位至一般冲刷线水深每高 1 m,容许承载力可增加 10 kPa。

②《公路桥涵地基与基础设计规范》(JTG 3363—2019)规定,地基土容许承载力$[f_{a0}]$应根据地基受荷阶段及受荷情况,乘以下列规定的抗力系数γ_R。

a. 使用阶段:

● 地基承受作用短期效应组合或作用效应偶然组合时,可取$\gamma_R=1.25$;但对承载力容许值小于 150 kPa 的地基,应取$\gamma_R=1.0$。

● 地基承受的作用短期效应组合仅包括结构自重、预加力、土重、土侧压力、汽车和人群效应时,应取$\gamma_R=1.0$。

● 基础建于经多年压实未遭破坏的旧桥基(岩石旧桥基除外)上时,不论地基承受的作用情况如何,抗力系数应取$\gamma_R=1.5$;对于承载力容许值小于 150 kPa 的地基,可取$\gamma_R=1.25$。

● 基础建于岩石旧桥基上,应取$\gamma_R=1.0$。

b. 施工阶段:

● 地基在施工荷载作用下,可取$\gamma_R=1.25$。

● 墩台施工期间承受单向推力时,可取$\gamma_R=1.5$。

2)持力层强度验算

持力层是直接与基底相接触的土层,持力层承载力验算要求荷载在基底产生的地基应力不超过持力层的地基容许承载力。基底应力的分布在理论上可采用弹性理论求得较精确解,在土力学课程中已做相关介绍。在实践中采用简化方法,即按材料力学偏心受压公式进行计算。由于浅基础埋置深度浅,计算中可不计基础四周土的摩阻力和弹性抗力的作用。

对于基础底面岩土的承载力,不考虑嵌固作用时,可按以下方法验算:

(1)基底只承受轴心荷载时

$$\sigma=\frac{N}{A}\leqslant[\sigma] \tag{2.7}$$

式中　σ——基底平均压应力,kPa;

N——由作用短期效应组合在基底产生的竖向荷载,kN;

A——基础底面面积,m^2;

$[\sigma]$——基底处持力层地基容许承载力,kPa,按前述方法确定。

(2)基底单向偏心受压,承受竖向力 N 和弯矩 M 共同作用时

$$\left\{\begin{matrix}\sigma_{max}\\ \sigma_{min}\end{matrix}\right.=\frac{N}{A}\pm\frac{M}{W}\leqslant\gamma_R[\sigma] \tag{2.8}$$

式中　σ_{max}、σ_{min}——基底最大、最小压应力,kPa;

M——作用于墩、台上各外力对基底形心轴的力矩,kN·m,$M=\sum T_i h_i+\sum P_i e_i=Ne_0$,其中 T_i 为水平力,h_i 为水平力作用点至基底的距离,P_i 为竖向力,e_i 为竖向力 P_i 作

用点至基底形心的偏心距，e_0 为合力偏心距[其计算见式(2.20)]；

W——基础底截面弹性模量，m^3，对如图 2.10 所示矩形基础，$W = ab = \rho A$，ρ 为基底核心半径；

γ_R——地基容许承载力的提高系数(铁路)或抗力系数(公路)。

式(2.7)也可以写成下式：

$$\begin{cases}\sigma_{max} \\ \sigma_{min}\end{cases} = \frac{N}{A} \pm \frac{Ne_0}{\rho A} = \frac{N}{A}\left(1 \pm \frac{e_0}{\rho}\right) \leqslant \gamma_R[\sigma] \tag{2.9}$$

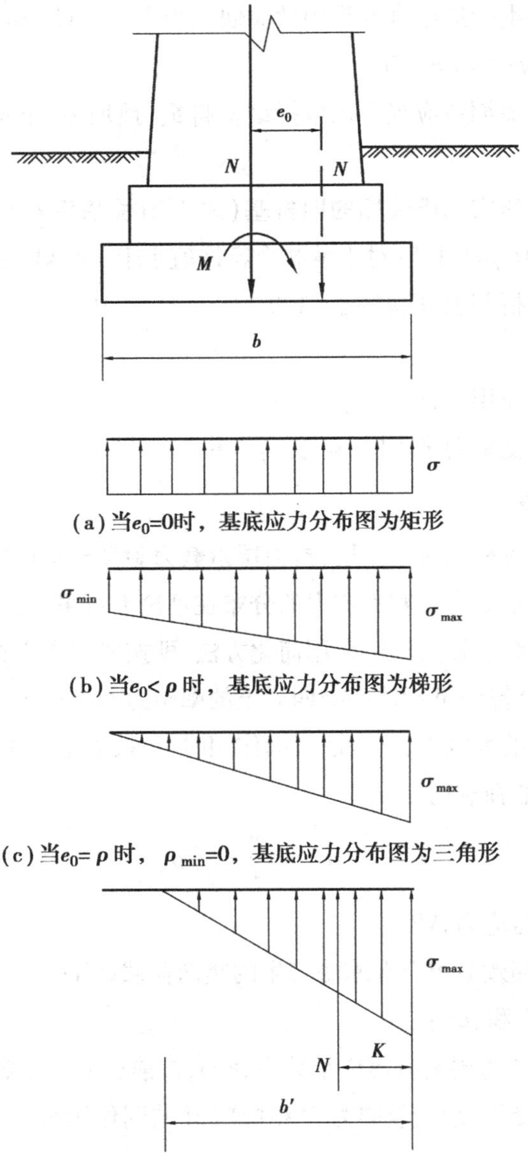

(a)当e_0=0时，基底应力分布图为矩形

(b)当e_0< ρ 时，基底应力分布图为梯形

(c)当e_0= ρ 时，ρ min=0，基底应力分布图为三角形

(d)当e_0> ρ 时，ρ min<0，基底一侧产生拉应力，整个基底面积上部分受压部分受拉、基底应力产生重分布

图 2.10 基底应力分布图

从式(2.9)可知：

①当 $e_0 = 0$ 时，$\sigma = \dfrac{N}{A}$，基底应力均匀分布，应力分布图为矩形，如图 2.10(a)所示。

②当 $e_0 < \rho$ 时，$1 - \dfrac{e_0}{\rho} > 0$，基底应力分布图为梯形，如图 2.10(b)所示。

③当 $e_0 = \rho$ 时，$\sigma_{\max} = \dfrac{2N}{2a\left(\dfrac{b}{2} - e_0\right)}$，这时 $\sigma_{\min} = 0$，基底应力分布图为三角形，如图 2.10(c)所示。

④当 $e_0 > \rho$ 时，$1 - \dfrac{e_0}{\rho} < 0$，这时 $\sigma_{\min} < 0$，说明基底一侧出现拉应力，整个基底面积上部分受压部分受拉。此时，若持力层为土质，则基底与土之间不能承受图 2.10 所示基底应力分布图拉应力；若持力层为岩石，除基础混凝土浇筑在岩石地基上，有些基底也不能承受拉应力。因此，需考虑基底应力重分布，并假定全部荷载由受压部分承担及基底压应力仍按三角形分布，如图 2.10(d)所示。对于矩形基础，其受压分布宽度为 b'，则从三角形分布压力合力作用点及静力平衡条件可得(图 2.11)：

$$K = \frac{1}{3}b',K = \frac{1}{2} - e_0 \tag{2.10}$$

所以

$$b' = 3\left(\frac{b}{2} - e_0\right) \tag{2.11}$$

$$N = \frac{1}{2}ab'\sigma_{\max} = \frac{1}{2}a \times 3\left(\frac{b}{2} - e_0\right)\sigma_{\max} \tag{2.12}$$

故

$$\sigma_{\max} = \frac{2N}{3a\left(\dfrac{b}{2} - e_0\right)} \tag{2.13}$$

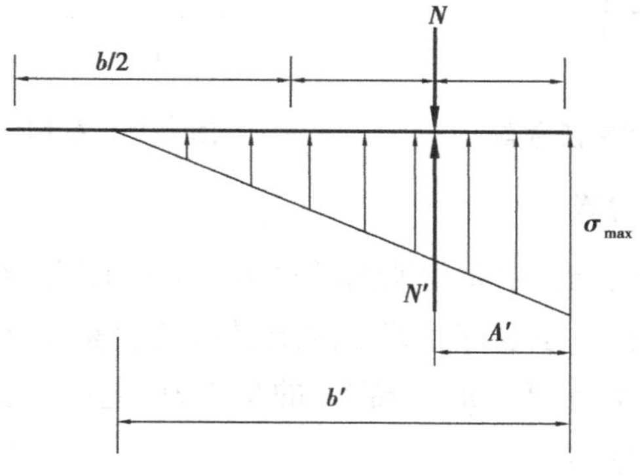

图 2.11　偏心受压时应力重分布图

对于桥梁，通常基础横桥向长度比顺桥向宽度大得多，同时上部结构在横桥向布置常是对称的，故一般由顺桥向控制基底应力计算。但通航河流或河流中有漂流物时，应计算船舶撞击力或漂流物撞击力在横桥向产生的基底应力，并与顺桥向基底应力比较，取其大者控制设计。

(3)基底双向偏心受压，承受竖向力 N 和绕 x 轴弯矩 M_x，与绕 y 轴弯矩 M_y 共同作用时

如图 2.12 所示，在曲线上的桥梁，除顺桥向引起的力矩 M_x 外，还有离心力(横桥向水平力)在横桥向产生的力矩 M_y；若桥面上活载考虑横向分布的偏心作用时，则偏心竖向力对基底两个方向中心轴均有偏心距，并产生偏心力矩 $M_x = Ne_y$，$M_y = Ne_x$。e_y、e_x 分别为荷载对 y 轴和 x 轴的偏心距。故对于曲线桥梁，计算基底应力时，应按下式计算：

$$\begin{cases}\sigma_{\max} \\ \sigma_{\min}\end{cases} = \frac{N}{A} + \frac{M_x}{W_x} + \frac{M_y}{W_y} \leqslant \gamma_R[\sigma] \tag{2.14}$$

式中 M_x、M_y——分别为外力对基底 x 轴和 y 轴的力矩；

W_x、W_y——分别为基底对 x、y 轴的截面弹性模量，m^3。

$$W_x = \frac{ab^3}{6}, W_y = \frac{ba^3}{6} \tag{2.15}$$

对于式(2.14)和式(2.15)中的 N 值及 M(或 M_x、M_y)值，应按能产生最大竖向力 $N_{\max}$ 的最不利荷载组合与此相对应的 M 值，能产生最大力矩 $M_{\max}$ 时的最不利荷载组合与此对应的 N 值，分别进行基底应力计算，取其大者控制设计。

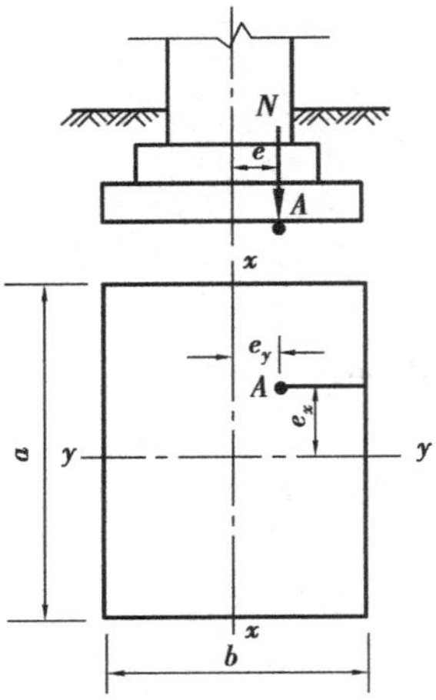

图 2.12 偏心竖向力作用在任意点

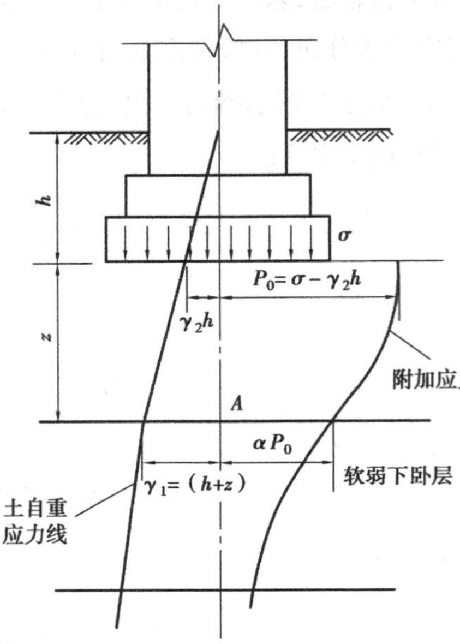

图 2.13 软弱下卧层承载力验算

3) 软弱下卧层承载力验算

受压层范围内地基为多层土(主要指地基承载力有差异而言)组成，且持力层以下有软弱下卧层(指容许承载力小于持力层容许承载力的土层)，还应验算软弱下卧层的承载力。验算时，先计算软弱下卧层顶面 A(在基底形心轴下)的总应力(包括自重应力及附加应力)不得大于该处地基土的容许承载力(图 2.13)：

$$\sigma_{h+z} = \gamma_1(h+z) + \alpha(p - \gamma_2 h) \leqslant \gamma_R[\sigma]_{h+z} \tag{2.16}$$

式中 γ_1——相应于深度$(h+z)$以内土的换算重度，kN/m^3。

γ_2——深度 h 范围内土层的换算，kN/m^3。

h——基底埋深，m。

z——从基底到软弱土层顶面的距离，m。

α——基底中心下土中附加应力系数，可由《公路桥涵地基与基础设计规范》(JTG 3363—2019)附录 M 或《铁路桥涵地基和基础设计规范》(TB 10093—2017)附录 C 查得。

p——由计算荷载产生的基底压应力，kPa。当基底压应力为不均匀分布且 z/b（或 z/d）>1 时，p 为基底平均压应力；当 z/b（或 z/d）$\leqslant 1$ 时，p 按基底应力图形采用距最大应力边 $b/4 \sim b/3$ 处的压应力（其中 b 为矩形基础的短边宽度，d 为圆形基础直径），《铁路桥涵地基和基础设计规范》（TB 10093—2017）中用 σ_h 表示。

γ_R——《公路桥涵地基与基础设计规范》（JTG 3363—2019）规定的地基容许承载力的提高系数，《铁路桥涵地基和基础设计规范》（TB 10093—2017）规定中此处可取为 1.0。

$[\sigma]_{h+z}$——软弱下卧层顶面处的容许承载力，kPa。《公路桥涵地基与基础设计规范》（JTG 3363—2019）规定按式（2.17）、式（2.18）、式（2.19）确定，式中 h 应采用 $h+z$ 计算。

$$\sigma_z + \sigma_{cz} \leqslant [\sigma] \tag{2.17}$$

条形基础：

$$\sigma_z = \frac{b(\sigma_h + \sigma_c)}{b + lz \tan\theta} \tag{2.18}$$

矩形基础：

$$\sigma_z = \frac{ba(\sigma_h - \sigma_c)}{(b + 2z\tan\theta)(a + 2z\tan\theta)} \tag{2.19}$$

式中 σ_z——传至软弱下卧层顶面的附加压力，kPa。

a——基础底面长度，m。

b——基础底面宽度，m。

σ_h——基底应力（即 p），kPa。

σ_c——基础底面以上的自重应力，kPa，$\sigma_c = \gamma_2 h$。

θ——地基的压力扩散角（压力扩散线与垂直线的夹角），一般取 $\theta = 22°$；当持力层土为密实的碎石土、砾砂、粗砂以及老黏性土时，取 $\theta = 30°$。

σ_{cz}——基础底面以下深度 z 处土的自重应力，kPa。

其他符号与前述相同。

当软弱下卧层为压缩性较高且较厚的软黏土，或当上部结构对基础沉降有一定要求时，除承载力应满足上述要求外，还应验算包括软弱下卧层的基础沉降量。

5. 基底合力偏心距验算

墩台基础设计计算时，必须控制基底合力偏心距，其目的是尽可能使基底应力分布比较均匀，以免基底两侧应力相差过大，使基础产生较大的不均匀沉降，导致墩台发生倾斜，影响正常使用。设计时，使其合力尽量接近基底形心，控制其偏心距 e_0，使其不超过某一合力偏心距允许值。

$$e_0 = \frac{M}{N} \leqslant [e_0] \tag{2.20}$$

式中 M——作用于墩台的水平力和竖向力对基底形心轴的弯矩；

N——作用在基底合力的竖向分力；

$[e_0]$——基础合力偏心距允许值，与荷载情况和地质条件有关，公路桥涵墩台基础合力偏心距控制要求如表 2.13 所示。

表 2.13 公路桥涵墩台基础合力偏心距的限制

作用情况	地基条件	合力偏心距	备 注
墩台仅承受永久作用标准值效应组合	非岩石地基	桥墩$[e_0]\leq 0.1\rho$	拱桥、刚构桥墩台合力作用点应尽量保持在基底重心附近
		桥台$[e_0]\leq 0.75\rho$	
墩台承受作用标准值效应组合或偶然作用（地震作用除外）标准值效应组合	非岩石地基	$[e_0]\leq\rho$	拱桥单向推力墩不受限制，但应符合《公路桥涵地基与基础设计规范》（JTG 3363—2019）表 4.4.3 规定的抗倾覆稳定系数
	较破碎～极破碎岩石地基	$[e_0]\leq 1.2\rho$	
	完整、较完整岩石地基	$[e_0]\leq 1.5\rho$	

墩台基础基底截面核心半径 ρ 按下式计算：

$$\rho = \frac{W}{A} \tag{2.21}$$

式中 W——相应于应力较小基底边缘截面弹性模量；

A——基底截面面积。

外力合力作用点不在基底两个对称轴中任一对称轴上或基底截面不对称时，可直接按下式求 e_0 与 ρ 的比值，使其满足规定的要求。

$$\frac{e_0}{\rho} = 1 - \frac{\sigma_{\min}}{\frac{N}{A}} \tag{2.22}$$

式中符号意义同前，但要注意 N 和 $\sigma_{\min}$ 应在同一种荷载组合情况下求得。验算基底偏心距时，应采用计算基底应力相同的最不利荷载组合。

6. 基础和地基稳定性验算

基础设计计算时，必须保证基础本身具有足够的稳定性。基础稳定性验算包括基础倾覆稳定性验算和基础滑动稳定性验算。此外，对某些土质条件下的桥台、挡土墙也要验算地基的稳定性，以防桥台、挡土墙下地基滑动。

1）基础稳定性验算

（1）基础倾覆稳定性验算

为保证墩台在最不利荷载组合作用下，不致绕基底外缘转动而发生倾覆，从图2.14 看出，合力R可以简化为作用在基底截面重心处的3个力，即$\sum M$、$\sum P$、$\sum T$，其中$\sum M$使基础有可能会绕 $A—A$ 边产生一个反力矩 $\sum Py_i$，它起到阻止基础绕 $A—A$ 边缘转动的作用，故称为稳定力矩。

图2.14 中，O 为截面重心，C 为合力作用点，R 为所有外力的合力，$\sum P_i$ 为各竖向力的总

和，$\sum T_i$ 为各水平力的总和，P_1、P_2、P_3 为各竖向力，T_1、T_2 为各水平力，A—A 为验算截面的最大受压边缘。

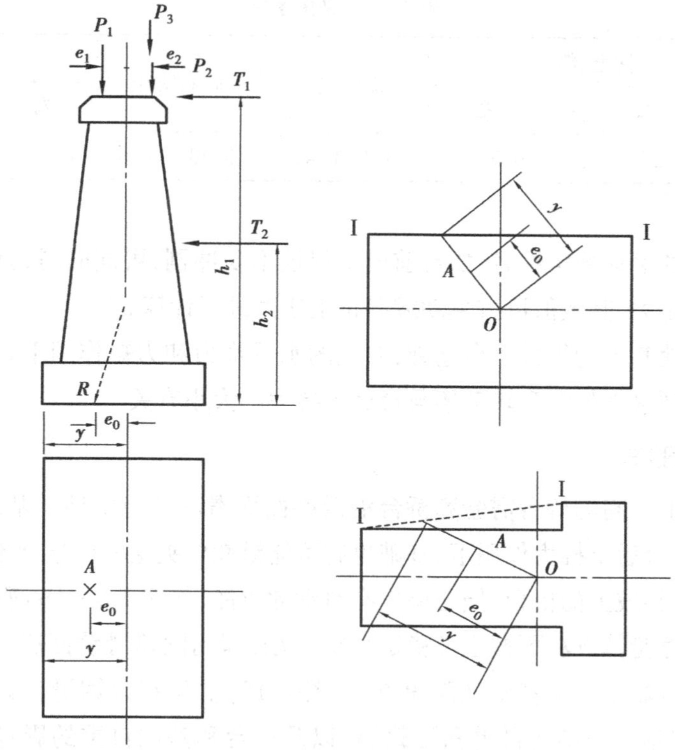

图 2.14　基础倾覆稳定验算

倾覆稳定通常用倾覆稳定系数 K_0 表示。

$$K_0 = \frac{\text{稳定力矩}}{\text{倾覆力矩}} = \frac{y\sum P_i}{\sum P_i e_i + \sum T_i h_i} = \frac{y\sum P_i}{\sum M_i} = \frac{y}{e_0} \tag{2.23}$$

式中　P_i——各竖向力，kN；

e_i——各竖向力 P_i 对基底截面重心的力臂，m；

T_i——各水平力，kN；

h_i——各水平力 T 对基底截面的力臂，m；

y——在截面重心与合力作用点的延长线上，自截面重心至检算倾覆轴的距离，m；

e_0——所有外力合力 R 的作用点至基底截面重心的距离，m。

力矩 $P_i e_i$ 和 $T_i h_i$ 应视其绕基底截面重心的方向区别正负。

如外力合力不作用在形心轴上，或基底截面有一个方向为不对称，而合力又不作用在形心轴上，基底压力最大一边的边缘线应是外包线，如图 2.14 中 Ⅰ—Ⅰ 线所示。y 值应是通过形心与合力作用点的连线并延长与外包线相交点至形心的距离。

(2)基础滑动稳定性验算

基础在水平推力作用下沿基础底面滑动的可能性即基础抗滑动安全度的大小，可用基底与土之间的摩擦阻力和水平推力的比值 K_c 表示，K_c 称为抗滑动稳定系数，可按下式计算：

$$K_c = \frac{\text{抗滑力}}{\text{滑动力}} = \frac{\mu\sum P_i}{\sum T_i} \tag{2.24}$$

式中，抗滑力计算涉及的基础底面（圬工材料）与地基土之间的摩擦系数 μ，在无实测资料时，可参照表 2.14 选用。

表 2.14 摩擦系数

地基土分类	黏土、粉土		砂土	碎石类土	岩石	
	软塑	硬塑			软质	硬质
μ	0.25	0.3	0.3 ~ 0.40	0.40 ~ 0.50	0.40 ~ 0.60	0.60 ~ 0.70

验算桥台基础的滑动稳定性时，如台前填土保证不受冲刷，可同时考虑计入与台后土压力方向相反的台前土压力，其数值可按主动或静止土压力进行计算。

修建在非岩石地基上的拱桥桥台基础，在拱的水平推力和力矩作用下，基础可能向路堤方向滑移或转动。此项水平位移和转动还与台后土抗力的大小有关。

2）地基稳定性验算

位于软土地基上较高的桥台需验算桥台沿滑裂曲面滑动的稳定性。基底下地基如在不深处有软弱夹层时，在台后土推力作用下，基础也有可能沿软弱夹层Ⅱ的层面滑动，如图 2.15（a）所示；在较陡的土质斜坡上的桥台、挡土墙也有滑动的可能，如图 2.15（b）所示。

这种地基稳定性验算方法可按土坡稳定分析方法，即用圆弧滑动面法进行验算。验算时，一般假定滑动面通过填土一侧基础剖面角点 A（图 2.15）。但在计算滑动力矩时，应计入桥台上作用的外荷载（包括上部结构自重和活载等）以及桥台和基础自重的影响，然后求出稳定系数满足规定的要求值。

以上对地基与基础的验算，均应满足设计规定的要求。达不到要求时，必须采取设计措施。例如，梁桥桥台基础在台后土压力引起的倾覆力矩比较大，基础的抗倾覆稳定性不能满足要求时，可将台身做成不对称的形式（图 2.16 所示后倾形式），这样可以增加台身自重所产生的抗倾覆力矩，提高抗倾覆的安全度。如采用这种外形，在砌筑台身时，应及时在台后填土并夯实，以防台身后倾覆和转动；也可在台后一定长度范围内填碎石、干砌片石或填石灰土，以增大填料的内摩擦角，减小压力，以减小倾覆力矩、提高抗倾覆安全度。

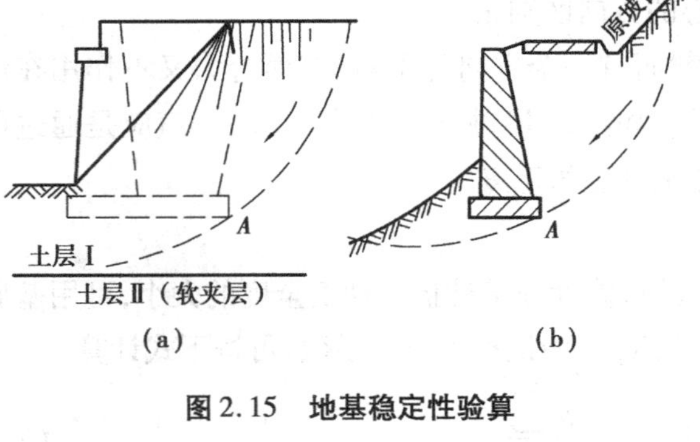

图 2.15 地基稳定性验算

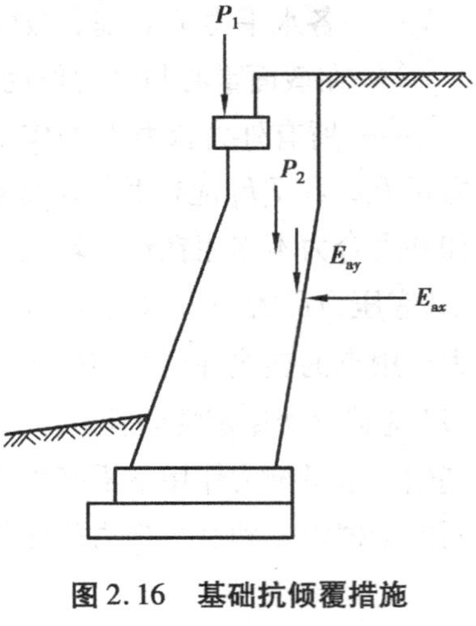

图 2.16 基础抗倾覆措施

对于拱桥桥台，由于在拱脚水平推力作用下，基础的滑动稳定性不能满足要求时，可在基底四周做成如图2.17(a)所示的齿槛。这样由基底与土间的摩擦滑动变为土的剪切破坏，从而提高基础的抗滑力。如仅受单向水平推力时，也可将基底设计成如图2.17(b)所示的倾斜形，以减小滑动力，同时增加在斜面上的压力。由图2.17(b)可见，滑动力随 α 角的增大而减小。从安全考虑，α 角不宜大于10°，同时要保持基底以下土层在施工时不受扰动。

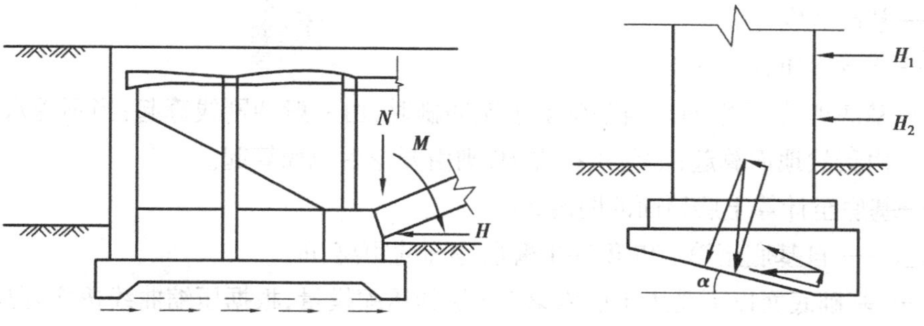

(a)　　　(b)

图2.17　基础抗滑动措施

高填土的桥台基础或土坡上的挡土墙地基可能出现滑动或在土坡上出现裂缝时，可以增加基础的埋置深度或改用桩基础，提高墩台基础下地基的稳定性；或者在土坡上设置地面排水系统，拦截和引走滑坡体以外的地表水，以减少因渗水而引起土坡滑动的不稳定因素。

7.基础沉降验算

基础的沉降验算包括沉降量、相邻基础沉降差以及基础由于地基不均匀沉降而发生的倾斜等。

墩台基础的沉降必然引起上部结构下沉，从而影响桥下净高和伸缩装置、支座、简支梁连续桥面的使用。所以，一般有下列情况应验算墩台基底沉降：

①相邻跨度相差悬殊时；

②对于跨线桥、跨线渡槽，要保证桥(或槽)下净空高度时；

③修建在地质情况复杂、地层分布不均及承载力较差地基上的基础；

④桥梁改建或拓宽。

计算沉降的荷载按正常使用极限状态下作用长期效应组合采用。该组合仅为直接施加于结构上的永久作用标准值(不包括混凝土收缩及徐变作用、基础变位作用)和可变作用准永久值(仅指汽车荷载和人群荷载)引起的效应。

墩台的沉降应符合下列规定：

①相邻墩台均匀沉降量之差(不包括施工中的沉降)不应使桥面形成大于0.2%的附加纵坡(折角)；

②外超静定结构桥梁相邻墩台间不均匀沉降差应满足结构受力要求。

基础由于其底面以下受压土层 z_n 压缩产生的总沉降量 S 可按分层总和法(图2.18)由下式计算：

$$S = m_s \sum \Delta S_i = m_s \sum_{i=1}^{n} \frac{p_0}{E_{si}}(z_i C_i - z_{i-1} C_{i-1}) \tag{2.25}$$

式中　S——基础的总沉降量，m。

n——基底以下地基沉降计算深度范围内按压缩模量划分的土层分层数目。

p_0——基础底面处的附加压应力，kPa，其值为：

$$p_0 = \sigma_h - \gamma h \tag{2.26}$$

σ_h——基底压应力，kPa，当 $z/b>1$ 时，采用基底平均压应力；当 $z/b\leqslant 1$ 时，采用基底压应力图形中距最大应力点 $b/4 \sim b/3$ 处的压应力。

b——基础宽度，m。

γ——土的容重，kN/m^3。

h——基底埋置深度，m。当基础受水流冲刷时，由一般冲刷线算起；当不受水流冲刷时，由天然地面算起；如位于挖方内，则由开挖后地面算起。

z——基底至计算土层顶面的距离，m。

z_i, z_{i-1}——自基底至第 i 和第 $i-1$ 薄层底面的距离，m。

E_{si}——基础底面以下受压土层内第 i 薄层的压缩模量，根据压缩曲线按实际应力范围取值，kPa。

C_i, C_{i-1}——基础底面至第 i 薄层底面范围内和至第 $i-1$ 薄层底面范围内的平均附加应力系数（图 2.18），可按《公路桥涵地基与基础设计规范》（JTG 3363—2019）附录 M 查得。

m_s——沉降经验修正系数，可按表 2.15 采用。对于软土地基，$m_s=1.3$。

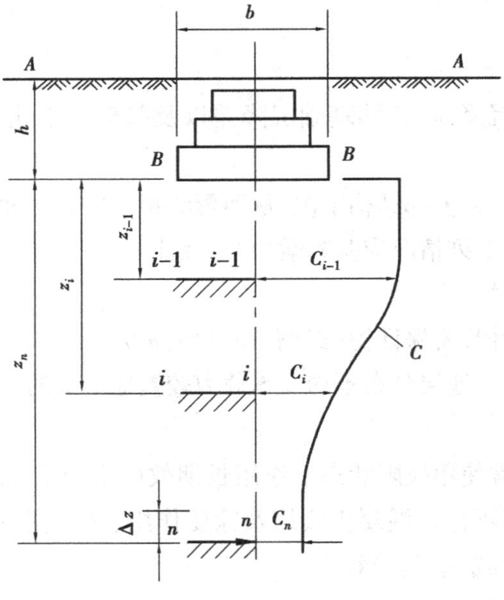

图 2.18 基础沉降计算图

A—A—地面；i—i—第 i 层底面；B—B—基础底面；n—n—第 n 层底面；

i－1—i－1—第 i－1 层底面；C—平均附加应力系数 C 线

地基压缩层的计算深度 z_n 应符合下式的要求：

$$\Delta S'_n \leqslant 0.025 \sum_{i=1}^{n} \Delta S'_i \tag{2.27}$$

式中 $\Delta S'_n$——在深度 z_n 处，向上取计算层为 Δz 的压缩量，cm，Δz 取值见表 2.16；

$\Delta S'_i$——在深度 z_n 范围内，第 i 层土的计算压缩量，cm。

表 2.15　沉降经验修正系数

地基压缩模量当量值$\overline{E_s}$/kPa		2 500	4 000	7 000	15 000	20 000
基础底面处附加应力 p_0	$p_0 \geqslant [\sigma_0]$	1.4	1.3	1.0	0.4	0.2
	$p_0 \leqslant 0.75[\sigma_0]$	1.1	1.0	0.7	0.4	0.2

注：表中 $p_0 = \sigma_h - \gamma h$，$\sigma_h$ 为基底压应力，近似采用基底压应力图形中距最大应力点 $b/4 \sim b/3$ 处的压应力。$[\sigma_0]$为基础底面处地基的基本承载力。$\overline{E_s}$为沉降计算总深度 z_n 内地基压缩模量的当量值，应按下式确定：

$$\overline{E_s} = \frac{\sum A_i}{\sum \frac{A_i}{E_{si}}} \tag{2.28}$$

其中，A_i 为第 i 层土平均附加应力系数沿该土层厚度的积分值，即第 i 层土的平均附加应力系数面积。

表 2.16　Δz 值

基底宽 b/m	≤2	$2<b\leqslant4$	$4<b\leqslant8$	$8<b\leqslant15$	$15<b\leqslant30$	$b>30$
Δz/m	0.3	0.6	0.8	1.0	1.2	1.5

如已确定的计算深度下面有较软土层时，还应继续计算。

《公路桥涵地基与基础设计规范》(JTG 3363—2019)规定，当无相邻荷载影响，基底宽度在 1～30 m 内时，基底中心的地基沉降计算深度 z_n 也可按下列简化公式计算：

$$z_n = b(2.5 - 0.4\ln b) \tag{2.29}$$

式中　b——基础宽度，m。

计算范围内存在基岩时，z_n 可取至基岩表面；当存在较厚的坚硬黏土层，其孔隙比大于 0.5，压缩模量大于 50 MPa，或存在较厚的密实砂卵石层，其压缩模量大于 80 MPa 时，z_n 可取至该土层表面。

项目 3　天然地基上浅基础施工

天然地基上浅基础一般采用明挖法施工。基坑应尽量在枯水或少雨季节施工，一旦基坑挖开就不能间断施工，应一直施工达到要求的深度。

1. 旱地上浅基础施工

采用明挖法在旱地上进行浅基础施工一般包括以下内容：

①施工准备；

②基坑开挖与支护；

③基坑排水；

④基底检验与处理；

⑤基础砌筑和基坑回填；

⑥基坑现场监测与信息化施工。

如必须在水中修建浅基础，一般要在基坑周围预先建成一道临时性挡水围堰，然后将堰内的水排干，再挖基坑。如不能排水，可进行水下施工。

1）基础的定位放线

基坑开挖前，应做好计划和准备工作，如施工场地的布置、基础的定位和放样、基坑土方量计算和临时便道的修筑等。

首先要进行基础的定位放样工作（图2.19），要复核中心线、方向和高程，正确地将设计图纸上的基础位置、形状和尺寸在实地标定出来，准确地设置到桥址上。

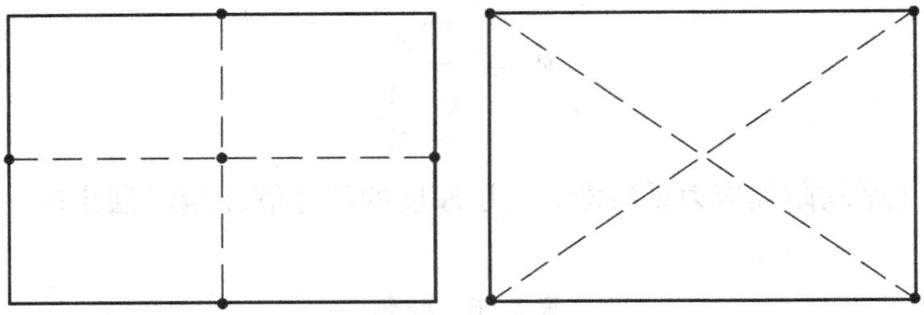

图2.19 基础放样图

基础中心及轴线定位后，应按地质水文资料，结合现场情况，决定开挖坡度、支护方案以及地面的防水、排水措施。在此基础上按照基础设计尺寸，确定基坑尺寸、边线位置及标高，并根据上部结构的纵横轴线，推算出基础边线的定位点，再放线画出基坑开挖范围。

基坑为渗水的土质基底时，坑底尺寸应根据排水要求（包括排水沟、集水井、排水管网等）和基础模板设计所需基坑大小而定。一般基底应比基础的平面尺寸增宽0.5～1.0 m。不设模板时，可按基础底的尺寸开挖基坑。基坑底面尺寸确定后，根据土质确定放坡坡率，得到基坑顶的尺寸，如图2.20所示。

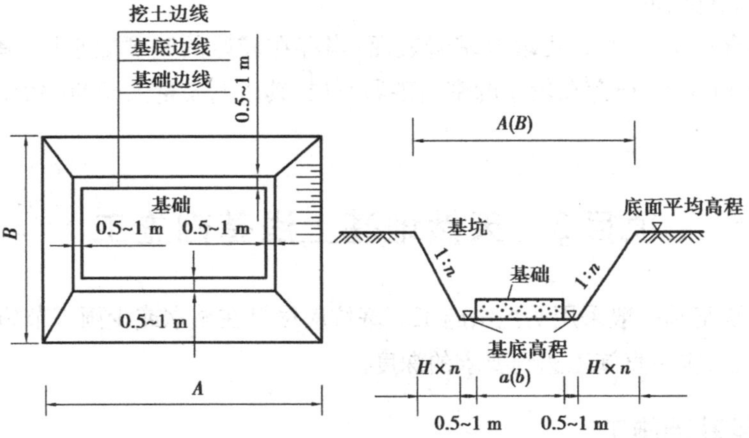

图2.20 基坑放坡示意图

当基础尺寸为 a、b 时，则基坑顶的尺寸为：

$$A = a + 2 \times (0.5 \sim 1) + 2 \times H \times n \tag{2.30}$$

$$B = b + 2 \times (0.5 \sim 1) + 2 \times H \times n \tag{2.31}$$

式中 A、B——基坑顶的长、宽，m；

a、b——基底的长、宽，m；

H——基坑开挖深度；

n——基坑放坡坡率。

2)基坑开挖

基坑开挖可采用人工开挖、机械开挖或半机械化开挖方法。

根据目前的施工条件,一般中小型工程的基坑开挖采用人工开挖比较经济。在大型工程中,如施工条件许可,采用机械开挖。常用的机械多为位于坑顶的吊机操纵的挖土斗、抓土斗等;遇开挖工作量特别大的基坑,如明挖地铁施工等,还常用铲式挖土机、铲运机、倾卸车等。基坑不宜采用水力机械开挖。

基坑开挖后,如果地基土质较为坚实,开挖后能保持坑壁稳定,可不加支护,做成无支护基坑。但实际上,由于土质条件、开挖深度、放坡受到用地或施工条件限制等因素影响,需要进行各种坑壁支护,然后再进行开挖。

(1)无支护基坑开挖

当基坑较浅,地下水位较低或渗水量较少,不影响坑壁稳定时,坑壁可不加支护,将坑壁挖成竖直或斜坡形坑壁的形式,如图2.21所示。竖直坑壁只适宜在岩石地基或基坑较浅又无地下水的硬黏土中采用。在一般土质条件下开挖基坑时,采用局部或全深度的放坡开挖方法。一般来说,该方法所需的工程费用较低,施工工期短,可为主体结构施工提供宽敞的作业空间。所以,开挖场地土质为杂填土、黏性土或粉土,场地较开阔,地下水位较低或降水后不会对相邻建筑物、道路及管线产生不利影响时,通常优先采用放坡开挖。当基坑不具备全深度放坡开挖条件时,上段可自然放坡,下段可设置其他支护体系。

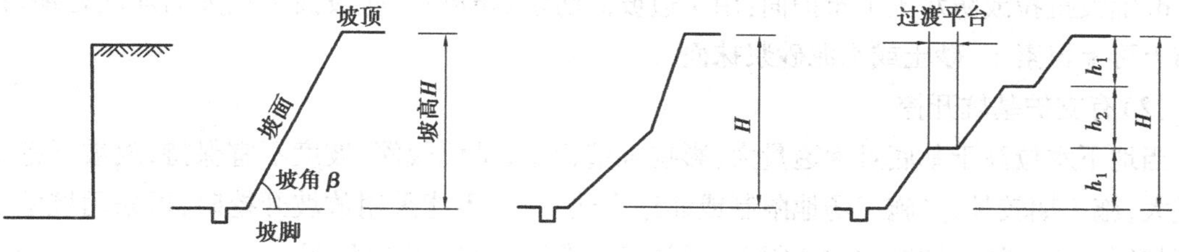

(a)直坡式　(b)斜坡式　(c)折线式　(d)台阶式

图2.21　常用基坑放坡形式

①基坑放坡开挖坡度。基坑坑壁坡度应按地质条件、基坑深度和施工方法等情况确定。一般基坑深度在5 m以内,施工期较短,当为无水基坑、土的湿度正常(接近最佳含水率),且土层构造均匀时,桥涵刚性扩大基础施工开挖基坑坑壁坡度可按表2.17选用。如土的湿度较大可能引起坑壁坍塌时,坑壁坡度应适当放缓。

表2.17　基坑坑壁坡度

坑壁土类	坑壁坡度		
	坡顶无荷载	坡顶有静荷载	坡顶有动荷载
砂类土	1:1	1:1.25	1:1.5
卵石、砂类土	1:0.75	1:1	1:1.25
粉质土、黏质土	1:0.33	1:0.5	1:0.75
极软岩	1:0.25	1:0.33	1:0.67
软质岩	1:1	1:0.1	1:0.25
硬质岩	1:1	1:1	1:1

基坑开挖经过不同土层时，坡度可分层选定，并酌情留平台；基坑深度大于 5 m 时，坑壁坡度可适当放缓或加设平台，各级过渡平台宽度为 1.0～1.5 m，必要时台宽可选 0.6～1.0 m，小于 5 m 的土质边坡可不设过渡平台。岩石边坡过渡平台的宽度不小于 0.5 m，施工时应按上陡下缓原则开挖。放坡设计时，应调整至合适的坡度，或采用折线形、台阶式放坡开挖，常用边坡形式如图 2.21 所示。

为稳定坑壁，基坑顶有动载时，基坑顶缘与动载间至少应留有 1 m 宽的护道；当地质、水文条件不良，或动载过大时，如土质边坡放坡开挖时边坡高度大于 5 m，具有与边坡开挖方向一致的斜向界面，有可能发生土体滑移的软弱淤泥或含水量丰富的夹层、坡顶堆载、堆物有可能超载时，应对边坡整体稳定性进行验算，必要时采取增宽护道或其他有效加固措施。

②基坑坑壁的防护与支护。放坡开挖有时也需对坡面采取保护措施，常用的坡面防护有以下方法：

a. 水泥砂浆抹面：对于易风化的软质岩石、老黏性土及破碎岩石边坡的坡面，常用 3～5 cm 厚水泥砂浆抹面，也可先在坡面挂铁丝网再喷抹水泥砂浆。

b. 浆砌片石护坡：对于各种土质或岩石边坡，可用浆砌片石护坡；也可在坡脚处砌筑一定高度的浆砌片石或红砖墙，用于反压及挡土，并与排水沟相接。

c. 堆砌砂土袋护坡：对已发生或将要发生滑坍失稳或变形较大的边坡，常用砂土袋（草袋、土工织物袋）堆置于坡脚或坡面。

d. 铺设抗拉或防水土工布护面：用于边坡面防水、防风化、防坡面土流失的加固处理，在土工布上可上覆素土、砂土或水泥砂浆抹面。

(2)有支护基坑开挖

当地下水位高于基底且渗透量大，影响坑壁稳定；基坑较深，坡度不宜保持，放坡开挖工作量过大，施工期较长；受施工场地限制或邻近有建筑物，不能采用放坡开挖时，可采用坑壁支护进行加固施工。加固坑壁的方法很多，现就目前常用的方法介绍如下。

①板桩墙支护。板桩墙支护是将板桩在开挖前垂直打入土中至坑底以下一定深度，然后边开挖、边支撑，开挖基坑始终在板桩的保护下进行。如图 2.22 所示，板桩墙支护分为无支撑式、内撑式和锚撑式。无支撑式（悬臂式）板桩的桩顶位移较大，故要求它的自身刚度较大，基坑较浅。内撑式有单支撑（锚）式和多支撑（锚）式，单支撑（锚）式板桩对施工干扰较小，但基坑的深度不能很大；多支撑（锚）式板桩则相反，可根据基坑深度和施工方法进行选用。

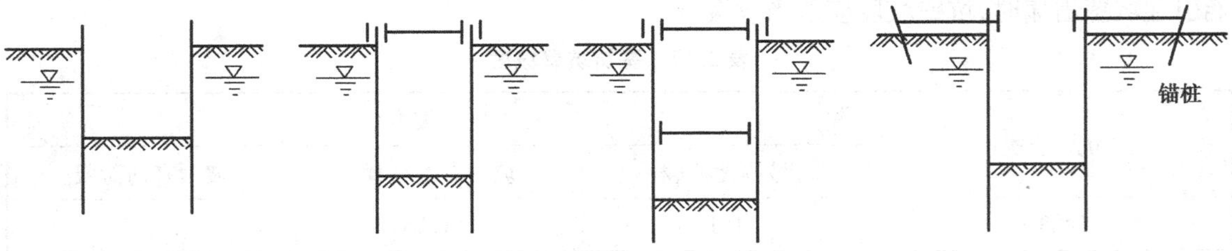

(a)无支撑式　(b)单支撑式　(c)锚撑式　(d)多支撑式

图 2.22　板桩支撑护壁

常用的板桩材料有钢板桩、木板桩和钢筋混凝土板桩 3 种。木板桩成本低，容易加工和施工，但强度较低，不宜用于坚硬土层，且长度受限制，一般只适于深度不超过 5～6 m 的基坑，目前在我国除林区外已很少采用。钢筋混凝土板桩的优点是耐久性好、刚度大、变形小，比钢板桩造价低；缺点是笨重且接头处防渗水性差，多用于码头等永久性挡土结构，修建桥梁基础很少采用。钢板桩的优点很多，如板厚度小（约 10 mm）、强度大、能穿过较坚硬的土层、锁口紧密、不易漏水、可焊接接长、不受基坑深度的限制、能反复多次使用、断面形状多样、可适应各种条件的需要。

②喷射混凝土护壁。喷射混凝土护壁宜用于土质较稳定、渗水量不大、深度小于 10 m、直径为 6～12 m 的圆形基坑。亚黏土、轻亚黏土及砂夹卵石的地质条件均可采用。其优点是施工进度较快，机械设备简单，能减少大量因放坡而增加的土方工程量。

喷射混凝土护壁的基本原理是以高压空气为动力，将搅拌均匀的砂、石、水泥和速凝剂干料，由喷射机经输料管吹送到喷枪，在通过喷枪的瞬间，加入高压水进行混合，自喷嘴射出，喷射在坑壁，形成环形混凝土护壁结构，以承受土压力，如图 2.23 所示。

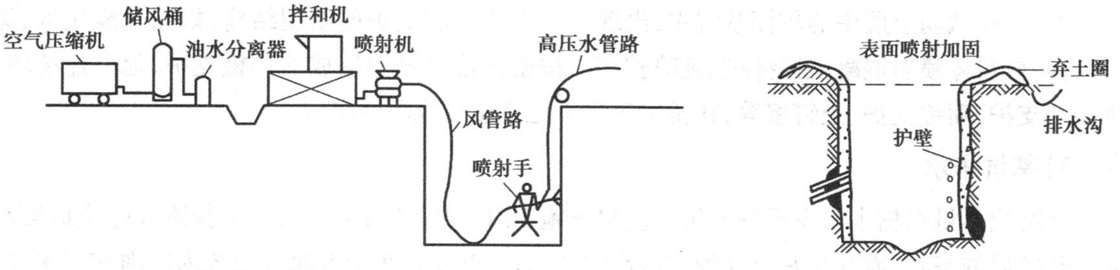

(a) 喷射混凝土作业示意图　　(b) 喷射混凝土井口堆土防护圈

图 2.23　喷射混凝土护壁

喷射混凝土厚度主要取决于地质条件、渗水量大小、基坑直径和基坑深度等因素。一般无渗水时，可取 3～8 cm（碎石类土）至 10～15 cm（砂类土）；对于有少量渗水的基坑，混凝土应适当加厚 3 cm 左右。为改善喷护效果，喷射混凝土中可加入钢纤维、玻璃纤维等材料，还可以加入钢丝网提高面层承载力。喷射混凝土技术与使用钢筋网、土钉、锚杆结合而成的土钉墙和喷锚支护都是深基坑支护的新型结构。

③混凝土围圈护壁。混凝土围圈护壁适应性较强，可以按一般混凝土施工，除流砂及呈流塑状态的黏性土外，适合于各类土的开挖防护。围圈可以就地灌注，也可预制混凝土块件在现场拼装或用喷射混凝土制成。混凝土围圈护壁也采用混凝土，环形结构承受土压力，基坑采用圆形、垂直开挖，按土压力作用下环形结构计算。壁厚较喷射混凝土大，一般为 15～30 cm，基坑深度可达 15～20 m。

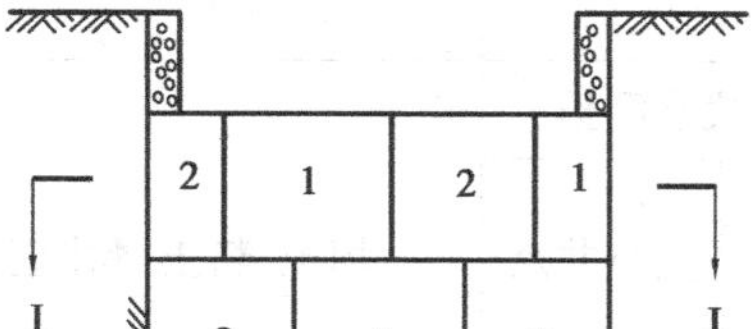

图 2.24　混凝土围圈护壁

采用混凝土围圈护壁时，基坑自上而下分层垂直开挖，开挖一层后随即灌注一层混凝土壁（图 2.24）。为防止已浇筑的围圈混凝土施工时因失去支承而下坠，顶层混凝土应一次整体浇筑，其作用与喷射混凝土护壁中的井口防护圈作用相同。

在一些基础工程施工中，对局部坑壁的围护也常因地制宜、就地取材采用多种灵活的围护方法。如在放坡开挖时，为增加边坡稳定性和减少土方量，常采用简易支护（图 2.25）；地下水影响不大时，也可使用木挡板支撑（路桥工程施工除在特定条件下,现较少采用)。

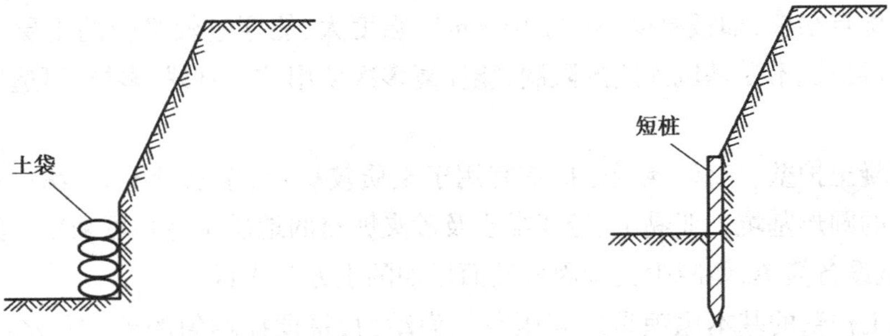

(a)土袋或块石堆砌支护　　(b)短桩支护

图2.25　基坑简易支护

此外,在软弱土层中的较深基坑中,出现了许多深基坑支护的新型结构,如钻孔灌注桩、深层搅拌桩、粉体喷射混凝土搅拌桩、旋喷桩等。按密排或格栅形形成的排桩支护、地下连续墙、拱圈墙支护、喷锚支护、土钉墙等,在桥梁工程中也有使用成功的实例。

3)基坑排水

基坑应尽量在枯水或少雨季节施工。雨季施工时,要特别注意地面水的排除和防止地面水流入开挖后的基坑,需要在基坑周围挖截水沟,同时在开挖过程中及时开挖坑内边沟和汇水井,以便排除坑内积水。开挖基坑较深、低于地下水位时,随着基坑的下挖,渗水将不断涌集基坑,为保持基坑干燥,便于基坑挖土和基础的砌筑与养护,必须采取适当的基坑排水和地下水控制措施。一般来说,地下水控制方法有集水明排法、降水法、截水和回灌技术,可单独或组合使用。表2.18所列各方法的适用条件可供设计者参考。

表2.18　地下水控制方法使用条件

方法名称		土　类	渗透系数/(m·d^{-1})	降水深度/m	水文地质特征
集水明排		填土、粉土、黏性土、砂土	<20.0	<5	上层滞水或水量不大的潜水
降水	真空井点		0.005~20.0	<6(单级) <20(多级)	
	喷射井点		0.005~20.0	<20	
	管井	粉土、砂土、碎石土、可溶岩、破碎带	0.1~200.0	>5	含水丰富的潜水、承压水、裂隙水
截水		黏性土、粉土、砂土、碎石土、可溶岩	不限	不限	—
回灌		填土、粉土、砂土、碎石土	0.1~200.0	不限	—

(1)集水明排法

集水明排,即表面排水(重力排水),也称集水井或排水沟排水,是最简单、应用最普遍的方法。基坑整个开挖过程及基础砌筑和养护期间,在基坑四周开挖集水沟汇集坑壁及基底的渗水,并引向一个或数个比集水沟挖得更深一些的集水坑,用抽水机(水泵)将水抽走,将水面降至坑底以下,如图 2.26 所示。

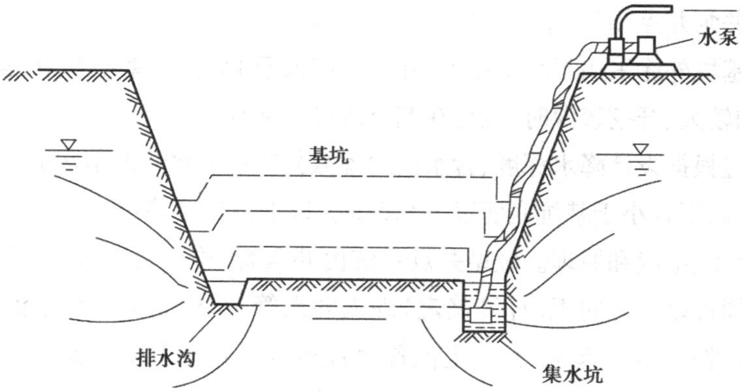

图 2.26　集水明排示意图

集水明排法可单独采用,也可与其他方法结合使用。单独使用时,降水深度不宜大于 5 m,否则在坑底容易出现软化、泥化,坡角出现流砂、管涌、边坡塌陷、地面沉降等问题。与其他方法结合使用时,其主要功能是收集基坑和坑壁局部渗出的地下水和地面水。

排水沟和集水井可按下列规定布置:

①排水沟和集水井宜布置在拟建建筑基础边净距 0.4 m 以外;排水沟边缘距离边坡坡脚不应小于 0.3 m;在基坑四角或每隔 30 ~ 40 m 应设一个集水井。

②排水沟沟底一般在基坑底面(开挖面)以下 0.3 ~ 0.5 m,沟底设为 0.3% ~ 0.5% 的坡度,使地下水沿明沟流向集水井;集水井井底高程应低于边沟底,高程差不小于 0.5 m,具体视渗水量而定,一般 1.0 m 左右。

③沟、井截面应根据排水量确定;排水量应不小于基坑总涌水量的 1.5 倍;集水井容积大小决定排水沟的来水量和水泵的排水量,宜保证水泵停抽后 30 min 内基坑坑底不被地下水淹没。

基坑侧壁出现分层渗水时,可按不同高程设置导水管、导水沟等构成明排系统;基坑侧壁渗水量较大或不能分层明排时,宜采用导水降水法。基坑明排还应重视环境排水,地表水对基坑侧壁产生冲刷时,宜在基坑外采取截水、封堵、导流等措施。

集水明排法设备简单,费用低,一般土质条件均可采用。但地基土为饱和粉细砂土等黏聚力较小的细粒土层时,由于抽水会引起流砂现象,造成基坑破坏和坍塌,因此应避免采用集水明排法。如果使用集水井排水,应采取措施,防止带走泥沙;或将集水井排水方法改为井点法降低地下水位或者采用水下施工。

(2)井点降水法

井点降水法主要是将带有滤管的降水工具沉设到基坑四周的土中,利用各种抽水工具,在不扰动土的结构条件下,将地下水抽出,以便于基坑开挖。井点降水法适用于粉质土、粉砂类土、细砂类土,以及地下水位较高、有承压水、挖基较深、坑壁不稳定的土质基坑,在无砂的黏质土中不宜使用。

根据使用设备的不同,一般有轻型井点、喷射井点、电渗井点、管井井点和深井泵井点等多种类型。降水深度不超过 6 m 时,可用一级轻型井点。如超过不多,可采用明沟排水与井点降水结合的方法,将抽水总管设在原地下水位以下。如降水深度较大,但不超过 12 m,且基坑周围开阔，则可采用多级轻型井点。如在建筑物较密集地区不能放坡时，要用降水深度大的设备，如喷射井点和深井泵井点，或采用多种井点组合降水。

降水井宜在基坑外缘采用封闭式布置，井间距应大于15倍井管直径，在地下水补给方向适当加密；基坑面积较大、开挖较深时，也可在基坑内设置降水井。

降水井深度应根据设计降水深度、含水层的埋藏分布和降水井的出水能力确定。设计降水深度在基坑范围内，不宜小于基坑底面以下0.5 m。以下以轻型井点降水为例进行介绍。

①轻型井点系统组成和原理。轻型井点系统由井点管、连接管、集水总管及抽水设备等组成。一般沿基坑周边以一定间距（计算确定）埋入井点管，在地面上用水平铺设的集水总管将各井点管（下端为滤管）连接起来，在一定位置设置离心泵和水力喷射器，离心泵驱动工作水，当水流通过喷嘴时形成局部真空，地下水在真空吸力作用下经滤管进入井管，然后经集水总管排出，从而使井管两侧一定范围内的水位逐渐下降，各井管相互影响形成了一个连续的疏干区（图2.27）。在整个施工过程中仍不断抽水，保证在基坑开挖和基础砌筑的整个过程中基坑始终保持着无水状态。降水曲线至少应深于基底设计高程0.5 m。

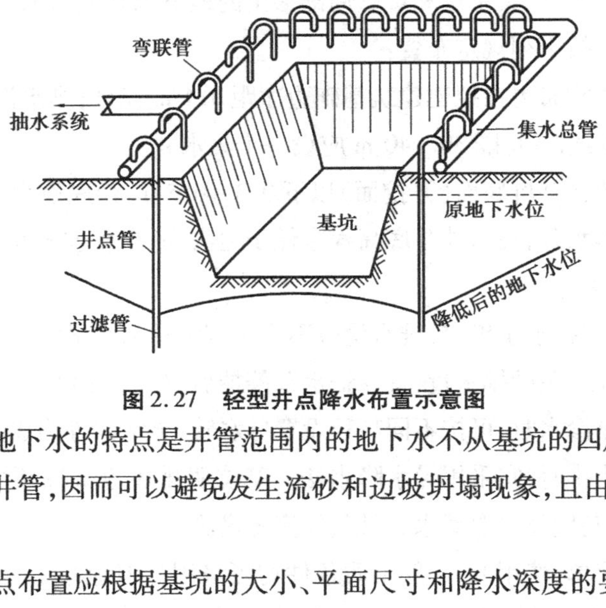

图2.27 轻型井点降水布置示意图

用这种方法降低地下水的特点是井管范围内的地下水不从基坑的四周边坡和底面流出，而是以相反的方向流向井管，因而可以避免发生流砂和边坡坍塌现象，且由于流水压力对土层还有一定的压密作用。

②井点布置。井点布置应根据基坑的大小、平面尺寸和降水深度的要求，以及含水层的渗透性和地下水流向等因素确定。根据经验，轻型井点常按下列要求布设：

a. 井点距坑壁不小于1~2 m，井点间距一般为0.6~1.2 m。井点管长5~7 m，下端滤管长1.0~1.7 m，下端深度要比坑底深0.9~1.2 m。

b. 若要求降水深度在4~5 m，可采用单级井点；若降水深度要求大于6 m，则可采用两级（图2.28）或多级井点，每增加3 m，增加1级，最多为3级。

c. 轻型井点基坑宽度不大于10 m，可设单排井点，布置在地下水流上游一侧；基坑宽度大于10 m或土质不良时，宜在基坑两侧设双排井点；基坑面积宽大时，布置环状井点。井点管位于基坑壁的外侧，距基坑壁不小于1~2 m，以免造成局部漏气，影响抽水效果。线状井点两端和环状井点转角处，以及靠近河流处等都要加密布置井点。

采用井点法降低地下水位时，应将滤管尽可能设置在透水性较好的土层中。轻型井点管过滤器顶端埋置深度（图2.29）按下式计算：

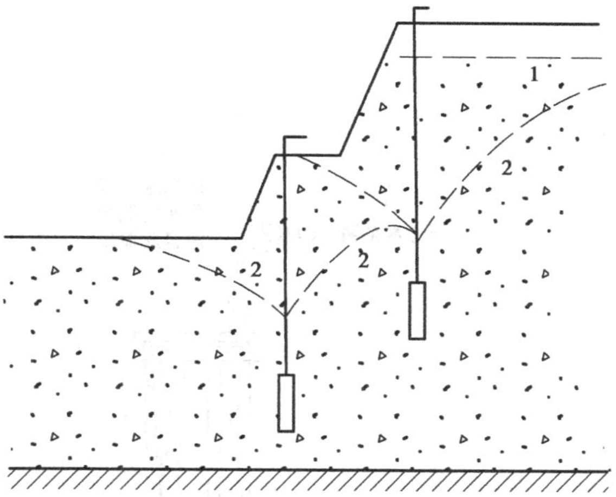

图 2.28　二级轻型井点布设

1—静止水位;2—二级抽水后地下水动水位曲线

$$H = H_1 + h + iL \tag{2.32}$$

式中　H——基坑深度,m;

h——基坑底面至降低后水位的竖向距离,一般取 0.5 ~ 1.0 m;

i——降落漏斗平均水力坡降,环形井点取 1/10,单排井点取 1/4;

L——井点管至基坑中心的距离,m。

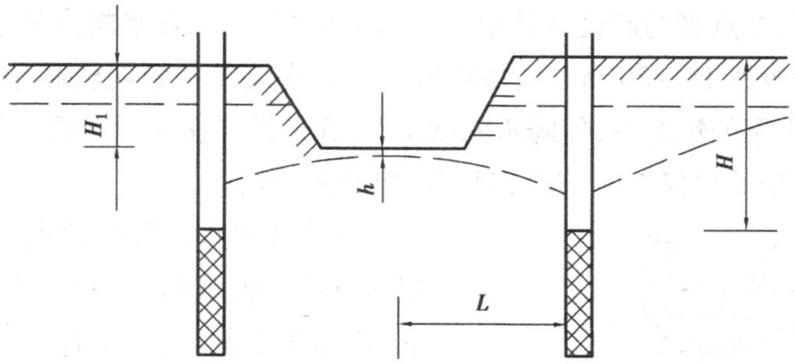

图 2.29　井点管埋置深度

井管的成孔可根据土质分别用射水成孔、冲击钻孔、旋转钻机及水压钻探机成孔。

(3)其他降水方法

①喷射井点。喷射井点特点:井点管的滤管以上部分有内外两层(图 2.30),内管下端连接喷射扬水器,采用高压水泵,每台泵带动 30 ~ 40 根井点管。

喷射井点一般有喷水和喷气两种,井点系统由喷射器、高压水泵和管路组成。利用井点下部的喷射装置,将高压水(喷水井点)或高压气(喷气井点)从喷射器喷嘴喷出,管内形成负压,使周围含水层中的水流从管中排出。

喷射器结构形式有外接式和同心式两种(图 2.31)。其工作原理是利用高速喷射液体的动能工作,由离心泵供给高压水流入喷嘴高速喷出,经混合室使得混合室压力降低,形成负压和真空,则井内的水在大气压力作用下,将水由吸气管压入吸水室,吸入水和高速射流在混合室中相互混合,射流的动能将本身的一部分传给被吸入的水,使吸入水流的动能增加,混合水流入扩散室,由于扩散室截面扩大,流速下降,大部分动能转为压能,将水由扩散室送至高处。

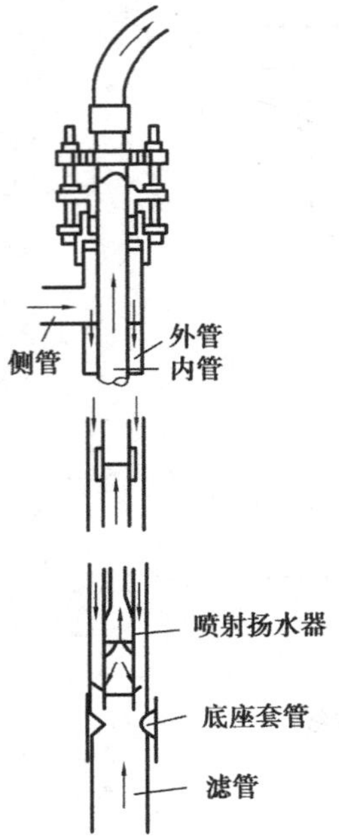

图 2.30　喷射井点构造

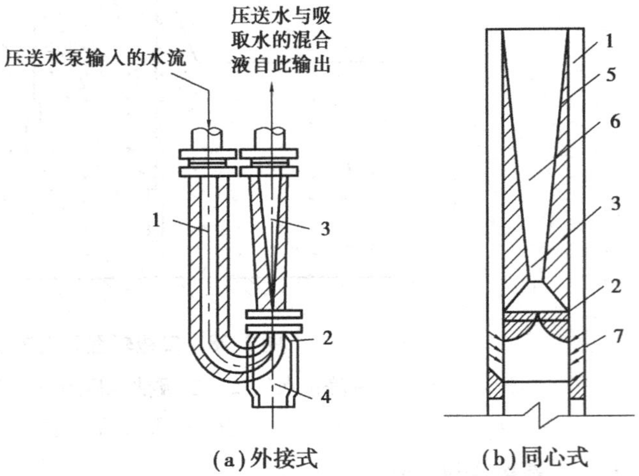

图 2.31　喷射井点构造原理图

1—输水导管(也可为同心式);2—喷嘴;3—混合室(喉管);
4—吸入管;5—内管;6—扩散管;7—工作水泵

管路系统布置和井点管的埋设与轻型井点基本相同,但总降水能力强于轻型井点,故适用范围较广,降低水深可达 18 ~ 20 m。如将喷射扬水器安设在井管内较高位置,成为吸喷井点,则可在不增加高压水泵的情况下,使降水深度增至 25 m 或带多个井点管。但成井工艺要求高,工作效率低,最高理论效率仅 30% ,运转过程要求管理严格。

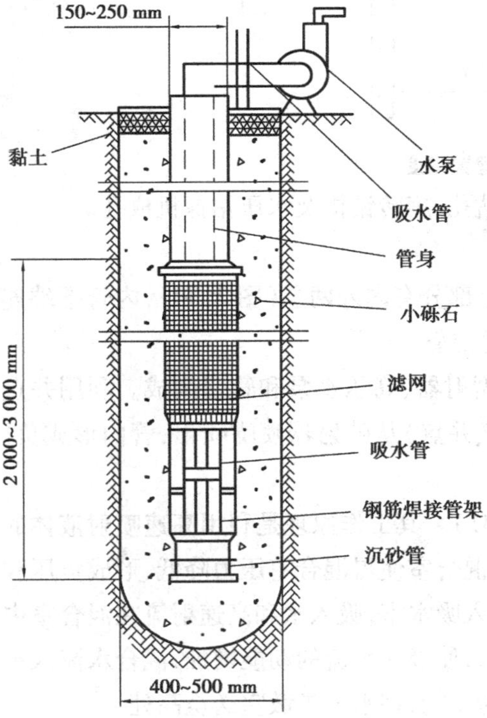

图 2.32　管井井点的构造

②管井井点。管井井点利用钻孔成井,多采用井点单泵抽取地下水的降水方法。一般情况下,管井深度大于 15 m 时,也可称为深井井点降水。管井井点直径较大,出水量大,适用于中、强透水层,如砂砾、碎卵石以及基岩裂隙等含水层,可满足大降深、大面积降水要求。

管井井点由井壁管和滤水管两部分组成。井壁管可用直径 200 ~ 350 mm 的铸铁管、无砂混凝土管、塑料管。滤水管可用钢筋焊接骨架,外包滤网(孔眼为 1 ~ 2 mm),长 2 ~ 3 m(图2.32),也可用铸铁管打孔,外缠镀锌铅丝。

管井井点的确定:先根据总涌水量验算单根管井极限涌水量,再确定管井的数量。根据已确定的管井数量沿基坑外围均匀设置管井。

4)基底检验处理

基坑挖好后,在基础施工前应进行验槽,即应做基底土质鉴定。鉴定方法可直接观察、打钢钎测定或取土样试验。如坑中积水较深又无法排干，可由潜水员到水下检查；对于特大桥及重要大中桥墩台基础等，必要时还需要在坑底钻探（至少4 m）。

一般基底检验的主要内容有：

①基底地质、承载力是否与设计资料相符；

②基底的排水处理情况是否能确保基础圬工的质量；

③检查施工记录及有关试验资料等。

鉴定合格后应立即进行基底处理。承重层如为黏性土，铲平基底时，应尽量保持其天然状态，不得用回填土夯实。必要时，可夯入一层10 cm以上厚度的碎石层，碎石层顶面不得高于基底设计高程。处理完后，应尽快砌筑基础，不得暴露过久，以免土面风化松软，使土的强度显著降低。对砂石类或砂类土层承重面应修理平整夯实，砌筑基础时，先铺一层水泥稠砂浆。在未风化的岩层上建造基础时，应先将岩面上的松碎石块凿出新鲜岩面，表面应刷洗干净。如岩层倾斜，应将层面基本凿平或凿成台阶，以免滑动。在易风化岩层上建造基础时，开挖基坑宜尽量不留或少留坑底富余量，将基础圬工填满坑底，封闭岩层。坑底如发现有泉眼涌水，应立即堵塞或排水加以处理，不能任其浸泡圬工或带出土粒。对于多年冻土地基和溶洞地基等，应采用特殊方法处理。基底检查后，如发现土质比设计要求差，地基承载力不够时，应改变基础设计，如扩大基底面积或改为桩基等；也可按具体情况进行人工加固的特殊处理，如采用砂夹卵石换填或用爆破挤压砂桩，使地基土密实；或用压注胶结物（如水泥浆灌注法、硅化法），使之胶结坚固等。

5）基础砌筑与基坑回填

基础是建筑物极为重要的一个组成部分，对基础材料和施工方法应严格控制。

（1）基础砌筑

桥涵浅基础可在以下3种情况下砌筑，即无水砌筑、排水砌筑和水下灌筑。为方便施工和保证质量，基础的砌筑应尽可能在干燥无水的状况下进行。基坑渗漏很小时，可采用排水砌筑。

排水砌筑的施工要点如下：

①确保在无水状态下砌筑圬工；

②禁止带水作业及用混凝土将水赶出模板外的灌注方法；

③基础边缘部分应严密隔水。

水下部分圬工必须待混凝土终凝后，才能停止抽水。只有当渗水量很大、排水困难时，才采用水下灌注混凝土的方法。基础圬工的水下灌注分为水下封底与水下直接灌注基础两种。前者封底后仍要排水砌筑基础，封底只能起封闭渗水的作用，其混凝土只作为地基而不作为基础本身，适用于板桩围堰开挖的基坑。基础圬工用料应在挖基完成前准备好，以保证能及时砌筑基础，避免基底土质变差。

（2）桥梁混凝土基础与墩台身的接缝

桥梁混凝土基础与墩台身的接缝，应按设计文件处理。设计无规定时，一般有如下要求：

①对于混凝土基础与混凝土墩台身的接缝，周边应预埋直径不小于16 mm的钢筋或其他铁件，埋入与露出长度不小于钢筋直径的30倍，间距不大于钢筋直径的20倍。

②对于混凝土或浆砌片石墩台身的接缝，应预埋片石，片石厚度不应小于15 cm，片石的强度要求不低于基础或墩台身混凝土或砌体的强度。

(3)基坑回填

基础砌筑完毕后,应检验其质量和各部位尺寸是否符合设计要求,如无问题,即可进行基坑回填。基坑宜用原土或好土及时回填,每层回填厚度不大于30 cm,并应分层夯实,达到设计要求。回填时,应在相对两侧或四周同时进行,以免单向挤动基础,造成位置偏移或挤坏基础。回填后,应立即做好地面排水,以免积水或渗水。

地下水或生产用水对基础材料有侵蚀性时,应弄清其性质,采取相应的预防措施。通常在基础四周涂以焦油、热沥青或用沥青胶粘贴两层卷材等,而后在坑壁和基础间填以黏性大的粉质黏土,分层夯实。

2. 水中浅基础施工

许多大型结构(如桥梁墩台及水工结构等),多位于江河、湖泊或海峡中。如基础底面在河底以下不深,可在水中修筑浅基础。在浅水中修筑浅基础,有以下几种常用方法:

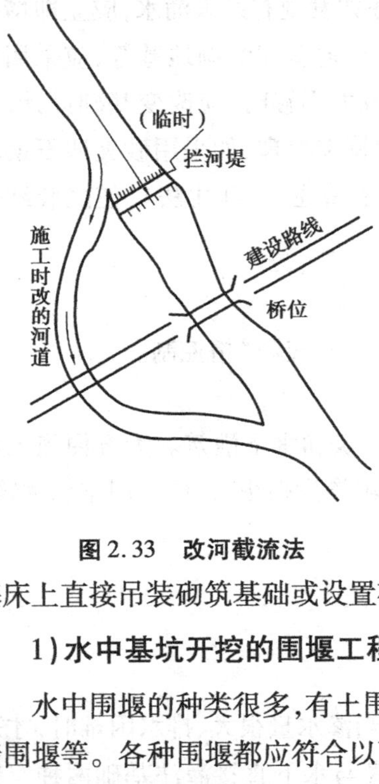

图2.33 改河截流法

①改河截流法:河流较小,施工时水量不大,容易修筑临时引水渠将水绕过桥位处引出(图2.33),要求不能影响周围农田建设。根据河流具体可能情况采用改河截流法。

②防水围堰法:河流流量较大不宜改河截流时,在将开挖的基坑周围先建一道挡水的围堰,将围堰内的水排干,形成旱地施工条件,再开挖基坑修筑基础。如果排水困难,也可在围堰内形成的静水条件下进行水下开挖基坑,达到基底标高后再灌筑水下混凝土封底,然后抽干水后再修筑基础。

此外,有时也采用水下挖浚整平地基后直接浇筑混凝土基础。在海港码头的岸壁工程或防浪堤工程中,常采用由抛石层、砂垫层及排水砂井组成的抛石基床,然后在抛石基床上直接吊装砌筑基础或设置有底浮式基础。

1)水中基坑开挖的围堰工程

水中围堰的种类很多,有土围堰、草(麻)袋围堰、钢板桩围堰、双壁钢围堰,还有地下连续墙围堰等。各种围堰都应符合以下要求:

①围堰顶面应高出施工期间可能出现的最高水位0.5~0.7 m以上,有风浪时应适当加高。

②修筑围堰将压缩河道断面,使流速增大引起冲刷,或堵塞河道影响通航,要求河道断面压缩一般不超过流水断面面积的30%。对两边河岸河堤或下游建筑物有可能造成危害时,必须征得有关单位同意并采取有效防护措施。

③围堰内尺寸应满足基础施工要求,留有适当工作面积,从基坑边缘至堰脚距离一般不小于1 m。

④围堰结构应能承受施工期间产生的土压力、水压力以及其他可能发生的荷载,满足强度和稳定性要求。围堰应具有良好的防渗性能。

(1)土围堰和草袋围堰

在水深较浅、流速缓慢、河床渗水较小的河流中修筑基础,可采用土围堰(图2.34)或草(麻)袋围堰,也称土袋围堰,如图2.35所示。

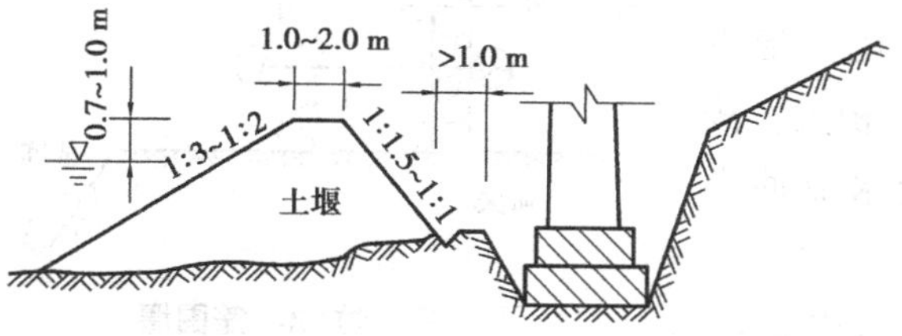

图2.34 土围堰

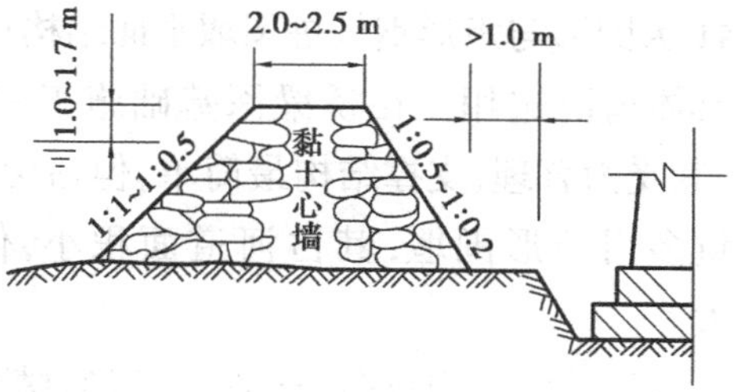

图2.35 草袋围堰

土围堰一般适用于水深在2 m以内,流速小于0.5 m/s,宜用黏性土填筑。缺黏性土时,也可用砂类土填筑,但必须加宽堰身以加大渗流长度,砂土颗粒越大,堰身越要加厚。围堰断面应根据使用土质条件、渗水程度及水压力作用下的稳定程度确定。若堰外流速较大时,可在外侧用草袋柴排防护。

草(麻)袋围堰一般适用于水深在4 m以内、流速小于1.5 m/s、河床为渗水性较小的土壤。围堰内外圈均堆码草(麻)袋,中间用黏土填心。在流速较大处,外侧草(麻)袋可装填粗砂或小卵石。草(麻)袋内装松散黏性土,装填量约为袋质量的60%。施工时,堆码土袋的上下层和内外层应互相错缝,尽量堆码密实平整。

(2)木板桩围堰

水深在3~4 m时可采用单层木板桩围堰,必要时可在外围加填土堰,可节省部分筑堰用土量,由于支承关系,坑内工作面加大,如图2.36(a)所示。水深在4~6 m时,可采用双层木板桩围堰,在双层板桩中间填以黏土或亚黏土心墙,如图2.36(b)所示。

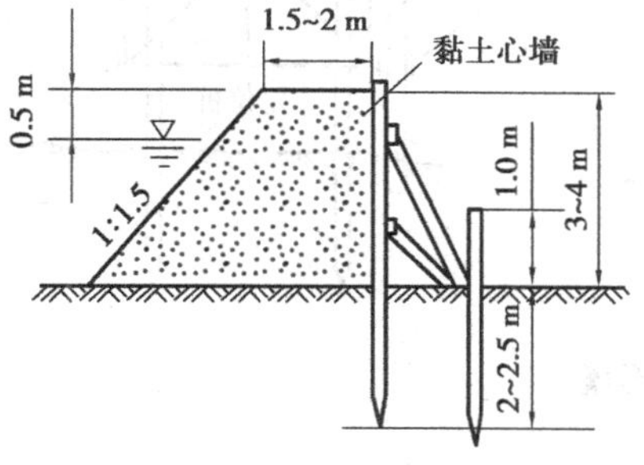

(a)单层木板桩围堰

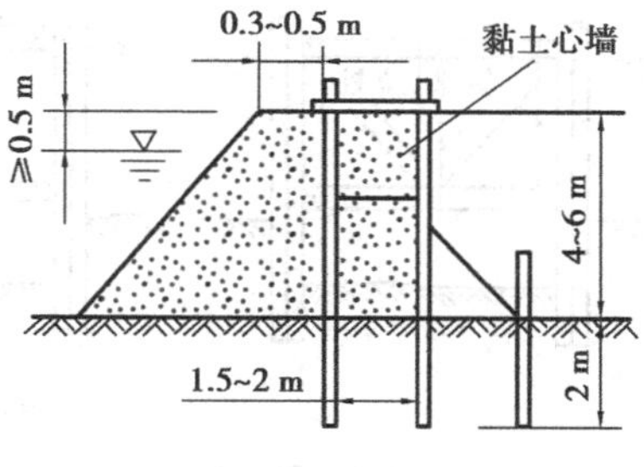

(b)双层木板桩围堰

图2.36 木板桩围堰

此外,在岩石河床不能插打板桩,而又水深流急的河流,还可以用竹笼片石围堰和木笼片石围堰做水中围堰。其结构由内外两层装片石的竹(木)笼之间以铁丝成十字形连接,填以黏土心墙(图2.37)。黏土心墙厚度应小于2 m。为避免片石笼对基坑顶部压力过大,并为必要时变更基坑边坡留有余地,片石笼围堰内侧一般应距基坑顶缘3 m以上。

(3)钢板桩围堰

钢板桩本身强度大、防水性能好,打入土中穿透力强,不但能穿过黏性土、砂类土砾石、卵石层,也能切入软岩层和风化层,一般河床水深在4~8 m,且为较软岩层时最为适用。围堰深一般为20 m以内。若有超出,板桩可适当接长。

钢板桩围堰有单层(图 2.38)、双层(图 2.39)和构体式(图 2.40)等结构形式。钢板桩围堰的形式有矩形、多边形、圆形和圆端形等,分单层与双层围堰。图 2.41 为圆形与矩形钢板桩围堰平面结构详图,施工中结合具体情况选用。在桥梁深基础施工中,多用圆形围堰,其受力合理,支撑结构最简单,但占河道面积大。浅基坑多用矩形围堰,其占河道面积小,但受水流冲击力大。

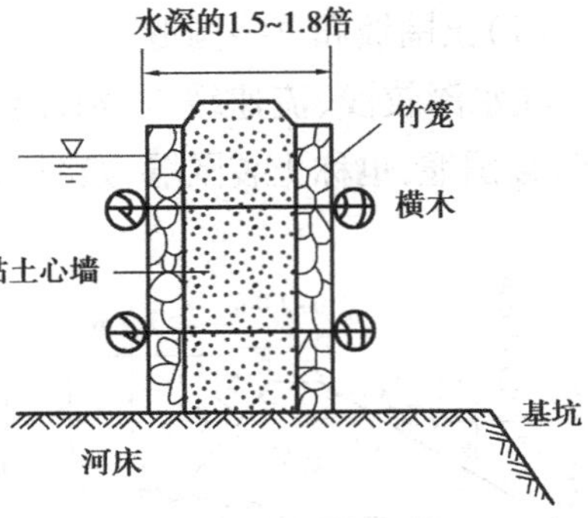

图 2.37 竹(木)笼围堰

钢板桩的类型较多,有平形、Z 形、槽形等,如图2.42所示。在一般桥梁工程基坑施工中,浅基础多采用矩形木导框,较深基坑多用圆形型钢,因其防水性能较好,多用单层围堰,使用的钢板以槽形为主。钢板桩的锁口有阴阳锁口、环形锁口和套口锁口。

围堰还可根据具体的施工条件和要求,采用其他各种结构形式,如浮运套箱围堰、双壁钢围堰等。有些围堰结构形式适用于在深水中修筑桩基、管柱或沉井等基础,将在有关章节中介绍。钢板桩围堰施工的基本程序是:施工准备→导框安装→插打与合龙→抽水堵漏及拔桩整理等。

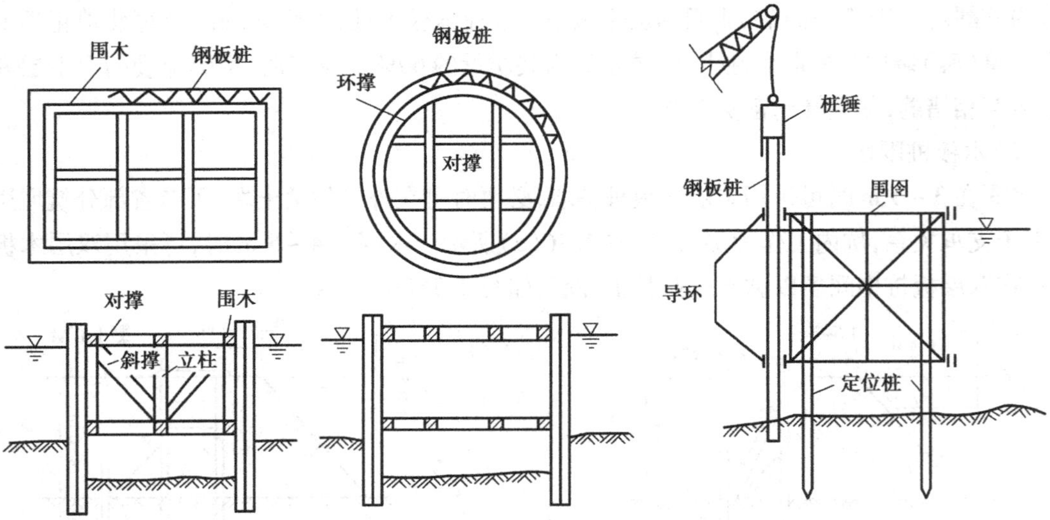

图 2.38 单层钢板桩围堰

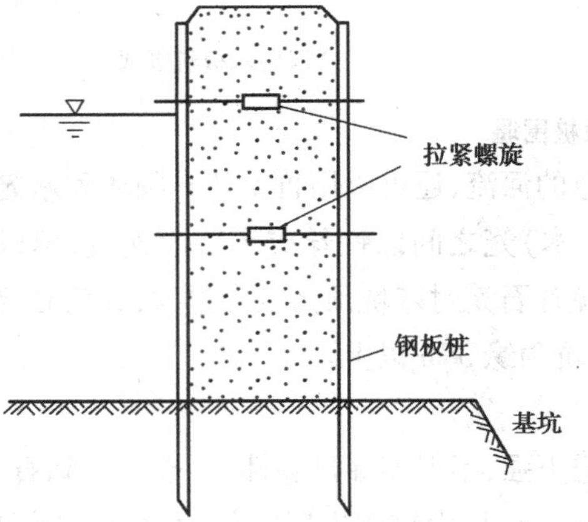

图 2.39 双层钢板桩围堰

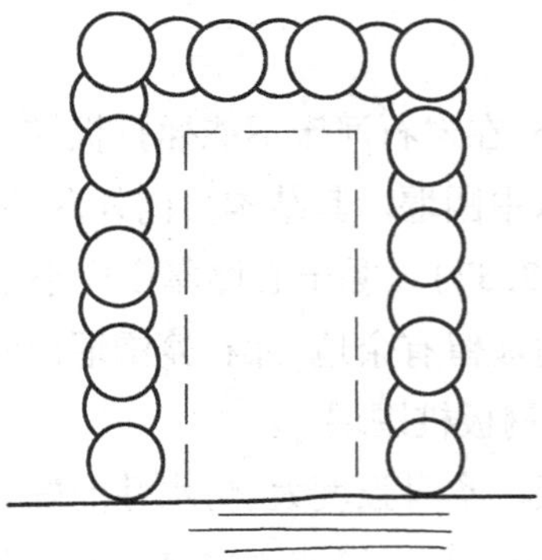
图 2.40 构体式钢板桩围堰

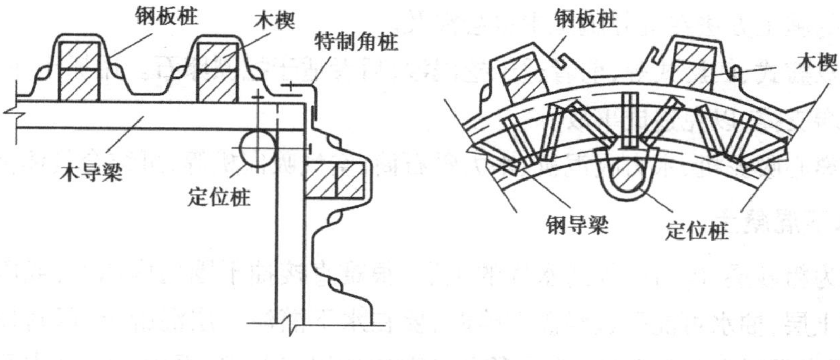

图2.41　钢板桩围堰结构

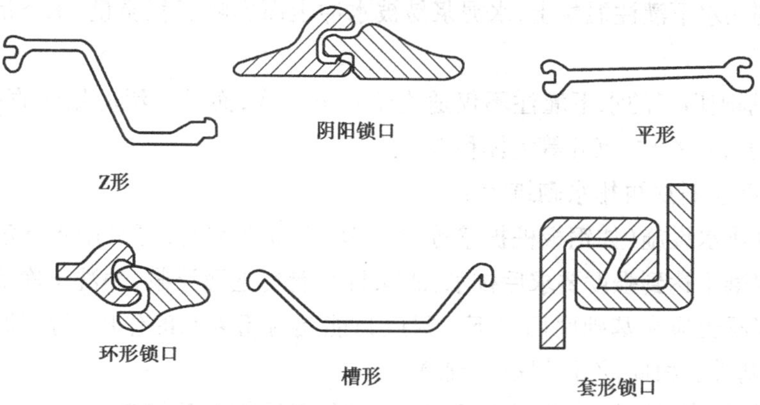

图2.42　钢板桩截面类型及锁扣

(4)钢套箱围堰

钢套箱围堰适用于流速较小、覆盖层较薄、透水性较强的砂砾或岩石深水河床。对于埋置不深的水中基础,也可用作修建桩基承台。

①基本构造。钢套箱是利用角钢、工字钢或槽钢等刚性杆件与钢板连接而成的整体无底钢围堰,可制成整体式或装配式,并采取相应措施,防止套箱接缝渗漏。

②就位下沉。钢套箱可在墩台位置处以脚手架或浮船搭设的平台上起吊下沉就位。下沉钢套箱前,应清除河床表面障碍物。随着钢套箱下沉,逐步清除河床土层,直至设计标高。钢套箱位于岩层上时,应整平基层。若岩面倾斜,则应根据潜水员探测的资料,将钢套箱底部做成与岩面相同的倾斜度,以增加钢套箱的稳定性,并减少渗漏。

③清基封底。钢套箱下沉就位后,先由潜水工将钢套箱脚与岩面间空隙部分的泥沙软层清除干净,然后在钢套箱脚堆码一圈沙袋,作为封堵砂浆的内膜由潜水工将1:1水泥砂浆轻轻倒入套箱壁脚底与沙袋之间,防止清基时砂砾涌入套箱内。清基可采用吹砂吸泥或静水挖抓泥沙方法,进行水下挖基。经过检验即可灌注水下混凝土封底,最后抽干钢套箱内存水,浇筑墩台。

2)水下挖土

围堰建成后,应尽可能边抽水边开挖,将水抽干进行旱地施工。但如河床土质透水性大,基坑排水有困难,或因抽水会引起严重流砂、涌泥无法继续施工时,除采用井点法降水外,也可采用不排水开挖。

水下挖土机械主要有抓土斗(抓土机)和吸泥机(挖泥机)两类。对于一般土质、砂砾土基坑,宜用抓土斗抓土,有条件时可用空气吸泥机吸出泥沙,然后立模用导管法灌注水下混凝土。

有关水下挖土的施工方法在沉井施工中也会涉及。

抓土斗有双瓣式、四瓣式等,前者适于挖泥沙,后者适于挖漂卵石。用抓土斗挖土要特别注意不能撞坏围堰支撑,以免造成事故。

吸泥机有离心吸泥机、水力吸泥机、水力吸石筒、空气吸泥机等,可结合具体情况选用。

3)灌注水下混凝土

若因基底为粗砂层、碎石层等透水性的土层,很难直接抽干围堰内积水;或因基底为粉砂、细砂等细颗粒土层,抽水可能引起涌砂危险时,要在水下灌注一层混凝土,以封住坑底,防止漏水。封底后,至少经过3昼夜养护,使混凝土强度达到规定要求,再抽干围堰内积水,以便于旱地作业。考虑到在水下灌注混凝土,水泥浆易被水冲走而影响工程质量,水下混凝土的强度应提高20%~30%。

如前所述,基础圬工的水下灌注不仅适用于水下封底,而且广泛应用于直接灌注基础、墩台,包括钻(挖)孔桩、管柱、沉井等大体积混凝土工程。

(1)水下混凝土封底再排水砌筑圬工

坑壁有较好防水设施(如钢板桩护壁等)但基坑渗漏严重时,可采用水下灌注混凝土封底方法。待封底混凝土达到强度要求后排水,清除封底混凝土面浮浆,冲洗干净后再砌筑基础圬工。水下封底混凝土应在基础底面以下。封底只能起封闭渗水的作用,封底混凝土只作为地基,而不能作为基础。因此,不得侵占基础厚度。

水下封底混凝土层的最小厚度由以下条件控制:围堰作业已封底并抽干水后,板桩和封底混凝土组成一个浮筒,该浮筒的自重应能保证不被浮起;同时,封底混凝土作为周边简支板,在基底面上水压力作用下,不致因向上挠曲而折裂。

(2)水下直接灌注混凝土

水下混凝土灌注主要有以下方法:

①垂直导管法,适用于厚度不大且面积不大的场合;

②液压阀软管法和双层导管(KDT)法,适用于灌注速度不快而质量要求高的工程;

③填石灌浆法,适用于体积大灌注速度快的工程;

④吊斗法及麻袋法,适用于体积小、数量少的工程或修补工程;

⑤水平移动软管或泵送直接浇筑抗离析混凝土法,适用于薄而面积大的水下板状构筑物。

垂直导管法是目前最常用的水下混凝土灌注施工方法,如图2.43所示。混凝土经导管输送至坑底,并迅速将导管下端埋设。随后,混凝土不断地输送到被埋设的导管下端,从而迫使先前输送到但尚未凝结的混凝土向上和向四周推移。随着基底混凝土的上升,导管也缓慢地向上提升,直至达到要求的封底厚度时,停止灌入混凝土,并拔出导管。封底面积较大时,宜用多根导管同时或逐根灌注,按先低处后高处,先周围后中部次序并保持大致相同的标高进行,以保证使混凝土充满基底全部范围。导管的有效作用半径,因混凝土的坍落度大小和导管下口超压力大小而异,其注意事项和要求可参阅桩基施工部分。

正常情况下,所灌注的水下混凝土仅表面与水接触,其他部分的灌注状态与空气中灌注无异,从而保证水下混凝土的质量。至于与水接触的表层混凝土,可在排干水而外露时予以凿除。

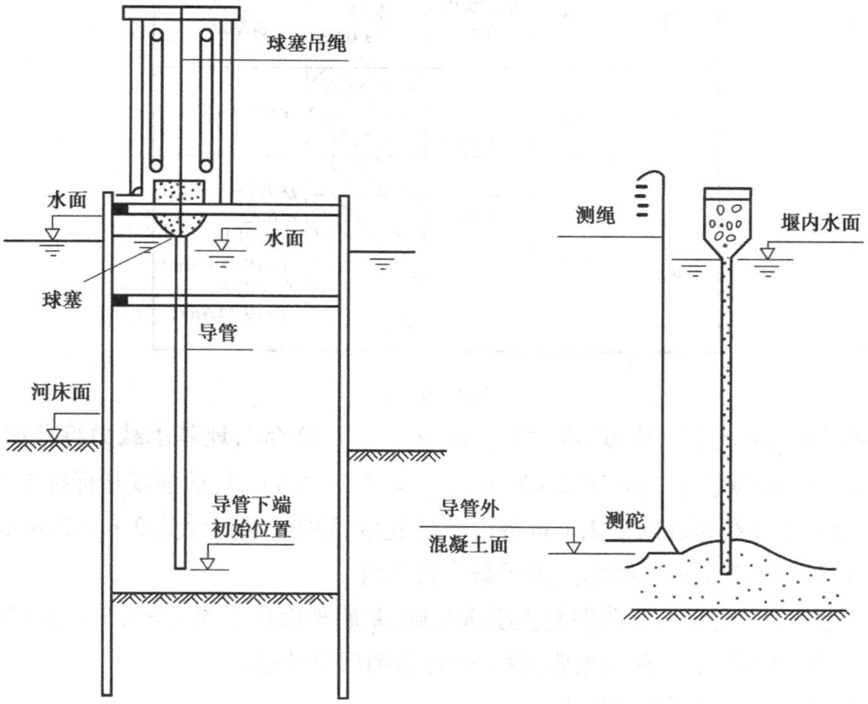

图 2.43　垂直导管法灌注水下混凝土

复习思考题

2.1　用明挖法在陆地上建筑浅基础施工包括哪些内容？

2.2　什么是基坑工程？深基坑支护结构有哪些形式？

2.3　大面积基坑土方开挖应遵循什么原则？应注意哪些问题？

2.4　浅基础施工地下水控制方法有哪些？其适用条件如何？

2.5　简述轻型井点法结构组成及设计要点。

2.6　浅基础施工截水与回灌的要点是什么？

2.7　水中浅基础如何进行施工？

2.8　水中基坑开挖的围堰形式有哪几种？它们各自的适用条件和特点是什么？

2.9　水下挖土采用哪些机械？水下浇筑混凝土有哪些方法？

练习题

2.1　某建筑物的箱形基础宽 8.5 m，长 20 m，持力层情况如习题图 2.1 所示。其承载力标准值 f_x = 189 kPa，箱基埋深 d = 4 m，试确定黏土层的承载力设计值。已知地下水位在地面以下 2 m 处。

层次	土类	层次深度/mm	地面标高 ±0.00	土工试验结果
Ⅰ	填土	1.80		γ=17.8 kN/m³
Ⅱ	黏土	2.00		D=0.73 e=0.83 水位以上： γ=18.98 kN/m³ 水位以下： γ=19.2 kN/m³

习题图 2.1

2.2　某场地地表土层为中砂，厚度为 2 m，$\gamma=18.7$ kN/m³；地基承载力特征值$[f_{a0}]=222$ kPa；中砂层以下为粉质黏土，$\gamma=18.2$ kN/m³，$\gamma_{sat}=19.1$ kN/m³，抗剪强度指标标准值$\phi_k=21°$，$c_k=10$ kPa，地下水位在地表以下 2.1 m 处。若修建的基础底面尺寸为 2 m×2.8 m，试确定基础埋深分别为 1 m 和 2.1 m 时持力层的承载力特征值。

2.3　习题图 2.2 所示为公路混凝土桥墩基础，基底平面尺寸为 $a=7.5$ m，$b=7.4$ m，埋置深度 $h=2$ m。试根据图示荷载及地质资料，进行下列项目的检算：

①检算持力层及下卧层的承载力；

②检算基础本身强度；

③检算偏心距、滑动和倾覆稳定性。

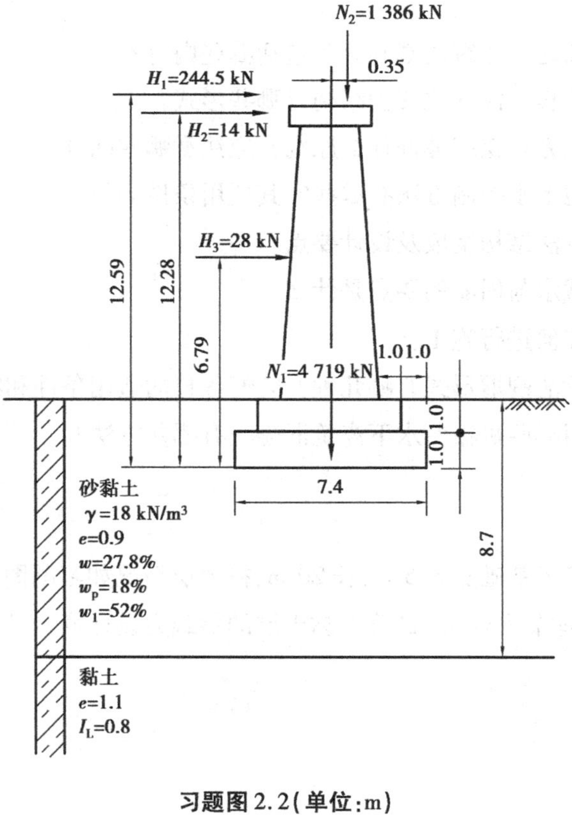

习题图 2.2（单位：m）

2.4　某上跨乡村道路的两跨简支梁小桥，其桥墩采用天然地基上的浅基础，明挖法施工，地质依次为3 m黏土，以下为碎石土。地下水位线离地面2.7 m。试阐述：

①写出天然地基上浅基础的施工顺序；

②写出两种基坑支护方案；

③针对地质情况，提出你认为可行的基坑排水方法。

学习情境3　桩基础

【学习目标】了解桩基础的概念、分类及应用范围；了解桩基础的基本构造、桩基与承台的连接形式及布置方式；掌握竖向荷载下单桩受力性状以及桩基竖向承载力计算方法；熟悉预制桩和灌注桩常用的施工机具、操作工艺流程，了解施工中的注意事项、工程事故的预防及处理方法；了解常规桩基试验检测方法。

【学习内容】桩基础的概念、分类及应用范围，桩基础构造，竖向荷载下单桩受力性状以及桩基竖向承载力计算，桩基础施工，桩基础设计，桩基础试验检测。

【学习重点】桩基础分类，桩基础施工。

【学习难点】单桩容许承载力，桩基础设计。

桩基础是应用最广泛的桥梁基础形式之一。随着科学技术的不断进步，施工机具设备不断改良，技术方法不断推陈出新，桩基础向着大截面、大纵深、高承载力等方向发展。本情境从基础理论入手，注重理论结合实际，对桩基受力情况、承载力确定依据、计算方法等进行综合阐述，重点介绍几种常见的桩基础施工方法，为同学们在今后稳步踏入工作岗位打好基础。

项目1　桩基础的概念

1. 桩基础的概念及作用

当建设场地的浅层地基不能满足建筑物对地基承载力和变形的要求，也不宜采用地基处理等措施时，往往可以利用地基深层坚实土层或岩层作为地基持力层，采用深基础方案。深基础主要有桩基础、沉井基础、墩基础和地下连续墙等类型，其中以桩基的历史最为悠久，并以其有效、经济等特点得到最广泛的应用。如我国隋朝的郑州超化寺、秦代的渭桥、南京的石头城、五代的杭州湾大海堤、西安坝桥、北京御河桥和上海的龙华塔等，都是我国古代桩基础的典范。

近年来，随着生产水平的提高和科学技术的发展，桩的种类和形式、施工机具、施工工艺以及桩基础设计理论和设计方法等都得到了很大的发展。

桩基础是常用的桥梁基础类型，是埋于地基土中的若干根桩及将所有桩连成一个整体的承台（或盖梁）两部分所组成的一种基础形式。承台以上是上部结构，从图3.1中可见，桩像置于土中的柱子一样，而承台则类似钢筋混凝土扩展式浅基础一样。但桩和承台的设计计算不同于柱和钢筋混凝土扩展式浅基础。桩身可以全部或部分埋入地基土中，桩身外露在地面上较高时，在桩之间还应加横系梁，以加强各桩之间的横向联系。

(1)承台的作用

承台主要承受上部结构荷载,并将荷载传递给各桩。承台箍住桩顶使各个桩共同承受荷载。

(2)桩的作用

桩承受承台传递过来的荷载,通过桩侧对土的摩擦力及桩端对土的压力将荷载传递到土中。

(3)桩基础的作用

桩基础将上部结构传来的荷载,通过承台传递给桩,再由桩传递到土中。

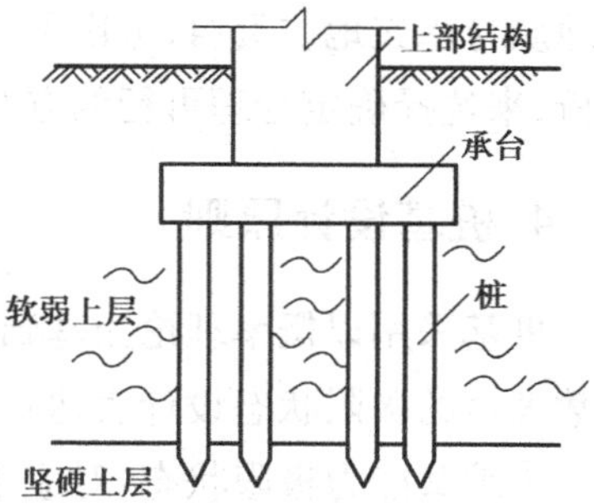

图3.1　桩基础示意图

2. 桩基础的特点

桩基础如设计正确,施工得当,它应具有如下特点:

①对比浅基础,桩基础承载力高、稳定性好、沉降量小而均匀。地基浅层土质不良时,它能穿越浅层土发挥地基深层土承载力的作用,以满足桥梁上部结构物荷载的要求。

②在深水河道中施工比其他基础形式简便。桩基础可以借桩群穿过水流将荷载传到地基中,避免(或减少)水下工程,简化施工设备和技术要求,加快施工速度并改善劳动条件。

③与其他深基础形式相比,耗用材料少。

④具有较好的适应性。目前,桩基础的类型多种多样,成桩机具种类繁多,施工工艺完善,施工经验成熟,施工方法灵活。所以,可以采用不同类型的桩基础和施工方法,以适应不同的水文地质条件、荷载性质和上部结构特征。

3. 桩基础的适用性

桩基础的适用范围十分广泛,可概括为以下情况:

①荷载较大,地基上部土层软弱,适宜的地基持力层位置较深,采用浅基础或人工地基在技术、经济上不合理时。

②河床冲刷较大,河道不稳定或冲刷深度不易计算正确,如采用浅基础施工困难或不能保证基础安全时。

③地基计算沉降过大或结构物对不均匀沉降敏感时,采用桩基础穿过松软(高压缩性)土层,将荷载传到较坚实低压缩性土层,减少结构物沉降并使沉降较均匀。

④施工水位或地下水位较高时,采用桩基础可以减少施工困难。

⑤在地震区液化地基中,采用桩基础穿越可液化土层,可消除或减轻地震对结构物的危害,以增强结构物的抗震能力。

以上情况也可以采用其他形式的深基础,但桩基础由于具有耗用材料少、自重轻、施工简便等优点,往往是优先考虑的深基础方案。总之,采用浅基础无法满足结构物对地基强度、变形和稳定性方面的要求时,常常采用桩基础。

上层软弱土层很厚、桩底不能达到坚实土层时,就需要用较多、较长的桩来传递荷载,桩基础稳定性较差,沉降量也较大;当覆盖层很薄时,桩的稳定性也有问题。此时,桩基础就不一定是最佳的基础形式。

因此,考虑采用桩基础时,必须根据上部结构特征和使用要求,认真分析研究建桥地点的工程地质与水文地质资料，考虑不同桩基类型特点和施工环境条件，经过多方面的技术经济比较分析，来选择确定合理可行的方案。

4. 桩基设计原则

桩基采用以概率理论为基础的极限状态设计法，以可靠度指标度量桩基的可靠度，以分项系数表达的极限状态设计表达式进行计算。桩基的极限状态分为两类：

①承载能力极限状态：对应于桩基达到最大承载能力或整体失稳或发生不适于继续承载的变形。

②正常使用极限状态：对应于桩基达到建筑物正常使用所规定的变形限值或达到耐久性要求的某项限值。

桩基础设计计算中，一般需要解决强度和变形两方面的问题。前者包括荷载作用下桩基础中每根桩应有足够的承载力和基础下地基应有足够的强度，后者要求桩基础的变位不影响上部结构的正常使用。因此，桩基础设计计算中，主要需解决以下两个问题：

①单桩承载力和荷载作用下基础中各桩的实际受力和变位。

②对于某些桩基础，有时还要考虑桩基础整体的承载力问题。

由于桩与土之间的作用比较复杂，所以现在采用的计算方法都带一定的近似性，有待进一步研究和完善。

项目2 桩基础分类

桩基中的桩可以是竖直的或倾斜的，桥涵工程中大多采用承受竖向荷载的竖直桩。分类的目的是掌握其不同的特点，以供设计时根据现场的具体条件选择适当的桩型。根据桩的承载性状、桩体材料、施工方法和成桩方法等可以把桩分为各种类型。

1. 按桩体材料分类

桩按桩身材料分为木桩、素混凝土桩、钢桩、钢筋混凝土桩和组合桩。木桩和素混凝土桩的承载能力较低，使用寿命不长，目前的工程中很少采用。目前，实际工程中桩的主要采用以下3种。

1）钢桩

钢桩可根据荷载特征制作成各种有利于提高承载力的断面。管形和箱形断面桩的桩端常做成敞口式，以减小沉桩过程中的挤土效应。桩壁轴向抗压强度不足时，可将挤入管、箱中的土塞挖除，灌注混凝土。宽翼工字形钢桩（又称 H 形桩）沉桩过程的排土量较小，贯入性能好。此外，宽翼工字形钢桩的比表面积大，用于承受竖向荷载时，能提供较大的摩阻力。为增大桩的摩阻力，还可在宽翼工字形钢桩的翼缘或腹板上加焊钢板或型钢。对于承受侧向荷载的钢桩，可根据桩身弯矩的变化情况局部加强断面刚度和强度。

钢桩的最大优点是断面加工容易，还具有抗冲击性能好、结头易于处理、运输方便、施工质量稳定、材料强度均匀可靠等优点。

钢桩的缺点是造价高、易锈蚀、耗费钢材多等。

2)钢筋混凝土桩

钢筋混凝土桩适用于大中型各类土木工程的承载桩。钢筋混凝土的配筋率较低(一般为1% ~3%),而混凝土取材方便,价格便宜,耐久性好。钢筋混凝土桩既可预制,又可现浇,还可采用预制和现浇组合,适用于各种地层,成桩直径和长度可变范围大。因此,桩基工程的绝大部分采用钢筋混凝土桩。

钢筋混凝土桩的优点是单桩承载力大,预制桩不受地下水位与土质条件的限制,桩的安全性高等。

钢筋混凝土桩的缺点是预制桩的自重大,需要的施工设备较多,造价较高。

3)组合桩

组合桩是指用多种不同材料组合的桩,如钢桩内填混凝土,或上部为钢桩、下部为混凝土等形式的组合桩。

2. 按成桩挤土效应分类

大量工程实践表明,成桩挤土效应对桩的承载力、成桩质量控制和环境等有很大影响。根据成桩方法和成桩过程的挤土效应,将桩分为非挤土桩、部分挤土桩和挤土桩(排土桩)三大类。

1)非挤土桩

非挤土桩也称为置换桩,施工时用钢筋混凝土或钢材将与桩基体积相同的土置换出来,桩身下沉对周围土体很扰动,但缺点是有应力松弛现象,包括钻(挖)孔灌注桩、抓斗抓掘成孔桩等。

2)部分挤土桩

在成桩过程中,周围土体仅受到轻微挤压扰动,土体原状结构及工程性质没有大的变化,包括冲孔灌注桩、挤扩孔灌注桩、预钻孔沉桩、打入式敞口桩和敞口预应力混凝土管桩等。

3)挤土桩(排土桩)

在成桩过程中,桩周围的土被挤密或挤开,桩周围的土受到严重扰动,土的原始结构遭到破坏,土的工程性质发生很大变化。这类桩主要包括各种沉桩,如锤击、静压、振动沉入的预制桩及闭口预应力混凝土管桩等。

在饱和软土中设置挤土桩,如设计和施工不当,就会产生明显的挤土效应,导致未初凝的灌注桩桩身缩小乃至断裂、桩上涌和移位、地面隆起等,从而降低桩的承载力;有时,还会损坏邻近建筑物;桩基施工后,还可能因饱和软土中孔隙水压力消散,土层产生再固结沉降,使桩产生负摩阻力,降低桩基承载力,增大桩基沉降。挤土桩只有设计和施工得当,才可收到良好的技术经济效果。

在非饱和松散土中采用挤土桩,其承载力明显高于非挤土桩。因此,正确地选择成桩方法和工艺,是桩基设计中的重要环节。

3. 按承载性状分类

桩在竖向荷载作用下,桩顶荷载由桩侧摩阻力和桩端阻力共同承担。柱侧阻力、桩端阻力的大小及分担荷载的比例主要由桩侧、桩端地基土的物理力学性质、桩的尺寸和施工工艺决定。根据抗压桩在竖向荷载下桩土相互作用、达到承载力极限状态时桩侧阻力与桩端互作用的特点，以及达到承载力极限状态时桩侧阻力与桩端阻力的发挥程度和分担荷载比，将桩分为摩擦型桩和端承型桩两大类。

1）摩擦型桩

摩擦型桩是指在竖向极限荷载作用下，桩顶荷载全部或主要由桩侧阻力承担。摩擦型桩可以分为摩擦桩和端承摩擦桩两类。

（1）摩擦桩

在深厚的软弱土层中，无较硬的土层可作为桩端持力层，或桩端持力层虽然较坚硬，但桩的长径比很大，传递到桩端的轴力很小，以致在极限荷载作用下，桩顶荷载绝大部分由桩侧阻力承受，桩端阻力可忽略不计，这种桩称为纯摩擦桩，如图3.2(a)所示。

（2）端承摩擦桩

在竖向荷载作用下，桩顶荷载全部或主要由桩端阻力承担，桩侧阻力相对桩端阻力而言较小或可忽略不计的桩称为端承摩擦桩。端承摩擦的桩顶极限荷载由桩侧阻力和桩端阻力共同承受，桩侧阻力分担的荷载大于桩端阻力。如桩的长径比不是很大，桩端持力层为较坚硬的黏性土、粉土和砂类土时，此类桩所占比例很大，如图3.2(b)所示。

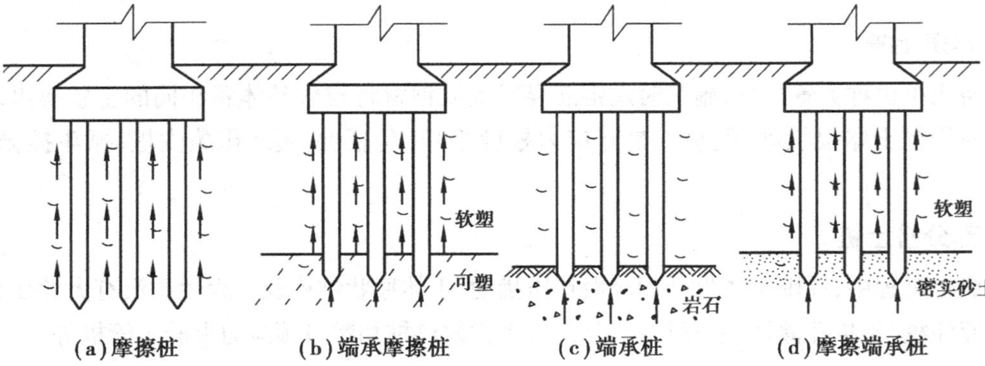

图3.2 基桩计算示意图

2）端承型桩

端承型桩是指在竖向极限荷载作用下，桩顶荷载全部或主要由桩端阻力承受，桩侧阻力相对桩端阻力而言较小，或可忽略不计的桩。端承型桩可以分为端承桩和摩擦端承桩两类。

（1）端承桩

端承桩又称为柱桩，桩顶极限荷载绝大部分由桩端阻力承受，桩侧阻力很小可忽略不计。桩的长径比较小（一般小于10），桩身穿越软弱土层，桩端设置在密实砂层、碎石类土层或中等、微风化和新鲜岩层中，如图3.2(c)所示。

（2）摩擦端承桩

桩顶极限荷载由桩侧阻力和桩端阻力共同承受，桩端阻力分担的荷载大于桩侧阻力，这种桩称为摩擦端承桩。一般桩端进入中密以上砂类土、碎石类土层或中、微风化岩层，如图3.2(d)所示。

4. 按承载类别分类

按桩的承载类别分为竖向抗压桩、竖向抗拔桩、水平受荷桩和复合受荷桩。

①竖向抗压桩:主要承受上部结构传来的竖向荷载,绝大部分建筑桩基都为竖向抗压桩。

②竖向抗拔桩:主要承受竖向拉拔荷载,如地下抗浮结构桩基、板桩墙后的锚桩等。

③水平受荷桩:如基坑支护、港口码头等工程中的各种支护桩,主要承受水压力、土压力等水平荷载,其垂直荷载很小。

④复合受荷桩:如高耸建筑(构造)物的桩基,既要承受很大的垂直荷载,又要承受很大的水平荷载(风荷载和地震力)。

5. 按桩的断面尺寸分类

按照断面尺寸大小分类,桩基础可以分为以下3类:

①小直径桩:$d \leqslant 250$ mm,适用小型工程基础。

②中等直径桩:250 mm $< d <$ 800 mm。

③大直径桩:$d \geqslant 800$ mm,通常用于大型桥梁中。我国在大江、大河及海上修建的大跨径桥梁基本上都采用钻孔灌注桩,而且桩径和桩长均在不断加大。长度超过50 m、直径大于2 m的超长大直径钻孔灌注桩已十分普遍。

6. 按承台位置分类

根据桩基承台底面位置的不同,可将桩基础分为低承台桩基础和高承台桩基础。

低承台桩基础的承台底面位于地面(或局部冲刷线)以下,基桩全部埋入土中,低承台桩基础受力性能好,能承受较大的水平外力,如图3.3所示。

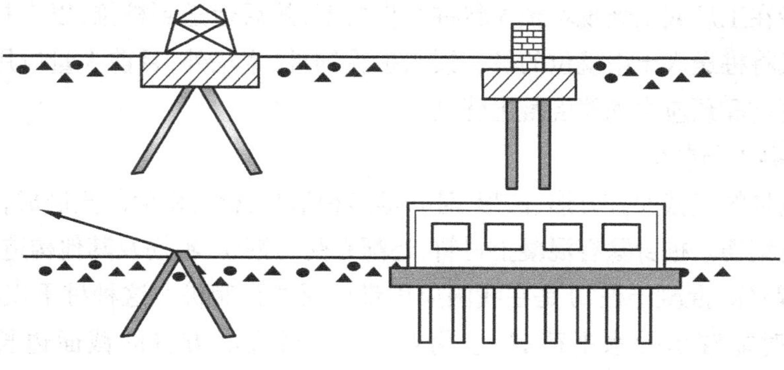

图3.3　低承台桩基础

高承台桩基础的承台底面位于地面(或局部冲刷线)以上,基桩部分埋入土中,部分外露在地面以上,如图3.4所示。

高桩承台基础由于承台位置较高或设在施工水位以上,可减少墩台圬工数量,可避免或减少水下作业,施工较为方便。但高桩承台在水平力作用下,由于承台及基桩露出地面的一段自由长度周围无土体来共同承受水平外力,基桩的受力情况较为不利,桩身内力和位移都将大于在同样水平外力作用下的低承台桩基础。在稳定性方面,低桩承台也较高桩承台要好。

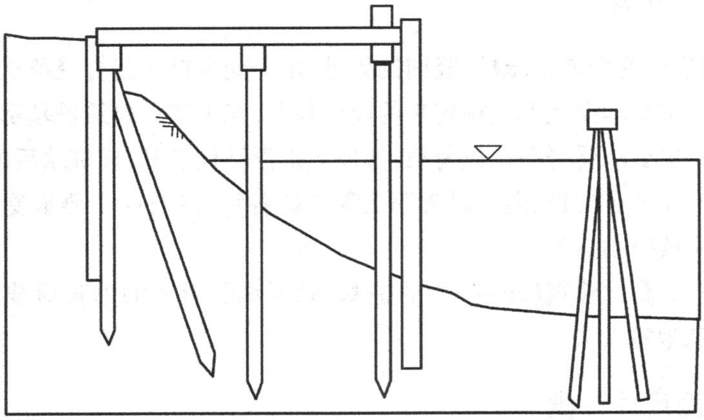

图 3.4 高承台桩基础

一般情况,旱桥和季节性河流或冲刷深度较小的河床上的桥梁大多采用低桩承台;常年有水且水位较高、施工时不宜排水或冲刷较深的河床上的桥梁,则多采用高桩承台。近年来,由于大直径钻孔灌注桩的采用,桩的刚度、强度都较大,因此高桩承台在桥梁基础工程中已得到广泛采用。

7. 按施工方法分类

基桩的施工方法不同,不仅是采用的机具和工艺过程不同,而且将影响桩与桩周围土接触处的状态,也影响桩土间共同作用的性能。根据桩的施工方法不同,主要可分为预制桩和灌注桩两大类。

1)预制桩

预制桩是指在工厂或工地现场预先将桩制作成型,然后运送到桩位,以击打、振动、静压或高压射水等方式将桩送入土中就位的桩。预制桩除钢桩、木桩外,目前大量应用在工程中的有钢筋混凝土预制桩和预应力钢筋混凝土管桩。

(1)钢筋混凝土预制桩

混凝土预制桩的横截面有方形、圆形、管状等多种形状,桩身由混凝土制成,不配受力钢筋,必要时配置构造钢筋。桩身除有混凝土材料,还配有受力钢筋、箍筋及其他构造筋。目前,钢筋混凝土预制桩(简称"混凝土桩")是在我国应用最广泛的预制桩。这种桩不仅抗压,而且可以抗拔和抗弯,同时能够承受水平荷载,应用较广。普通实心方桩的截面边长一般为 300 ~ 500 mm,桩长在 25 ~ 30 m,工厂预制时分节长度小于 12 m,沉桩时在现场连接到所需桩长。分节预制桩应保证接头质量,以满足桩身承受轴力、弯矩和剪力的要求。国内通常采用钢板、角钢焊接的接桩方法,并涂沥青以防腐蚀。国外有采用钢板垂直插头加水平销连接的机械式接桩法,其施工快捷,不影响桩的强度和承载力。

钢筋混凝土预制桩具有设备简单、操作方便、节约钢材、较经济的优点,但钢筋混凝土预制桩自重大,需要运输及打桩设备,桩长不够时,要接桩并要保证接桩质量;桩长太长时,要截桩;工期长,相比灌注桩,用钢量大、造价高;锤击沉桩时,噪声大,对周围环境有影响。为减轻自重、节约钢材、提高桩的承载力和抗裂性,可采用预应力钢筋混凝土桩。

(2)预应力钢筋混凝土管桩

预应力钢筋混凝土管桩采用先张法预应力工艺和离心成型法制作。经高压蒸汽养护生产的为PHC管桩,桩身混凝土强度等级大于C80;未经高压蒸汽养护生产的为PC管桩,强度为C60~C80。建筑工程中,常用的PHC、PC管桩的外径为300~600 mm,壁厚80 mm,节长5~13 m。桩的下端设置开口的钢桩尖或封口十字刃钢桩尖。沉桩时,桩节处通过焊接端头板接长。

预制桩的截面形状、尺寸和桩长可在一定范围内选择,桩尖可达坚硬黏性土或强风化基岩,具有承载能力高、耐久性好、质量较易保证等优点。但其自重大,需大能量的打桩设备,且由于桩端持力层起伏不平而导致桩长不一,施工中往往需要接长或截短,工艺比较复杂。

按不同的沉桩方式,预制桩又可分为以下3种类型:

(1)打入桩(锤击桩)

打入桩是通过锤击(或以高压射水辅助)将预制桩沉入地基。这种施工方法适用于桩径较小(一般直径在0.6 m以下,但国内最大管桩直径已达5 m),地基土质为可塑状黏性土、砂性土、粉土、细砂以及松散的不含大卵石或漂石的碎卵石类土的情况。打入桩伴有较大的振动和噪声,在城市建筑密集地区施工,必须考虑对环境的影响。

(2)振动下沉桩

振动下沉桩是将大功率的振动打桩机安装在桩顶,一方面利用振动以减小土对桩的阻力,另一方面用向下的振动力使桩沉入土中。

振动下沉桩适用于可塑状的黏性土和砂土,用于土的抗剪强度受振动时有较大降低的砂土等地基和自重不大的钢桩,其效果更为明显。沉桩困难时,可采用射水辅助振动沉桩。

(3)静力压桩

静力压桩是借助桩架自重及桩架上的压重,通过液压或滑轮组提供的静反力将预制桩压入土中的桩(图3.5)。

它适用于较均质的可塑状黏性土地基,对于砂土及其他较坚硬土层,由于压桩阻力大而不宜采用。

图3.5 静力压桩机

2)灌注桩

灌注桩是施工现场在桩位处先成孔,在孔内加放钢筋笼(也有直接插筋或省去钢筋的),灌注混凝土制成的桩。其横截面呈圆形,可以做成大直径和扩底桩。保证灌注桩承载力的关键在于桩身的成型及混凝土质量。与预制桩相比,灌注桩具有造价低、用钢量少、桩长可以灵活掌握及施工噪声小、振动小等优点。根据灌注桩成孔工艺不同,通常灌注桩可分为沉管灌注桩、钻(冲)孔灌注桩、挖孔灌注桩等。

(1)沉管灌注桩

沉管灌注桩是指采用锤击或振动的方法将带有钢筋混凝土桩尖或带有活瓣式桩尖的钢套管沉入土中成孔,然后在套管内放置钢筋骨架,并边灌注混凝土边拔出套管成桩,也可将钢套管打入土中成孔后向套管中灌注混凝土并拔出套管成桩,是目前国内采用最广泛的一种灌注桩。

沉管灌注桩施工流程如图3.6所示。

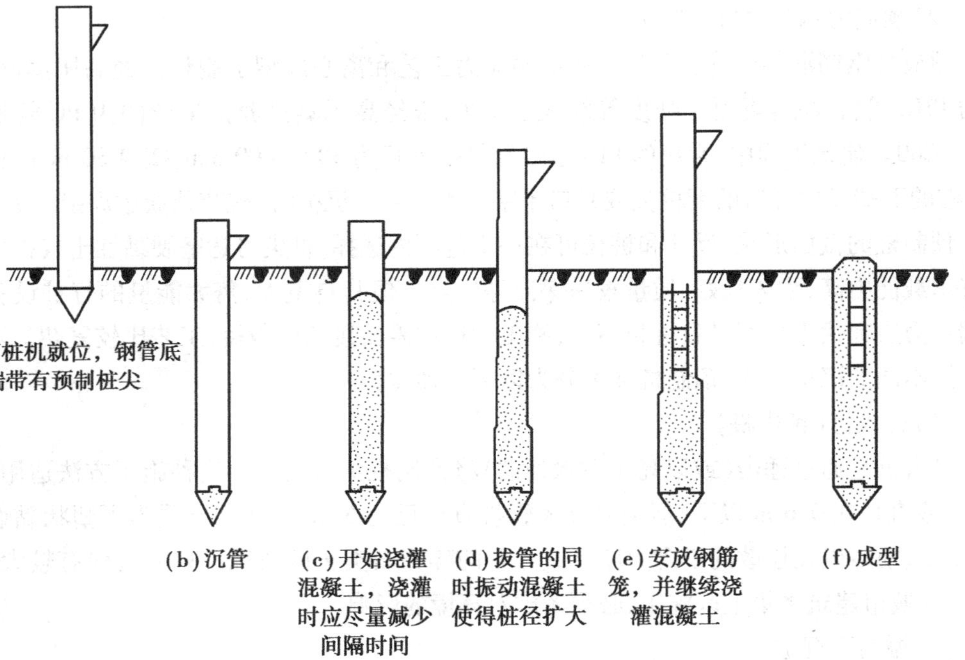

图 3.6　沉管灌注桩施工流程示意图

沉管灌注桩一般适用于黏性土、砂性土、砂土地基。采用套管可以避免钻孔灌注桩在施工中可能产生流砂、坍孔的危害，以及由泥浆护壁所带来的排渣等弊病。但由于沉管灌注桩的直径较小，常用尺寸在 0.6 m 以下，桩长常在 20 m 以内。

沉管灌注桩又分为锤击沉管灌注桩和振动沉管灌注桩两种。

①锤击沉管灌注桩(图 3.7)：利用桩锤的锤击作用，将带有活瓣桩尖或钢筋混凝土预制桩尖的钢管锤击沉入土中。锤击沉管灌注桩的常用桩径为 300～500 mm，桩长常在 20 m 以内，可打至硬塑黏土层或中、粗砂层。这种桩的施工速度快，成本低，施工设备简单，但很容易产生缩径、断桩、夹土、混凝土离析和强度不足等质量问题。锤击沉管灌注桩适用于黏性土、淤泥、淤泥质土、稍密的砂土及杂填土层。

②振动沉管灌注桩(图 3.8)：利用振动锤将钢管沉入土中，然后灌注混凝土，在桩管内灌满混凝土后，先振动，再开始拔管而成桩。这种桩的优点是施工速度快，效率高，操作规程简便，施工安全，费用也较低，噪声及振动影响较小。但沉管灌注桩在拔管时，钢管内的混凝土容易被吸住，上拉时易产生缩颈等质量事故。它的适用范围除与锤击沉管灌注桩相同之外，更适用于砂土、稍密及中密的碎石类土层。

(2)钻(冲)孔灌注桩

钻(冲)孔灌注桩是指用钻(冲)孔机具在土中钻进、边破碎土体边出土渣而成孔，然后清除孔底的残渣土，在孔内放入钢筋骨架，灌注混凝土而形成的桩。

钻(冲)孔灌注桩的优点是施工设备简单，操作较方便，几乎适用于任何地基，尤其是可以穿透地基中坚硬的夹层，将桩端置于坚实可靠的持力层上；桩径的选择比较灵活，具有较强的穿透能力，适用于高层、超高层建筑物的嵌岩桩，并可做成较大直径以提高桩的承载力，可避免预制桩打桩时对周围土体的挤压影响和振动及噪声对周围环境的影响。

钻(冲)孔灌注桩最容易出现的质量问题是坍孔、沉渣。坍孔是指孔壁发生坍塌；沉渣是指泥渣沉于孔底，影响灌注桩的承载力。

图3.7　锤击沉管灌注桩

图3.8　振动沉管灌注桩

(3)挖孔灌注桩

挖孔灌注桩是指依靠人工或机械在地基中挖出桩孔,逐段边开挖边支护,然后浇筑钢筋混凝土或混凝土所形成的桩。挖孔桩一般内径应大于800 mm,开挖直径大于1 000 mm,护壁厚大于100 mm,分节支护,每节高500～1 000 mm,可用浇筑或喷射混凝土护壁,桩身长度宜限制在40 m以内。

挖孔灌注桩的优点是不受设备限制,场区内各桩可同时施工,施工简单,挖孔桩桩孔较大,孔底易清除干净,噪声小,经济适用,开挖时能直接检验孔壁和孔底土质以保证桩的质量,同时为增大桩底支承力,可方便地扩大桩底等。但人工挖孔存在塌方、缺氧、中毒、触电等危险,以及对流砂难以克制的施工不利情况。

与预制桩相比,灌注桩具有桩长、桩径调整灵活,适用于各种地层,用钢量少、经济的优点,但成桩质量不易控制和保证,泥浆护壁灌注桩存在泥浆排放造成污染等问题是灌注桩的弊端。因此,选用桩时应根据实际情况综合考虑适用的桩类型。

项目3　桩与桩基础的构造

不同材料、不同类型的桩基础具有不同的构造特点和性能。为保证桩的质量和充分发挥桩基础的工作能力,桩基础设计计算时首先应满足构造的基本要求。

1.各种基桩的构造

1)就地灌注钢筋混凝土桩的构造

(1)桩的设计直径

桩的直径应根据受力大小、桩基形式和施工条件等综合因素确定。钻孔桩设计直径不宜小于0.8 m,一般情况下,钻孔灌注桩的设计直径宜采用0.8～3.2 m;挖孔桩直径或最小边宽度不宜小于1.2 m。

(2)桩身混凝土强度等级和配筋

钻(挖)孔桩混凝土强度等级不应低于 C25。钻(挖)孔桩应按桩身内力大小分段配筋。内力计算表明不需配筋时,应在桩顶 3.0 ~5.0 m 内设构造钢筋,如图 3.9 所示。

桩内主筋直径不应小于 16 mm,每根桩的主筋数量不应少于 8 根,其净距不应小于 80 mm 且不应大于 350 mm。

如配筋较多,可采用束筋。组成束筋的单根钢筋直径不应大于 36 mm,对于组成束筋的单根钢筋根数,其直径不大于 28 mm 时,不应多于 3 根;其直径大于 28 mm 时,应为 2 根。束筋成束后等代直径为 $d_e = \sqrt{n}d$ (式中,n 为单束钢筋根数,d 为单根钢筋直径)。

受压主筋最小配筋率不小于 0.5%,混凝土强度 C50 及以上时不应小于 0.6%。同时,一侧钢筋的配筋百分率不应小于 0.2%。

为防止因骨架移动发生露筋现象,主筋保护层净距不应小于 60 mm。

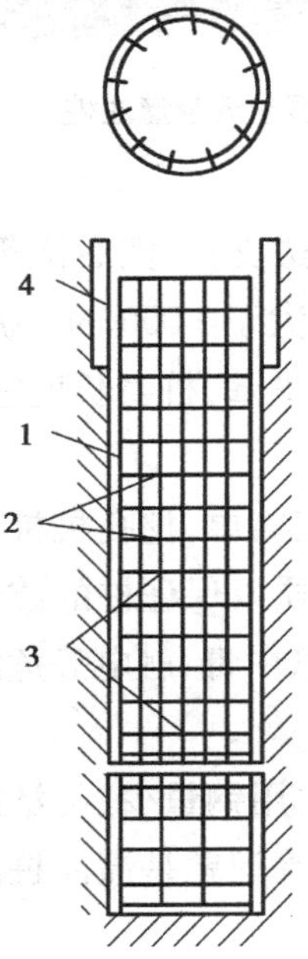

图 3.9 就地灌注钢筋混凝土桩

1—主筋;2—箍筋;3—加劲箍;4—护筒

闭合式箍筋或螺旋筋直径不应小于主筋直径的 1/4,且不应小于 8 mm,其中距不应大于主筋直径的 15 倍且不应大于 300 mm。为增加吊装时的骨架刚度,一般沿钢筋笼骨架上每隔 2.0 ~2.5 m 设置直径 16 ~32 mm 的加劲箍一道(图 3.9)。

钢筋笼四周应设置突出的定位钢筋、定位混凝土块,或采用图 3.9 所示的定位措施。钢筋笼底部的主筋宜稍向内弯曲,作为导向。

2)钢筋混凝土预制桩

钢筋混凝土预制桩有实心圆桩和方桩(少数为矩形桩),有空心管桩,还有管柱(用于管柱基础)。

(1)钢筋混凝土实心桩

①桩的截面、长度和接头。桩的截面常采用方形,因其生产、制作、运输和堆放均较为方便。普通实心方桩的截面边长一般为 0.3 ~0.5 m。就地预制桩的长度取决于沉桩设备,一般在 25 ~30 m 以内,工厂预制桩的分节长度一般不超过 12 m,沉桩时在现场连接到所需长度。

现场接桩时,桩的接头可靠性很重要,必须保证接头有足够的强度。钢筋混凝土桩一般采用焊接钢板接头。预制桩采用静压桩方式沉桩时,有时可采用硫黄胶泥接头,将上节桩伸出的锚筋插入下节桩的锚孔,并灌入熔化的硫黄胶泥,冷却后即牢固黏结。这种接头结构简单,较为经济,但其现场拌制,其质量受人为因素影响大,长期效果也待检验。受力较大、较重要的桥梁桩基宜用钢板接头,如图 3.10 所示。

②桩身混凝土强度等级和配筋。桩身混凝土强度等级不低于 C25。桩身应按起吊、运输、沉桩和使用各阶段的内力要求通常配筋,如图 3.11 和图 3.12 所示。

受力主筋直径不宜小于 12 mm,净距不应小于 50 mm 且不应大于 350 mm。最小配筋率不小于 0.5%,混凝土强度 C50 及以上时不应小于 0.6%。同时,一侧钢筋的配筋百分率不应小于 0.2%。

闭合式箍筋或螺旋筋直径不应小于主筋直径的 1/4,且不应小于 8 mm;其中距不应大于主筋直径的15倍，且不应大于300 mm。

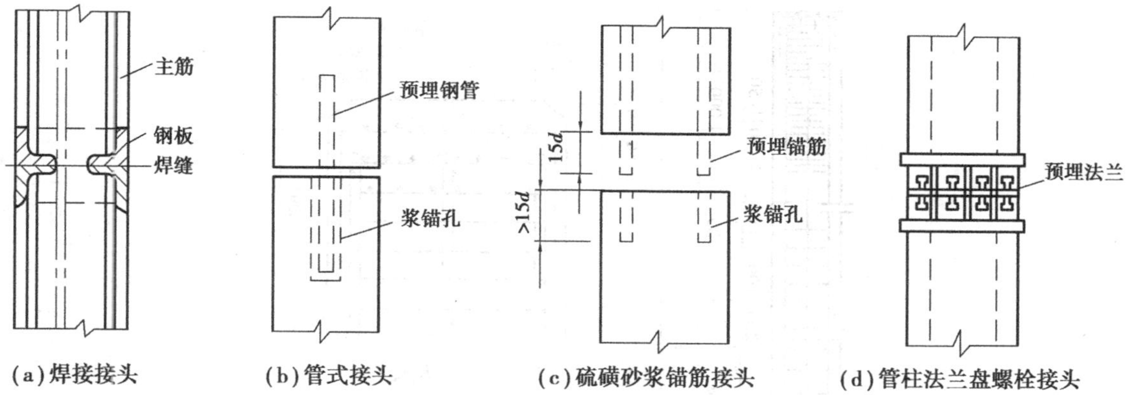

图3.10 钢筋混凝土桩焊接钢板接头(单位:mm)

桩的两端和接桩区箍筋或螺旋筋的间距须加密，其值可取40~50 mm。由于桩尖穿过土层时直接受到正面阻力，应在桩尖处将所有的主筋弯在一起并焊在一根芯棒上(图3.12)。桩头直接受到锤击，故在桩顶需设钢筋网加固，以增强桩头强度。

桩内需预埋直径为20~25 mm的钢筋吊环(图3.11)，吊点位置通过计算确定。

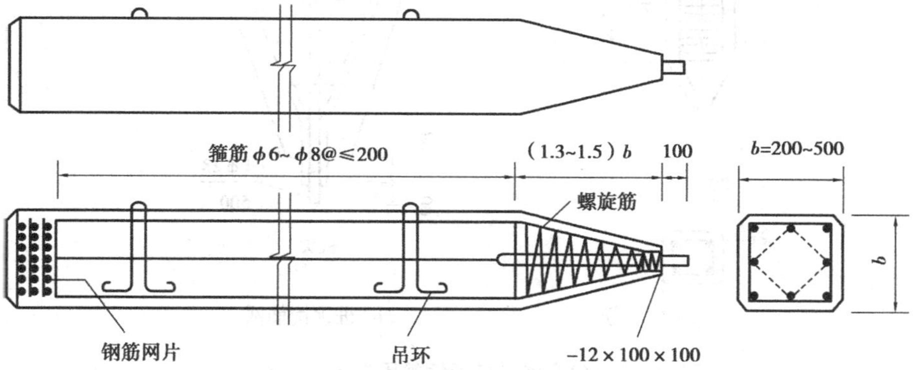

图3.11 钢筋混凝土预制桩配筋图(单位:mm)

(2)钢筋混凝土管桩和管柱

①管桩。管桩由预制工厂以离心旋转机生产，有普通钢筋混凝土和预应力混凝土两种。目前，大直径管桩多采用预应力混凝土管桩。

钢筋混凝土管桩直径一般采用0.4~0.8 m，管壁最小厚度不宜小于80 mm。国内生产的定型产品直径为400 mm、550 mm、600 mm、800 mm、1 000 mm，管壁厚度为80 mm、100 mm、110 mm、130 mm。

钢筋混凝土管桩每节长度为4~15 m，两端装有连接法兰盘以供现场用螺栓连接(也有采用焊接接头)。最下一节管桩底端一般设置桩尖，桩尖内部可预留圆孔，以便安装射水管辅助沉桩。

混凝土的强度等级为C25~C40，管桩填芯混凝土的强度等级不应低于C15。配筋可参照钢筋混凝土实心桩进行，如图3.13所示。

桩端嵌入非饱和状态强风化岩的预应力混凝土敞口管桩，应采取有效的预防渗水软化桩端持力层的措施。

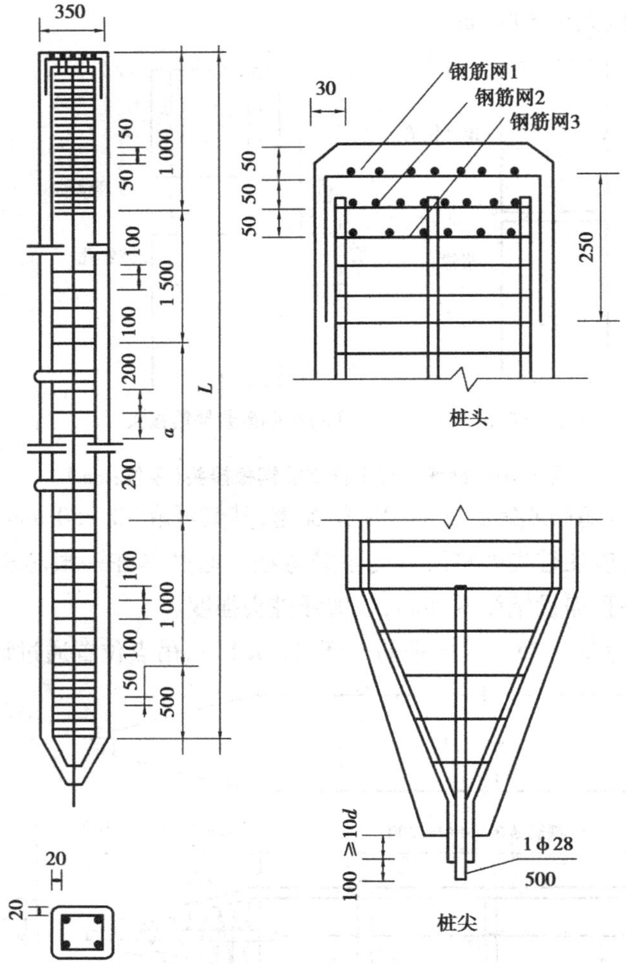

(a)桩尖主筋　　(b)桩顶钢筋网

图 3.12　桩尖主筋和桩顶钢筋网布置(单位:mm)

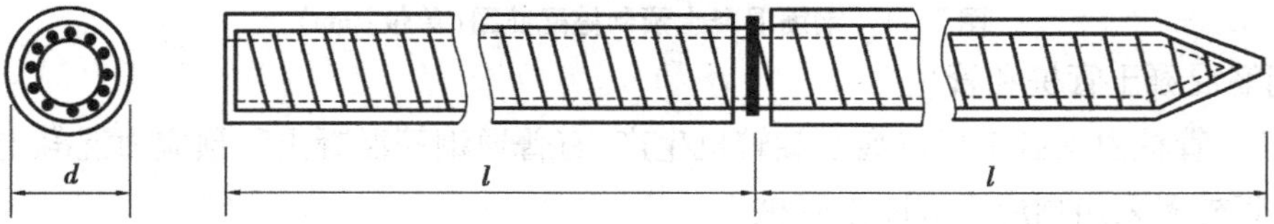

图 3.13　钢筋混凝土管桩

②管柱。管柱实质上是一种大直径、薄壁钢筋混凝土或预应力混凝土圆管节，在工厂分节制成，沉桩时逐节用螺栓接长(图 3.14)。管柱的组成部分是法兰盘、主钢筋、螺旋箍筋、管壁(混凝土的强度等级不低于 C25、厚度为 100 ~ 140 mm)，最下端的管柱有钢刃脚，用薄钢板制成。我国常用的管柱直径为 1.50 ~ 5.80 m，入土深度较大时，一般采用预应力混凝土管柱。

钢筋混凝土预制桩的分节长度应根据施工条件决定，并应尽量减少接头数量。接头强度不应低于桩身强度，接头法兰盘不应突出于桩身之外，在沉桩时和使用过程中接头不应松动、开裂。

3)钢桩

随着经济和施工技术的发展，钢桩越来越多地被应用于建筑工程。

(1)钢桩特点

①钢桩主要有以下优点：

a. 强度高，承载力高；

b. 钢桩壁厚、桩径选择范围大，设计灵活；

c. 轻便，易于搬运，沉桩贯入能力强、速度快，可缩短工期；

d. 沉桩时排土量小，对周围建筑影响小，便于小面积密集打桩。

②钢桩的缺点：用钢量大，成本高，易受腐蚀。

(2)钢桩形式

钢桩形式主要有钢管桩和H型钢桩。

①钢管桩端部形式可分为敞口、半闭合、闭合3类，如图3.15所示。开口钢管桩穿透土层的能力较强，但沉桩过程中桩底端的土将涌入钢管内腔形成土芯。土芯自重和惯性力及其与管内壁间的摩阻力之和超过底面土反力时，将阻止进一步涌入而形成“土塞”，此时开口桩就像闭口桩一样贯入土中，土芯长度也不再增长。开口桩进入砂层时的闭塞效应较明显，宜选择砂层作为开口桩的持力层，并使桩底端进入砂层一定深度。钢管桩出厂时，两端应有防护圈，以防坡口受损。

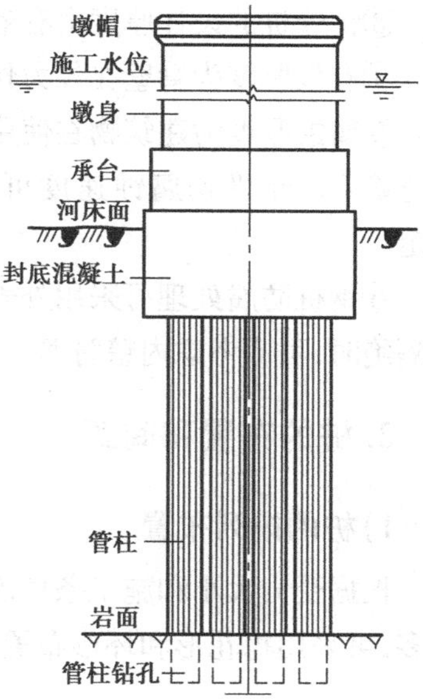

图3.14 管柱基础

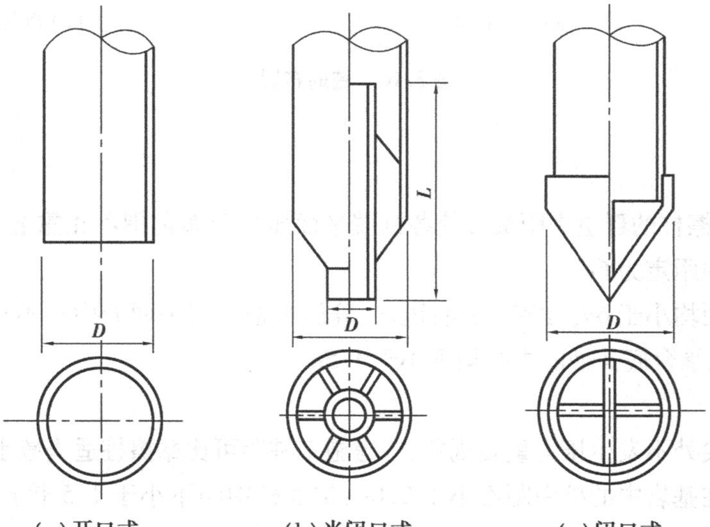

(a)开口式 (b)半闭口式 (c)闭口式

图3.15 钢管桩的端部构造形式

②H型钢桩的桩端形式有带端板和不带端板两类。

H型钢桩刚度不大，若支点不合理，堆放层数过多，均会造成桩体弯曲，影响施工。

(3)钢桩的设计尺寸和接头

①设计尺寸：分段长度根据施工条件确定，不宜超过12~15 m，常用直径为400~1 000 mm。

②分节钢桩应采用焊接连接，选择焊条或焊丝的型号应与构件钢材的强度相适应，采用等强度连接。若要提高钢管桩承受桩锤冲击力和穿透或进入坚硬地层的能力，可在桩顶和桩底端管壁设置加强箍筋。

③钢管桩的设计厚度由有效厚度和腐蚀厚度两部分组成。

④有效厚度为管壁在外力作用下所需要的厚度，可按使用阶段的应力计算确定。

⑤腐蚀厚度为建筑物在使用年限内管壁腐蚀所需要的厚度，可通过钢桩的腐蚀情况实测和调查确定。年平均腐蚀速度可参见《公路桥涵地基与基础设计规范》(JTG 3363—2019)的规定。

⑥钢桩防腐处理可采用外表涂防腐层、增加腐蚀余量及阴极保护等方法。钢管桩内壁与外界隔绝时，可不考虑内壁防腐。

2. 桩的布置和间距

1)桩的排列布置

根据受力大小和施工条件确定排列布置，一般群桩布置采用对称排列；若承台面积小，桩数较多，可采用梅花形和环形布置，如图3.16所示。

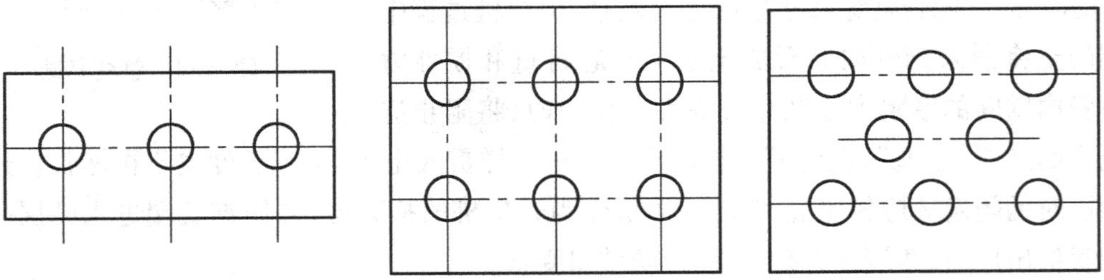

(a)对称排列　　(b)梅花形排列

图3.16　桩的布置

2)桩的间距

(1)摩擦桩

从受力看，摩擦桩的群桩中距最好使各桩端平面压力分布范围不相重叠，充分发挥其承载力。经试验确定中距定为$6d$。

一般采用中距均小于$6d$。经验规定：锤击、静压沉桩在端平面处中距不小于$3d$，振动下沉桩不小于$4d$，桩在承台底面处的中距均不小于$1.5d$。

(2)端承桩

端承桩因桩尖处不发生压力重叠现象，考虑施工桩距可比摩擦桩适当减小。

支承或嵌固在基岩中的桩中距不小于$2.0d$；扩底桩中距不小于1.5倍扩底直径或扩底直径加1.0 m取大值。

对于边桩外侧至承台边缘距离，直径小于或等于1.0 m的桩，不应小于$0.5d$且不大于250 mm；直径大于1.0 m的桩，不应小于$0.3d$且不应小于500 mm。

3. 承台的构造

1)承台平面形状和尺寸

应根据上部结构底部尺寸和形状、下部桩基的平面布置确定承台平面尺寸，一般采用矩形、圆形和圆端形。

2)承台厚度、配筋和混凝土强度等级

一般按受力、设计经验确定,承台厚度宜为桩直径的1.0倍以上,且不宜小于1.5m。混凝土强度等级不应低于C25。

4.桩与承台及横系梁的连接

1)桩与承台的连接

桩与承台的连接方式有两种,即桩顶主筋伸入承台连接和桩顶直接埋入承台连接。

(1)桩顶主筋深入承台连接

桩身嵌入承台100 mm,桩头钢筋做成喇叭形或竖直形[图3.17(a)];对于伸入的主筋长度,光圆钢筋不小于30d,带肋钢筋不小于35d(d为钢筋直径)。若受构造限制,主筋也可不做成喇叭形[图3.17(b)]。伸入承台的钢筋应符合规范的锚固长度,一般应不小于600 mm,并设箍筋。

(2)桩顶直接埋入承台连接

对于不受轴向拉力的沉桩,可不破桩头,采用直埋连接[图3.17(c)],桩径小于0.6 m时埋入长度为两倍桩径(或边长);桩径为0.6~1.2 m时,埋入深度不小于1.2 m;桩径大于1.2 m时,埋入长度不小于桩径。

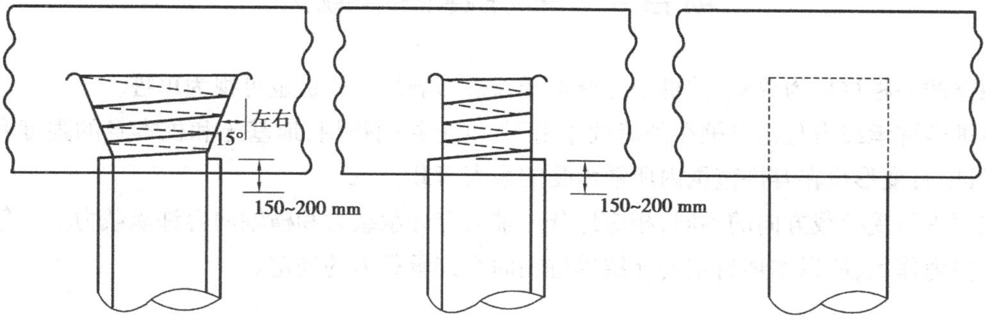

(a)桩顶主筋深入承台连接　(b)桩顶直接埋入承台连接　(c)直埋连接

图3.17　桩与承台的连接

2)承台钢筋网布置

承台的受力情况比较复杂,为使承台受力较均匀,并防止承台因桩顶荷载作用发生破裂,应在承台顶面上设置一层或两层钢筋网(图3.18)。

①桩顶主筋深入承台时,钢筋网需要在桩顶整个承台平面布设。

②桩顶不破头直埋入承台时,钢筋网应局部按带状布设,钢筋直径不小于12 mm,钢筋网每边长度不小于桩径的2.5倍,网孔尺寸为100 mm×100 mm~150 mm×150 mm。

3)桩和横系梁连接

对于一桩一柱单排桩,为加强横向联系与稳定,设置横系梁,系梁主筋伸入桩内不小于35倍主筋直径。

系梁尺寸:高度为桩直径的80%~100%,宽度为桩直径的60%~100%,混凝土强度等级为C25。

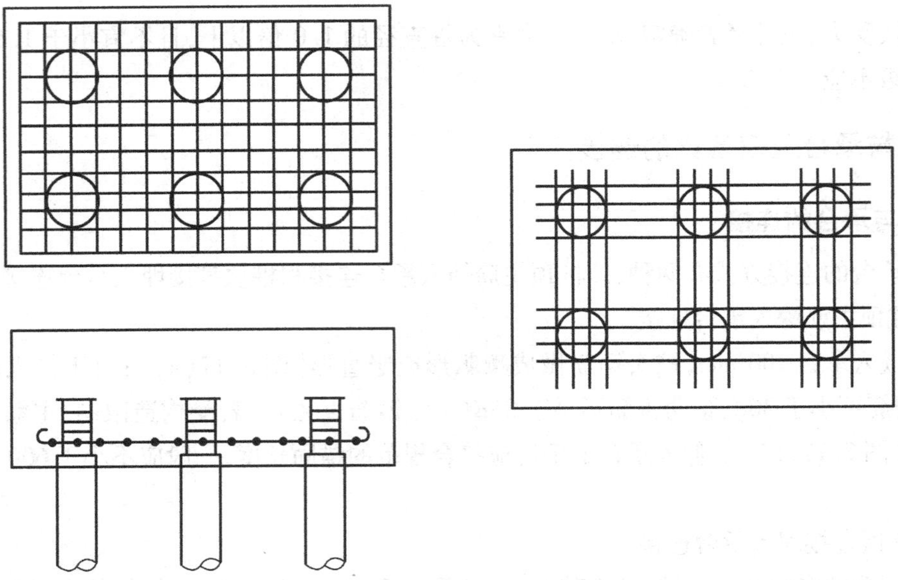

图 3.18　承台钢筋布置图

项目 4　单桩容许承载力

独立的一根桩称为单桩,群桩中性能不受邻桩影响的一根桩也可视为单桩。

单桩容许承载力是指单桩在外荷载作用下,桩土共同作用,地基土和桩本身的强度和稳定性均保证,且变形也在容许范围内所能承受的最大荷载。

根据桩所受荷载方向的不同,相应地分为轴向容许承载力和横轴向容许承载力。一般桩主要受轴向力作用,所以本项目主要介绍单桩轴向容许承载力的确定。

1. 单桩轴向容许承载力的确定

单桩在轴向压力作用下,如压力过大,可能会出现以下两种情况:

①因桩本身强度不够而被压坏,端承桩、超长摩擦桩和桩身材料有缺陷的桩有可能发生这种情况。

②由于土对桩的阻力不够而使桩发生过大的沉降,不满足使用要求, 这种情况多见于摩擦桩。

因此,单桩轴向容许承载力取决于土对桩的阻力和桩身材料强度。确定并验算单桩轴向容许承载力时,需从这两个方面分别考虑。设计时,一般是先按土对桩的阻力进行验算,然后再进行桩身强度设计,按桩身材料强度进行验算。

1) 轴向荷载下单桩的工作性能

对单桩工作性能的研究是单桩承载力理论分析的基础。通过桩土相互作用分析,了解桩土间的荷载传递途径和单桩承载力的构成及其发展过程,以及单桩的破坏机理等,对正确评价单桩轴向承载力设计值具有指导意义。

(1)桩的荷载传递

在桩顶轴向荷载作用下,桩身将发生弹性压缩,同时桩顶荷载通过桩身传递到桩底,致使桩底土层也发生压缩变形,这两者之和组成桩顶竖向位移(图3.19)。由于桩与桩周土体紧密接触,当桩相对于土向下位移时,将产生土对桩向上作用的桩侧摩阻力。在桩顶荷载沿桩身向下传递的过程中,必须不断地克服这种摩阻力,故桩身截面轴向力随深度逐渐减小,传至桩底截面的轴向力为桩顶荷载减去全部桩侧摩阻力,它与桩端阻力(即桩底支承反力)大小相等、方向相反。桩通过桩侧摩阻力和桩端阻力将荷载传递给土体。或者说,土对桩的支承力由桩侧摩阻力和桩端阻力两部分组成。桩的极限承载力等于桩侧极限摩阻力和桩端极限阻力之和。桩的极限承载力考虑一定的安全储备后即可作为桩的承载力。

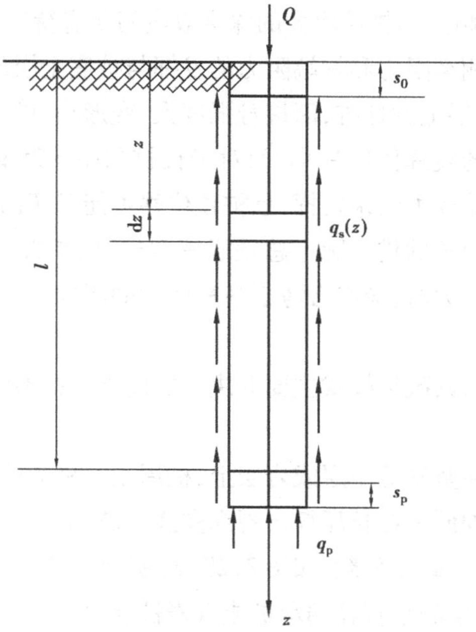

图3.19　桩的荷载传递机理

(2)桩侧摩阻力和桩端阻力

随着桩顶荷载的逐级增加,桩截面的轴力、位移和桩侧摩阻力不断变化。起初外部荷载 Q 较小,桩身截面位移主要发生在桩身上段,Q 主要由上段桩侧阻力承担。Q 增大到一定数值时桩端产生位移,桩端阻力开始发挥,直到桩底持力层破坏、无力支承更大的桩顶荷载,即桩处于承载力极限状态。

桩的极限荷载等于桩侧摩阻力极限值与桩端阻力极限值之和,但两者并不在同一时刻发生,因为它们的发挥程度与桩土间的变形性状有关,各自达到极限值时所需的位移量是不相同的。根据试验资料,桩土间有微小的相对位移时,沿桩身就会产生桩侧摩阻力。达到摩阻力极限值时所需的相对位移基本上只与土的类别有关,一般黏性土为4~6 mm,砂土为6~10 mm。

桩上部桩侧摩阻力先于下部桩侧摩阻力,侧阻先于端阻发挥,发挥程度与桩土相对位移相关。桩端阻力的发挥不仅滞后于桩侧摩阻力,而且其充分发挥所需的桩底位移值比桩侧摩阻力达到极限所需的相对位移值大得多。根据小型桩试验结果,对于桩底极限位移,砂类土为(0.08~0.1)d,一般黏性土为0.25d,硬黏土为0.1d。

桩侧摩阻力的大小和分布决定桩身轴力随深度的变化。桩侧极限摩阻力可用类似于土的抗剪强度的库仑公式表达，即它与桩侧表面的法向应力有关，随深度的变化而不同。砂土中的模型桩试验表明，在桩入土深度为(5~10)d时，桩侧摩阻力随深度线性增长，超过此临界深度值以后，桩侧摩阻力不再随深度增加，接近于均匀分布，此现象称为侧阻的深度效应。而黏土中的挤土桩，桩侧摩阻力的分布近乎抛物线，桩身中段处较大。为简化计算，可近似假设挤土桩的桩侧摩阻力在地面处为零，沿桩入土深度呈线性分布。而对于非挤土桩，近似假设桩侧摩阻力沿桩身均匀分布。

与桩侧摩阻力的深度效应相似，桩端入土深度小于某一临界深度时，极限桩端阻力随深度线性增长，但大于此深度后则桩端阻力保持不变。一般对于砂类土，临界深度为(3~10)d，密度大取高值；粉土和黏性土为(2~6)d。有关资料表明，桩侧摩阻力与桩端阻力的临界深度之比为0.3~1.0，对于桩侧摩阻力和桩端阻力的深度效应问题有待于进一步的研究。

值得注意的是，桩的桩侧摩阻力和桩端阻力的发挥与桩底土层的性质和桩的长径比有很大关系。如支承在坚硬土或岩层上的柱桩，因桩身强度大、变形小，桩顶位移很小时桩端阻力就能充分发挥，此时桩侧摩阻力的发挥作用尚小；而对于长桩($l/d>25$时)，因桩身压缩变形大，桩侧摩阻力已充分发挥时，桩端反力尚未发挥，且桩顶位移可能已超出实用要求的范围，此时传递到桩端的荷载极为微小，即很长的桩实际上总是摩擦型桩，用扩大桩端直径来提高承载力是徒劳的。因此，在确定桩的承载力时，应综合考虑各种因素的影响。

(3)单桩的破坏模式

单桩在轴向荷载作用下，其破坏模式主要取决于桩周土的抗剪强度、桩端支承情况、桩的尺寸以及桩的类型等。

①屈曲破坏：桩底支承在坚硬的土层或岩层上，桩周土层极为软弱，桩身无约束或侧向抵抗力。柱在轴向荷载作用下，如同一细长压杆出现纵向挠曲破坏。Q-s 曲线为“急剧破坏”的陡降型，其沉降量很小，具有明确的破坏荷载，如图3.20(a)所示。桩的承载力取决于桩身的材料强度。如穿越深厚淤泥质土层中的小直径端承桩或嵌岩桩、细长的木桩等多属于此种破坏。

②整体剪切破坏：当具有足够强度的桩穿越抗剪强度较低的土层，支承在强度较高的土层，且桩的长度不大时，桩在轴向荷载作用下，由于桩底上部土层不能阻止滑动土楔的形成，桩底土体形成滑动面而出现整体剪切破坏。此时，桩的沉降量较小，桩侧摩阻力难以充分发挥，主要荷载由桩端阻力承受。Q-s 曲线也为陡降型，呈现出明确的破坏荷载，如图3.20(b)所示。一般打入式短桩、钻扩短桩等均属于此种破坏。

③刺入破坏：桩的入土深度较大或桩周土层抗剪强度较均匀时，桩在轴向荷载作用下将出现刺入破坏，如图3.20(c)所示。此时，桩顶荷载主要由桩侧摩阻力承受，桩端阻力极微，桩的沉降量较大。一般情况下，当桩周土质较软弱时，Q-s 曲线为“渐进破坏”的缓变型，无明显拐点，极限荷载难以判断，桩的承载力主要由上部结构所能容许的极限沉降 s_u 确定；桩周土的抗剪强度较高时，Q-s 曲线可能为陡降型，有明显拐点，桩的承载力主要取决于桩周土的强度，一般情况下的钻孔灌注桩多属于此种情况。

2)单桩轴向承载力的确定

单桩的轴向承载力主要取决于两方面：一是地基土对桩的支承能力，二是桩身的材料强度。一般情况下，桩的承载力由地基土的支承能力所控制，材料强度往往不能充分发挥，只有对端承桩、超长桩以及桩身质量有缺陷的桩，桩身材料强度才起控制作用。此外，当桩的入土深度较

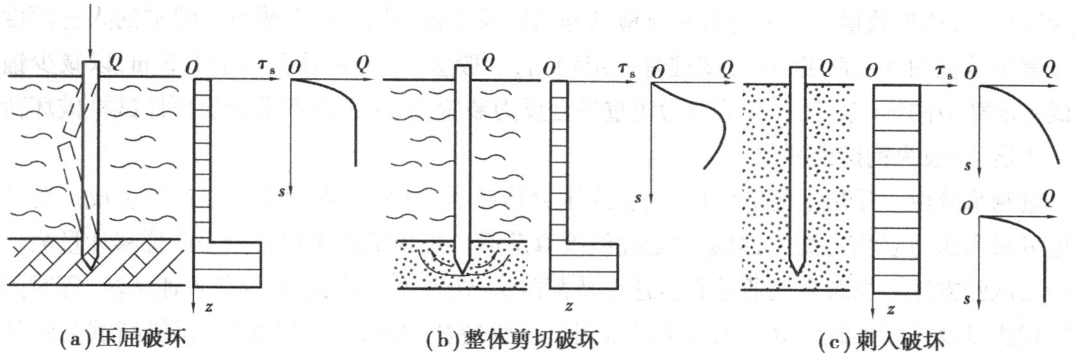

图 3.20　单桩破坏模式示意图

大、桩周土质软弱且比较均匀、桩端沉降量较大，尤其是高层建筑或对沉降有特殊要求时，还应按上部结构对沉降的要求来确定单桩轴向承载力。

无论由桩身材料强度或地基土对桩的支承力哪方面决定单桩轴向承载力，均应满足变形的要求。

单桩轴向容许承载力的确定方法有多种，考虑到地基土具有多变性、复杂性和地域性等特点，往往需选用几种方法进行综合考虑和分析，从而合理地确定单桩轴向容许承载力。

单桩轴向容许承载力的确定方法一般有静载试验法、规范经验公式法、静力触探法、锤击贯入法、波动方程法以及理论公式法等。

(1)用静载试验确定单桩轴向容许承载力

确定单桩轴向容许承载力时，宜用垂直静载试验。垂直静载试验法是在桩顶逐级施加轴向荷载，直至达到破坏状态为止，并在试验过程中测量每级荷载下不同时间的桩顶沉降。根据沉降与荷载及时间的关系，分析确定单桩竖向容许承载力。

试验时，可以将基础中已经做好的基桩作为试桩，也可在现场现做试桩。考虑到试验场地的差异性及试验的离散性，试桩数目不宜少于基桩总数的2%，且不应少于3根。试桩的施工方法以及试桩的材料和尺寸、入土深度均应与设计桩相同。

①试验装置。锚桩法试验装置是一种常用的加荷装置，主要设备由锚桩梁、横梁和油压千斤顶组成，如图3.21所示。

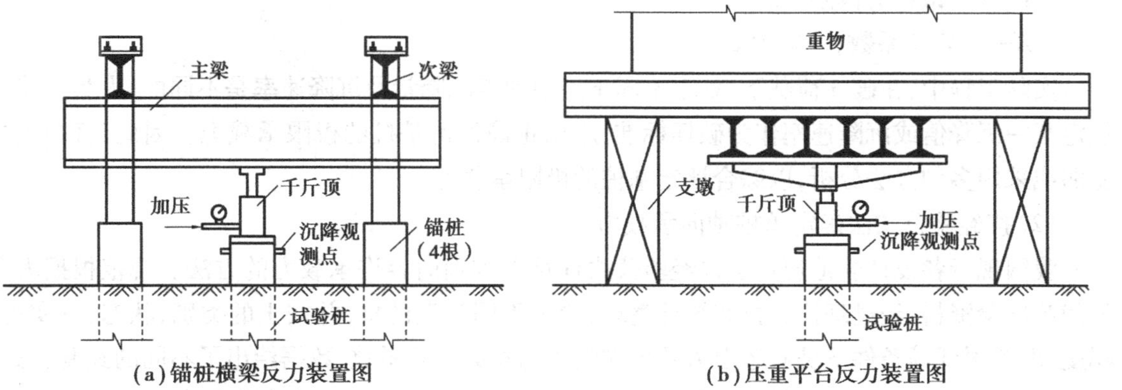

图 3.21　锚桩法试验装置

采用液压千斤顶加载，千斤顶的加载反力装置根据现场条件确定——锚桩横梁反力装置、压重平台反力装置、锚桩压重联合反力装置。图3.21(a)为锚桩横梁反力装置图，采用工程桩作为锚桩时,锚桩数量为 4 ~6 根,并应检测静载试验过程中锚桩的上拔量。锚桩的入土深度大于或等于试桩的入土深度,且与试桩有一定距离,一般应大于 $3d$ 且不小于 1.5 m,以减少锚桩对试桩承载力的影响。图 3.21(b)为压重平台反力装置图,压重量不得少于预计试桩破坏荷载的 1.2 倍,一般为钢锭或沙包。

量测系统由千斤顶上的应力环、应变式压力传感器、百分表或电子位移计等组成。荷载大小也可采用压力表测定油压,根据率定曲线换算荷载。桩顶沉降常用百分表或位移计量测。

②试验方法。加载方式通常有慢速维持荷载法、快速维持荷载法、等贯入速率法、等时间间隔加载法以及循环加载法等。工程中最常用慢速维持荷载法,即逐级加载,每级荷载为预估极限荷载的 1/15 ~1/10,第一级荷载可双倍施加。每级加荷后的一小时内按第 5 min、10 min、15 min、30 min、60 min 各测读桩顶沉降;1 h 后每隔 30 min 读一次。每级荷载作用下,每 1 h 沉降不超过 0.1 mm,并连续出现两次,即认为已趋稳定,可施加下一级荷载。出现下列情况之一时,即可终止加载:

a. 当荷载-沉降(Q-s)曲线上有可判定极限承载力的陡降段,且桩顶总沉降量超过 40 mm;

b. 桩顶总沉降量达到 40 mm 后,继续增加二级或二级以上荷载仍无陡降段;

c. 在某级荷载下,24 h 内沉降速率不能达到稳定;

d. 本级沉降量大于前一级沉降量的 5 倍。

对于支承于坚硬岩(土)层上的桩,桩的沉降量很小时,最大加载量不应小于设计荷载的 2 倍。终止加载后进行卸载,每级卸载值为每级加载值的 2 倍,逐级等量卸载;卸载时,每级荷载维持 1 h;按第 15 min、30 min、60 min 测读桩顶沉降量后,即可卸载下一级荷载。卸载至零后,应测读桩顶残余沉降量,维持时间为 3 h,测读时间为第 15 min、30 min,以后每隔 30 min 测读一次。

③试验结果与承载力的确定。破坏荷载求得以后,可将其前级荷载作为极限荷载,从而确定单桩轴向容许承载力:

$$[R_a] = \frac{P_u}{K} \tag{3.1}$$

式中 $[R_a]$——单桩轴向受压容许承载力,kN;

P_u——试桩的极限荷载,kN;

K——安全系数,一般为 2。

实际工程中,在破坏荷载下,处于不同土层中的桩沉降量及沉降速率是不同的,人为地统一规定某一沉降值或沉降速率作为破坏标准,难以正确评价基桩的极限承载力。因此,宜根据试验曲线采用多种方法分析,以综合评定基桩的极限承载力。

(2)按经验公式法确定单桩轴向承载力

我国现行各设计规范规定了以经验公式计算单桩轴向容许承载力的方法。规范根据大量的静载试验资料,经过理论分析和统计整理,给出不同类型的桩,并按土的类别、状态、密实度、稠度、埋置深度等条件下桩侧摩阻力及桩端阻力的相关经验系数、数据给出了不同的经验公式。以《公路桥涵地基与基础设计规范》(JTG 3363—2019)推荐的经验公式进行介绍,适用条件较广,可在一般桥梁基础设计中直接应用。

①摩擦桩单桩轴向承载力容许值$[R_a]$。单桩轴向承载力由土对桩周摩阻力和桩尖承载力两部分组成,因此公式基本形式为:

单桩轴向容许承载力$[R_a]$=(桩侧极限摩阻力+桩端极限承载力)/安全系数

由于预制沉入桩与钻(挖)孔灌注桩在施工方法和埋入土中条件不同,根据试验资料所得桩侧摩阻力和桩端承载力数据不同,所以计算式和有关数据也不同。

a. 钻(挖)孔灌注桩的容许承载力:

$$[R_a] = \frac{1}{2}u\sum_{i=1}^{n} q_{ik}l_i + A_p q_r \tag{3.2}$$

$$q_r = m_0\lambda\{[f_{a0}] + k_2\gamma_2(h-3)\} \tag{3.3}$$

式中 $[R_a]$——单桩轴向受压承载力容许值,kN。桩身自重与置换土重(当自重计入浮力时,置换土重也计入浮力)的差值作为荷载考虑。

u——桩身周长,m。

A_p——桩端截面面积,m^2。对于扩底桩,取扩底截面面积。

n——土的层数。

l_i——承台底面或局部冲刷线以下各土层的厚度,m。扩孔部分不计。

q_{ik}——与l_i对应的各土层与桩侧的摩阻力标准值,kPa。宜采用单桩摩阻力试验确定,无试验条件时按表3.1选用。

q_r——桩端处土的承载力容许值,kPa。持力层为砂土、碎石土时,若计算值超过下列值,宜按下列值采用:粉砂为1 000 kPa,细砂为1 150 kPa,中砂、粗砂、砾砂为1 450 kPa,碎石土为2 750 kPa。

$[f_{a0}]$——桩端处土的承载力基本容许值,kPa。

h——桩端的埋置深度,m。对于有冲刷的桩基,埋深由一般冲刷线起算;对无冲刷的桩基,埋深由天然地面线或实际开挖后的地面线起算;h的计算值不大于40 m,大于40 m时,按40 m进行计算。

k_2——容许承载力随深度的修正系数,根据桩端处持力层土类按表2.11选用。

γ_2——桩端以上各土层的加权平均重度,kN/m。若持力层在水位以下且不透水时,不论桩端以上土层的透水性如何,一律取饱和重度;当持力层透水时,则水中部分土层取浮重度。

λ——修正系数,按表3.2选用。

m_0——清底系数,按表3.3选用。

表3.1 钻孔桩桩侧土的摩阻力标准值q_{ik}

土类		q_{ik}/kPa
中密炉渣、粉煤灰		40~60
黏性土	流塑 $I_L>1$	20~30
	软塑 $0.75<I_L\leqslant1$	30~50
	可塑、硬塑 $0<I_L\leqslant0.75$	50~80
	坚硬 $I_L\leqslant0$	80~120
粉土	中密	30~55
	密实	55~80

续表

土类		q_{ik}/kPa
粉砂、细砂	中密	35～55
	密实	55～70
中砂	中密	45～60
	密实	60～80
粗砂、砾砂	中密	60～90
	密实	90～140
圆砾、角砾	中密	120～150
	密实	150～180
碎石、卵石	中密	160～220
	密实	220～400
漂石、块石	—	400～600

注：挖孔桩的摩阻力标准值可参照本表采用。

表 3.2 修正系数 λ 值

桩端土情况	l/d		
	4～20	20～25	>25
透水性土	0.70	0.70～0.85	0.85
不透水性土	0.65	0.65～0.72	0.72

表 3.3 清底系数 m_0 值

t/d	0.3～0.1
m_0	0.7～1.0

注：①t、d 为桩端沉渣厚度和桩的直径。

②$d \leqslant 1.5$ m，$t \leqslant 300$ mm，$d > 1.5$ m 时，$t \leqslant 500$ mm，且 $0.1 < t/d < 0.3$。

b. 沉桩的容许承载力按下式计算：

$$[R_a] = \frac{1}{2}\left(u\sum_{i=1}^{n}\alpha_i l_i q_{ik} + \alpha_r A_p q_{rk}\right) \tag{3.4}$$

式中 $[R_a]$——单桩轴向受压承载力容许值，kN。桩身自重与置换土重（当自重计入浮力时，置换土重也计入浮力）的差值作为荷载考虑。

u——桩身周长，m。

n——土的层数。

l_i——承台底面或局部冲刷线以下各土层的厚度，m。

q_{ik}——与 l_i 对应的各土层与桩侧摩阻力标准值，kPa。宜采用单桩摩阻力试验确定或通过静力触探试验测定，无试验条件时按表 3.4 选用。

q_{rk}——桩端处土的承载力标准值,kPa。宜采用单桩试验确定或通过静力触探试验测定,无试验条件时按表3.5选用。

α_i、α_r——分别为振动沉桩对各土层桩侧摩阻力和桩端承载力的影响系数,按表3.6采用;对于锤击、静压沉桩,其值均取为1.0。

表3.4　沉桩桩侧土的摩阻力标准值 q_{ik}

土　类	状　态	摩阻力标准值 q_{ik}/kPa
黏性土	$1.5 \geqslant I_L \geqslant 1$	15~30
	$1 > I_L \geqslant 0.75$	30~45
	$0.75 > I_L \geqslant 0.5$	45~60
	$0.5 > I_L \geqslant 0.25$	60~75
	$0.25 > I_L \geqslant 0$	75~85
	$0 > I_L$	85~95
粉土	稍密	20~35
	中密	35~65
	密实	65~80
粉、细砂	稍密	20~35
	中密	35~65
	密实	65~80
中砂	中密	55~75
	密实	75~90
粗砂	中密	70~90
	密实	90~105

注:表中土的液性指数 I_L,是按76 g平衡锥测定的数值。

表3.5　沉桩桩端处土的承载力标准值 q_{rk}

土　类	状　态	桩端承载力标准值 q_{rk}/kPa		
黏性土	$I_L \geqslant 1$	1 000		
	$0.65 \leqslant I_L < 1$	1 600		
	$0.35 \leqslant I_L < 0.65$	2 200		
	$I_L < 0.35$	3 000		
		桩尖进入持力层的相对深度		
		$1 > \frac{h_c}{d}$	$4 > \frac{h_c}{d} \geqslant 1$	$\frac{h_c}{d} \geqslant 4$
粉土	中密	1 700	2 000	2 300
	密实	2 500	3 000	3 500

续表

土类	状态	桩端承载力标准值 q_{rk}/kPa		
粉砂	中密	2 500	3 000	3 500
	密实	5 000	6 000	7 000
细砂	中密	3 000	3 500	4 000
	密实	5 500	6 500	7 500
中、粗砂	中密	3 500	4 000	4 500
	密实	6 000	7 000	8 000
圆砾石	中密	4 000	4 500	5 000
	密实	7 000	8 000	9 000

注：表中 h_c 为桩端进入持力层的深度（不包括桩靴）；d 为桩的直径或边长。

表 3.6 系数 α_i、α_r 值

系数 α_i、α_r 桩径或边长 d/m	土类			
	黏土	粉质黏土	粉土	砂土
$0.8 \geqslant d$	0.6	0.7	0.9	1.1
$2.0 \geqslant d > 0.8$	0.6	0.7	0.9	1.0
$d > 2.0$	0.6	0.6	0.7	0.9

采用静力触探试验测定时，沉桩承载力容许值计算中的 q_{ik} 和 q_{rk} 取为：

$$q_{ik} = \beta_i \overline{q_1}, q_{rk} = \beta_r \overline{q_r}$$

式中 $\overline{q_1}$——桩侧第 i 层土由静力触探试验测得的局部桩侧摩阻力的平均值，kPa。当 $\overline{q_1} < 5$ kPa 时，采用 5 kPa。

$\overline{q_r}$——桩端（不包括桩靴）高程以上和以下各 $4d$（d 为桩的直径或边长）范围内静力触探端阻的平均值，kPa。若桩端高程以上 $4d$ 范围内端阻的平均值大于桩端高程以下 $4d$ 的端阻平均值时，则取桩端以下 $4d$ 范围内端阻的平均值。

β_i、β_r——分别为侧摩阻和端阻的综合修正系数，其值按下面判别标准选用相应的计算公式。

当土层的 $\overline{q_r} > 2\ 000$ kPa，且 $\overline{q_1}/\overline{q_r} \leqslant 0.014$ 时：

$$\beta_i = 5.067(\overline{q_i})^{-0.45}$$

$$\beta_r = 3.975(\overline{q_r})^{-0.25}$$

如不满足上述 $\overline{q_r}$ 和 $\overline{q_1}/\overline{q_r}$ 条件时：

$$\beta_i = 10.045(\overline{q_i})^{-0.55}$$

$$\beta_r = 12.064(\overline{q_r})^{-0.35}$$

上列综合修正系数计算公式不适于城市杂填土条件下的短柱，综合修正系数用于黄土地区时，应做试桩校核。

②支承在基岩上或嵌入基岩内的钻（挖）孔桩、沉桩的单桩轴向受压承载力容许值 $[R_a]$。

单桩轴向受压承载力容许值可按下式计算：

$$[R_a] = c_1 A_p f_{rk} c + u \sum_{i=1}^{m} c_{2i} h_i f_{rki} + \frac{1}{2}\zeta_s u \sum_{i=1}^{n} l_i q_{ik} \tag{3.5}$$

式中 $[R_a]$——单桩轴向受压承载力容许值，kN。桩身自重与置换土重（当自重计入浮力时，置换土重也计入浮力）的差值作为荷载考虑。

c_1——根据清孔情况、岩石破碎程度等因素而定的端阻发挥系数，按表3.7采用。

A_p——桩端截面面积，m^2。对于扩底桩，取扩底截面面积。

f_{rk}——桩端岩石饱和单轴抗压强度标准值，kPa。黏土质岩取天然湿度单轴抗压强度标准值，$f_{rk}<2$ MPa时按摩擦桩计算（f_{rki}为第i层的f_{rk}值）。

c_{2i}——根据清孔情况、岩石破碎程度等因素而定的第i层岩层的侧阻发挥系数，按表3.7采用。

u——各土层或各岩层部分的桩身周长，m。

m——岩层的层数，不包括强风化层和全风化层。

ζ_s——覆盖层土的侧阻力发挥系数，根据桩端f_{rk}确定。2 MPa$\leqslant f_{rk}<$15 MPa时，$\zeta_s=0.8$；15 MPa$\leqslant f_{rk}<$30 MPa时，$\zeta_s=0.5$；当$\zeta_s>$30 MPa时，$\zeta_s=0.2$。

l_i——各土层的厚度，m。

q_{ik}——桩侧第i层土的侧阻力标准值，kPa。宜采用单桩摩阻力试验值，无试验条件时，对于钻（挖）孔桩按表3.1选用，对于沉桩按表3.4选用。

n——土层的层数，强风化和全风化岩层按土层考虑。

h_i——桩嵌入各岩层部分的厚度，m，不包括强风化层和全风化层。当河床岩层有冲刷时，桩基须嵌入基岩，嵌岩桩按桩底嵌固设计。其应嵌入基岩中的深度，可按下列公式计算，同时不应小于0.5 m。

圆形桩：

$$h = \sqrt{\frac{M_H}{0.065\beta f_{rk} d}} \tag{3.6}$$

矩形桩：

$$h = \sqrt{\frac{M_H}{0.083\beta f_{rk} b}} \tag{3.7}$$

式中 M_H——在基岩顶面处的弯矩，kN·m；

f_{rk}——岩石饱和单轴抗压强度标准值，kPa，黏土质岩取天然湿度单轴抗压强度标准值；

β——系数，$\beta=0.5\sim1.0$，根据岩层侧面构造而定，节理发育的取小值，节理不发育的取大值；

d——桩身直径，m；

b——直于弯矩作用平面桩的边长，m。

表3.7 系数 c_1、c_2 值

岩石层情况	c_1	c_2
完整、较完整	0.6	0.05
较破碎	0.5	0.04

续表

岩石层情况	c_1	c_2
破碎、极破碎	0.4	0.03

注:①当入岩深度小于或等于0.5 m时,c_1 乘以0.75的折减系数,$c_2=0$。

②对于钻孔桩,系数 c_1、c_2 值应降低20%采用;桩端沉渣厚度 t 应满足以下要求:$d\leqslant1.5$ m时,$t\leqslant50$ mm;$d>1.5$ m时,$t\leqslant100$ mm。

③对于中风化层作为持力层的情况,c_1、c_2 应分别乘以0.75的折减系数。

③桩端后压浆灌注桩单桩轴向受压承载力容许值。桩端后压浆灌注桩单桩轴向受压承载力容许值应通过静载试验确定。在符合压浆技术规定的条件下,后压浆单桩轴向受压承载力容许值可按下式计算:

$$[R_a]=\frac{1}{2}u\sum_{i=1}^{n}\beta_{si}q_{ik}l_i+\beta_pA_pq_r \tag{3.8}$$

式中 $[R_a]$——桩端后压浆灌注桩的单桩轴向受压承载力容许值,kN。桩身自重与置换土重(当自重计入浮力时,置换土重也计入浮力)的差值作为荷载考虑。

β_{si}——第 i 层土的侧阻力增强系数,可按表3.8取值。当在饱和土层中压浆时,仅对桩端以上8.0~12.0 m范围的桩侧阻力进行增强修正;当在非饱和土层中压浆时,仅对桩端以上4.0~5.0 m的桩侧阻力进行增强修正;对于非增强影响范围,$\beta_{si}=1$。

β_p——桩端阻力增强系数,可按表3.8取值。

表3.8 桩端后压浆侧阻力增强系数 β_s、桩端阻力增强系数 β_p

土层名称	黏性土、粉土	粉 砂	细 砂	中 砂	粗 砂	砾 砂	碎石土
β_s	1.3~1.4	1.5~1.6	1.5~1.7	1.6~1.8	1.5~1.8	1.6~2.0	1.5~1.6
β_p	1.5~1.8	1.8~2.0	1.8~2.1	2.0~2.3	2.2~2.4	2.2~2.4	2.2~2.5

④单桩轴向受压承载力容许值的抗力系数。按《公路桥涵地基与基础设计规范》(JTG 3363—2019)规定,按上述方法计算的单桩轴向受压承载力容许值应根据桩的受荷阶段及受荷情况乘以表3.9规定的抗力系数。

表3.9 单桩轴向受压承载力容许值的抗力系数

受荷阶段	作用效应组合		抗力系数
使用阶段	短期效应组合	永久作用与可变作用组合	1.25
		结构自重、预加力、土重、土侧压力和汽车、人群组合	1.00
	作用效应偶然组合(不含地震作用)		1.25
施工阶段	施工荷载效应组合		1.25

⑤摩擦桩单桩轴向受拉承载力容许值。摩擦桩应根据桩承受作用的情况决定是否允许出现拉力。当桩的轴向力由结构自重、预加力、土重、土侧压力、汽车荷载和人群荷载短期效应组合所引起时,桩不允许受拉;当桩的轴向力由上述荷载并与其他作用组成的短期效应组合或荷

载效应的偶然组合(地震作用除外)所引起时,则桩允许受拉。

摩擦桩单桩轴向受拉承载力容许值按下列公式计算:

$$[R_t] = 0.3u\sum_{i=1}^{n}\alpha_i l_i q_{ik} \tag{3.9}$$

式中　$[R_t]$——单桩轴向受拉承载力容许值,kN;

u——桩身周长,m,对于等直径桩,$u = \pi d$;对于扩底桩,自桩端起算的长度 $\sum l_i \leqslant 5d$ 时,取 $u = \pi D$;其余长度均取 $u = \pi D$(其中 D 为桩的扩底直径,d 为桩身直径);

α_i——振动沉桩对各土层桩侧摩阻力的影响系数,按表3.6采用;对于锤击、静压沉桩和钻孔桩,$\alpha_i = 1$。

计算作用于承台底面由外荷载引起的轴向力时,应扣除桩身自重。

【例3.1】某桥墩基础采用钻孔灌注桩,设计直径为1.0 m,桩长20 m,桩穿过土层情况如图3.22所示,按土的阻力求单桩轴向受压容许承载力。

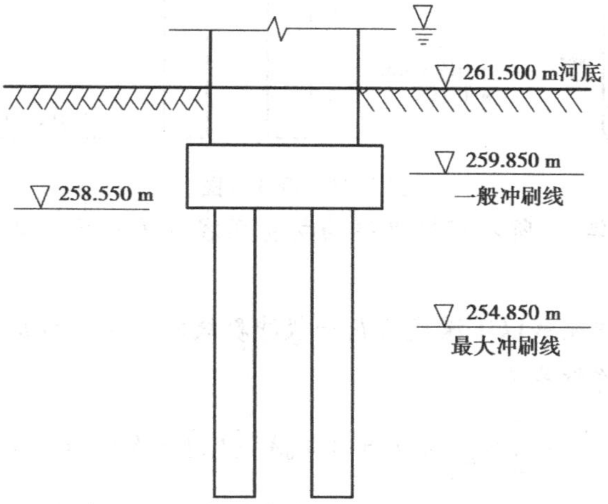

图3.22　例3.1图

【解】单桩轴向受压容许承载力计算公式为:

$$[R_a] = \frac{1}{2}u\sum_{i=1}^{n}q_{ik}l_i + A_p m_0 \lambda\{[f_{a0}] + k_2\gamma_2(h-3)\}$$

式中,桩身周长:$u = \pi \times 1.0 = 3.14$(m);桩端截面面积:$A_p = 0.25\pi \times 1.0^2 = 0.79$($m^2$)。各土层与桩侧的摩阻力可由表3.1查得:淤泥土 $I_L = 1.1 > 1$,取 $q_{1k} = 25$ kPa;黏土 $I_L = 0.3$,取 $q_{2k} = 68$ kPa。

最大冲刷线以下各土层厚度为:$l_1 = 533.95 - 528.45 = 5.5$(m);$l_2 = 528.45 - 518.45 = 10$(m)。

根据表3.3,可取清底系数 $m_0 = 0.8$。

由 $l/d = (533.95 - 518.45)/1.0 = 15.5$,且桩底土不透水,查表3.2可得修正系数 $\lambda = 0.65$。

桩底为黏土,$I_L = 0.3$,$e = 0.75$,查表2.9可得 $[f_{a0}] = 305$ kPa,查表2.11可得 $k_2 = 2.5$;桩端埋深由一般冲刷线算起,$h = 539.95 - 518.45 = 21.5$(m),则单桩轴向受压容许承载力为:

$$[R_a] = \frac{1}{2} \times 3.14 \times (5.5 \times 25 + 10 \times 68 + 0.79 \times 0.8 \times 0.65 \times$$

$$\left[305+2.5\times\frac{11.5\times19+10\times19.5}{11.5+10}\times(21.5-3)\right]=1\ 774.18(\mathrm{kN})$$

【例3.2】如图3.23所示，某桥墩基础采用钻孔灌注桩，设计直径为1.0 m，桩身重度为25 kN/m³。河底土质为密实细砂土，土的饱和重度为21.6 kN/m³。按作用短期效应组合（可变作用的频遇值系数均取1.0）计算得到单桩桩顶所受轴向压力为 P=2 120.66 kN，求桩长。

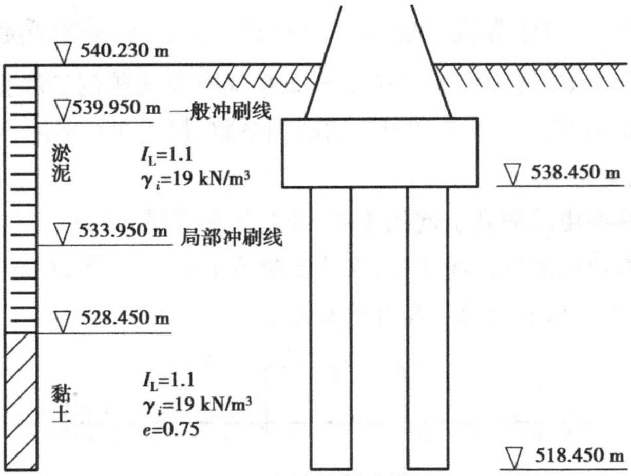

图3.23 例3.2图

【解】由于地基土层单一，所以可按单桩轴向受压容许承载力与单桩轴向受力相等的关系反算桩长。

①设桩端埋入最大冲刷线以下深度为 l，一般冲刷线以下深度为 h，$h=l+5$。

②单桩轴向受压容许承载力为：

$$[R_a]=\frac{1}{2}u\sum_{i=1}^{n}q_{ik}l_i+A_p m_0\lambda\{[f_{a0}]+k_2\gamma_2(h-3)\}$$

式中，桩身周长 $u=\pi\times1.0=3.14(\mathrm{m})$；桩端截面面积 $A_p=0.25\pi\times1.0^2=0.79(\mathrm{m}^2)$；土层与桩侧的摩阻力按表3.1取 $q_{1k}=63$ kPa；根据表3.3，可取清孔系数 $m_0=0.8$；桩底为密实细砂土，查表2.6可得 $[f_{a0}]=300$ kPa，查表3.11可得 $k_2=4.0$。

因为持力层（细砂）透水，所以桩侧土的重度 γ_2 应取浮重度，即 $\gamma_2=21.6-10=11.6(\mathrm{kN/m^3})$；先假定 $l/d=4\sim20$，即 $Z=4\sim20$ m，又因桩底土透水，所以由表3.2可得修正系数 $\lambda=0.7$，则单桩轴向受压容许承载力为：

$$[R_a]=\frac{1}{2}\times3.14\times63\times l+0.79\times0.8\times0.7\times[300+4\times11.6\times(l+5.3)]$$

$$=119.44l+173.77$$

③单桩轴向受力计算：桩顶轴向受力 P=2 120.66 kN。根据相关规范规定，应按作用短期效应组合计算，且桩身自重与置换土重的差值作为荷载考虑。所以，单桩轴向受力为：

$$N=2\ 120.66+(258.55-254.85+l)\times[(25-10)-(21.6-10)]$$

$$=2.67l+2\ 134.89$$

令 $$N=[R_a]$$

解得：$l=16.8$ m，可取 $l=17.0$ m，符合假定条件。

则桩底高程为237.85m，桩身长度为258.55−237.85=20.7(m)。

(3)其他方法简介

①静力触探法。静力触探法是借触探仪的探头贯入土中时的贯入阻力与受压单桩在土中的工作状况有相类似的特点,将探头压入土中测得探头的贯入阻力,取得资料与试桩结果进行比较,通过大量资料的积累和分析研究,建立经验公式确定轴向受压单桩轴向容许承载力。

目前,国内外已提出了许多这类计算桩的轴向承载力公式,但由于研究地区范围的局限和所采用的触探仪的类型不同,这些经验公式都具有一定的局限性和经验性,可参照《公路桥涵地基与基础设计规范》(JTG 3363—2019)的规定使用。

静力触探方法简便,采用它预估桩的承载力有一定的实用价值。不断地积累资料,开展这方面的对比试验和研究,可使它得到更广泛的应用。

②锤击贯入法(简称"锤贯法")。预制桩在锤击沉桩过程中,桩的入土难易程度可以反映土对桩阻力的大小。施工中,一般将锤击一次桩的下沉深度称为贯入度。桩刚插入土中时,往往不加锤击,只靠桩的自重就可下沉数米。开始锤击时,桩的贯入度较大;随着桩入土深度的增加,桩的贯入度将逐渐减少,且当桩周土达到极限状态而破坏后,则贯入度将有较大增大。如打桩方法、桩身和入土深度都相同,则在硬土中所得的贯入度要比在软土中所得的贯入度小。这说明,贯入度越小,土对桩的阻力就越大,桩的承载力就越大。可见桩的贯入度与桩的承载力间存在一定的关系,一般将这种关系的表达式称为动力公式或打桩公式。锤贯法就是根据这一原理,通过不同落距的锤击试验来建立单桩承载力公式。

目前,国内外已有的许多繁简不一的打桩公式,均引进一些大概的经验数值或假设,所以用打桩公式来确定桩的承载力,其精确度不高,在桩基设计中已很少运用。目前,打桩公式主要根据其概念用最后贯入度控制施工,保证桩基承载力满足设计要求,或用作对同一地质区或同一个工程内各桩承载力的相对比较。

③动力试桩法。在桩顶施加动荷载,使桩身产生加速度和土阻尼等效应,通过设置于桩顶的传感器量测此动力响应信号(如位移、速度或加速度),据此分析确定桩身完整性或承载力。

a. 高应变法:一般以重锤敲击桩顶,使桩贯入,桩土间产生相对位移,从而分析对桩的外来抗力,可同时测定桩身完整性与承载力。

b. 低应变法:施加的荷载远小于桩的使用荷载,不足以使桩产生相对位移,而只通过应力波的反射和传播,主要用以检测桩身混凝土质量。

④理论公式法。理论公式法是根据土的极限平衡理论和土的强度,计算桩底极限阻力和桩侧极限摩阻力,也即利用土的强度指标计算桩的极限承载力,然后将其除以安全系数从而确定单桩容许承载力。

2. 桩的负摩阻力

1)桩的负摩阻力概念

①正摩阻力:桩相对于周围土向下运动,土对桩施加向上的摩擦力。这种摩擦力构成了承压桩承载力的一部分。

②负摩阻力:桩相对于周围土向上运动,土对桩施加向下的摩擦力。这种摩擦力构成了承压桩荷载的一部分,减少了桩的承载力,还可能引起较大的沉降。

2)产生负摩阻力的原因

一般情况下,桩受轴向荷载作用后,桩相对于桩侧土体作向下发生位移,使土对桩产生向上作用的摩阻力,称为正摩阻力,如图3.24(a)所示。但是,当桩周土体因某种原因发生下沉,其沉降速率大于桩的下沉时,则桩侧土就相对于桩作向下发生位移,而使土对桩产生向下作用的摩阻力,称为负摩阻力,如图3.24(b)所示。桩负摩阻力的发生将使桩侧土的部分重力传递给桩,因此,负摩阻力不但不能成为桩承载力的一部分,反而变成施加在桩上的外荷载,使桩的外荷载增大,桩承载力相对降低,桩基沉降加大,这在桩基设计中应予以注意。桩负摩阻力能否产生,主要看桩与桩周土的相对位移发展情况。桩的负摩阻力产生的原因如下:

①在桩基础附近地面大面积堆载,引起地面沉降,对桩产生负摩阻力,如桥头路提高填土的桥台桩基础。

②土层中抽取地下水或其他原因,地下水位下降,使土层产生自重固结下沉。

③桩穿过欠固结土层(如填土)进入硬持力层,土层产生自重固结下沉。

④桩数很多的密集群桩打桩时,使桩周土中产生很大的超空隙水压力,打桩停止后桩周土的再固结作用引起下沉。

⑤在黄土、冻土中的桩,因黄土湿陷、冻土融化产生地面下沉。

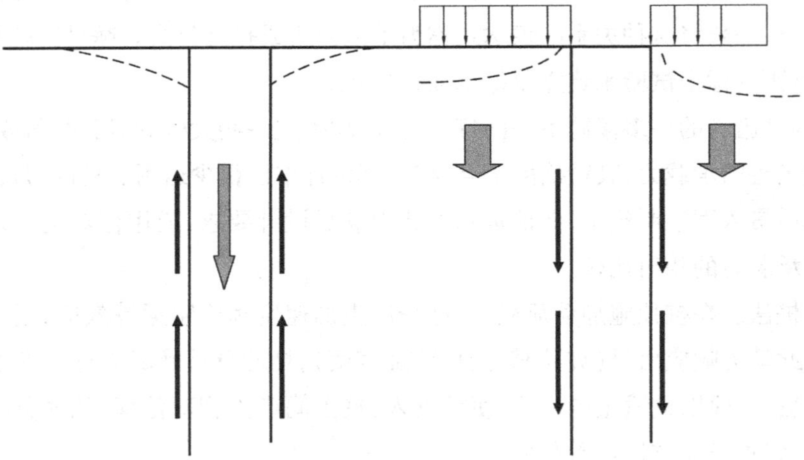

(a)正摩阻力　　(b)负摩阻力

图3.24　桩的正、负摩阻力

由此可见,桩穿过软弱高压缩性土层而支承在坚硬的持力层上时,最易发生桩的负摩阻力问题。

3)中性点及其位置的确定

桩身负摩阻力并不一定发生在整个软弱压缩土层中,产生负摩阻力的深度就是桩侧土层对桩产生相对下沉的范围,它与桩侧土的压缩固结、桩身压缩及桩底下沉等直接有关。桩侧土的压缩与地表作用荷载及土的压缩性质有关,并随深度逐渐减小;而桩在外荷载作用下,桩端的下沉量为定值,桩身压缩变形却随深度相应减小,因此当到达一定深度后,桩侧土下沉量有可能与桩身的位移量相等,土对桩无相对向下位移,即不产生负摩阻力;在此深度以下,桩的位移大于桩侧土的下沉,桩侧土仍为向上作用的正摩阻力。正、负摩阻力变换处的位置,称为中性点,如图3.25所示。显然,中性点位置的确定与作用荷载和桩周土的性质有关。例如,当桩侧土压缩变形大、桩底土坚硬桩位移小时，中性点位置就会较低，乃至可能位于压缩层底面；若桩底土较差，桩的位移较大，中性点位置就会上移。因此，中性点的位置即产生负摩阻力的深度随着条件的不同而变动。

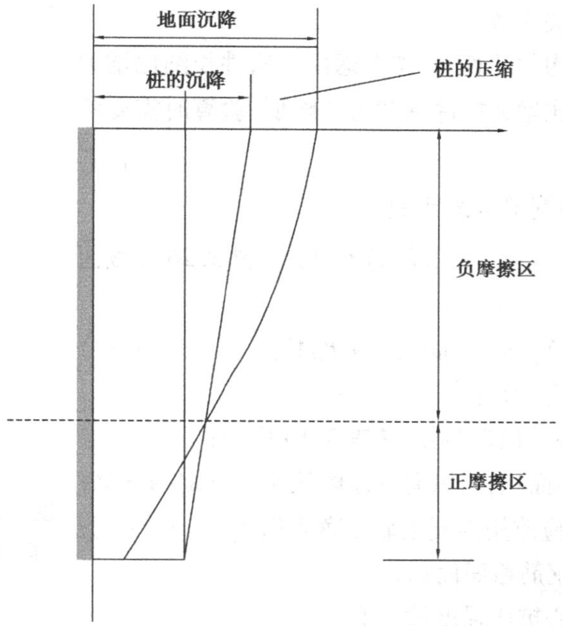

图 3.25　中性点位置及荷载传递

桩基设计必须满足地基土的抗力和桩身强度两方面的要求，因此设计中对负摩阻力的考虑主要是看其对地基土抗力和桩身强度的影响，其主要影响如下：

①作用于桩侧表面的总负摩阻力有可能使桩的负荷过大，从而使桩基的沉降过大或桩身结构受到损坏。

②由于桩承担了一部分土体重量，即负摩阻力减少了桩端标高处的有效覆盖压力，这可能导致桩端阻力降低。

③建筑物的部分基础或同一基础中部分桩发生负摩阻力，将出现桩群的不均匀沉降，致使上部结构损坏。

④负摩阻力对桩的作用可达到中性点的标高处。如果把中性点以下桩的弹性压缩都考虑在内，可假设中性点是位于周围土沉降为 5 mm 的标高处；对于打到基岩的桩，一般认为应假设中性点位于桩端处。

⑤桩群四角的桩分担到的负摩阻力比桩群内部的桩要大。

⑥在正常固结的软黏土中，如果桩长为 20 ~ 25 m，其负摩阻力常常与桩的容许荷载值相等。在此情况下，应估计到端承桩会转变为摩擦桩。

3. 按桩身材料强度确定并验算单桩承载力

一般来说，桩的竖向承载力往往由土对桩的支承能力控制。但当桩穿过极软弱土层，支承（或嵌固）于岩层或坚硬的土层上时，单桩轴向承载力往往由桩身材料强度控制。在轴向荷载作用下，单桩受力情况是一根全部或部分埋入土中的轴向受压杆件。若还有弯矩或横向力作用，则单桩是一个偏心受压杆件。因此，细长杆在荷载达到一定数值时，会发生纵向挠曲而失稳。根据《公路钢筋混凝土及预应力混凝土桥涵设计规范》(JTG 3362—2018),对于钢筋混凝土桩,基桩的轴向承载力可归结为桩身轴向强度验算。以下主要介绍轴心受压下单桩截面强度验算,在偏心力作用下的截面强度验算参见《公路钢筋混凝土及预应力混凝土桥涵设计规范》(JTG 3362—2018)的相关章节。

桩在进行轴心受压构件计算时,需考虑由于构件长细比增大产生的附加效应。长细比增大构件承载力会降低,验算时需要考虑稳定系数 φ。

1)采用普通箍筋的钢筋混凝土桩

钢筋混凝土轴心受压桩。采用普通箍筋时(图 3.26),截面强度按下式验算:

$$\gamma_0 N_d \leqslant N_u = 0.9\varphi(f_{cd}A + f'_{sd}A'_s) \tag{3.10}$$

式中 N_d——轴向力组合设计值;

φ——轴心受压构件稳定系数,按表 3.10 取用;

A——构件毛截面面积,当纵向钢筋配筋率 $\rho' = A'_s/A > 3\%$ 时,式中 A 应改用混凝土截面净面积 A_n,$A_n = A - A'_s$;

A'_s——全部纵向钢筋截面面积;

f_{cd}——混凝土轴心抗压强度设计值;

f'_{sd}——纵向普通钢筋抗压强度设计值;

γ_0——桥梁结构的重要性系数。

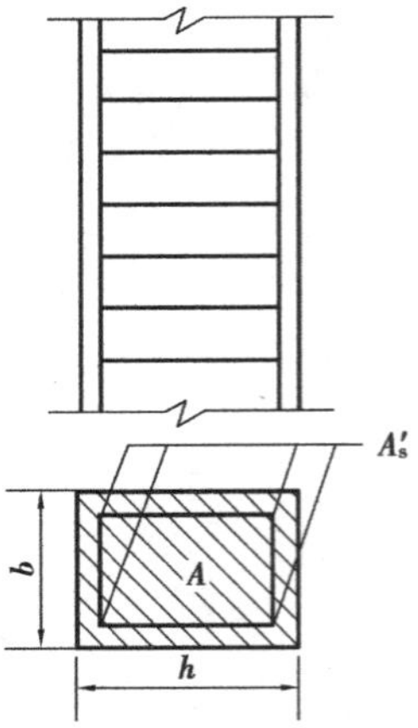

图 3.26 配有普通箍筋的钢筋混凝土轴心受压构件截面图

表 3.10 钢筋混凝土轴心受压构件的稳定系数 φ

l_0/b	≤8	10	12	14	16	18	20	22	24	26	28
$l_0/2r$	≤8	8.5	10.5	12	14	15.5	17	19	21	22.5	24
l_0/bi	≤8	35	42	48	55	62	69	76	83	90	97
φ	1.0	0.98	0.95	0.92	0.87	0.81	0.75	0.70	0.65	0.60	0.56
l_0/b	30	32	34	36	38	40	42	44	46	48	50
$l_0/2r$	26	28	29.5	31	33	34.5	36.5	38	40	41.5	43
l_0/bi	104	111	118	125	132	139	146	153	160	167	174
φ	0.52	0.48	0.44	0.40	0.36	0.32	0.29	0.26	0.23	0.21	0.19

注:①表中 l_0 为构件计算长度,b 为矩形截面短边尺寸,r 为圆形截面半径,i 为截面最小回转半径。

②对于构件计算长度 l_0 的确定,两端固定为 $0.5l$;一端固定,一端为不移动的铰为 $0.7l$;两端均匀不移动的铰为 l;一端固定,一端自由为 $2l$;l 为构件支点间长度。

2)采用螺旋箍筋或焊接环式箍筋的钢筋混凝土桩

钢筋混凝土轴心受压柱采用螺旋箍筋或焊接环式箍筋时(图 3.27),按螺旋箍筋柱设计,其截面强度按下式验算:

$$\gamma_0 N_d \leqslant N_u = 0.9(f_{cd}A_{cor} + kf_{sd}A_{so} + f'_{sd}A'_s) \tag{3.11}$$

$$A_{so} = \frac{\pi d_{cor}A_{sol}}{S} \tag{3.12}$$

式中　A_{cor}——构件核芯截面面积；

A_{so}——螺旋式或焊接环式间接钢筋的换算截面面积；

d_{cor}——构件截面的核心直径，$d_{cor}=d-2c$，d 为桩的直径，c 为纵向钢筋至柱截面边缘的径向混凝土保护层厚度；

k——间接钢筋影响系数，混凝土强度等级为 C50 及以下时取 $k=2.0$，为 C50 ~ C80 时取 $k=2.0\sim1.70$，中间值按线性插入取用；

A_{sol}——单根间接钢筋的截面面积；

S——沿构件轴线方向间接钢筋的螺距或间距。

其他符号意义同式(3.10)。

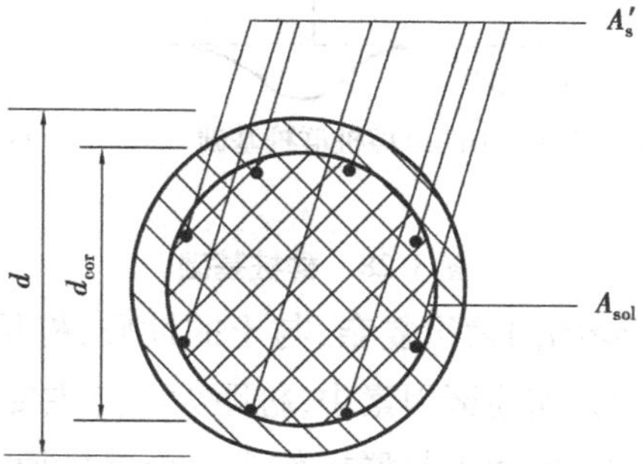

图 3.27　配有螺旋箍筋的钢筋混凝土轴心受压构件截面图

《公路钢筋混凝土及预应力混凝土桥涵设计规范》(JTG 3362—2018)规定，为防止保护层过早产生剥落，影响正常使用，按螺旋箍筋计算的抗压承载力不应大于按普通箍筋柱计算的抗压承载力的 1.5 倍。

项目 5　群桩轴向承载力

实际工程中，承台下通常不止一根桩，而是由两根及以上基桩组成的称为群桩基础。群桩基础在荷载作用下，因基桩间的相互影响及承台、桩、土的相互作用，使其桩侧阻力、桩端阻力、沉降等工作性状发生变化而与单桩明显不同，群桩的这种作用效应称为群桩效应，它主要表现在对桩基承载力和沉降的影响上。本项目主要讨论群桩的工作性状、群桩的承载力以及变形验算。

1. 群桩基础的工作性状及其特点

得到单桩承载力后，群桩基础承载力和单桩承载力之间有以下两种关系：

①端承桩或桩间距较大的摩擦桩(桩间距大于 5 ~ 8 倍的桩直径)，群桩基础的整体承载力等于单桩承载力之和，其沉降等于单桩沉降量。这是因为端承桩是通过桩直接将承受的压力传到桩尖处的坚硬土层中，且桩下端承压面积等于桩身横截面，其压力不可能有叠加现象[图 3.28(a)]。

②当摩擦桩间距较小时，桩通过与桩侧土的作用将承受的压力传到桩尖处面积较大的土层中，桩端处地基应力发生叠加现象。桩底地基土的压缩变形和基础的沉降都比单桩大。实践证明，群桩基础的承载力常小于单桩承载力之和，但有时也会大于或等于单桩承载力之和。这种不同于单桩的工作性状所产生的效应称为群桩效应，主要表现在对桩基承载力和沉降的影响上

[图 3.28(b)]。

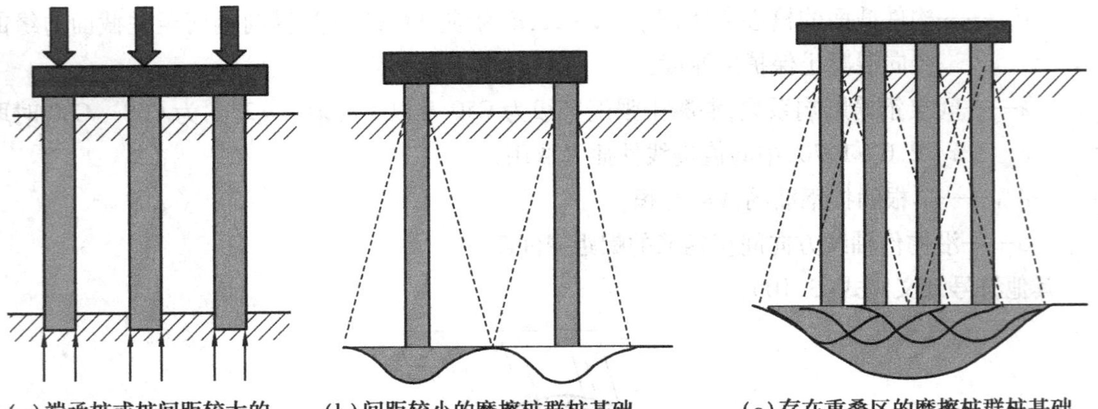

(a)端承桩或桩间距较大的摩擦桩群桩基础　(b)间距较小的摩擦桩群桩基础　(c)存在重叠区的摩擦桩群桩基础

图 3.28　群桩基础

影响群桩基础承载力和沉降的因素很复杂,与土的性质、桩长、桩距、桩数等因素有关。通过模型试验研究和野外测定表明,前述诸因素中,桩距大小是主要因素,其次是桩数。当桩距较小、土质较坚硬时,在荷载作用下,桩间土与群桩作为一个整体而下沉,破坏形态类似一个实体深基础;桩距足够大、土质较软时,在与土之间产生剪切变形,桩群呈"刺入破坏"。一般情况下,群桩基础兼有这两种性状。

对于低桩承台群桩基础,假定承台底面以上全部荷载均由桩承受。从一些旧桥的开挖检验中发现,承台底面与地基土有脱离现象,故不考虑承台底面的地基土分担承台底面以上的竖向荷载。

2. 群桩基础承载力验算

考虑到群桩的工作性状,桩基础计算中,一方面要保证单桩受力不超过桩的容许承载力;另一方面还要将桩基础作为整体,采用计算方法验算其整体承载力,包括考虑地基的强度和必要时验算桩基础的沉降。

对于端承桩,一般可不验算桩基础的整体承载力。对于摩擦桩,桩尖平面内桩间中心距小于 6 倍桩径,且桩数大于或等于 9 根时,根据桩在传力时的扩散作用,可将基桩视为图 3.29 中相当于 *cdef* 范围内的实体基础,认为桩侧外力以 $\varphi/4$ 角向下扩散。可按下式验算桩底平面处土层的整体承载力:

$$\sigma_{\max} = \bar{\gamma}L + \gamma h - \frac{BL\gamma h}{A} + \frac{N}{A}\left(1 + \frac{eA}{W}\right) \leqslant [\sigma_{h+L}] \tag{3.13}$$

式中　$\sigma_{\max}$——桩底平面处的最大压应力,kPa;

$\bar{\gamma}$——桩底以上土的平均容重,kN/m^3;

γ——承台底面以上土的容重,kN/m^3;

N——作用于承台底面合力的竖向分力,kN;

e——作用于承台底面合力的竖向分力对桩底平面处计算面积重心轴的偏心距,m;

A——假想的实体基础在桩底平面处的计算面积,即 $a \times b$(图 3.29),m^2;

W——假想的实体基础在桩底平面处的截面弹性模量，m^3；

L、B——承台的长度、宽度，m；

$[\sigma_{h+L}]$——桩底平面处的容许承载力或承载力设计值，应经过埋深$(h+L)$修正；

L——承台底面到桩端的距离，m；

h——承台底面到地面（或最大冲刷线）的距离，对于图3.29所示的高承台桩基，$h=0$，埋置深度即为L。

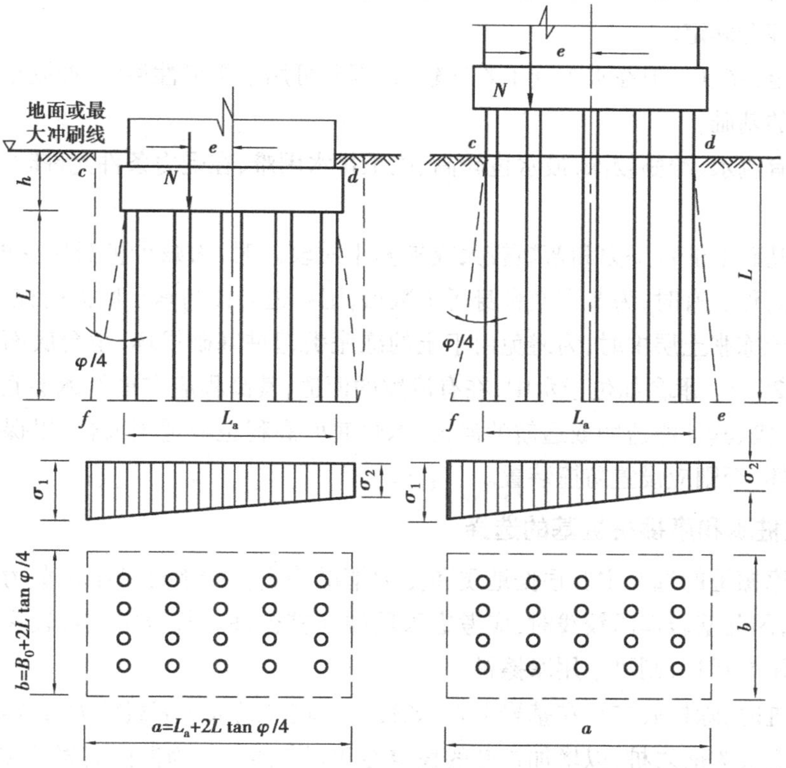

图3.29　群桩基础整体承载力验算

可以将群桩基础作为一个实体基础，用分层总和法计算桩端以下持力层的沉降量。持力层下有软弱土层时，还应验算软弱下卧层的承载力。具体计算可参阅有关规范或设计手册。

项目6　桩基础设计

桩基础设计应保证选型恰当、经济合理、安全适用、节能减排和可持续发展的要求，使桩和承台有足够的强度、刚度和耐久性，对地基（主要是桩端持力层）有足够的承载力和不产生过量的变形。设计桩基础时，首先应搜集必要的资料，包括上部结构形式与使用要求、荷载的性质与大小、地质和水文资料，以及材料供应和施工条件等。据此拟订出设计方案（包括选择桩基类型、桩长、桩径、桩数、桩的布置承台位置与尺寸等），然后进行基桩和承台以及桩基础整体的强度、稳定、变形试验并经过计算、比较修改，以保证承台、基桩和地基在强度变形及稳定性方面满足安全和使用性能的要求，同时考虑技术和经济上的可能性与合理性，最后确定较理想的桩基方案。

1. 桩基础类型的选择

选择桩基础类型时，应根据设计要求和现场的条件，并考虑各种类型桩基础具有的不同特点，综合分析选择。

1）承台底面高程的考虑

承台底面高程应根据桩的受力情况、桩的刚度以及地形、地质、水流、施工等条件，考虑美观与整体协调性综合确定。

承台底稳定性较好，但在水中施工难度较大，因此可用于季节性河流，冲刷小的河流或旱地上其他结构物的基础。

对于常年有流水、冲刷较深，或水位较高、施工排水困难，在受力条件允许时，应尽可能采用高桩承台。

作用在桩基础上的水平力和弯矩较大或桩侧土质较差时，为减少桩身所受的内力，可适当降低承台底面高程。有时，为节省墩台身圬工数量，则可适当提高承台底面高程。

承台埋设于冻胀土层中时，为避免由于土的冻胀引起桩基础损坏，承台底面应位于冻结线以下不少于0.25 m。承台如位于水中，在有流冰的河道，其高程应在最低冰层底面以下不小于0.25 m；在有流筏、其他漂流物或通航的河道，承台底面高程也应适当放低，以保证基桩不会受到直接撞击损坏，否则应设置防撞装置。

2）端承桩桩基和摩擦桩桩基的选择

端承桩和摩擦桩的选择主要根据地质和受力情况确定。端承桩基础承载力大，沉降量小，较为安全可靠，因此基岩埋深较浅时，应考虑采用端承桩桩基。若岩层埋置较深或受施工条件的限制不宜采用端承桩，则可采用摩擦桩。

采用端承桩时，除桩底支承在基岩上外，如覆盖层较薄或水平荷载较大，还需将桩底端嵌入基岩中一定深度成为嵌岩桩，以增加桩基的稳定性和承载能力。为保证嵌岩桩在横向荷载作用下的稳定性，需嵌入基岩的深度与桩嵌固处的内力及桩周岩石强度有关，可按式(3.6)和式(3.7)确定，同时要求不小于0.5 m。

在同一桩基础中，不宜同时采用端承桩和摩擦桩，也不宜采用不同材料、不同直径和长度相差过大的桩，以避免桩基产生不均匀沉降或丧失稳定性。

3）桩型与成桩工艺

桩型与工艺选择应根据结构类型、荷载性质、桩的使用功能、穿越土层、桩端持力层土类、地下水位、施工设备、施工环境、施工经验、桩的材料供应条件等，选择经济、合理、安全适用的桩型和成桩工艺。各行业的相关规范中都附有成桩工艺适用性的表格，可供选择时参考。

2. 桩径、桩长拟订

桩径与桩长设计应综合考虑荷载的大小、土层性质与桩周土阻力状况、桩基类型与结构特点、桩的长径比以及施工设备与技术条件等因素后确定，力争做到既满足使用要求，又造价经济，最有效地利用和发挥地基土和桩身材料的承载性能。

设计时，首先拟订尺寸，然后通过基桩计算和验算，视所拟订的尺寸是否经济合理，最后确定。

一般情况下,钻孔灌注桩的设计直径采用0.8～3.2 m;挖孔桩直径或最小边宽不宜小于1.2 m。

为适应现有的沉入桩施工机具设备,钢筋混凝土管桩直径一般采用0.4～0.8 m;管壁最小厚度80 mm是指用离心旋转机制造时的壁厚。

1)桩径拟订

桩的类型选订后,桩的横截面(桩径)可根据各类桩的特点与常用尺寸选择确定。

2)桩长拟订

确定桩长的关键在于选择桩端持力层,因为桩端持力层对桩的承载力和沉降有重要影响。设计时,可先根据地质条件选择适宜的桩端持力层,初步确定桩长,并应考虑施工的可行性(如钻孔灌注桩钻机钻进的最大深度等)。

一般情况下,宜将桩底置于岩层或坚硬的土层上,以得到较大的承载力和较小的沉降量。如在施工条件容许的深度内没有坚硬土层存在,应尽可能选择压缩性较低、强度较高的土层作为持力层,要避免使桩底落在软土层上或离软弱下卧层的距离太近,以免桩基础发生过大的沉降。

对于摩擦桩,有时桩底持力层可能有多种选择,此时确定桩长与桩数两者相互影响。遇此情况,可通过试算比较,选择较合理的桩长。摩擦桩的桩长不应太短,一般不应小于4 m。因为桩长过短,达不到设置桩基将荷载传递到深层或减小基础下沉的目的,且必然使桩数很多,扩大了承台尺寸,也影响施工进度。此外,为保证发挥摩擦桩桩底土层支承力,桩底端部应尽可能达到该土层桩端阻力的临界深度。

3.确定桩数及平面布置

1)桩的根数估算

初步估定桩数时,可先不考虑群桩效应,桩数 n 可由荷载及承载力进行估算。

轴心受压时:

$$n \geqslant \frac{F_K + G_K}{R_n} \tag{3.14}$$

偏心受压时:

$$n \geqslant \mu \frac{F_K + G_K}{R_n} \tag{3.15}$$

式中 n——桩的数量;

F_K——荷载效应标准组合时,上部结构传至桩基础承台顶面的竖向力,kN;

G_K——承台及其上覆土自重标准值,kN;

R_n——单桩竖向承载力特征值,kN;

μ——桩基偏心受压系数,一般取1.1～1.2。

2)桩的中心距

桩的中心距不能过小,过小会在桩施工时互相挤土,影响桩的质量,桩的承载能力也不能充分发挥,且给施工造成困难;也不能过大,过大将会增大承台的体积和用量,造价也会提高。桩的最小中心距如表3.11所示。施工中采取减小挤土效应的可靠措施时,可根据当地经验适当减小。

表 3.11 桩的最小中心距

土类与成桩工艺		排数不少于 3 排且桩数不少于 9 根的摩擦型桩基	其他情况
非挤土灌注桩		3.0d	3.0d
部分挤土桩		3.5d	3.0d
挤土桩	非饱和土	4.0d	3.5d
	饱和黏性土	4.5d	4.0d
钻、挖孔扩底桩		$2D$ 或 $D+2.0$ m(当 $D>2$ m)	$1.5D$ 或 $D+1.5$ m(当 $D>2$ m)
沉管夯扩、钻孔挤扩桩	非饱和土	$2.2D$ 且 $4.0d$	$2.0D$ 且 $3.5d$
	饱和黏性土	$2.5D$ 且 $4.5d$	$2.2D$ 且 $4.0d$

注:①d 为圆桩直径或方桩边长,D 为扩大端设计直径。

②当纵横向桩中心距不相等时,其最小中心距应满足“其他情况”一栏的规定。

③当为端承型桩时,非挤土灌注桩的“其他情况”一栏可减小至 2.5d。

3)桩的平面布置

桩数确定后,可根据桩基受力情况选用单排桩或多排桩桩基。多排桩的排列形式可采用行列式、梅花式和环形。在相同的承台底面积下,采用行列式可排列较多的基桩,而采用梅花式或环形则有利于施工,应根据实际情况采用。

桩基础中桩的平面布置,除应满足前述的最小桩中心距等构造要求外,还应考虑基桩布置对桩基受力有利。

为使各桩受力均匀,充分发挥每根桩的承载能力,设计布置时,应尽可能使桩群横截面的重心与荷载合力作用点重合或接近。通常,桥墩桩基础中的基桩采取对称布置,而桥台多排桩桩基础视受力情况在纵桥向采用非对称布置。

作用于桩基的弯矩较大时,宜尽量将桩布置在离承台形心较远处,采用外密内疏的布置方式,以增大基桩对承台形心或合力作用点的惯性矩,提高桩基的抗弯能力。

此外,基桩布置还应考虑使承台受力较为有利。例如,桩柱式墩台应尽量使墩柱轴线与基桩轴线重合,盖梁式承台的桩柱布置应使承台发生的正负弯矩接近或相等,以减小承台所承受的弯曲应力。

4.桩基础设计方案检验

1)单根基桩的检验

(1)单桩轴向承载力检验

①按地基土的支承力确定和验算单桩轴向承载力。根据地质资料确定单桩轴向容许承载力,对于一般性桥梁和结构物,或在各种工程的初步设计阶段可按经验(规范)公式计算;而对于大型、重要桥梁或复杂地基条件,还应通过静载试验或其他方法,并做详细分析比较,较准确合理地确定。随后,验算单桩轴向容许承载力,应以受轴向力最大的一根基桩进行验算。

②按桩身材料强度确定和检验单桩承载力。检验时,将桩作为一根压弯构件,以承载能力

极限状态验算桩身压屈稳定和截面强度，以正常使用极限状态验算桩身裂缝宽度。

(2)单桩横向承载力检验

有水平静载试验资料时，可以直接检验桩的水平容许承载力是否满足地面处水平力的要求。一般情况下，桩身还作用有弯矩，或无水平静载试验资料时，均应验算桩身截面强度。对于预制桩，还应验算桩在起吊、运输时的桩身强度。

(3)单桩水平位移检验

现行规范未直接提及桩的水平位移验算，但规范规定需做墩台顶水平位移验算。在荷载作用下，墩台水平位移值的大小，除与墩台本身材料受力变位有关外，还取决于桩的水平位移及转角，因此，墩台顶水平位移验算包含单桩水平位移验算。

此外，《公路桥涵地基与基础设计规范》(JTG 3363—2019)给出的地基土比例系数 m，是用于结构物在地面处水平位移最大值不超过 6 mm 的情况，当水平位移较大时适当降低。因此，当采用规范给出的系数 m 时，应计算地面处桩身的水平位移且应不超过 6 mm。

2)群桩基础承载力和沉降量检验

对于 9 根及 9 根桩以上的多排摩擦桩群桩基础，当桩端平面内桩距小于 6 倍桩径时，须进行群桩基础整体承载力验算，必要时还应按实体基础计算群桩基础的沉降量并验算。

3)承台强度检验

对于承台，一般应进行局部受压、抗冲剪、抗弯和抗剪强度检验，具体方法见《公路钢筋混凝土及预应力混凝土桥涵设计规范》(JTG 3362—2018)。

项目7　桩基础施工

目前，国内桩基础种类繁多，应用广泛，按照施工方法不同，可以分为预制桩和灌注桩两大类，具体又可以细分为若干种方法。

1.钻孔灌注桩施工

钻孔灌注桩施工应根据土质、桩径大小、入土深度和机具设备等条件，选用适当的钻具和钻孔方法进行钻(冲)孔，以保证能顺利达到预计孔深，然后清孔、吊放钢筋笼架、灌注水下混凝土。

目前，我国常使用的钻具有旋转钻、冲击钻和冲抓钻 3 种类型。为稳固孔壁，采用孔口埋设护筒和在孔内灌入黏土泥浆，并使孔内液面高出孔外水位，以在孔内形成一向外的静水压力，起到护壁、固壁作用。

1)准备工作

(1)准备场地

进行现场勘察，掌握以下施工场地现状：

①了解现场妨碍施工的高空和地下障碍物，如高架线路、地下构筑物、水下障碍物等；

②了解邻近建筑物情况，有无危险房屋，有无精密仪器设备等；

③观察场地平整情况；

④了解现场道路、水、电、排水等设施情况。

施工前，应将场地平整好，以便安装钻架进行钻孔。墩台位于无水岸滩时，钻架位置处应整平夯实，清除杂物，换挖软土；场地有浅水时，宜采用土或草袋围堰筑岛。场地为深水或陡坡时，可用木桩或钢筋混凝土桩搭设支架，安装施工平台支承钻机（架）。深水中，在水流较平稳时，也可将施工平台架设在浮船上，就位锚固稳定后在水上钻孔。水中支架的结构强度、刚度和船只的浮力、稳定都应事前进行验算。

（2）埋置护筒

灌注桩除沉管灌注桩外，一般都需设护筒，以固定桩位，保护孔口防止坍塌，隔离地下水或海（河）水和保持孔内水位高出施工水位以防止坍孔，同时护筒还可以起到钻（冲）孔导向作用。因此，施工前必须按设计要求制作、下沉或埋设护筒。

护筒制作要求坚固、耐用、不易变形、不漏水、装卸方便和能重复使用。护筒材料一般用钢材，在陆上水文、地质条件较好的地方也可用钢筋混凝土圆管作护筒。砖砌护筒和木护筒已基本不用，如图 3.30 所示。护筒内径应比钻头直径稍大，旋转钻须增大 0.1 ~0.2 m，冲击或冲抓钻增大 0.2 ~0.3 m。

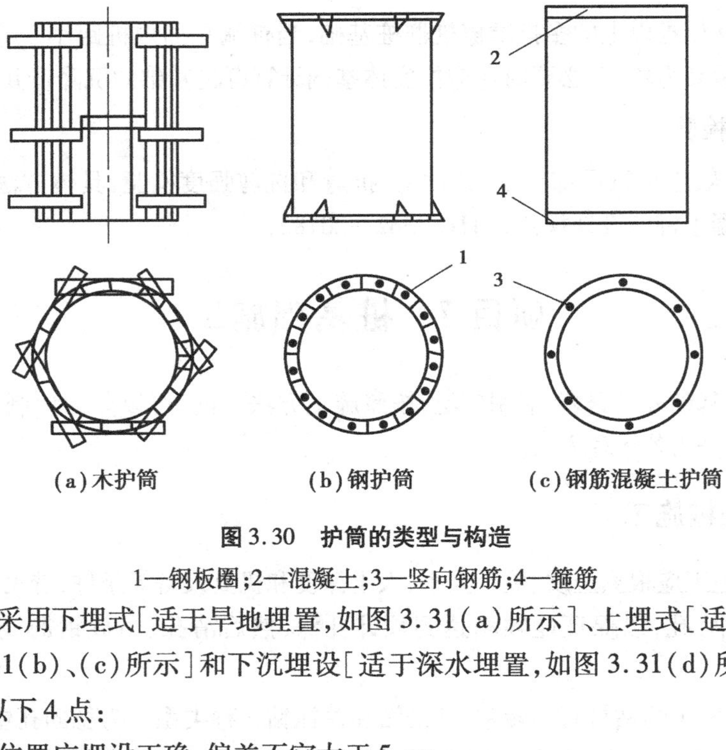

图 3.30　护筒的类型与构造

1—钢板圈；2—混凝土；3—竖向钢筋；4—箍筋

护筒埋设可采用下埋式[适于旱地埋置，如图 3.31(a)所示]、上埋式[适于旱地或浅水筑岛埋置，如图 3.31(b)、(c)所示]和下沉埋设[适于深水埋置，如图 3.31(d)所示]。埋置护筒时，特别应注意以下 4 点：

①护筒平面位置应埋设正确，偏差不宜大于 5 cm。

②护筒顶标高应高出地下水位和施工最高水位 1.5 ~2.0 m。无水地层钻孔因护壁顶部设有溢浆口，筒顶也应高出地面 0.2 ~0.3 m。

③护筒底应低于施工最低水位（一般低于 0.1 ~0.3 m 即可）。深水下沉埋设的护筒应沿导向架借自重、射水、振动或锤击等方法将护筒下沉至稳定深度。对于入土深度，黏性土应达到 0.5 ~1 m，砂性土则为 3 ~4 m。

④下埋式及上埋式护筒挖坑不宜太大（一般比护筒直径大 0.1 ~0.6 m），护筒四周应夯填密实黏土。护筒应埋置在稳固的黏土层中，否则应换填黏土并密实，其厚度一般为 0.50 m。

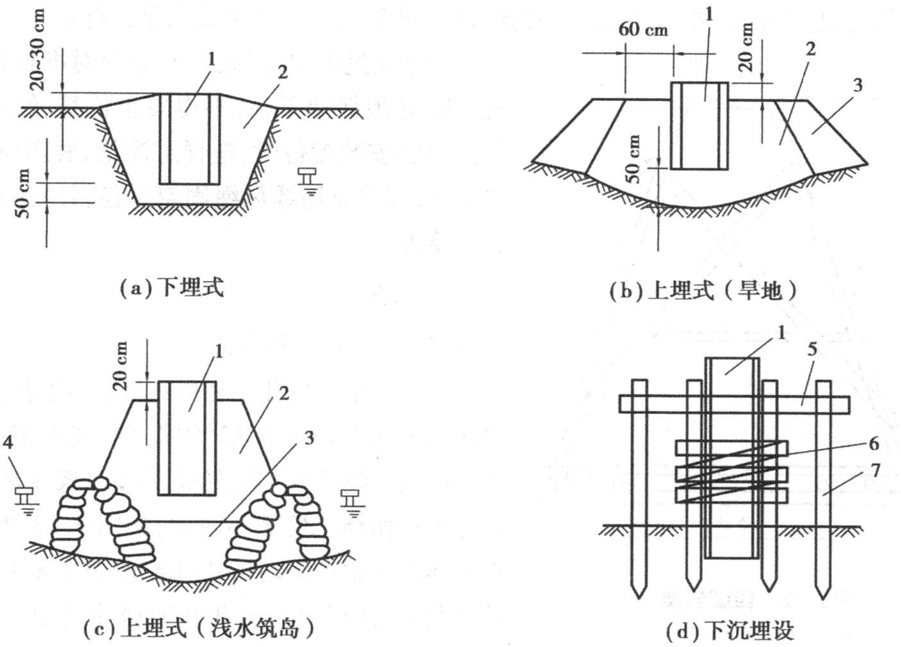

图3.31 护筒的埋设

1—护筒;2—夯实黏土;3—砂土;4—施工水位;5—工作平台;6—导向架;7—脚手架

(3)制备泥浆

钻孔灌注桩和冲孔灌注桩在施工过程中为防止孔壁坍塌、浆液流失和携带钻渣,孔内加入护壁泥浆。

护壁泥浆一般由水、黏土及化学处理剂组成。泥浆用水为淡水。黏土是泥浆中的主要固相成分,粒径小于0.005 mm,具有带电、吸附离子、水化膨胀以及分散成絮凝状等性能。加入化学处理剂的目的是改善泥浆的性能,以满足不同工艺的要求。配备的泥浆应具有以下特点:

①良好的物理稳定性。泥浆在静置一段时间后,其中的黏土颗粒不会在重力作用下析水、沉淀,这是对护壁泥浆最基本的要求。

②良好的化学稳定性。泥浆抵抗化学侵蚀的能力越强、重复使用的时间越长,则其化学稳定性越好。

③适当的密度。泥浆的密度大有利于孔壁稳定和悬浮钻渣,但不利于混凝土浇筑质量,并要求有较大的泵送能力,动力和材料消耗较多。泥浆的密度应根据地质条件、施工阶段和施工经验确定,松散易塌地层宜使用密度较大的泥浆;密实稳定地层和清孔时,宜使用密度较小的泥浆。

④适当的黏度。黏度是流体内部阻碍其相对流动的一种特性。黏度的作用和影响与密度类似,黏度大则护壁、防渗、堵漏以及悬浮、携带钻渣的能力强,但过大则输送和混凝土置换困难。

⑤较小的含砂率。含砂高会使泥浆性能受影响,成孔质量较差。

⑥较好的流变性。流变性好的泥浆在静止时有较强的护壁能力,有利于成孔后稳定孔壁,提高施工效率。

(4)安装钻机或钻架

钻架是钻孔、吊放钢筋笼、灌注混凝土的支架。我国生产的定型旋转钻机和冲击钻机都附有定型钻架,其他还有木制的和钢制的四脚钻架(图3.32)、三脚架或人字扒杆。

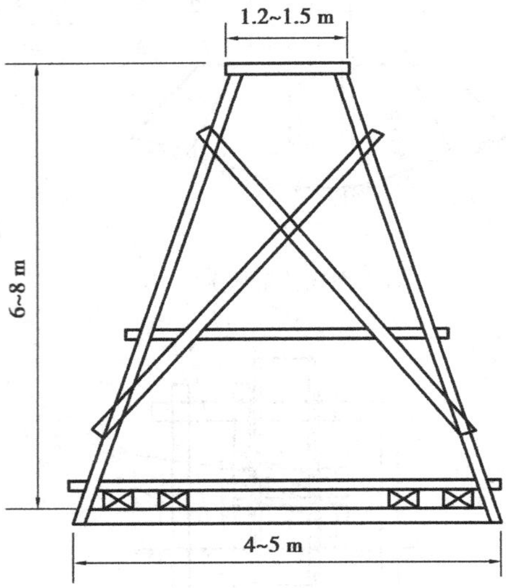

图3.32 四脚钻架

在钻孔过程中,成孔中心必须对准桩位中心,钻机(架)必须保持平稳,不得发生位移、倾斜和沉陷。钻机(架)安装就位时,应详细测量,底座应用枕木垫实塞紧,顶端应用缆风绳固定平稳,并在钻进过程中经常检查。

2)钻孔

(1)钻孔方法和钻具

①旋转钻进成孔。利用钻具旋转切削土体钻进,并在钻进的同时采用循环泥浆的方法护壁排渣,继续钻进成孔。我国现用旋转钻机按泥浆循环的程序不同分为正循环与反循环两种,如图3.33所示。所谓正循环是在钻机驱动钻具回转的同时,利用泥浆泵通过水龙头、钻杆内孔向孔底输送冲洗液(清水,更常用的是泥浆)冲洗孔底,携带岩屑的冲洗液沿钻杆与孔壁之间的外环空间上升,从孔口流向沉淀池,形成正循环排渣体系,因此,称为冲洗液正循环旋转钻进,简称正循环旋转钻进。这是水井、油气井和岩心钻孔常用的钻井方法。该方法具有钻机小、重量轻、设备简单、设备故障相对较少、工艺技术成熟、操作简单、易于掌握、噪声低、振动小、工程费用较低等优点。其缺点在于钻杆与孔壁之间的环状断面积大,泥浆上返速度低,挟带泥沙颗粒直径小,排渣能力差,岩土重复破碎现象严重,工效低。

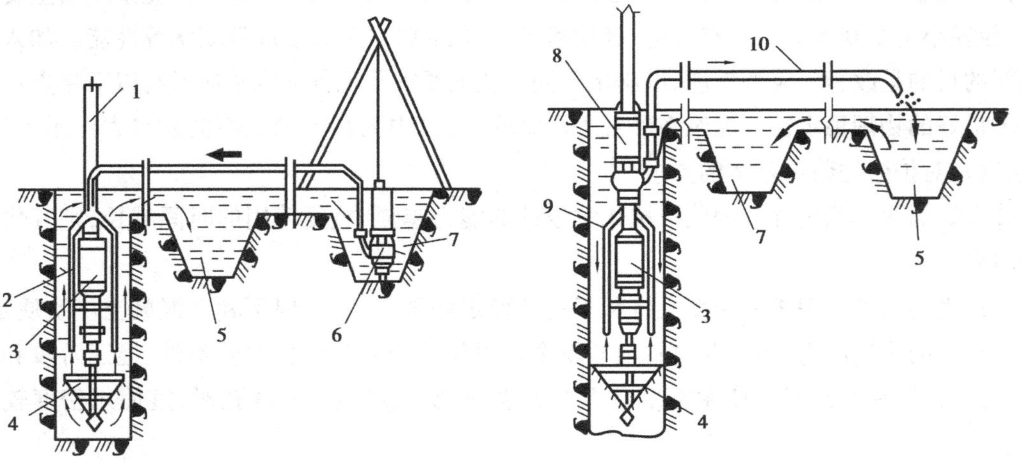

(a)正循环排渣　　(b)反循环排渣

图3.33 正、反循环旋转钻孔

1—钻杆;2—送水管;3—主机;4—钻头;5—沉淀池;6—潜水泥浆泵;

7—泥浆池;8—砂石泵;9—抽渣管;10—排渣胶管

反循环与正循环程序相反,将冲洗液从钻头的钻杆下口吸进,通过钻杆中心排出到沉淀池,冲洗液沉淀后再循环使用。反循环钻机的钻进及排渣效率较高,但在接长钻杆时装卸较麻烦,如钻渣粒径超过钻杆内径(一般为120 mm)易堵塞管路,则不宜采用。我国定型生产的旋转钻机在转盘、钻架、动力设备等方面均配套定型,钻头的构造根据土质采用各种形式。

正循环旋转机有鱼尾钻头[图 3.34(a)]、笼式钻头[图 3.34(b)]、刺猬钻头[图 3.34(c)]等;常用的反循环钻头有锥形三翼空心钻头[图 3.35(a)]、牙轮钻头[图 3.35(b)]等。旋转钻孔过去采用简易机具施工,只需配置必要的钻架、钻杆、卷扬机和钻头,用人工推钻或机动旋转钻机,钻头一般用大锅锥(图 3.36)。钻孔时,旋转锥钻削土入锅,然后提锥出渣,再放锥入孔继续钻进,效率较低,现很少采用。只是在桩径较小、孔深较浅时才采用。

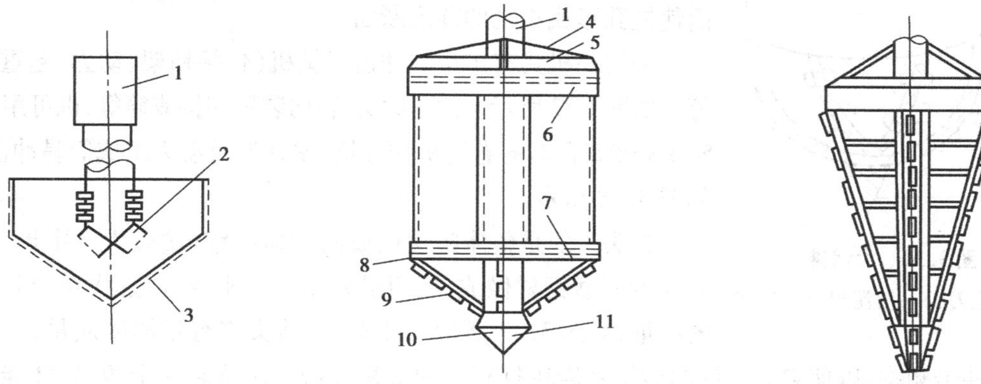

(a)鱼尾钻头　(b)笼式钻头　(c)刺猬钻头

图 3.34　正循环旋转钻孔

1—钻杆;2—出浆口;3—刀刃;4—斜撑;5—斜挡板;6—上腰围;7—下腰围;

8—耐磨合金钢;9—刮板;10—超前钻;11—出浆口

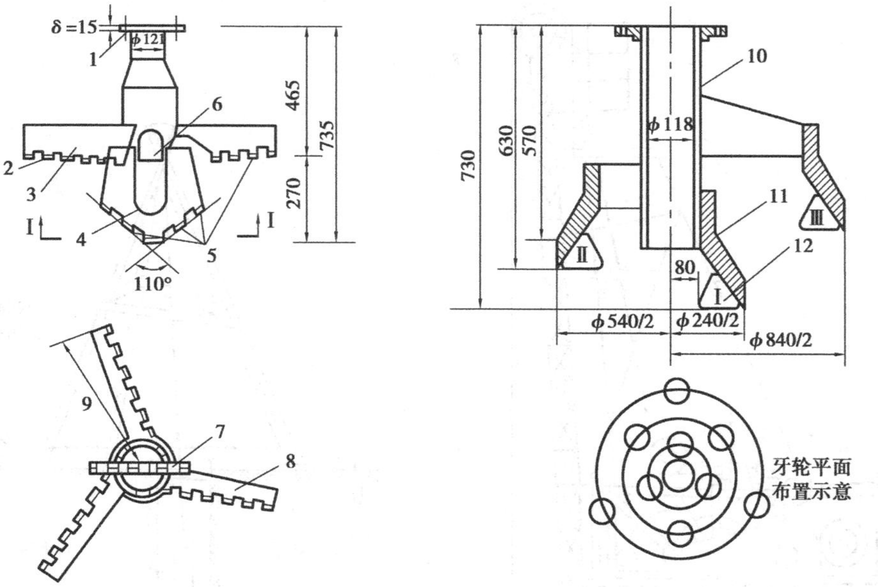

(a)三翼空心单尖钻锥　(b)牙轮钻头

图 3.35　反循环旋转钻孔(单位:mm)

1—法兰接头;2—合金钢刀头;3—翼板(=30);4—剑尖(=30);5—合金钢刀头尖;

6—排渣孔;7—剑尖;8—翼板;9—孔径;10—无缝钢管;11—牙轮架;12—牙轮

旋转钻进成孔的施工方法受到机具和动力的限制,适用于较细、软的土层,如各种塑性状态的黏性土、砂土、夹少量粒径小于 100 ~ 200 mm 的砂卵石土层,在软岩中也可使用。这种钻孔方法的深度可达 100 m 以上。

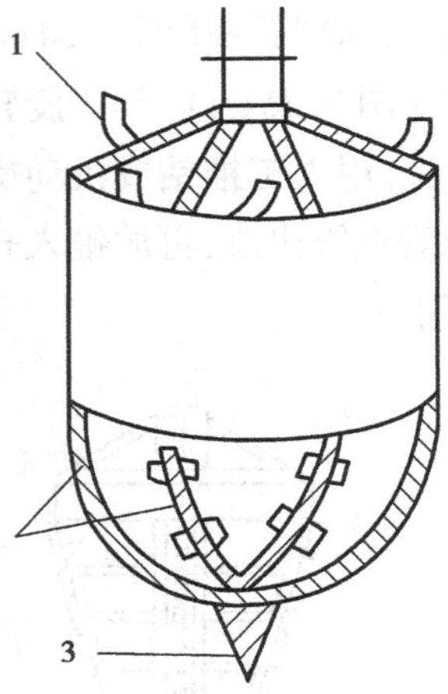

图 3.36 大锅锥

1—扩孔刀;2—切泥刃;3—钻尖

②冲击钻进成孔。冲击钻进成孔是采用冲击式钻机或用卷扬机带动一定质量的冲击钻头(或称为冲锥),在一定的高度内周期性地做自由落体运动,冲击破碎岩层或冲挤土层形成桩孔,再用捞渣筒或泥浆循环等方法将岩屑钻渣排出的成孔方法。每次冲击破碎后,冲锥在钢丝绳转向装置带动下转动一定的角度,从而使桩孔形成规则的圆形断面。

采用的机具有定型的冲击式钻机(包括钻架、动力、起重装置等),如图 3.37 所示。冲击钻头、转向装置和掏渣筒等,也可用 30 ~ 50 kN 带离合器的卷扬机配合钢、木钻架及动力组成简易冲击机,如图 3.38 所示。

钻头一般是整体铸钢做成的实体钻锥;钻刃为十字形,采用高强度耐磨钢材做成,底刃最好不完全平直,以加大单位长度上的压重,如图 3.39 所示。冲击时,钻头应有足够的质量、适当的冲程和冲击频率,以使它有足够的能量将岩块打碎。冲锥每冲击一次旋转一个角度,才能得到圆形的钻孔,因此在钻头和提升钢丝绳连接处应有转向装置。常用的有合金套或转向环,以保证冲锥的转动,也避免钢丝绳打结扭断。掏渣筒是用以掏取孔内钻渣的工具,如图 3.40 所示,用厚 30 mm 左右钢板制作,其下的碗形阀门应与渣筒密合以防止漏水漏浆。

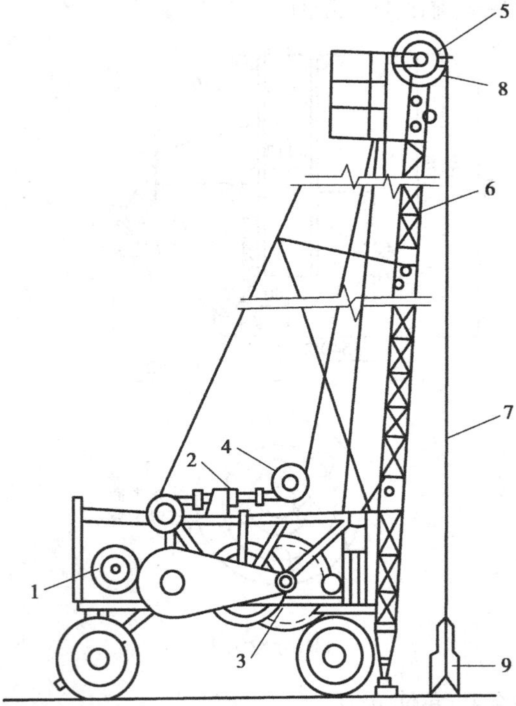

图 3.37 CZ-22 型冲击钻示意图

1—电动机;2—冲击机构;3—主轴;4—压轮;
5—钻具天轮;6—桅杆;7—钢丝绳;
8—抽筒天轮;9—钻头

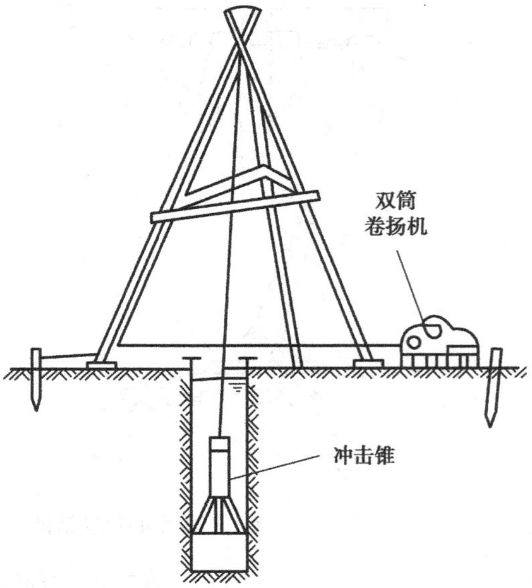

图 3.38 简易冲击钻机

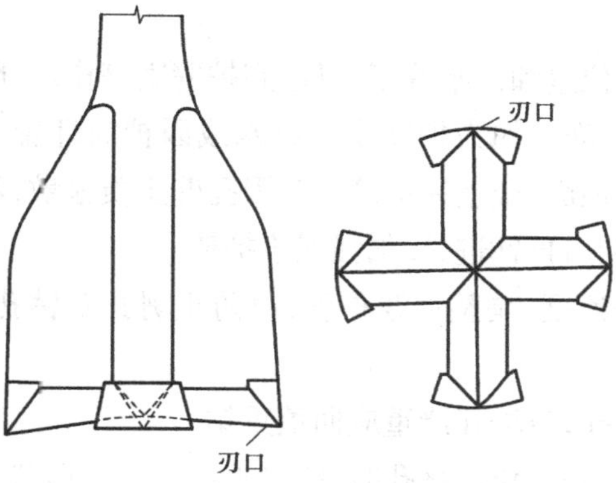

图3.39　十字形钻头

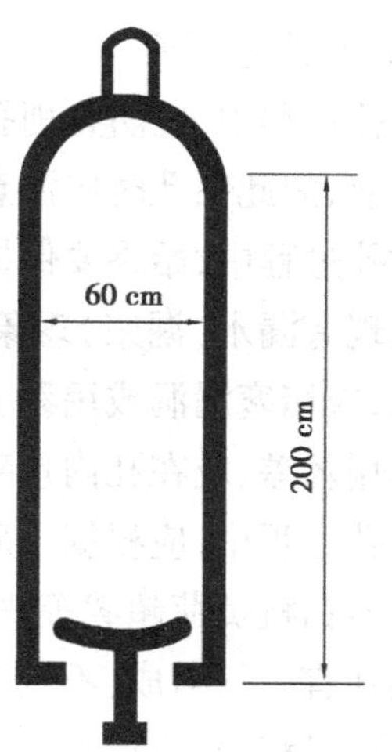

图3.40　掏渣筒示意图

冲击钻孔适用于含有漂卵石、大块石的土层及岩层，也能用于其他土层。成孔深度一般不宜大于50 m。

③冲抓钻进成孔。冲抓成孔主要适用于软土、砂砾、卵石等地层，冲抓成孔孔径一般在ϕ700～1 200 mm，孔深最大达40 m，如图3.41所示。

冲抓成孔机具主要有履带吊、冲抓锥及运渣设备，冲抓锥有两瓣、三瓣、四瓣、六瓣之分，常用的以两瓣、四瓣为多，质量在1.5～2.8 t，高度为17～27 m。质量、高度与成孔直径有关，冲抓锥张开时的最大直径成为灌注桩孔径的85%～90%，较松软土层取小值。冲抓锥有单(钢丝)绳冲抓锥和双绳冲抓锥之分。较常用的是双绳冲抓锥，其开闭灵活，不需人工挂钩，效率较高，如图3.42所示。

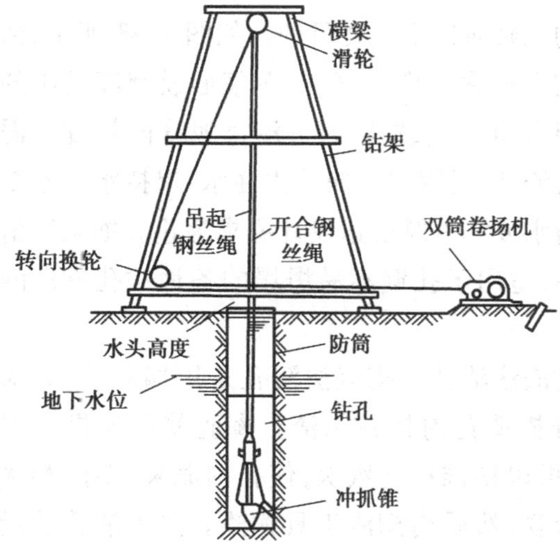

图3.41　冲抓钻进成孔

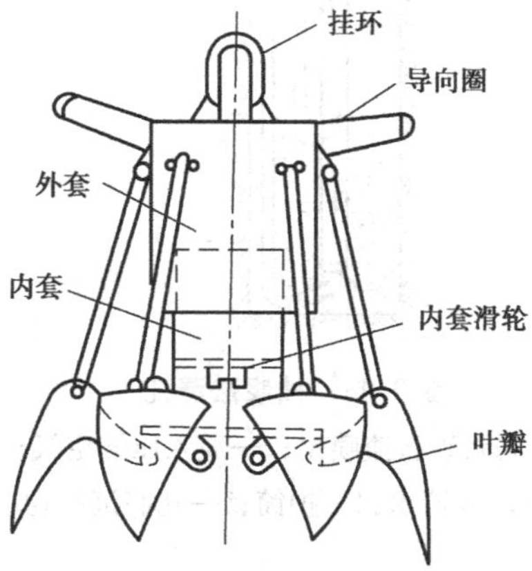

图3.42　双绳冲抓锥

冲抓成孔作业时，应根据土层，决定冲抓锥自由落体的冲程。对于较密实土层，可增大冲程至2～3 m，也可多冲几次再抓。在砂层中为防止塌孔，在孔内需投入一定的黏土造浆，并保持地下水以上2 m的浆面高程，同时使用小冲程1.0～1.5 m冲抓为宜。冲抓施工时，应对准孔中心让冲抓锥做自由落体运动，以防止扩大孔径，同时应注意钢丝绳的磨损程度，防止因钢丝绳断裂而掉锥。

(2)钻孔注意事项

在钻孔过程中,应防止坍孔、孔形扭歪或孔斜,钻孔漏水、钻杆折断,甚至将钻头埋住或掉进孔内等事故,因此钻孔时应注意以下几点:

①钻孔过程中,始终要保持孔内外既定的水位差和泥浆浓度,以起到护壁固壁作用,防止坍孔。若发现有漏水(漏浆)现象,应找原因及时处理。如为护筒本身漏水或因护筒埋置太浅而发生漏水,应堵塞漏洞或用黏土在护壁周围夯实加固,或重埋护筒。若因孔壁土质松散,泥浆加固孔壁作用较差,应在孔内重新回填黏土,待沉淀后再钻进,以加强泥浆护壁。

②钻孔过程中,应根据土质等情况控制钻进速度、调整泥浆稠度,以防止坍孔及钻孔偏斜、卡钻和旋转钻机负荷超载等情况发生。

③钻孔宜一气呵成,不宜中途停钻以避免坍孔,若坍孔严重应回填重钻。

④钻孔过程中,应加强对桩位、成孔情况的检查工作。终孔时,应对桩位、孔径、形状、深度、倾斜度及孔底土质等情况进行检验,合格后立即清孔、吊放钢筋笼、灌注混凝土。

3)清孔及吊装钢筋笼骨架

(1)清孔

钻孔达到设计要求深度并经检查合格后,应立即进行清孔,目的是清除孔底沉渣以减少桩基的沉降量,提高承载能力,确保桩基质量。清孔应紧接在终孔检查后进行,避免间隔时间过长引起泥浆沉淀过厚及孔壁坍塌。

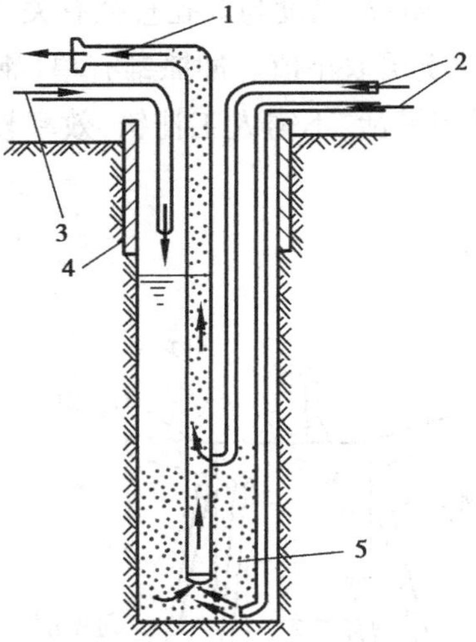

图 3.43 抽浆法清孔

1—泥浆砂石渣喷出;2—通入压缩空气;3—注入清水;4—护筒;5—孔底沉积物

清孔的方法有抽浆法、掏渣法、换浆法、喷射法以及用砂浆置换钻渣法等,应根据设计要求、钻孔方法、机具设备和土质条件决定。

①抽浆法清孔。抽浆法清孔是用空气吸泥机吸出含钻渣的泥浆而达到清孔目的。如图 3.43 所示,由风管将压缩空气输进排泥管,使泥浆形成密度较小的泥浆空气混合物,在水柱压力下沿排泥管向外排出泥浆和孔底沉渣,同时用水泵向孔内注水,保持水位不变直至喷出清水或沉渣厚度达设计要求为止。抽浆法清孔较为彻底,适用于孔壁不易坍塌的各种钻孔方法的灌注桩。

②掏渣法清孔。掏渣法清孔是用掏渣筒、大锅锥或冲抓锥掏清孔内粗粒钻渣。掏渣前可先投入水泥 1 ~ 2袋,再以钻锥冲击数次,使孔内泥浆、钻渣和水泥形成混合物,然后用掏渣工具掏渣。要求清孔质量较高时,可使用高压水管插入孔底射水,使泥浆相对密度逐渐降低。该法仅适用于机动推钻、冲抓、冲击成孔的各类土层摩擦桩的初步清孔。

③换浆法清孔。换浆法清孔适用于正、反循环旋转钻孔的各类土层的摩擦桩。钻孔完成后,可将钻头提离孔底 10 ~ 20 cm 空转,继续循环,以相对密度较低(1.1 ~ 1.2)的泥浆压入,将孔内的悬浮钻渣和相对密度较大的泥浆换出,直至达到清孔要求。该法的优点是不易坍孔,不需增加机具;缺点是清孔时间较长,且清孔不彻底。

④喷射法清孔。喷射清孔只宜配合其他清孔方法使用,是在灌注混凝土前对孔底进行高压射水或射风数分钟,使剩余少量沉淀物漂浮后,立即灌注水下混凝土。

⑤若孔壁易坍孔,必须在泥浆中灌注混凝土时采用砂浆置换钻渣清孔法。

利用以上方法清孔时,应注意保持孔内水头高度,以防止坍孔。另外,不得用加深孔底深度的方法代替清孔。

清孔的质量要求如下:

①清孔后孔底沉淀厚度应符合规定要求:对于端承桩,应不大于设计规定值;对于摩擦桩,应符合设计要求,当无设计要求时,对于直径≤1.5 m的桩,沉淀厚度≤300 mm;对于直径>1.5 m或桩长>40 m或土质较差的桩,沉淀厚度≤500 mm。

孔底沉淀厚度的测量,可在清孔后用取样盒(开口铁盒)吊到孔底,待到灌注混凝土前取出,直接量测沉淀在盒内的沉渣厚度即为沉淀厚度。

②清孔后泥浆指标要求:相对密度为1.03~1.10,黏度为17~20 Pa·s,含砂率小于2%,胶体率大于98%。

(2)吊放钢筋骨架

钻孔桩的钢筋应按设计要求预先焊成钢筋笼骨架,整体或分段就位,吊入钻孔(图3.44)。钢筋笼骨架吊放前,应检查孔底深度是否符合要求,孔壁有无妨碍骨架吊放和正确就位的情况。钢筋骨架吊装可利用钻架或另立扒杆进行。吊放时,应避免骨架碰撞孔壁,并保证骨架外混凝土保护层厚度,应随时校正骨架位置。钢筋骨架达到设计高程后,应将其牢固定位于孔口。钢筋骨架安置完毕后,须再次进行孔底检查,有时须进行二次清孔,达到要求后即可灌注水下混凝土。

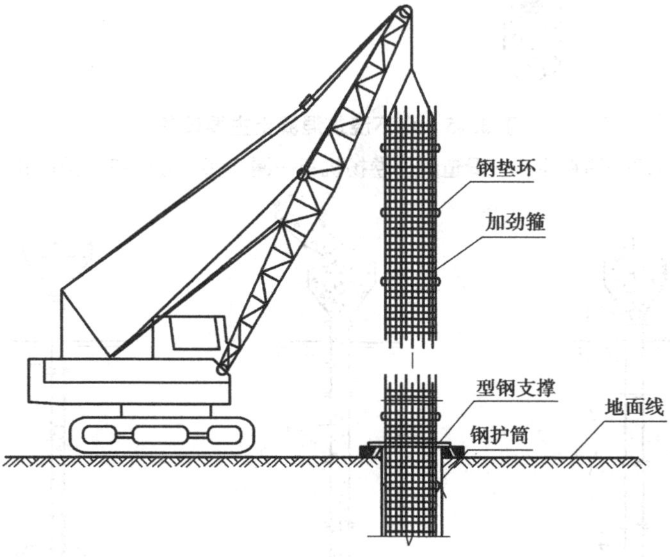

图3.44 钢筋笼吊装示意图

4)灌注水下混凝土

(1)灌注方法及有关设备(图3.45)

目前,我国多采用直升导管法灌注水下混凝土。

导管法施工过程如图3.46所示。将导管居中插入到离孔底0.30~0.40 m(不能插入孔底沉积的泥浆中),导管上口接漏斗,在接口处设隔水栓,以隔绝混凝土与导管内水的接触。在漏斗中储备足够数量的混凝土后，放开隔水栓使漏斗中储备的混凝土连同隔水栓向孔底猛落，将导管内水挤出，混凝土从导管下落至孔底堆积，并使导管埋在混凝土内，然后向导管连续灌注混凝土。导管下口应埋入孔内混凝土内 1 ~ 1.5 m 深，以保证钻孔内的水不可能重新流入导管。随着混凝土不断由漏斗、导管灌入钻孔，钻孔内初期灌注的混凝土及其上面的水或泥浆不断被顶托升高，相应地不断提升导管和拆除导管，直至钻孔灌注混凝土完毕。

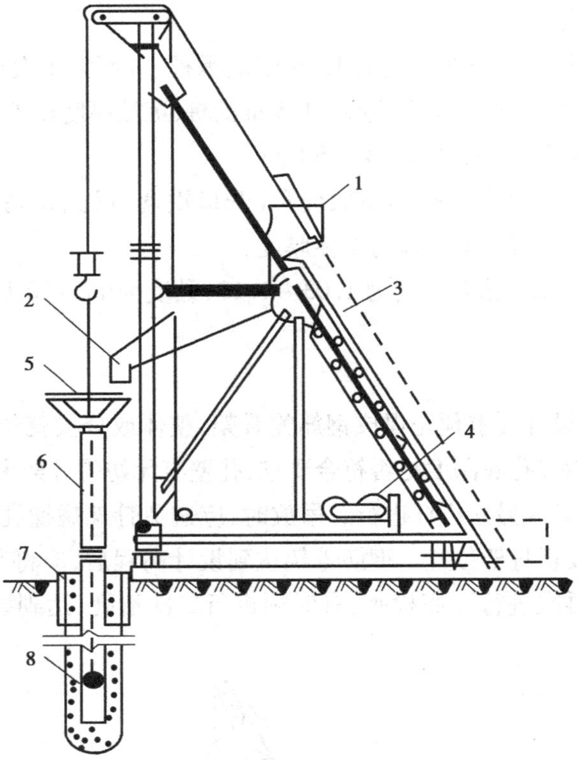

图 3.45 水下浇筑混凝土主要设备

1—上料斗；2—储料斗；3—滑道；4—卷扬机；5—漏斗；6—导管；7—护筒；8—隔水栓

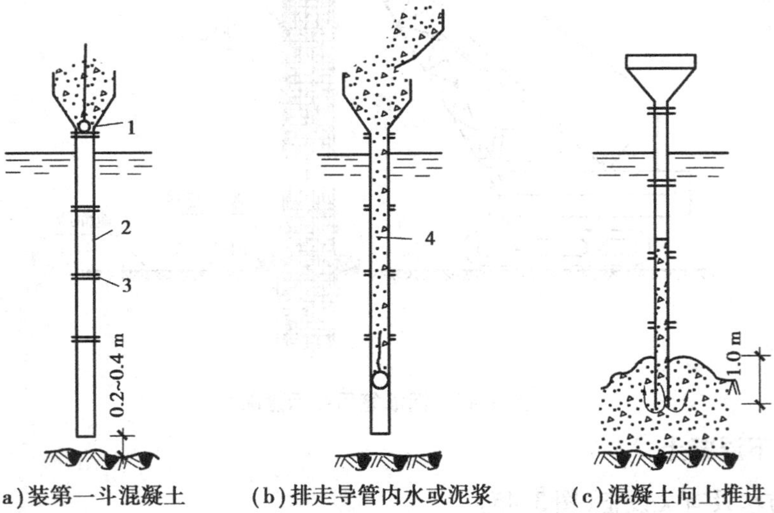

图 3.46 导管法浇筑水下混凝土

1—隔水栓；2—导管；3—接头；4—混凝土

导管为内径0.20～0.40 m的钢管，壁厚为3～4 mm，每节长度为1～2 m，最下面一节导管应较长，一般为3～4 m。管两端用法兰盘及螺栓连接，并垫橡皮圈以保证接头不漏水，导管内壁应光滑，内径大小一致，连接牢固，在压力下不漏水。

隔水栓常用直径较导管内径小20～30 mm的木球或混凝土球、沙袋等，以粗铁丝悬挂在导管上口或近导管内水面处，要求隔水球能在导管内滑动自如不致卡管。木球隔水栓构造如图3.47所示。目前，也有采用在漏斗与导管接头处设置活门或铁抽板来代替隔水栓（图3.48），它是利用混凝土下落排出导管内的水，施工较简单但需有丰富的操作经验。

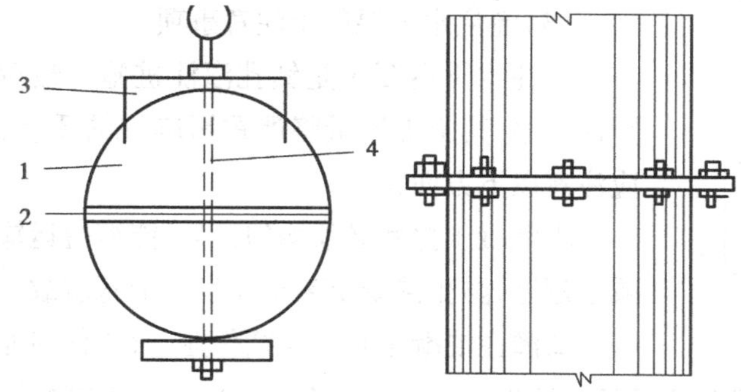

图3.47　导管接头及木球隔水栓

1—木球；2—橡皮垫；3—导向架；4—螺栓；5—法兰盘

为使首批灌注的混凝土数量能保证将导管内水全部压出并满足导管初次埋入深度的需要，应计算漏斗应有的最小容量从而确定漏斗的尺寸大小。漏斗和储料槽最小容量（m^3）为：

$$V = h_1 \frac{\pi d^2}{4} + H_C \frac{\pi D^2}{4} \tag{3.16}$$

$$h_1 = H_W \gamma_W / \gamma_C \tag{3.17}$$

式中　H_C——钻孔首次灌注需要的混凝土面至孔底的高度，即导管初次埋深加灌注开始时导管底离孔底的距离，m；

h_1——孔内混凝土高度达 H_C 时，导管内混凝土柱为与导管外水压平衡所需要高度，m；

H_W——孔内水面到混凝土面的高度，m；

γ_W、γ_C——孔内水或泥浆、混凝土容重；

d、D——导管、桩孔直径，m。

图3.48　漏斗与导管接头处设置铁抽板

漏斗顶端应比桩顶（桩顶在水面以下时应比水面）高出至少3 m，以保证灌注混凝土最后阶段时，管内混凝土重能满足顶托管外混凝土及其上水压或泥浆质量的需要。

（2）对混凝土材料的要求

为保证水下灌注混凝土的质量，混凝土的配合比按设计强度的混凝土等级提高20%进行设计。混凝土应有必要的流动性，以坍落度表示，宜为18～22 cm；每立方米混凝土用量不少于350 kg，水灰比宜为0.5～0.6，并可适当提高含砂率（宜采用40%～50%）使混凝土有较好的和易性；为防止卡管，粗集料尽可能用卵石，适宜粒径为5～30 mm。集料的最大粒径不应大于导管内径的1/8～1/6和钢筋最小净距的1/4，同时不应超过40 mm。

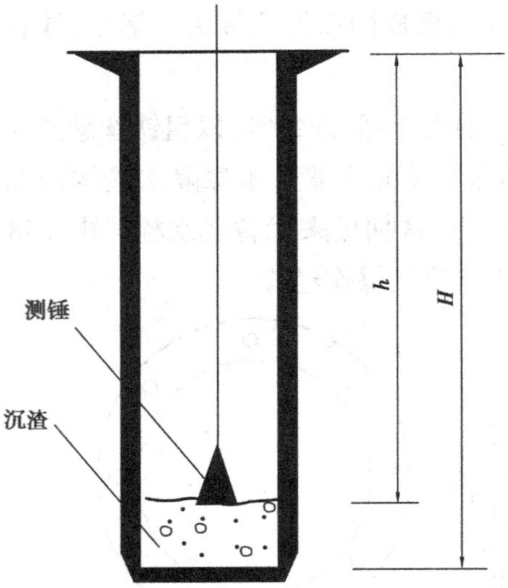

图3.49 测锤法测量沉渣厚度

在混凝土浇筑过程中，应随时掌握钻孔内混凝土顶面的实际高度，可以用测绳和测深锤直接测定。测深锤一般用锥形锤，锤底直径15 cm左右，高20 cm，质量为5 kg，外壳可用钢板焊制，内装铁砂配重后密封，如图3.49所示。为保证灌注桩成桩后的质量，可用超声波法等进行无损检测。

(3)灌注水下混凝土注意事项

灌注水下混凝土是钻孔灌注桩施工最后一道关键性工序，其施工质量将严重影响桩的质量，施工中应注意以下方面：

①混凝土拌和必须均匀，尽可能缩短运输距离和减小颠簸，防止混凝土离析而发生卡管事故。

②灌注混凝土必须连续作业，避免任何原因的中断灌注，因此混凝土的搅拌和运输设备应满足连续作业的要求。孔内混凝土上升到接近钢筋笼底时应防止钢筋笼架被混凝土顶起。

③在灌注过程中，要随时测量和记录孔内混凝土灌注标高和导管入孔长度，以控制和保证导管埋入孔内混凝土深度，一般为2～6 m。既要防止导管提升过猛致使管底提离混凝土面或埋入过浅，导致导管内进水造成断桩夹泥；也要防止导管埋入过深，而造成导管内混凝土压不出或导管被混凝土埋住而不能提升，导致中止浇灌而断桩。

④灌注的桩顶标高应比设计值预加一定的高度，并将此范围内的浮浆和混凝土凿除，以确保桩顶混凝土的质量，预加高度一般为0.5～1 m。桩身混凝土达到设计强度要求后，按规定检查后方可灌注系梁、盖梁或承台。

5)常见工程质量事故及处理方法

泥浆护壁成孔灌注桩施工时，常易发生孔壁坍塌、斜孔、孔底隔层、夹泥、流砂等工程问题。水下混凝土浇筑属隐蔽工程，一旦发生质量事故难以观察和补救，所以应严格遵守操作规程，在有经验的工程技术人员指导下认真施工，并做好隐蔽工程记录，以确保工程质量。

(1)孔壁坍塌

孔壁坍塌指成孔过程中孔壁土层不同程度坍落。其主要原因是提升下落冲击锤、掏渣筒或钢筋骨架时碰撞护筒及孔壁；护筒周围未用黏土紧密填实，孔内泥浆液面下降，孔内水压降低等造成塌孔。塌孔处理方法：一是在孔壁坍塌段将石子、黏土投入，重新开钻，并调整泥浆容重和液面高度；二是使用冲孔机时，填入混合料后低锤密击，使孔壁坚固后，再正常冲击。

(2)偏孔

偏孔指成孔过程中出现孔位偏移或孔身倾斜。偏孔的主要原因是桩架不稳固，导杆不垂直或土层软硬不均。对于冲击成孔，则可能是由于导向不严格或遇到探头石及基岩倾斜所引起的。处理方法为：将桩架重新安装牢固，使其平稳垂直；如孔的偏移过大，应填入石子、黏土，重新成孔；如有探头石，可用取岩钻将其除去或低锤密击将石击碎；如遇基岩倾斜，可以在低处投入毛石，再开钻或密打。

(3)孔底隔层

孔底隔层指孔底残留石渣过厚,孔脚涌进泥沙或塌壁泥土落底。造成孔底隔层的主要原因是清孔不彻底,清孔后泥浆浓度减少或浇筑混凝土、安放钢筋骨架时碰撞孔壁造成塌孔落土。主要防治措施为:做好清孔工作,注意泥浆浓度及孔内水位变化,施工时注意保护孔壁。

(4)夹泥或软弱夹层

夹泥或软弱夹层指桩身混凝土混进泥土或形成浮浆泡沫软弱夹层。其形成的主要原因是浇筑混凝土时,孔壁坍塌或导管口埋入混凝土高度太小,泥浆被喷翻,掺入混凝土中。防治措施是经常注意混凝土表面标高变化,保持导管下口埋入混凝土面以下的深度,并应在钢筋笼下放孔内后的4 h内浇筑混凝土。

2. 人工挖孔灌注桩施工

人工挖孔灌注桩是用人工挖土成孔,灌注混凝土成桩;挖孔扩底灌注桩,是在挖孔灌注桩的基础上扩大桩底尺寸而成,这类桩由于其受力性能可靠,不需大型机具设备,施工操作工艺简单,在各地应用较为普遍,已成为大跨重型桥梁大直径灌注桩施工的一种主要工艺形式。其特点是单桩承载力高,结构传力明确,沉降量小,可作为支承、抗滑、锚拉、挡土等;可直接检查桩直径、垂直度和持力土层情况,桩质量可靠;施工机具设备较简单,都为工地常规机具,施工工艺操作简便、占场地小;施工无震动、无噪声、无环境污染,对周围建筑物无影响;可多桩同时进行,施工速度快,节省设备费用,降低工程造价;桩成孔工艺存在劳动强度较大、单桩施工速度较慢、安全性较差等问题,但可通过采取技术措施克服;适用于桩直径1 200 mm以上,无地下水或地下水较少的黏土、粉质黏土,含少量的砂、砂卵石、礓结石的黏土层,特别适于黄土层使用,深度一般不超过25 m;可用于公路桥梁、铁路桥梁、高层建筑、公用建筑、水工结构(如作为支承、抗滑、挡土、锚拉桩等)。对有流砂、地下水位较高、涌水量大的冲积地带及含水率高的淤泥、淤泥质土层不宜采用。

人工挖孔桩直径 d 为1 200 ~3 200 mm,桩埋置深度(桩长)一般在20 m左右,最深可达40 m。当要求增大承载力,底部扩底时,扩底直径一般为(1.3 ~3.0) d,最大可达4.5 d。桩底应支承在可靠的持力层上,支承桩大多采用构造配筋,配筋率以0.6%为宜,配筋长度一般通长配筋。箍筋采用螺旋箍筋,且不小于 ϕ8@200,在桩顶1 ~2 m范围内间距加密,以提高桩的抗剪强度。为加强钢筋笼刚度和整体性,可每隔2 m设一道焊接加强筋。桩混凝土强度等级不应低于C25(图3.50)。

1)人工挖孔灌注桩施工准备

(1)技术准备

①人工挖孔桩施工应具备下列资料:

a. 施工场地工程地质资料和必要的水文地质资料;

b. 桩基工程图纸(包括同一单位工程所有的桩基础)及图纸会审纪要;

c. 施工场地和邻近区域内的地下管线(管道、电缆)、地下构筑物、危房、精密仪器车间等的调查资料;

d. 主要施工机械及其设备的技术性能资料;

e. 水泥、砂、石、钢筋等原材料及其制品的质检报告;

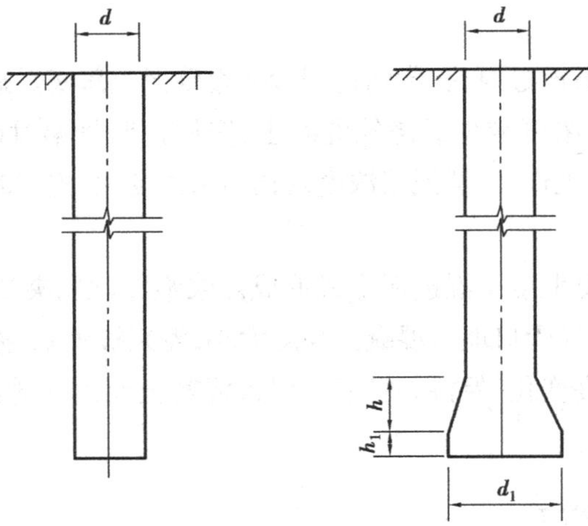

(a)圆形桩　　(b)扩底桩

图 3.50　人工挖孔桩截面形式

f. 有关荷载、施工工艺的试验参考资料；

g. 编制人工挖孔桩专项施工组织设计（或专项施工方案）。

②在地下水位比较高的区域，应先采用人工降水的方法将水位降低至桩底以下 0.5 m 左右以后再开挖，严禁人工水下挖土。

③开挖前，应对施工管理人员和操作工人进行全面的技术交底和安全交底。操作前，对吊具全面进行安全可靠的检查和试验，确保施工安全。

④做好施工现场“四通一平”准备工作。根据桩基础平面布置图和建筑物测量控制网等资料，放出桩位和桩孔开挖线，报有关部门进行复查。

(2) 人员准备

①管理人员和特种作业人员必须持证上岗。

②特殊工种的作业人员必须经过专业的培训，持证上岗。

③操作工人应掌握相应操作技术，应熟知技术交底、安全交底的内容。

(3) 主要机具

①卷扬机、定滑轮组、导向滑轮组、电动葫芦、桶、爬梯等，用于施工人员上下和材料与弃土的垂直运输。

②镐、锹、风镐等，用于挖土的工具。

③鼓风机、送风管等，用于向桩孔内送入新鲜空气。

④潜水泵，用于抽出桩孔内的积水。

⑤防水照明灯、对讲机、电铃、安全活动盖板等。

⑥混凝土搅拌机、振捣棒、混凝土串桶（导管），用于混凝土施工。

(4) 作业条件

①施工场地内影响施工的障碍物均已排除或处理完毕，“四通一平”已完成，各项临时设施，如照明、通风、通信、混凝土搅拌设备、安全设施等已准备就绪。

②测量控制网已建立，桩位放线工作已完成，并已经过检查验收合格。

2) 施工工艺及操作要点

(1) 人工挖孔灌注桩施工程序

施工程序为：场地整平→放线、定桩位→挖第一节桩孔土方→支模浇灌第一节混凝土护壁→在护壁上第二次投测标高及桩位十字轴线→安装活动井盖、垂直运输架、起重电动葫芦或卷扬机、活底吊土桶、排水、通风、照明设施等→第二节桩身挖土→清理桩孔四壁、校核桩孔垂直度和直径→拆上节模板，支第二节模板，浇灌第二节混凝土护壁→重复第二节挖土、支模、浇灌混凝土护壁工序，循环作业直至设计深度→检查持力层后进行扩底→清理虚土、排除积水、检查尺寸和持力层→吊放钢筋笼就位→灌注桩身混凝土（桩孔不设支护和不扩底时，则无此两道工序）。

（2）操作要点

①为防止坍孔和保证操作安全，直径1.2 m以上桩孔多设混凝土护壁，每节高0.5～10 m，厚10～20 cm，或加配适量直径6～8 mm光圆钢筋，混凝土等级为C20或C25，如图3.51所示。

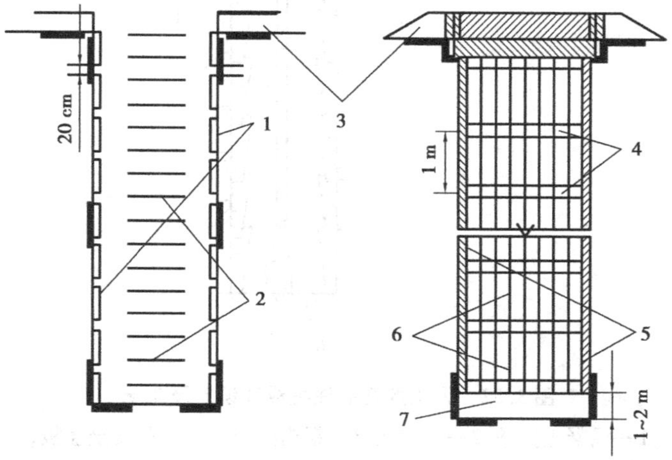

图3.51 护壁与支撑

1—就地灌注混凝土护壁；2—固定在护壁上供人上下用的钢筋；3—孔口围护；
4—木框架支撑；5—支撑木板（满铺或间隔铺）；6—木框架间支撑；7—不设支撑地段

②护壁施工采取一节组合式钢模板拼装而成，拆上节支下节，循环周转使用，模板用U形卡连接，上下设两半圆组成的钢圈顶紧，不另设支撑；混凝土用吊桶运输、人工浇筑，上部留100 mm高作浇灌口，拆模后用砌砖或混凝土堵塞，混凝土强度达1 MPa即可拆模。

③挖孔由人工自上而下进行。挖土顺序为先挖中间部分、后挖周边，允许尺寸误差为30 mm，扩底部分采取先挖桩身圆柱体，再按扩底尺寸从上到下削土修成扩底形。为防止扩底时扩大头处土方坍塌，宜采取间隔挖土措施，留4～6个土肋条作为支撑，待浇筑混凝土前再挖除。弃土装入活底吊桶内，垂直运输，在孔上口安支架、工字轨道、电葫芦或三木搭，用1～2 t慢速卷扬机提升（图3.52），吊至地面上后，用机动翻斗车或手推车运出。人工挖孔桩底部如为基岩，一般应伸入岩面150～200 cm，底面应平整不带泥沙。底面存在溶沟、溶槽、溶洞、裂隙、夹缝等时，可填灌混凝土使密实。

④桩中线控制是在第一节混凝土护壁上设十字控制点，每一节设横杆吊大线锤作为中心线，用水平尺杆找圆周。

⑤对于直径1.2 m以上和长度大的钢筋笼，一般在主筋内侧每隔2～2.5 m加设一道加强箍，与主筋焊接牢固组成骨架。为便于吊运，一般分节制作，钢筋笼的主筋一般通长配筋，其接头采用对焊，主筋与箍筋间隔点焊固定，控制平面误差不大于50 mm，钢筋笼四周主筋上每隔

5 m 设置耳环，控制保护层为 60 mm，钢筋笼外形尺寸比孔小 11 ~ 12 cm。钢筋笼就位用小型吊运机具[图 3.53(a)]或履带式起重机进行[图 3.53(b)]；上下节主筋采用帮条双面焊接，整个钢筋笼用槽钢悬挂在井壁上借自重保持垂直度正确。

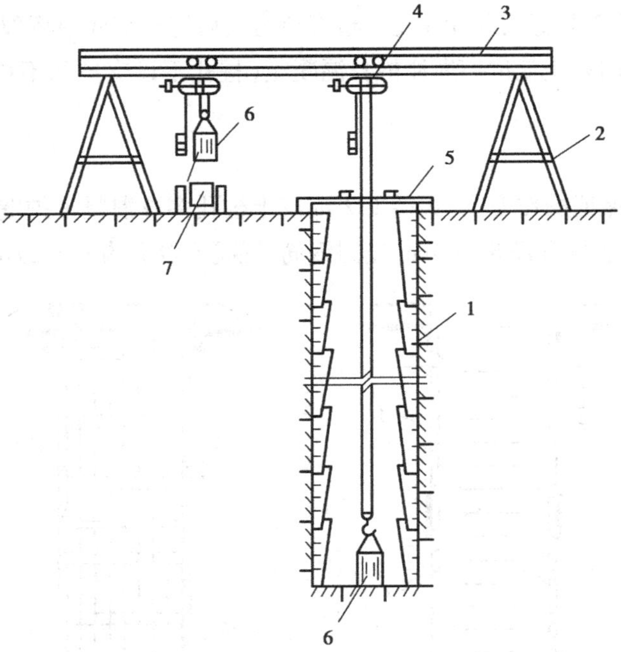

图 3.52　人工挖孔灌注桩成孔设备及工艺

1—混凝土护壁；2—钢支架；3—钢横梁；4—电葫芦安全盖板；
5—孔顶盖板；6—活底吊桶；7—机动翻斗车或手推车

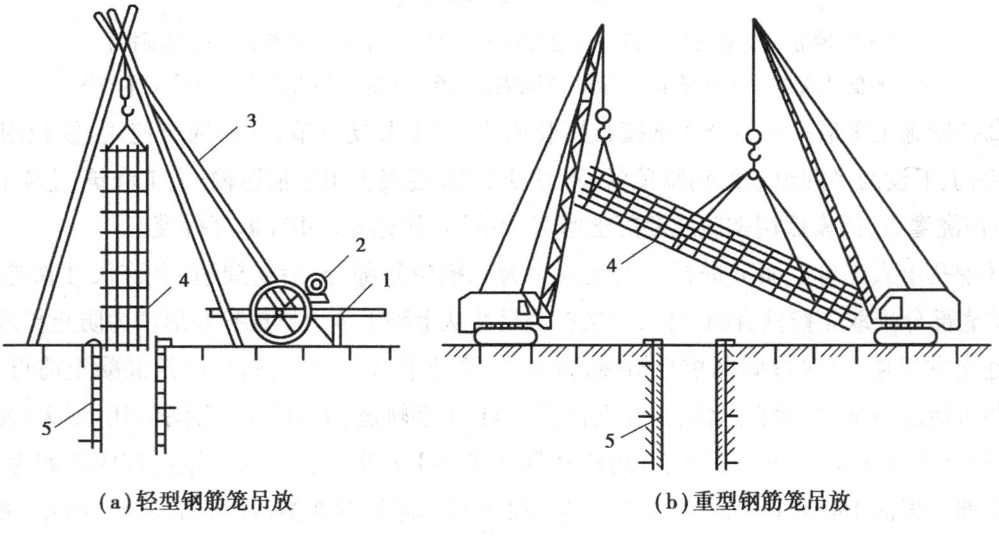

(a)轻型钢筋笼吊放　　(b)重型钢筋笼吊放

图 3.53　钢筋笼吊放

1—架子；2—小型慢速卷扬机；3—三木搭；4—钢筋笼；5—桩孔

⑥混凝土用粒径小于 50 mm 石子，水泥用 42.5 级普通或矿渣水泥，坍落度为40 ~ 80 mm（水下灌注为 180 ~ 220 mm），用机械拌制。混凝土用罐车向桩孔内灌筑。混凝土下料采用串桶，深桩孔用混凝土溜管；如地下水较大（孔中水位上升速度大于 6 mm/min），应采用混凝土导管水中灌注混凝土工艺。混凝土要垂直灌入桩孔中，并应连续分层灌筑，每层厚不超过 1.5 m。

对于小直径桩孔，深度6 m以下利用混凝土的大坍落度和下冲力使之密实；6 m以内分层捣实。大直径桩应分层捣实或用卷扬机吊导管上下插捣。对于直径小、深度大的桩，可在混凝土中掺水泥用量0.25%木钙减水剂，使混凝土坍落度增至13 ~ 18 cm，利用混凝土大坍落度下沉力使之密实，但在桩上部有钢筋部位仍应用振捣器振捣密实。

⑦桩体混凝土的养护。桩顶标高比自然场地标高低时，混凝土浇筑12 h后进行湿水养护；桩顶标高比场地标高高时，混凝土浇筑12 h后应覆盖草袋，并湿水养护，养护时间不少于7 d。

3)地下水及流砂处理

桩挖孔时，如地下水丰富、渗水或涌水量较大时，可根据情况分别采取以下措施：

①少量渗水时，可在桩孔内挖小集水坑，随挖土随用吊桶，将泥水一起吊出；

②大量渗水时，可在桩孔内先挖较深集水井，设小型潜水泵将地下水排出桩孔外，随挖土随加深集水井；

③涌水量很大时，如桩较密集，可将一桩超前开挖，使附近地下水汇集于此桩孔内，用1 ~ 2台潜水泵将地下水抽出，使起到深井降水作用，将附近桩孔地下水位降低；

④渗水量较大，井底地下水难以排干时，底部泥渣可用压缩空气清孔方法清孔。

挖孔遇流砂层时，一般可在井孔内设高1 ~ 2 m、厚4 mm钢套护筒，直径略小于混凝土护壁内径，利用混凝土支护作支点，用小型油压千斤顶将钢护筒逐渐压入土中，阻挡流砂，钢套筒可一个接一个下沉，压入一段，开挖一段桩孔，直至穿过流砂层0.5 ~ 1.0 m，再转入正常挖土及设混凝土支护。浇筑该段混凝土时，随浇混凝土随将钢护筒(上设吊环)吊出，或不吊出。

4)质量标准

①施工前，应对水泥、砂、石子(如现场搅拌)、钢材等原材料进行检查，对施工组织设计中制订的施工顺序、监测手段(包括仪器、方法)也应检查。

②施工中，应对成孔、清渣、放置钢筋笼、灌注混凝土等进行全过程检查，应复验孔底持力层土(岩)性。嵌岩桩必须有桩端持力层的岩性报告。

③施工结束后，应检查混凝土强度，并应做桩体质量及承载力的检验。

④混凝土灌注桩的质量检验标准应符合规定要求。

⑤人工挖孔灌注桩成孔施工的允许偏差应满足表3.12的要求。

表3.12 人工挖孔桩施工允许偏差

成孔方法	桩径偏差/mm	垂直允许偏差/%	桩位允许偏差/mm	
			1 ~ 3根桩、条形桩基沿垂直轴线方向和群桩基础中的边桩	条形桩基沿轴线方直轴线方向和群桩基础中间桩
现浇混凝土护壁	+50	<0.5	50	150
长套筒护壁	+20	<1	100	200

⑥钢筋笼除符合设计要求外，还应符合下列规定：

a.钢筋笼制作允许偏差见表3.13。

表 3.13 钢筋笼制作允许偏差

项次	项目	允许偏差/mm
1	主筋间距	±10
2	箍筋间距或螺旋筋间距	±20
3	钢筋笼直径	±10
4	钢筋笼长度	±100

b. 分段制作的钢筋笼接头宜采用焊接并应符合《混凝土结构工程施工质量验收规范》(GB 50204—2015)规定。

c. 主筋净距必须大于混凝土粗集料粒径 3 倍以上。

⑦检查成孔质量合格后,应尽快浇注混凝土。桩身混凝土必须留试件,每浇筑 50 m^2 必须有 1 组试件;对于小于 50 m^3 的桩,每根桩必须有 1 组试件。

⑧人工挖孔桩的孔径(不含护壁)不得小于 1.2 m,当桩净距小于 2 倍桩径且小于 25 m 时,应采用间隔开挖。排桩间隔开挖挖的最小施工净距不得小于 4.5 m,孔深不宜大于 20 m。

⑨桩顶混凝土浇筑高度至少应比设计标高高 0.5 m。

⑩为核对地质资料、检验设备、工艺以及技术要求是否适宜,桩施工前,宜进行试孔,并应复验孔底持力层土(岩)性。嵌岩桩必须有桩端持力层的岩性报告。

5)成品保护

①已挖好的桩孔必须采取可靠措施盖好,防止人员、物品落入。

②安放钢筋骨架时,不要碰坏孔壁。

③浇筑桩身混凝土时,应注意清孔及防止积水,桩身混凝土宜一次连续浇筑完成,不留施工缝。

6)安全环境保护措施

(1)安全措施

①孔内必须设置应急软爬梯;供人员上下井使用的电葫芦、吊笼等应安全可靠,并配自动卡紧保险装置,不得使用麻绳和尼龙绳吊挂或脚踏井壁凸缘上下;电葫芦宜用按钮式开关,使用前必须检验其安全起吊能力。

②每日开工前必须检测井下的有毒有害气体,并应有足够的安全防护措施。桩孔开挖深度超过 10 m 时,应有专门向井下送风的设备,风量不宜少于 25 L/s。

③孔口四周必须设置护栏,一般加 0.8 m 高围栏围护。

④挖出的土石方应及时运离孔口,不得堆放在孔口四周 1 m 范围内,机动车辆的通行不得对井壁的安全造成影响。

⑤施工现场的一切电源、电路的安装和拆除必须有持证电工操作;电器必须严格接地、接零和使用漏电保护器;各孔用点必须分闸,严禁一闸多用;孔上电缆必须架空 20 m 以上,严禁拖地和埋压土中,孔内电缆、电线必须有防磨损、防潮、防断等保护措施;照明应采用安全矿灯或 24 V 以下的安全灯。

⑥施工人员进入孔内必须戴安全帽。

⑦孔内有人时,孔上必须有人监督防护。

⑧护壁要高出地面 150 ~ 200 mm,挖出的土方不得堆在孔四周 1.0 m 范围内,以防滚入孔内。

(2)环境保护措施

①砂、石、水泥应统一堆放,并应有防尘措施。

②现场污水应经过滤后排入指定地点。

③使用机械设备时,要尽量减少噪声、废气等污染。

(3)工程资料

①钢筋的产品合格证、出厂检验报告,钢筋复验报告。

②水泥出厂合格证、复验报告。

③砂、石检验报告。

④混凝土的实验室配合比表。

⑤灌注桩的施工记录。

⑥混凝土试块 28 d 抗压强度试验报告。

⑦钢筋焊接接头检验报告。

⑧桩位测量放线图、桩位竣工平面图。

⑨钢筋及桩孔隐蔽验收记录表。

⑩设计变更通知单或工程核定单。

3. 沉管灌注桩施工

沉管灌注桩适用于黏性土、粉土、淤泥质土、砂土及填土;在厚度较大、灵敏度较高的淤泥和流塑状态的黏性土等软弱土层中采用时,应制订质量保证措施,并经工艺试验成功后方可实施。

沉管灌注桩是利用锤击打桩法或振动沉桩法,将带有活瓣式桩尖或钢筋混凝土桩靴的钢套管沉入土中成孔(图 3.54),然后边拔管边灌注混凝土而成桩。若配有钢筋时,则在浇筑混凝土前先吊放钢筋骨架。利用锤击沉桩设备沉管、拔管时,称为锤击沉管灌注桩;利用激振器的振动沉管、拔管时,称为振动沉管灌注桩。也可以采用振动-冲击双作用的方法沉管。

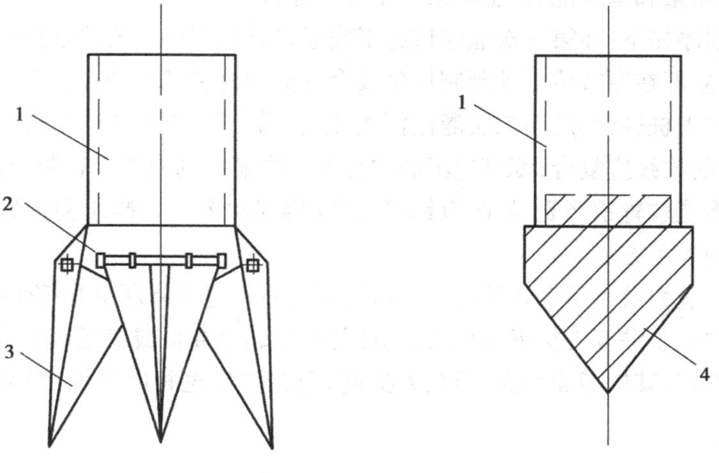

图 3.54　活瓣桩尖及桩靴

1—桩管;2—锁轴;3—活瓣;4—桩靴

沉管灌注桩无论是采用锤击打桩设备沉管，还是采用振动打桩设备沉管，其施工过程均如图3.55所示。

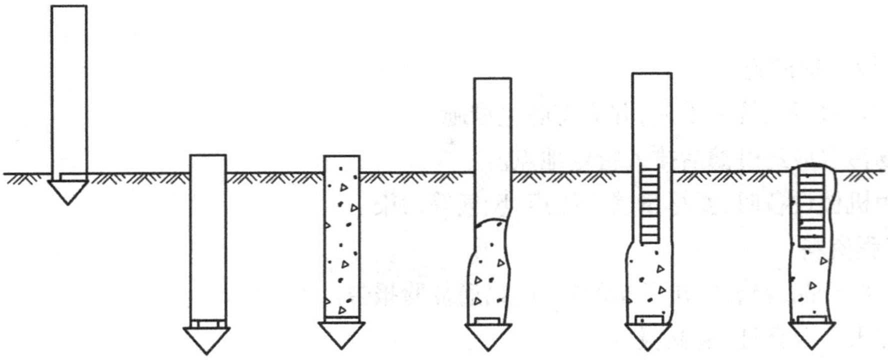

图3.55 沉管灌注桩施工过程

沉管灌注桩施工具有以下要点：

①就位。套管开始沉入土中应保持位置正确，如有偏斜或倾斜应及时纠正。

②灌注混凝土。沉管至设计高程后，应立即灌注混凝土，尽量减少间隔时间。灌注混凝土前，必须检查桩管内有无吞桩尖或进泥进水。

③拔管。拔管时应先振后拔，满灌慢拔，边振边拔。开始拔管时，应测得桩靴活瓣确已张开，或钢筋混凝土确已脱离，灌入混凝土已从套管中流出，方可继续拔管。拔管速度要均匀，速度宜控制在每分钟1.5 m以内，在软土中不宜大于0.8 m/min。边振边拔，以防管内混凝土被吸往上拉而缩颈，每拔起0.5 m宜停拔，再振动片刻，如此反复进行，直至将套管全部拔出。

④间隔跳打。在软土中沉桩时，由于排土挤压作用会使周围土体侧移及隆起，有可能挤断邻近已完成但混凝土强度还不高的灌注桩，因此桩距不宜小于3~3.5倍桩径，并宜采用间隔跳打的施工方法，避免对邻桩挤压过大。如采用跳打方法，中间空出的桩必须待邻桩混凝土达到设计强度的50%以后方可施打。

⑤复打。由于沉管的挤压作用，在软黏土中或软硬土层交界处所产生的孔隙水压力较大或侧压力大小不一而易产生混凝土桩缩颈。为弥补这种现象，可采取扩大桩径的“复打”措施。另外，为提高桩的质量和承载能力，也常采用复打灌注桩。

复打的施工顺序如下：在第一次灌注桩施工完成，拔出套管后，清除管外壁上的污泥和桩孔周围地面的浮土，立即在原桩位再埋预制桩靴或合好活瓣桩尖，第二次复打套管，使未凝固的混凝土向四周挤压扩大桩径，然后第二次灌注混凝土；拔管方法与初打时相同。复打施工时应注意：前后两次沉管的轴线应复合；复打施工必须在第一次灌注的混凝土初凝前进行，复打法第一次灌注混凝土前不能放置钢筋笼，如配有钢筋，应在第二次灌注混凝土前放置。复打也可采用内夯管进行夯扩的施工方法。

对于混凝土充盈系数小于1.0的桩，宜全长复打；对于可能有断桩和缩颈桩，应采用局部复打。全长复打桩的入土深度宜接近原桩长，局部复打应超过断桩或缩颈区1 m。

对于复打后的桩，其横截面增大，承载力提高，但其造价也相应增加，对邻近桩的挤压也会增大。

4. 钢筋混凝土预制桩施工

钢筋混凝土预制桩是指在预制构件加工厂预制，经过养护，达到设计强度后，运至施工现场,用打桩机打入土中,然后在桩的顶部浇筑承台梁(板)基础。

1)桩的预制

钢筋混凝土预制桩分为实心桩和空心管桩两种。实心桩可在预制厂制造,但当工地附近没有预制厂时,从远处工厂将桩运往工地往往不经济,宜在工地选择合适的场地进行预制。

非预应力实心桩制作时应注意以下 7 点:

①制作时,应保证钢筋位置正确,桩尖应对准纵轴线。

②主筋接长时应采用对焊连接。焊接接头应相互错开,同时,桩尖、桩顶 2 m 范围内的主筋不得有接头。主筋距桩顶的距离和钢筋网格的距离应按设计要求严格控制,钢筋网格的间距应均匀,桩的主筋不应与钢帽顶面钢板焊接。

③箍筋优先采用螺旋形箍,采用矩形绑扎箍时,箍筋末端应为 135°弯钩或 90°弯钩加焊接。桩两端的加密箍筋均应采用点焊焊成封闭箍。

④混凝土强度等级应符合设计要求。

⑤混凝土浇筑时,应由桩顶向桩尖方向连续进行,对桩头、桩尖应加强振捣。

⑥混凝土浇筑完成后,应在 12 h 以内进行覆盖养护,潮湿养护期一般不得少于 7 ~ 14 d。

⑦间隔或重叠浇筑的非预应力方桩开桩起吊时应加强管理,防止撬坏桩身混凝土。

钢筋混凝土空心管桩制作工艺较复杂,一般采用离心成型法在预制厂制造。

2)桩的吊运

预制的钢筋混凝土桩由预制场地吊运到桩架内,起吊、运输、堆放时,都应该按照设计计算的吊点位置起吊(一般吊点应在桩内预埋直径 20 ~ 25 mm 的钢筋吊环,或以油漆在桩身标明),否则桩身受力情况与计算不符,可能引起桩身混凝土开裂。

预制钢筋混凝土桩主筋沿桩长按设计内力配置。吊运时,根据吊点处由桩身自重产生的负弯矩与吊点间由桩自重产生的正弯矩相等原则确定吊点位置,这样较为经济。一般的桩在吊运时,采用两个吊点,如桩长为 L,吊点离每端距离为 $0.207L$,如图 3.56(a)所示;插桩时为单点起吊,为使桩内正、负弯矩相等,可将吊点设在 $0.293L$ 处,如图 3.56(b)所示;如桩长不超过 10 m,也可利用 $0.207L$ 吊点。吊运较长的桩,为减少内力,节省钢筋,采用三点或四点起吊,如图 3.56(c)、(d)所示。根据相应的弯矩值,即可进行桩身配筋,或验算其吊运时的强度。

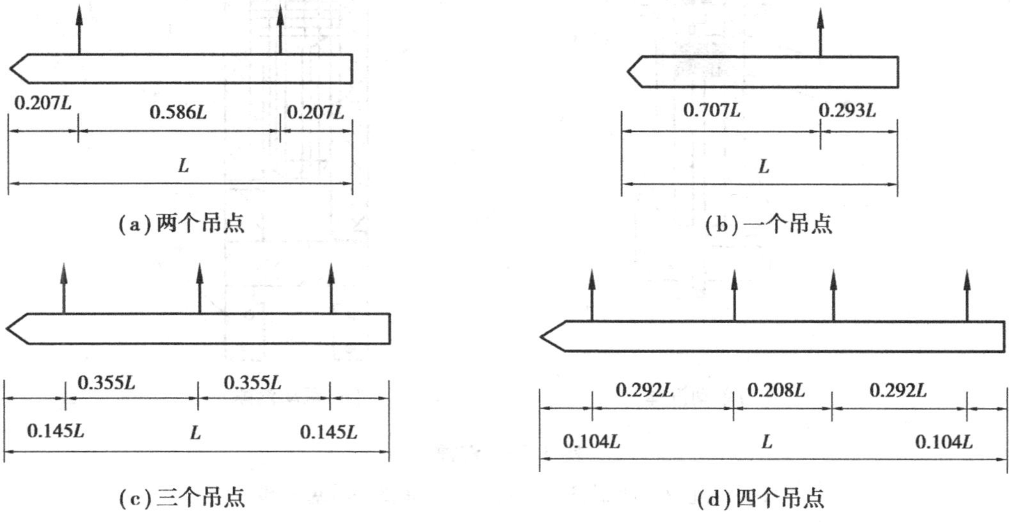

(a)两个吊点　(b)一个吊点　(c)三个吊点　(d)四个吊点

图 3.56　吊点合理位置

3)施工方法

(1)锤击沉桩

锤击沉桩法一般适用于松散、中密砂土、黏性土。锤击沉桩靠桩锤的冲击能量将桩打入土中,因此桩径不能太大(在一般土质中桩径不大于 0.6 m),桩的入土深度在一般土质中不超过 40 m。深度越大,所用设备功率越大,效率越低。

锤击沉桩法所用的基桩主要为预制的钢筋混凝土桩或预应力混凝土桩,常用的设备为桩锤和桩架。此外,还有射水装置、桩帽和送桩等辅助设备。

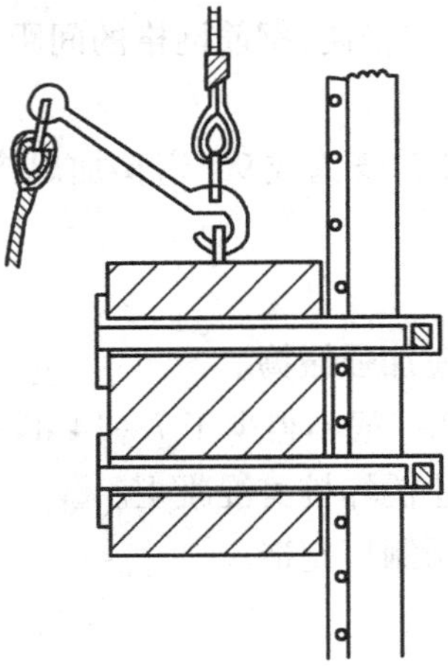

图 3.57 坠锤

①桩锤。常用的桩锤有坠锤、单动汽锤、双动汽锤、柴油锤及液压锤等。

a. 坠锤。坠锤是最简单的桩锤(图 3.57),它是由铸铁或其他材料做成的锥形或柱形重块,重为 2 ~ 20 kN,用绳索或钢丝绳通过吊钩由人力或卷扬机沿桩架导杆提升 1 ~ 2 m,然后使锤自由落下锤击桩顶。此法打桩效率低,每分钟仅能打数次,但设备较简单,适用于小型工程中打木桩或小直径的钢筋混凝土预制桩。

b. 单动汽锤。单动汽锤是利用蒸汽或压缩空气将桩锤在桩架内顶起下落锤击基桩,如图 3.58(a)所示。单动汽锤锤重为 10 ~ 100 kN,每分钟冲击 20 ~ 40 次,冲程 1.5 m 左右。单动汽锤适用于打钢桩和钢筋混凝土实心桩。

c. 双动汽锤。双动汽锤是利用蒸汽或压缩空气的作用将桩锤(冲击部分)在双动汽锤的外壳(即气缸,固定在桩头上)内上下运动,锤击桩顶,如图 3.58(b)所示。双动汽锤重 3 ~ 10 kN,每分钟冲击 100 ~ 300 次,冲程数百毫米,打桩效率高。双动汽锤冲击频率高,一次冲击动能较小,适用于打较轻的钢筋混凝土桩或钢板桩,还可以拔桩。

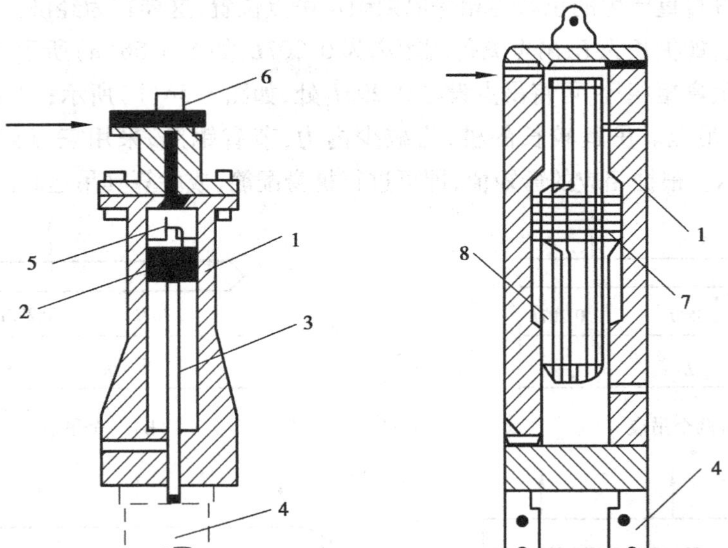

(a)单动汽锤　　(b)双动汽锤

图 3.58 汽锤

1—汽缸;2—活塞;3—活塞杆;4—桩;5—活塞上部;

6—换向阀门;7—锤的垫座;8—冲击部分

d. 柴油锤。柴油锤实际上是一个柴油汽缸，工作原理同柴油机，是利用柴油在汽缸内压缩发热点燃而爆炸将汽缸顶起、下落时锤击桩顶。

柴油锤分为导杆式（图3.59）和筒式（图3.60）两种，前者的冲击部分是汽缸，后者的冲击部分是活塞。导杆式柴油锤适用于木桩、钢板桩，筒式柴油锤宜用于钢筋混凝土管桩、钢管桩。柴油锤不适宜在过硬或过软的土中沉桩。

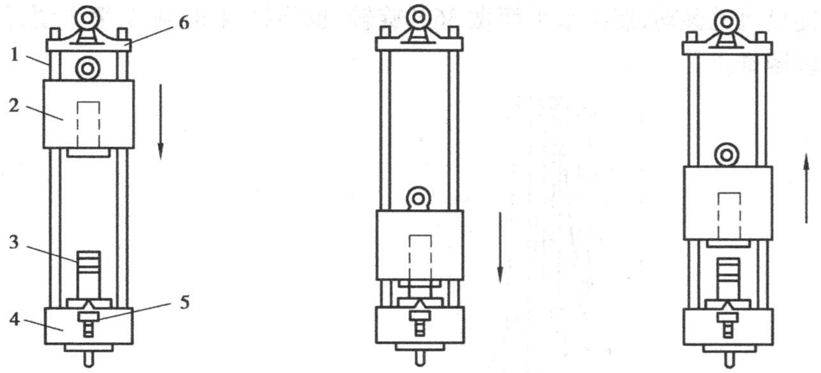

(a)工作行程开始　(b)压缩　(c)燃烧膨胀

图3.59　导杆式柴油锤

1—导杆；2—汽缸；3—活塞；4—底座；5—喷油泵；6—横梁

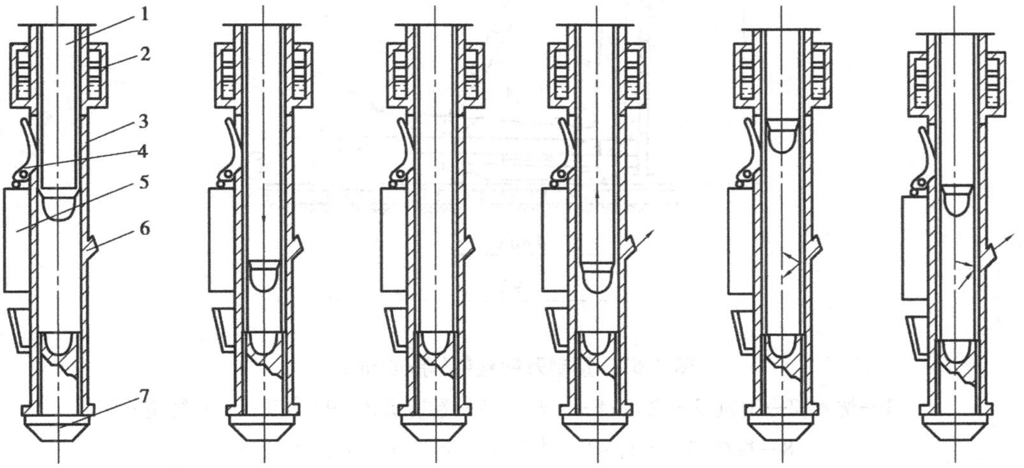

(a)压缩　(b)冲击雾化　(c)燃烧（爆发）　(d)排气　(e)吸气　(f)扫气

图3.60　筒式柴油锤

1—上活塞；2—柴油箱；3—上汽缸；4—燃油泵曲臂；5—燃油泵；6—逃、排气孔；7—锤座

从能准确获得桩的承载力看，锤击法是一种较为优越的施工方法，但其噪声太大，故在市区内施工时应考虑采用防音罩，用它将整个柴油锤包裹起来，可防止噪声扩散和油烟发散。

打入桩施工时，应适当选择桩锤质量。桩锤过轻则桩难以打下，效率太低，还可能将桩头打坏，所以一般应采用重锤轻打，但桩锤过重，则各机具、动力设备都需加大，这样很不经济。

e. 液压锤。液压锤是利用液压能将锤体提升到一定高度，锤体依靠自重或自重加液压能下降，进行锤击。其优点是打击能量大，噪声低，环境污染少，操作方便，目前已广泛应用。

②桩架。桩架的作用是装吊桩锤、插桩、打桩、控制桩锤的上下方向，由导杆起吊设备（滑轮、绞车、动力设备等）、撑架（支撑导杆）及底盘（承托以上设备）等组成。桩架在结构上必须有足够强度刚度和稳定性，保证在打桩过程中的动力作用下桩架不会发生移动和变位。桩架的高

度应保证桩吊立就位时的需要及锤击的必要冲程。

桩架常用的有木桩架和钢桩架。木桩架只适用于坠锤或小型的单动汽锤，现已很少采用。目前，基本上都采用钢制桩架，由型钢制成。桩架移动时，可在底盘托板下面垫上滚筒，或用轮子和钢轨等方式，利用动力装置牵引移动。

钢制万能打桩架（图3.61）的底盘带有转台和车轮（其铺设钢轨），撑架可以调整导向杆的斜度，因此它能沿轨道移动，能在水平面做360°旋转，也能打斜桩，施工很方便，但桩架本身笨重、拆装运输较困难。

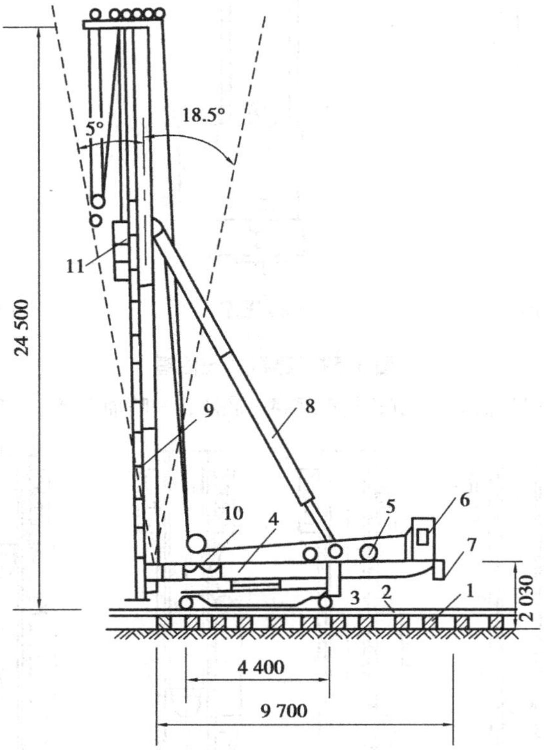

图3.61 钢制万能桩架（单位：mm）

1—枕木；2—钢轨；3—底盘；4—回转平；5—卷扬机；6—操作室；7—平衡重；8—撑杆；9—挺杆；10—水平调整装置；11—桩锤与桩帽

在水中的墩台桩基础，应先打好水中支架桩（小型的钢筋混凝土桩或木桩），其上可搭设打桩工作平台。当水中墩台较多或河水较深时，也可采用船上打桩架施工。

③射水装置。在锤击沉桩过程中，若下沉遇到困难，可用射水方法助沉，因为利用高压水流通过射水管冲刷桩尖或桩侧的土，可减小桩的下沉阻力，从而提高桩的下沉效率。图3.62所示为设置于管桩中的内射水装置，高压水流由高压水泵提供。

④桩帽与送桩。桩帽的作用是直接承受锤击、保护桩顶，并保证锤击，力作用于桩的断面中心。因此，要求桩棚构造坚固，桩帽尺寸与锤底、桩顶及导向杆相吻合，顶面与底面均平整且与中轴线垂直，还应设吊耳以便吊起。桩帽上部为由硬木制成的垫木，下部套在桩顶上，桩帽与桩顶间宜填麻袋或草垫等缓冲物。

送桩可用硬木钢或钢筋混凝土制成，如图3.63所示。当桩顶位于水下或地面以下或打桩机位置较高时，可用定长度的送桩套连在桩顶上，就可使桩顶沉到设计高程。送桩长度应按实际需要确定，为便于施工，应多备几根不同长度的送桩。

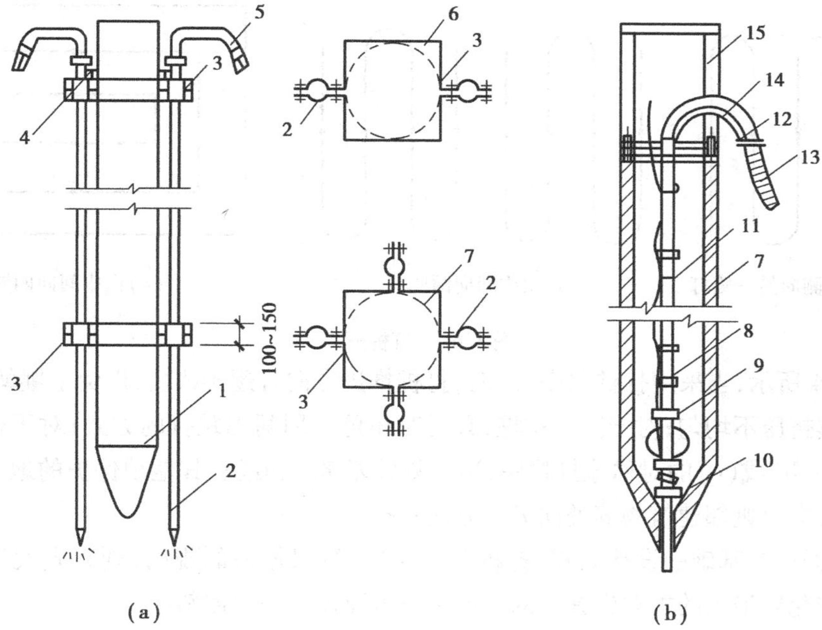

图 3.62 射水装置

1—预制实心桩;2—外射水管;3—夹箍;4—木楔打紧;5—胶管;6—两侧外射水管夹箍;
7—管桩;8—射水管;9—导向环;10—挡砂板;11—保险钢丝绳;12—弯管;13—胶管;
14—电焊圆钢加强;15—钢送桩

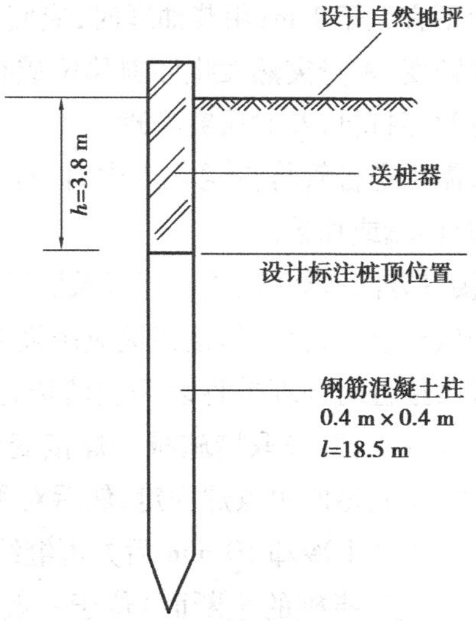

图 3.63 送桩构造

⑤锤击沉桩的施工:

a. 打桩顺序。打桩顺序合理与否,直接影响打桩速度、打桩质量及周围环境。桩距小于4倍桩的边长或桩径时,打桩顺序尤为重要。打桩顺序影响挤土方向,打桩向哪个方向推进,则向哪个方向挤土。为避免或减轻打桩时由于土体挤压,使后打入的桩打入困难或先打入的桩被推挤移动,根据桩群的密集程度、土质情况和周围环境,可选用以下打桩顺序:由一侧向单一方向进行[图 3.64(a)];自中间向两个方向对称进行[图 3.64(b)];自中间向四周进行[图 3.64(c)]。

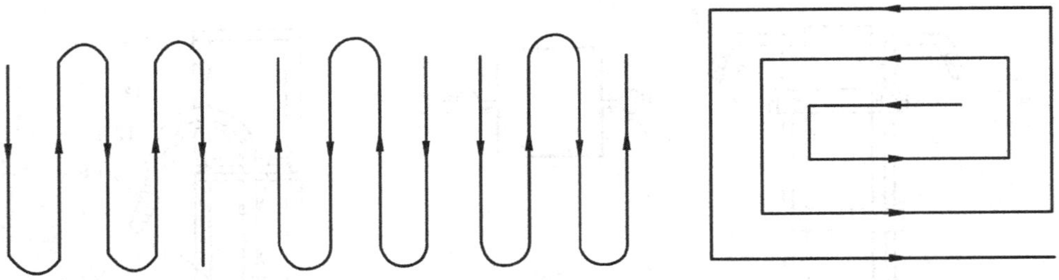

图 3.64 打桩顺序

如图 3.64 所示,当采用打桩顺序(a)时,打桩推进方向宜逐排改变,以免土壤朝一个方向挤压而导致土壤挤压不均匀;对于同一排桩,必要时还可采用间隔跳打的方式;对于密集桩群,应采用打桩顺序(b)或(c)的对称施打顺序;当一侧毗邻建筑物或有其他须保护的地下、地面构筑物、管线等时,应由毗邻建筑物等处向另一方向施打。

此外,根据桩及基础的设计高程,打桩宜先深后浅;根据桩的规格,则宜先大后小,先长后短。这样可避免后施工的桩对先施工的桩产生挤压而发生桩位偏斜。

b. 打桩。打桩机就位后,将桩锤和桩帽吊起,然后吊桩并送至导杆内,垂直对准桩位缓缓送下插入土中,桩插入时的垂直度偏差不得超过 0.5%。桩插入土后即可固定桩帽和桩锤,使桩、桩帽、桩锤在同一铅垂线上,确保桩能垂直下沉。

打桩开始时,锤的落距应较小,待桩入土至一定深度且稳定后,再按要求的落距锤击。用落锤或单动汽锤打桩时,最大落距不宜大于 1 m;用柴油锤时,应使锤正常跳动。

在打桩过程中,遇有贯入度剧变、桩身突然发生倾斜移位或有严重回弹、桩顶或桩身出现严重裂缝或破碎等异常情况时,应暂停打桩,及时研究处理。

如桩顶高程低于自然土面,需用送桩管将桩送入土中时,桩与送桩管的纵轴线应在同一直线上,拔出送桩管后,桩孔应及时回填或加盖。

c. 接桩。混凝土预制桩的接桩方法有焊接、法兰连接及硫磺胶泥锚接 3 种。前两种可用于各类土层,硫磺胶泥锚接适用于软土层。目前,焊接接桩应用最多。

焊接接桩的钢板宜用低碳钢,接桩时预埋铁件表面应清洁,上、下节桩之间如有间隙,应用铁片填实焊牢;焊接时焊缝应连续饱满,并采取措施减少焊接变形。接桩时,上、下节桩的中心线偏差不得大于 10 mm。焊接时,应先将四角点焊固定,然后对称焊接,并确保焊缝质量和设计尺寸。在焊接后,应使焊缝在自然条件下冷却 10 min 后方可继续沉桩。

d. 桩停止锤击的控制原则。桩端(指桩的全断面)位于一般土层时(摩擦型桩),以控制桩端设计高程为主,贯入度可作参考;桩端达到坚硬、硬塑的黏性土、中密以上粉土、砂土、碎石类土、风化岩时(端承型桩),以贯入度控制为主,桩端高程可作参考。

贯入度已达到而桩端高程未达到时,应继续锤击 3 阵,按每阵 10 击的贯入度不大于设计规定的数值加以确认。必要时,施工控制贯入度应通过试验与有关单位会商确定。当遇到贯入度剧变,桩身突然发生倾斜、移位或有严重回弹,桩顶或桩身出现严重裂缝、破碎等情况时,应暂停打桩,并分析原因,采取相应措施。

测量最后贯入度应在下列正常条件下进行:桩顶没有破坏,锤击没有偏心,锤的落距符合规定,桩帽和弹性垫层正常,汽锤的蒸汽压力符合规定。

如果沉桩尚未达设计高程,而贯入度突然变小,则可能土层中夹有硬土层,或遇到孤石等障碍物,此时切勿盲目施打,应会同设计勘察部门共同研究解决。此外,由于土的固结作用,打桩过程中断,会使桩难以打入,因此应保证施打连续进行。

打桩过程中,应做好沉桩记录,以便工程验收。

(2)振动沉桩法

振动沉桩法是用振动打桩机(振动桩锤)将桩打入土中的施工方法(图3.65)。其原理是由振动打桩机使桩产生上下方向的振动,在清除桩与周围土层间摩擦力的同时使桩尖地基松动,从而使桩贯入或拔出。

振动沉桩法一般适用于砂土、硬塑及软塑的黏性土和中密及较软的碎石土,在砂性土中最为有效,而在较硬地基中则难以沉入。

振动沉桩法的特点是噪声较小、施工速度快、不会损坏桩头、不用导向架也能打进、移位操作方便,但需要的电源功率大。

桩的断面较大和桩身较长时,桩锤质量也应加大。随着地基的硬度加大,桩锤质量也应增大。振动力加大,则桩的贯入速度加快。

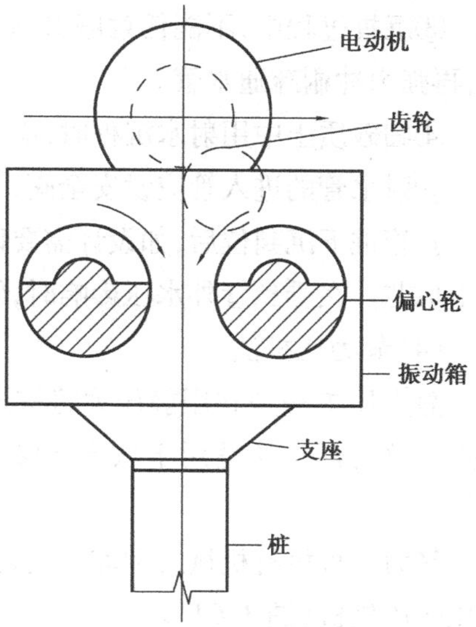

图3.65 整体式单频振动锤

振动沉桩施工要点及注意事项如下:

①振动时间的控制。每次振动时间应根据土质情况及振动机能力大小,通过实地试验确定,一般不宜超过10~15 min。振动时间过短,则对土的结构尚未彻底破坏;振动时间过长,则振动机的部分零件易于磨损。在有射水配合的情况下,振动持续时间可以减短。一般当振动下沉速度由慢变快时,可以继续振动;由快变慢,如下沉速度小于5 cm/min或桩头冒水时,即应停振。当振幅较大(一般不应超过14~16 mm)而桩不下沉时,则表示端土层坚实或桩的接头已松,应停振继续射水,或另做处理。

②振动沉桩停振控制标准。振动沉桩应以通过试桩验证的桩尖高程控制为主,以最终贯入度或可靠的振动承载力公式计算的承载力作为校核。如果桩尖已达高程而最终贯入度或计算承载力相差较大时,应查明原因,报有关部门研究后另行确定。

③当桩基土层中含有大量卵石或碎石或破裂岩层,如采用高压射水振动沉桩尚难下沉时,可将锥形桩尖改为开口桩靴,并在桩内用吸泥机配合吸泥,非常有效。

④振动沉桩机、机座、桩帽应连接牢固,沉桩机和桩中心轴应尽量保持在同一直线上。

⑤开始沉桩时,宜用自重下沉或射水下沉,桩身有足够稳定性后,再采用振动下沉。

(3)射水沉桩法

射水沉桩法是利用小孔喷嘴以300~500 kPa的压力喷射水,使桩尖和桩周围土松动的同时,桩受自重作用而下沉的方法。它极少单独使用,常与锤击和振动法联合使用。

当射水沉桩到距设计高程还差1~1.5 m时,应停止射水,用锤击或振动恢复其承载力。射水沉桩对较小尺寸的桩不会损坏,施工时噪声和振动极小。

射水沉桩法对黏性土、砂性土都可适用,在细砂土层中特别有效。

射水沉桩施工要点及注意事项如下:

①射水沉桩前,应对射水设备如水泵、输水管道、射水管水量、水压等及其与桩身的连接进

行设计、组装和检验,符合要求后,方可进行射水施工。

②水泵应尽量靠近桩位,减少水头损失,确保有足够水压和水量。采用桩外射水时,射水管应对称等距离地装在桩周围,并使其能沿着桩身上下移动,以便能在任何高度处冲刷土壁。为检查射水管嘴位置与桩长的关系和射水管的入土深度,应在射水管上自上而下标注尺寸。

③沉桩过程中,不能任意停水,如因停水导致射水管或管桩被堵塞,可将射水管提起几十厘米,再强力冲刷疏通水管。

④细砂质土中用射水沉桩时,应注意避免桩下沉过快造成射水嘴堵塞或扭坏。

⑤射水管的进入管应设安全阀,以防射水管万一被堵塞时,使水泵设备损坏。

⑥管桩下沉到位后,如设计需要以混凝土填芯时,应用吸泥等方法清除泥渣以后,用水下混凝土填芯。在受到管外水压影响时,管桩内的水头必须保持高出管外水面 1.5 m 以上。

(4)静力压桩法

静力压桩法是利用静压力将桩压入土中,施工中虽然仍然存在挤土效应,但没有振动和噪声。静力压桩法适用于软弱土层,存在厚度大于 2 m 的中密以上砂夹层时,不宜采用静力压桩。

静力压桩机有机械式和液压式之分,根据压桩的部位又分为顶压式压桩机(图 3.66)以及抱压式压桩机(图 3.67)。

图 3.66 顶压式压桩机

图 3.67 抱压式压桩机

静力压桩机应根据土质情况配足额定质量。施工中,桩帽、桩身和送桩的中心线应重合,压同一根(节)桩应缩短停顿时间,以便于桩的压入。长桩的静力压入一般也是分节进行,逐段接长。当第一节桩压入土中,其上端距地面 1 m 左右时将第二节桩接上,继续压入。对每一根桩的压入,各工序应连续。其接桩处理与锤击法类似。

压桩时,桩身发生较大移位、倾斜,桩身突然下沉或倾斜,桩顶混凝土破坏或压桩阻力剧变时,则应暂停压桩,及时研究处理。

静力压桩法的施工特点为:施工时产生的噪声和振动较小;桩头不易损坏;桩在贯入时相当于给桩做静载试验,故可准确知道桩的承载力;压入法不仅可用于竖直桩,而且也可用于斜桩和水平桩;但机械的拼装移动等均需要较多的时间。

5. 灌注桩后压浆施工

1) 灌注桩后压浆的特点和适用范围

(1) 基本概念

灌注桩的单桩承载力，在桩身混凝土强度足够的情况下，主要取决于地基土对桩的桩侧摩阻力和桩端阻力。钻孔桩施工过程中存在的桩底沉渣(或虚土)和桩侧泥皮大大降低了桩的承载力，所以，工程中常采用后压浆技术进行补强和加固处理。

灌注桩后压浆是成桩时在桩底或桩侧设置压浆管路和压浆装置，待桩身达到一定强度后，利用高压压浆泵将水泥或其他化学浆液压入桩侧或桩底，对孔底沉渣和桩侧泥皮进行固化，从而消除传统灌注桩施工工艺固有的缺陷，改变土体的物理力学性能及桩土间边界条件，以提高桩的承载力和桩身质量，减少沉降量。

(2) 灌注桩后压浆的特点

①施工设备简单，操作简便，可靠性好，附加费用低；

②适应性强，在各种桩基中均可使用；

③能大幅度提高桩基承载力，有利于持力层的灵活选择，从而缩短桩长或减少桩基数量，经济效益显著；

④施工时主要技术控制参数易于观测，特别是可利用压浆管作超声波检测，及时反馈桩基混凝土成桩状况，有利于保证施工质量。

(3) 灌注桩后压浆的适用范围

灌注桩后压浆适用于各种地质条件下的泥浆护壁钻、冲孔灌注桩，也适用于干作业钻、挖孔灌注桩，对于大直径、超大型桩，效果尤为显著。

2) 灌注桩后压浆的分类

根据目前的技术水平和施工工艺，灌注桩后压浆可按桩身压浆位置、压浆管埋设方法及压浆工艺3个方面进行分类。

(1) 按桩身压浆位置分类

按桩身压浆位置不同，后压浆可以分为桩端压浆、桩侧压浆、桩端桩侧联合压浆。

(2) 按压浆管埋设方法分类

按压浆管埋设方法不同，后压浆可以分为桩身预埋压浆管和钻孔埋设压浆管两种。

①桩身预埋压浆管。桩身预埋压浆管是指在灌注桩施工前预先将压浆管放置好，待浇筑桩身混凝土时浇筑在桩身中。预埋压浆管一般采用以下两种方法：

a. 钢筋笼绑扎完成后，将压浆管固定在钢筋笼上，并随钢筋笼一起放入桩孔内；

b. 钢筋笼放好后，将压浆管单独插入孔底，并用适当的方法将其固定在钢筋笼上，以防止浇筑桩身混凝土时压浆管移位。压浆管可以放置在桩身的中部，也可以放置在桩身的侧面。

②钻孔埋设压浆管。桩身钻孔埋管压浆一般是在桩承载力不能满足要求和进行桩基事故处理时采用的方法。钻孔埋管压浆可分为桩身中心钻孔埋管和桩外侧钻孔埋管。桩身中心钻孔埋管压浆是在成桩后，在桩身中心钻孔埋设压浆管，并深入到桩端以下1~2倍桩径范围，然后压浆。桩外侧钻孔埋管是指成桩后，沿着桩身四周按0.2~0.5 m的间距钻孔并压浆。

(3)按压浆工艺分类

按压浆工艺不同,后压浆可以分为开式压浆和闭式压浆两种。

①开式压浆。开式压浆是指浆液通过压浆管直接压入桩端土层、岩体中,加固范围较大。浆液首先渗透到最疏松的桩端沉渣间隙中,然后进一步向桩端持力层及周围土层中渗透,形成凝结块,从而消除孔底沉渣的不良影响,对桩端持力层起到压密作用,提高桩端承载力。

②闭式压浆。闭式压浆是将预制的有良好弹性的腔体(又称承压包、预压包、压浆胶囊等)或压力注浆室,随钢筋笼放入孔底,成桩后在压力作用下,将浆液注入腔体内。随着压浆压力和压浆量的增大,弹性腔体逐渐膨胀、扩张,在桩端土层中形成浆泡。浆泡的产生及其逐渐扩大,会对桩端土层进行有效压密,并形成扩大桩头。

腔体或压力注浆室的形式有很多种,具体结构可能有些差异,但工作原理是相同的。这种方法可以对桩端土层进行局部加固,加固范围小,针对性强。在砂性土层中的压密效果要优于黏性土层。

采用闭式压浆,单桩承载力提高幅度比较稳定,但施工工艺比较复杂。开式压浆承载力提高的幅度不如闭式压浆,且不稳定,难以控制,但其施工工艺比较简单,应用比较广泛。

实际工程中,开式压浆、预埋压浆管的压浆方式在灌注桩中比较常用。

3)压浆参数的确定

压浆参数主要包括浆液配比、压浆量、压浆速度、压浆持续时间、压浆终止压力及桩体上抬量等,压浆参数的选择确定是后压浆技术的关键。

(1)浆液配比及浓度

压浆浆液主要分为水泥浆液和其他化学浆液两大类。水泥浆液取材容易、配方简单、价格便宜、不污染环境,适用于灌注直径大于0.2 mm的孔隙,而对于孔隙较小者不易灌进。化学浆液中硅酸盐类浆液占9%以上,它无毒、价廉、可灌性好,浆液以稠浆、可灌性好为宜。

水泥浆应具有良好的和易性,不离析不沉淀。浆液水灰比应根据土的饱和度和渗透性确定,饱和土宜为0.5~0.7,非饱和土宜为0.7~0.9(松散碎石土、砂砾宜为0.5~0.6)。低水灰比浆液宜掺加减水剂,地下水流动时,应掺加速凝剂,以改善浆液的性能,提高注浆效果。搅拌好的水泥浆液要经过筛网过滤,滤去杂物和未搅拌开的水泥块,然后放入储浆筒中备用。

稀浆(水灰比约为0.8:1)便于输送,渗透能力强,主要用于加固预定范围内的周边地带;中等浓度的浆液(水灰比约为0.6:1)起到充填、压实、挤密作用,主要用于加固预定范围的核心部分;浓浆(水灰比约为0.4:1)对于已经注入的浆液有脱水作用。实际压浆时,一般先用稀浆,然后用中等浓度的浆液,最后用浓浆,条件许可时应尽量用浓浆。随着压浆压力的变化,浆液浓度也需适时调节(压力增大,浆液浓度应相应增大)。

(2)压浆量

压浆量确定主要应考虑桩径、桩长、桩端和桩侧土的性质、承载力增幅要求、压浆压力及沉渣量等因素,在实际压浆中还需根据压水试验及压浆过程中的反应适当调整。一般情况下,可先通过计算,确定一个压浆量基本值,然后通过试验结果进行调整。

压浆量可按下式计算:

$$G_c = \alpha_p d \tag{3.18}$$

式中 G_c——单桩压浆量,t;

α_p——压浆系数,取值范围如表3.14所示;

d——桩径,m。

表3.14 压浆系数

持力层	黏性土、粉土	粉 砂	细 砂	中 砂	粗 砂	砾 砂	碎石土
取值范围	2.1~2.5	2.5~3.2	2.4~2.7	2.3~2.7	3.1~3.8	2.1~2.5	2.3~2.8

在施工时,实际配制的浆液量为计算值加上施工损耗。施工损耗为计算压浆量的10%~20%。根据确定的总压浆量和材料配合比,可进一步确定各种材料的实际需用量。浆液浓度和压浆量越大,压浆压力越高,则加固范围越大,加固效果越好。所以,保证压入足够的浆液量是提高单桩承载力的关键。

(3)压浆速度

为提高浆液渗透分布的均匀性和有效性,压浆速度宜慢不宜快,一般不宜超过75 L/min。

(4)压浆持续时间

压浆时间太短,压浆效果不明显;压浆时间太长,压浆效率不高。根据经验,每根桩的压浆持续时间一般不宜大于2 h。

(5)压浆终止压力

压浆压力过大或过小均会影响压浆效果和质量。压力过小,浆液在岩土体内不易实现挤压和渗透,达不到预期效果。所以,可适当提高压力,以有助于浆液的压注。但当压力过高时会出现以下不利情况:

①易出现冒浆和跑浆;

②压力超过桩周土的自重压力和强度时,将有可能导致上覆土层的破坏和桩身上抬;

③可能会使压浆管爆裂。

压浆压力不能太大,应控制在一定范围内。压浆终止压力的确定一般以不使地层结构破坏或仅发生局部和少量破坏为前提条件。

按《公路桥涵地基与基础设计规范》(JTG 3363—2019)的规定,压浆终止压力应根据土体性质、压浆点深度确定。对于风化岩、非饱和黏性土、粉土,宜为5.0~10.0 MPa;对于饱和土,宜为1.5~6.0 MPa;软土取低值,密实土取高值。

对于同一根桩,在不同的阶段,所需要的压力也不同。在压浆开始阶段,由于要克服较大的初始阻力,所需要的压力较大;在平稳压浆阶段,所需的压力较小;在压浆结束阶段,由于浆液已经充满地层,所需要的压力也较大。一般地层中,初始和结束阶段的压浆压力为2~3 MPa,中间阶段的压浆压力一般为1~2 MPa。

工程实践中,可通过现场压浆试验结果确定注浆压力,即从开始阶段逐步增加注浆压力,绘制注浆量和注浆压力之间的关系曲线。当注浆压力升至某一个数值而注浆量突然增加时,表明地层结构发生破坏,此时的压力值即可作为注浆压力的控制标准。

另外,也可根据压水试验时疏通压浆管的压力作为压浆的初始压力,将初始压力的2~3倍作为压浆的终止压力。

(6)桩体上抬量

随着压浆量的增加,压浆压力逐渐增大,进浆速度逐渐减小,这说明被处理的地层逐渐被压入浆液填充。与此同时,桩顶会有一定程度的升高,停止压浆后又略有下沉。若下沉的程度比抬高的略小,保持稳定,说明达到加固要求。若下沉的程度比抬高的程度大,则需继续压浆。不过,桩顶抬升应有限制,桩体上抬量一般不得超过3 mm。

4)灌注桩后压浆施工工艺

(1)灌注桩后压浆施工装置

灌注桩后压浆施工装置系统大致可以分为地面压浆装置和地下压浆装置两大部分,如图3.68所示。地面压浆装置主要由储浆筒、高压压浆泵、观测仪表及进浆管等组成;地下压浆装置主要由压(注)浆管和桩端压浆装置(如注浆阀)等组成。

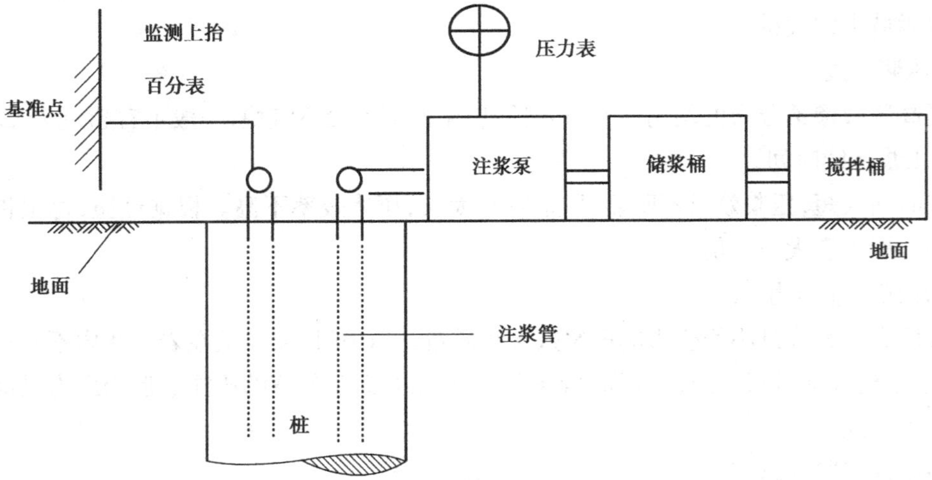

图3.68 后压浆施工装置示意图

①高压压浆泵。高压压浆泵的性能往往决定后压浆的质量和成败,所以,施工时应注意选择合理的压浆泵。桩端压力注浆对泵的要求是排量要小,压力要高要稳,泵的额定压力应大于施工要求的最大压浆压力的2.5倍,泵的排量一般为50~300 L/min。

②压浆管。桩身压浆管是连接地面进浆管与桩端、桩侧压浆装置的过渡管材,一般采用直径30~50 mm的无缝钢管、黑铁管或PVC管等。采用无缝钢管时,其结构分为端部花管、中部直管及上部带丝扣的接头3个部分。花管侧壁一般按梅花形设置出浆小孔,孔径为6~7 mm。压浆管可根据桩径的大小及压浆的均匀性要求,沿钢筋笼均匀地布置一定数量(图3.69)。压浆管应连接牢固并密封,与钢筋笼加劲箍筋焊接或绑扎固定,随钢筋笼一起放入孔内。

③桩端压浆装置。桩端压浆装置是整个桩端压浆施工工艺的核心部件,开式压浆和闭式压浆装置不同。开式压浆只有单向阀(注浆阀)。压浆时,浆液由桩身压浆管经单向阀直接注入土层。闭式压浆在桩端有预留空腔体,浆液注入腔体内而不是注入土层。

(2)灌注桩后压浆施工工艺

灌注桩后压浆施工工艺流程如图3.70所示。

①埋设压浆管。桩端压浆采用通长压浆管直至桩底。桩侧压浆则将压浆管下放至设计高程,在预定的灌浆断面用弹性软管环置于钢筋笼外侧捆绑,与压浆管用三通连接,在弹性软管沿环向外侧均匀钻一圈小孔。压浆管绑扎在钢筋笼上时,压浆管有时要分段埋设,一边下放钢筋

笼一边接长压浆管。因为压浆管在压浆过程中要承受很大的压力，当压浆管布设在桩的外侧时，如果接头不严密，将有可能使浆液冲破桩身混凝土保护层，达不到预定的注浆深度。尤其是桩身龄期较短时，更可能发生这种情况。可见，保证压浆管的接头质量尤为重要。所以，在安装压浆管时，必须保证压浆管之间的对接、密封良好。端部花管、每节或每段压浆管连接完成后，均应灌注具有一定压力的自来水以检验其是否密封。为便于桩底注浆和确保浆液注入桩底土体，压浆管底部宜插入桩底土 30～40 cm。压浆管埋设好后，应立即向管内注满清水并将顶端密封，以减少管内外压力差，防止压浆管变形和异物进入堵塞管路而影响压浆效果。

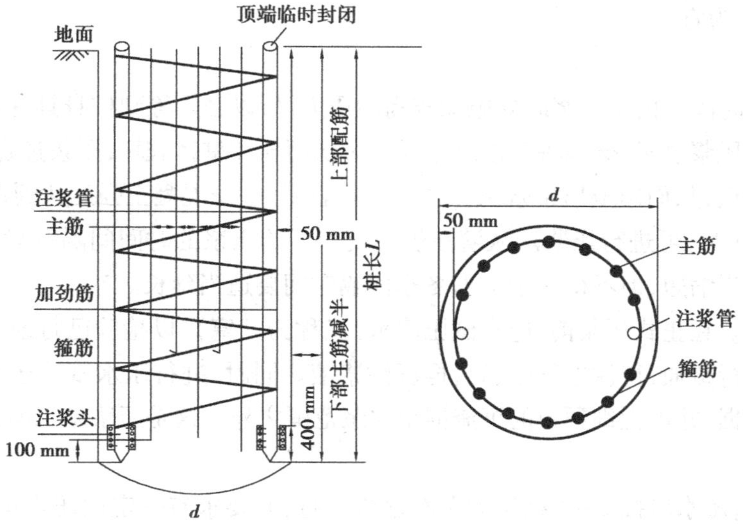

图 3.69　后压浆施工构造

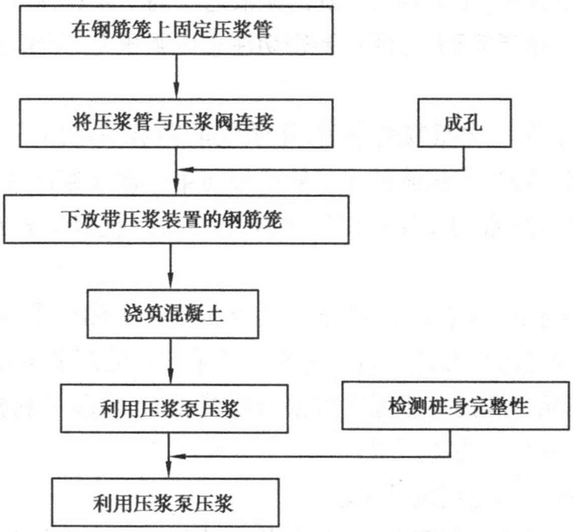

图 3.70　灌注桩后压浆施工工艺流程图

②浇筑混凝土。钢筋笼及压浆管下放安置好后，可浇筑混凝土，混凝土浇筑同一般桩的水下混凝土浇筑。浇筑桩身混凝土前，宜向孔底投放 0.5 m 厚碎石，其作用是：以碎石作压浆通道，在碎石重力冲击下将孔底沉积土翻起，减少桩底沉渣厚度；有利于压浆后形成桩端扩大头。

浇筑混凝土时，应注意以下事项：

a. 要注意保护好压浆管不被压弯或破裂，封闭好压浆管的管口及孔眼，以免杂物及混凝土进入管中。

b. 浇筑水下混凝土时，由于混凝土下落至孔底后上泛，有可能引起压浆管的上浮。因此，应注意观察压浆管有无上浮情况，如发现压浆管有上浮迹象，应立即采取相应措施处理，否则，将直接影响压浆效果。

③预压水疏通压浆管道。灌注混凝土达到一定强度后，应及时对压浆管道实施预压水试验。其目的是利用预压水预先劈裂花管侧边的混凝土保护层和花管端部胶带，打通压浆通道，这是保证压浆管道设置成功的重要措施。对于压浆管实施预压水的时间，以在混凝土浇灌成桩后 3 ~7 d 内进行为宜。

④压浆：

a. 压浆开始时间。由于压浆时要施加较高的压力，所以必须等到桩身具有一定强度后方可进行压浆施工。压浆过早，会因桩身混凝土强度过低而导致桩体破坏；压浆过晚，桩底沉渣凝固硬化影响压浆通道，从而影响压浆效果。试验结果表明：桩身混凝土强度达到设计值的 75% 以上且大于 20 MPa 时，可进行压浆。从灌注桩浇筑到开始压浆的时间间隔一般为 10 d 左右，夏季间隔时间可适当缩短，但不得少于 7 d，冬季间隔时间要适当延长。

b. 预注清水。在正式压浆前，应先试压清水（又称为开塞），以检验已打通的压浆管道是否重新被堵塞并进行疏通，待注浆管畅通后再压注浆液。同时，进行压水试验还可以为确定初始注浆压力提供依据，并可把细颗粒的沉渣推至注浆范围之外。这是压浆施工前必不可少的重要工序。

一般情况下，压水应按 2 ~3 级压力顺次逐级进行，并要求有一定的压水量和压水时间，压水压力以压浆管疏通为准。

c. 初压。压水试验结束后，可以将配制好的浆液通过高压泵和预埋管注入桩端。在这个阶段，注浆压力要小，浆液应由稀到稠。此时，要密切注意压浆压力、压浆量及压浆管的变化，同时进行桩身上抬量的观测。

d. 二次（多次）压浆。第一次压浆结束后，压浆仅能影响一定的范围。为充分发挥压浆的作用，可进行第二次压浆。第二次压浆的压浆管最好与第一次压浆的压浆管呈 180°布置，第二次压浆量一般为第一次压浆量的 1/4 ~1/3，水灰比可适当提高。根据需要，也可进行多次压浆。

⑤压浆结束标准。为保证压浆效果，要随时记录压浆压力和压浆量，观察桩顶的上抬量和周围地面的变形情况。压浆压力和压浆量是桩端后压浆技术的两个重要参数，直接影响桩端压力注浆的效果。因此，压浆过程的终止标准可根据压浆压力、压浆量和桩的上抬量 3 个指标控制。当满足下列条件之一时，可终止压浆：

a. 压浆总量和压浆压力均达到设计要求；

b. 压浆总量已达到设计要求的 20%，且压浆压力达到设计要求的 150% 并维持 5 min 以上；

c. 压浆总量已达到设计要求的 70%，且桩顶或地面出现明显的上抬。

桩端土体性质差异较大，使得在压浆过程中的压浆压力和压浆量与设计要求相差极大，需要根据实际情况具体分析确定有关参数。压浆量较小而压浆压力又较高时，一定要注意分析原因，排除由于堵管造成的假象。

压浆完毕后，应立即关闭安装在压浆管口的止浆阀，并稳定一段时间，以防止管内浆液压力过高造成返浆现象。

5)压浆过程中的注意事项

压浆过程中,发现压浆压力突然下降、流量突然增大时,应立即停止压浆,并检查是否有冒浆、跑浆现象发生。如产生冒浆、跑浆,则应停止压浆,并进行封堵,或减小压浆的压力,或加大浆液浓度,或采取间歇压浆或速凝浆等措施。

如灌浆泵压力表指针越来越高时,应暂停压浆,待查明原因后再继续压浆。若水泥浆液压不进且压力升高很快,则可能发生堵管,如发生在压浆管内,可先减压,然后从另一压浆口压浆。如果判断不是堵管,则可稳压 5 ~ 10 min 后结束压浆,并及时封堵压浆管,保持桩底压浆压力。

项目8 桩基检测

为确保桩基工程质量,应对桩基进行必要的检测,验证能否满足设计要求,确保正常使用。由于桩基为地下隐蔽工程,建成后在某些方面难以检测,为控制和检验桩基质量,施工一开始就应按工序严格监测,推行全面的质量管理。每道工序均应检验,及时发现和解决问题,并认真做好施工和检测记录,以备最后综合对桩基质量作出评价。

桩的类型和施工方法不同,检验的内容和侧重点也有所不同,但总的来说应从 3 个方面进行检测。

1. 桩的几何受力条件检验

桩的几何受力条件主要是指有关桩位的平面布置、桩身倾斜度、桩顶和桩底标高等,要求这些指标在容许的误差范围以内。

2. 桩身质量检验

桩身质量检验是指对桩的尺寸、构造及其完整性进行检测,验证桩的制作或成桩的质量。

沉桩应对制作时桩的钢筋骨架、几何尺寸、混凝土配制强度和浇筑方法等方面进行检验。检验项目有主筋间距、箍筋间距、吊环位置与露出桩表面的高度、桩顶钢筋网片位置、桩尖中心线桩的横截面尺寸、桩长、桩顶平整度及与轴线的垂直度、保护层厚度等。对于混凝土质量,应检查混凝土材料质量、计量精度、配合比及坍落度、桩身混凝土试块强度等级,以及成桩表面是否出现蜂窝麻面、收缩裂缝的情况。此外,长桩分节施工时还需检验接头质量等。

钻孔灌注桩施工应对钻孔、成孔与清孔、钢筋笼制作与安放、水下混凝土配制与灌注等过程进行质量监测与检查。要求孔径不应小于设计孔径;孔深应略大于设计深度,摩擦桩不小于 0.6 m,柱桩不小于 0.05 m;钢筋笼顶面、底面高程与设计值误差不大于 ±50 mm。另外,还应检验成孔是否有扩孔和颈缩现象。

成桩后,桩身完整性检测一般可采用低应变动测法,它可以较准确地检测出断桩、离析断面、较严重的扩径或缩颈的位置。低应变法不能明确完整性类别时,可根据实际情况采用静载试桩法或高应变法等方法进行验证检测。对桩进行高应变法检测时,应同时给出桩的完整性类别和竖向抗压承载力。对灌注桩除采用上述方法外,也可采用声波透射法或钻芯法进行检测。

1)低应变桩身质量检测

低应变桩身质量检测主要用于检查已埋入土中的桩身结构完整性,即利用相对较低能量的瞬态或稳态激振,使桩在弹性范围内做低幅振动,根据接收到的振动波变化规律,分析判断桩身缺陷性质和缺陷位置。低应变测桩法已在世界各地得到广泛应用,这一技术也已列入我国一些行业和地方性规范(规程)中,其检测结果被指定作为桩基工程验收的一部分。

低应变测桩法有很多种,有应力波反射法、机械阻抗法、共振法、水电效应法等。这些方法都是通过在桩顶施加一瞬态激振力,并在桩头接收由激振引起的信号波。上述诸多方法中,使用最普遍的是应力波反射法。该方法原理清楚,试验简便,费用相对较低,适用于工程桩大面积普查,深受基桩检测人员和用户的欢迎。

应力波反射法是用一维应力波理论去研究桩的动态响应,即将桩视为一维弹性杆件,利用桩顶低能量的激振,根据应力波在桩身中的变化规律去分析桩身阻抗变化情况,并由此判断桩身是否有缺陷以及相应的缺损位置和缺损程度,如图 3.71 所示。该方法适用于钢筋混凝土预制桩(预制混凝土方桩、板桩、预应力管桩等)和混凝土灌注桩(钻、挖孔灌注桩、沉管灌注桩等)的桩身结构完整性检测。低应变应力波反射法不适用于检测及推算桩的承载力,因为低能量的激振不能充分发挥桩周土阻力,也不适用于推算桩身混凝土强度等级。

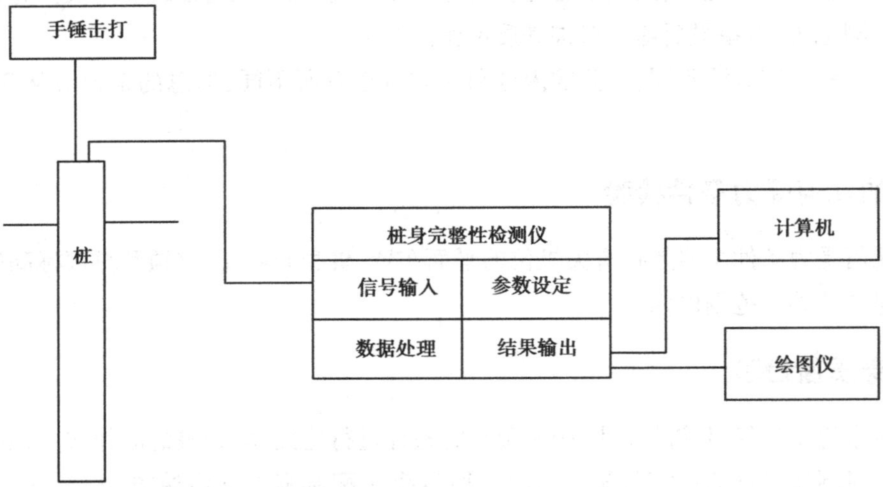

图 3.71 低应变法桩基检测示意图

通过检测可将桩身质量划分为 4 类。

①优质桩:桩身完整;动测波形规则衰减,无异常杂波,达到设计桩长,波速正常,混凝土强度等级高于要求。

②合格桩:桩身有轻微缺陷,不会影响桩身结构承载力的发挥;动测波形有小畸变,桩底反射清晰,桩身有小畸变,如轻微缩颈、混凝土局部轻度离析等现象,对单桩承载力没有影响;桩身混凝土波速正常,达到设计强度等级。

③严重缺陷桩:桩身有明显缺陷,对桩身结构承载力有影响,一般应采用其他方法验证其可用性,或根据具体情况进行设计复核或补强处理。动测波形出现较明显的不规则反射,对应桩身缺陷如裂纹、混凝土离析、缩颈 1/3 桩截面以上,桩身混凝土波速偏低,达不到设计强度等级,对单桩承载力有一定影响。

④不合格桩:桩身存在严重缺陷,一般应进行补强处理。动测波形畸变严重,对应桩身缺陷如裂缝、混凝土严重离析、夹泥,严重缩颈、断裂等。

2)声波透射法检测

声波透射法是指在基桩成孔后、灌混凝土前,桩内预埋若干根声测管作为声波发射和接收换能器的通道,在桩身混凝土灌注若干天后开始检测,用声波检测仪沿桩的纵轴方向以一定的间距逐点检测声波穿过桩身各截面的声学参数,然后对这些检测数据进行处理、分析和判断,以确定桩身混凝土缺陷的位置、程度,从而推断桩身混凝土的完整性(图3.72)。

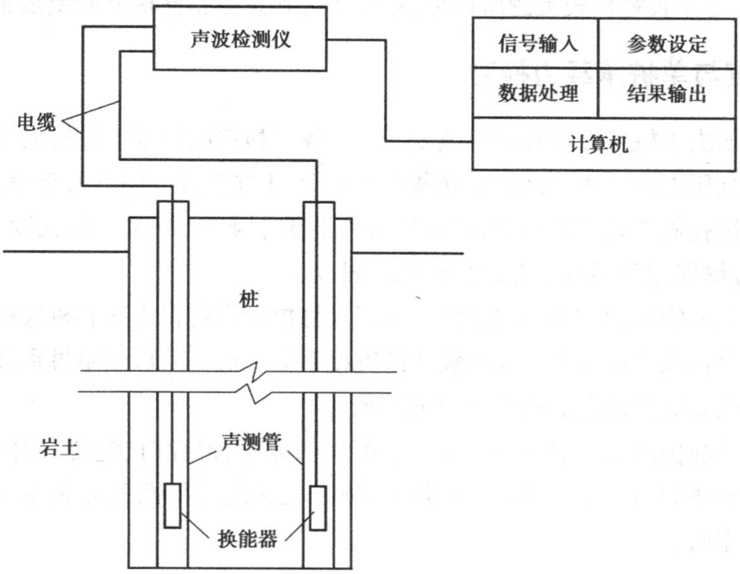

图3.72 声波透射法桩基检测示意图

声波在介质中传播,遇到与原有不同的介质时在两种介质的界面上声波的传播规律、声波的能量分配都会发生变化。当声波从一种介质传播到另一种介质时,在界面上有部分能量被界面反射,有部分能量透过界面形成折射。

采用超声波检测混凝土时,将混凝土看作是一种集结型的复合材料,其内部存在着广泛分布的复杂界面。当混凝土的组成材料、工艺条件、内部质量及测试距离一定时,其声波传播速度、首波幅度和接收信号主频等声学参数一般符合统计正态分布,无明显差异。如果某部分混凝土存在空洞、不密实或裂缝等缺陷,破坏混凝土的整体性,与无缺陷的混凝土相比,声时值偏大,波幅和频率值降低。超声波传播速度的快慢,与混凝土的密实程度有直接关系,声速高则混凝土密实,相反则混凝土不密实。

当有空洞或裂缝存在时,表明混凝土的整体性遭到破坏,超声波只能绕过空洞或裂缝传播到接收换能器,因此传播的路程增大,测得的声时偏长,声速降低。另外,由于空气的声阻抗率远小于混凝土的声阻抗率,超声波在混凝土中传播时,若遇到蜂窝、空洞或裂缝等缺陷,便会在缺陷界面发生反射和散射,声能被衰减,其中频率较高的成分衰减更快,因此接收信号的波幅明显降低,频率明显减小。再者,经缺陷反射或绕过缺陷传播的超声信号与直达波信号之间存在声程和相位差,叠加后互相干扰,致使接收信号的波形发生畸变。正是根据这些声学参数的相对变化,来判定混凝土的缺陷情况。

3)钻芯检验法检测

钻芯检验法检测就是利用专用钻机,从混凝土结构中钻取芯样以检测混凝土强度的方法。它是大直径基桩工程质量检测的一种手段,是一种既简便又直观的验桩方法。它具有以下特点:

①可检查混凝土胶结、密实程度及其实际强度,发现断桩、夹泥及混凝土稀释层等不良状况,检查桩身混凝土灌注质量;

②可测出桩底沉渣厚度并检验桩长,同时直观认定桩端持力层岩性;

③用钻芯桩孔对出现断桩、夹泥或稀释层等缺陷桩进行压浆补强处理。

基于以上特点,该方法广泛用于大直径基桩质量检测工作中,特别适用于大直径、大荷载端承桩的质量检验;对于长径比较大的摩擦桩,则易因孔斜发生钻穿桩外而受限制。

3. 桩身强度与单桩承载力检验

桩的承载力取决于桩身强度和地基强度。桩身强度检验除保证上述桩的完整性外,还要检测桩身混凝土的抗压强度。预留试块的同条件养护 28 d 抗压强度应不低于设计采用混凝土相应的抗压强度。钻孔桩在凿平桩头后,应抽查桩头混凝土质量,测定抗压强度。对于大桥的钻孔桩,有必要时应钻取桩身混凝土芯样检验抗压强度。

对于单桩承载力的检测,在施工过程中,对沉入桩惯用最终贯入度和桩底标高进行控制,而钻孔灌注桩还缺少在施工过程中监测承载力的直接手段。成桩后可做单桩承载力的检验,常采用单桩静载试验或高应变动力试验确定单桩承载力。

静载试验在目前仍然是确定单桩承载力最可靠的方法,但耗时、耗资、硬件条件难以满足。如与各种动力检测法的结果对比验证,以考核简捷试验法的适用性和可靠性,两者结合起来可扩大受检桩的覆盖面。

复习思考题

3.1　桩基础由哪几部分组成?有何特点?适用于什么情况?

3.2　桩基础有哪些类型?

3.3　端承桩和摩擦桩的受力情况有何不同?

3.4　简述单桩在竖向荷载作用下的工作性能以及破坏情况。

3.5　简述单桩轴向容许承载力的确定方法。

3.6　什么是负摩阻力?产生条件有哪些?

3.7　泥浆护壁成孔灌注桩的护筒有什么作用,泥浆有什么作用?

3.8　灌注桩的清孔方法有哪几种?各适用于什么条件?

3.9　简述泥浆护壁成孔灌注桩常见工程事故及处理方法。

3.10　沉入桩施工工序包括哪些内容?施工中应注意哪些问题?

3.11　简述灌注桩后压浆的分类、适用范围和施工工艺。

3.12　简述基桩检测的方法及各自的适用范围。

练习题

3.1　某桥基础为 6 根的钻孔灌注桩,上置 8 m×12 m×3.5 m 钢筋混凝土承台,承台顶面比原始地面线低 0.5 m。地质与水文条件如下:0~0.60 m 为砂砾石,下为黏性土,施工期间的水位刚好淹没原地面线。

问题:

①适用于该桥承台施工的支护形式有哪些?

②浇筑承台混凝土前,对钻孔灌注桩应作哪些主要内容的检验?

③写出该钻孔灌注桩的施工顺序。

3.2 某桥梁主墩基础采用钻孔灌注桩(泥浆护壁),地质依次为 2 m 砾石、以下为软土。主要施工过程如下:平整场地、桩位放样、埋设护筒,采用正循环工艺成孔,成孔后立即吊装钢筋笼并固定好,对导管接头进行抗拉试验,试验合格后,安装导管,导管底口距孔底 30 cm,混凝土坍落度为 180 mm。施工单位考虑到灌注时间较长,经甲方同意,在混凝土中加入缓凝剂。首批混凝土灌注后导管埋深为 1.2 m,随后的灌注连续均匀地进行。当灌注到 23 m 时,发现导管埋管,施工人员采取强制提升的方法。灌注到 30 m 时,发生堵管现象,施工人员采用型钢插入法疏通。灌注完成,养护后检测发现断桩。

问题:

①护筒的作用是什么?泥浆的作用是什么?对泥浆有何要求?

②什么是反循环工艺?

③指出施工过程中的错误之处。

④断桩可能发生在何处?为什么?

学习情境4　沉井基础与其他深基础

【**学习目标**】了解沉井基础和地下连续墙的概念、特点、类型及适用范围，熟悉沉井基础和地下连续墙的构造，掌握沉井基础和地下连续墙施工要点。

【**学习内容**】沉井基础的概念与使用条件，沉井基础的类型及一般沉井的构造，沉井基础施工，地下连续墙。

【**学习重点**】沉井基础的类型，沉井基础的施工方法。

【**学习难点**】沉井基础的施工方法，沉井施工中常见的问题及处理措施。

项目1　沉井的概念

1. 深基础的类型与特点

随着国民经济的迅猛发展，桥梁上部结构的跨度越来越大，荷载越来越大，对沉降和稳定性的要求也相应提高，基础埋深加大，浅基础很多情况下不能满足工程需要，常需采用深基础。

与浅基础相比较，深基础的优点是地基承载力高。这是由于深基础选择地基深层较坚实土层作为建筑物的持力层，地基承载力本来就高；由于埋置深度大，承载力经过深度修正，有大幅度提高；深基础不仅基础底面具有承载能力，深基础四周侧壁的摩阻力也具有一定的承载能力，三者叠加，使深基础的地基承载力显著地高于浅基础。但是，深基础施工需要采用特殊的施工方法，从而经济有效地解决大跨度桥梁基础深基坑工程中周围土体稳定性、排水以及对邻近建筑物影响等一系列问题，因此需要专门设备，施工技术复杂，工期长，造价高，应认真进行技术、经济分析。只有在天然地基浅基础无法满足建筑物安全使用的情况下，才采用深基础。

深基础的种类很多，除桩基础及桩筏、箱形基础外，还包括沉井基础、沉箱基础、大直径桩墩基础、地下连续墙等。

2. 沉井的概念和使用条件

沉井一般是上下敞口带刃脚的空心井筒状构筑物（图4.1），依靠自重或配以辅助下沉措施下沉至设计标高，作为结构物的基础。沉井施工中，一般先在地面制作井筒成形，然后用机械或人工方法清除井筒内土石,筒身靠自重逐渐下沉。筒身大部分已沉入土中后,再接筑另一段井筒,接长筒身,再继续挖土下沉,一直到井底到达设计标高为止。然后将井底封塞,再用土、石或混凝土将筒内空间填实,使整个筒体成为一个建筑物基础。如果需要利用井筒内的空间作为地下结构使用,则只要密封井底,做成空心沉井,在顶部浇筑钢筋混凝土盖板,即可建造上部结构。

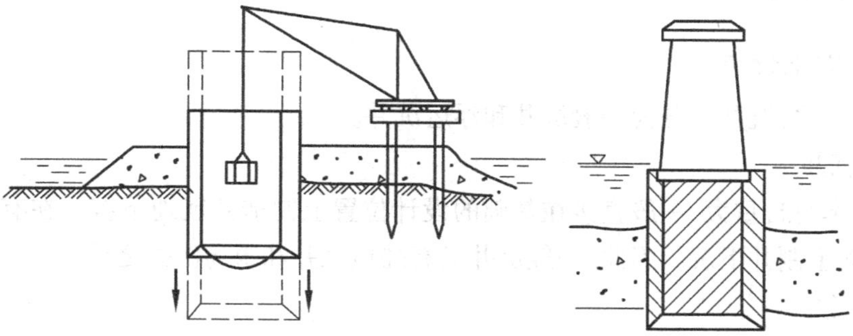

(a) 沉井下沉　　(b) 沉井基础

图4.1　沉井基础示意图

沉井基础的特点是埋置深度可以很大,整体性强、稳定性好,有较大的承载面积,能承受较大的垂直荷载和水平荷载。沉井既是基础,又是施工时的挡土和挡土围堰结构物,施工技术比较稳妥可靠,操作简便,下沉深度可以很大(大型沉井基础可以下沉几十米深),没有理论上的限制。

沉井还可作为施工中事故处理、组合基础的一部分来应用。因此,目前已在桥梁工程中得到较广泛的应用,尤其在深水中有较大卵石不便于桩基础施工,以及需要承受巨大的水平力和上拔力时,多采用沉井基础。同时,沉井施工时对邻近建筑物影响较小且内部空间可资利用,因而常用作工业建筑物尤其是软土中地下建筑物的基础,如矿用竖井、地下泵房、水池、油库、地下厂房设备基础等,以及盾构隧道、顶管的工作井和接收井等。

沉井基础的缺点是:施工期较长;对粉细砂类土在井内抽水易发生流砂现象,造成沉井倾斜;沉井下沉过程中遇到的大孤石、树干或井底岩层表面倾斜过大,均会给施工带来一定困难。河床覆盖层下为倾斜度较大的岩层时,也会增加沉井施工的困难,影响沉井基础的稳定性,故上述情况应尽量避免采用沉井基础。

选择沉井基础,一定要对地质情况进行详细勘察,根据“经济合理、施工可行”的原则进行分析比较。一般在下列情况,可以采用沉井基础:

①上部荷载较大,而表层地基土的容许承载力不足,做扩大基础开挖工作量大,以及支撑困难,但在一定深度下有好的持力层,采用沉井基础与其他深基础相比较,经济上较为合理时;

②在山区河流中,虽然土质较好,但冲刷大,或河中有较大卵石不便于桩基础施工时;

③岩层表面较平坦且覆盖层薄,但河水较深,采用扩大基础施工围堰有困难时。

项目2 沉井的类型及一般沉井的构造

1.沉井的分类

1)按下沉方法分类

按下沉的方法,沉井可分为一般沉井和浮运沉井。

(1)一般沉井

因为沉井本身自重大,一般直接在基础的设计位置上制造并就地下沉。在有水地区,需先人工筑岛,在岛上制井下沉。因此,一般沉井又有陆地沉井和筑岛沉井之分。

(2)浮运沉井

在深水地区(水深超过10~15 m),或河流的水流流速大,或有通航要求时,无法人工筑岛,采用在岸边制造,然后浮运到桥位上下沉,这类沉井称为浮运沉井。

2)按建筑材料分类

按建筑材料不同,沉井可分为素混凝土沉井、钢筋混凝土沉井、竹筋混凝土沉井和钢沉井等。

(1)素混凝土沉井

这种沉井适用于中小型永久工程。因为混凝土的抗压强度高,抗拉强度低,故一般多做成圆形,使混凝土主要承受压应力。井壁较厚、下沉不深时,也有做成矩形的。沉井底端的刃脚需配钢筋,便于下切土体,避免损伤井筒。素混凝土沉井一般只适用于下沉深度不大(4~7 m)的松软土层中。

(2)钢筋混凝土沉井

钢筋混凝土沉井是最常用的沉井,适用于大中型工程,可以根据需要做成各种形状、各种规格和深度的沉井,应用十分广泛。可以做成重型或薄壁的就地制造、下沉的沉井,也可做成薄壁浮运沉井及钢丝网水泥沉井等。

(3)竹筋混凝土沉井

沉井主要在下沉过程中,承受复杂的外力,井壁内力较大,施工完成后,沉井中的钢筋不再起作用,因此,可采用一种抗拉强度较高而耐久性较差的竹筋来代替钢筋,以节约钢材。我国南方盛产竹料,可以就地取材,予以充分利用,赣江大桥就是采用竹筋沉井。

(4)钢沉井

用钢材作沉井,其刚度、强度都很高,拼装方便,适于制造空心浮运沉井。因用钢量过大,从经济上看不合算,一般不宜采用。

(5)其他材料的沉井

在某些工程中曾经用过木筋混凝土沉井、木沉井、砖砌圬工和浆砌片石圬工沉井等。除非在特殊情况下,深度浅的小型沉井或临时性沉井,如房屋纠倾工作井等,考虑因地制宜和就地取材使用外,现在基本上已不再使用。

3)按形状分类

(1)按平面形状分类

沉井的平面形状常用的有圆形、圆端形和矩形等。根据井孔的布置方式,又有单孔、双孔及多孔之分,如图4.2所示。

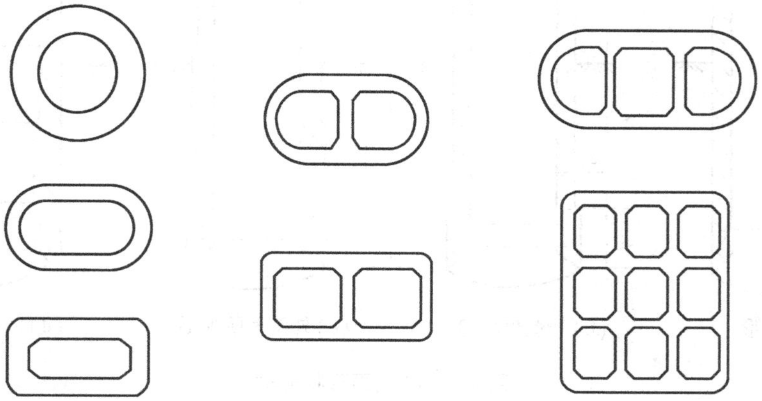

(a)单孔沉井　(b)双孔沉井　(c)多孔沉井

图4.2　沉井的平面形状

①圆形沉井。在桥梁工程中,圆形沉井多用于斜交桥或流向不稳定的河流,这时桥墩一般也采用圆形,可减少水流冲击力和局部冲刷。从沉井本身受力方面考虑也是理想的,因为它在水压力、土压力作用下,当四周的压力均布时,井壁只承受沿周边的轴向压力;当四周的压力非均布时,井壁则稍受挠曲。如前所述,无筋或少筋混凝土多做成圆形。又由于圆沉井用机械挖土比较方便,不像矩形沉井,其四角的土较难挖到,比较能保证其刃脚均匀地支承在土层上,所以不易倾斜,下沉方向较易控制。但其基底压力的最大值较同面积的矩形者大;上部墩台身为矩形或圆端形时,使得一部分基础圬工不能充分发挥作用,这是它的缺点。

②矩形沉井。矩形沉井的优缺点正好与圆形沉井相反。它与上部墩台身的圆端形或矩形截面容易吻合,可节省基础圬工和挖土数量,较充分地利用地基的承载力。但机械挖土下沉时,不如圆形沉井易控制。沉井四壁在侧压力作用下,将产生较大的弯曲应力,其长宽比越大,则弯曲应力越大,这是不利的。为减少井壁弯曲应力,可在沉井内设置隔墙,减小受挠跨度,将沉井分成多孔,如图4.2(b)、(c)所示。棱角处宜用圆角或钝角。矩形沉井的另一优点是制造简单。

③圆端形沉井。圆端形沉井的优缺点介于前二者之间,控制下沉、受力条件、阻水冲刷等均较矩形沉井有利,但施工较为复杂。

(2)按立面形式分类

沉井按立面形状可分为柱形、阶梯形和锥形沉井(图4.3)。柱形沉井受周围土体约束较均衡,下沉过程中不易倾斜,井壁接长较简单,模板可重复利用,但井壁侧阻力较大。当土体密实、下沉深度较大时,易出现下部悬空,造成井壁拉裂,故一般用于入土不深或土质较松软的情况。阶梯形沉井和锥形沉井可以减小土与井壁的摩阻力,井壁抗侧压力性能较为合理,但施工较复杂,消耗模板多,沉井下沉过程中易发生倾斜。其多用于土质较密实,沉井下沉深度大,且要求沉井自重不太大的情况。通常,锥形沉井井壁坡度为1/50～1/20,阶梯形井壁的台阶宽为100～200 mm,最底下一层台阶高度 $h=(1/4\sim1/3)H$。

此外,沉井可按数量和相互影响与否,分为单井和群井。单个独立的沉井,或多个沉井,但沉井之间的间距较大,功能独立,互不影响可以称为单井。沉井数量较多,沉井之间的间距较小,功能相互影响的沉井群可以称为群井。沉井深度超过30 m,可以称为大深度沉井。

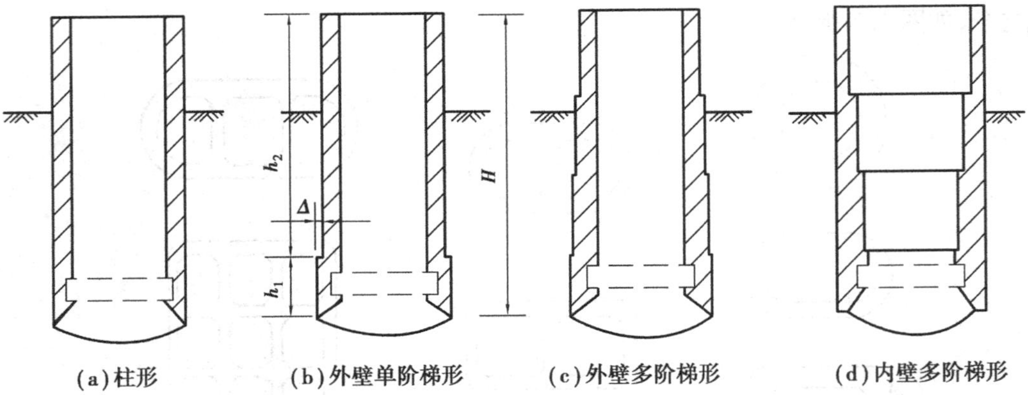

图 4.3 按立面形状分类

2. 一般沉井的构造

以最常用的钢筋混凝土沉井为例，沉井一般由井壁(侧壁)、井孔、刃脚、内隔墙、凹槽、封底和顶板等组成，如图 4.4 所示。有时，井壁中还预埋射水管等其他部分。

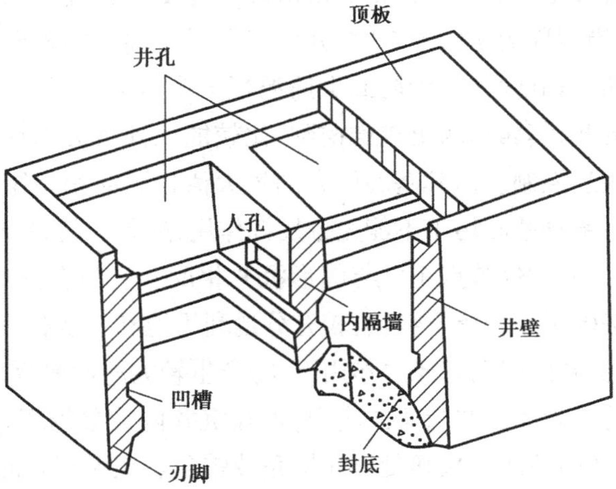

图 4.4 一般沉井的构造

1) 井壁

井壁是沉井的主要部分，其厚度除考虑其结构强度、抗渗、刚度和抗浮需要外，还应有一定自重，使沉井能在自重作用下顺利下沉到设计高程。设计时，通常先假定井壁厚度，验算下沉和抗浮，然后再计算配筋。一般沉井厚度可为 0.7 ~ 1.2 m，甚至达 1.5 ~ 2.0 m，最薄不宜小于 0.4 m(钢筋混凝土薄壁沉井及钢模薄壁浮运沉井可不受此限制)，以便于绑扎钢筋和浇筑混凝土。

对于薄壁沉井，由于自重较小，应采用触变泥浆润滑套、壁外喷射高压空气等减阻助沉措施，以降低沉井下沉时的摩阻力，以减薄井壁厚度。但对于这种薄壁沉井的抗浮问题，应谨慎核算，并采取有效措施。

高沉井可分节制造和下沉，每节高度不宜大于 5 ~ 6 m。底节沉井更不宜过高，一般为 4 ~ 6 m。在松软土层中下沉时，还不应大于沉井宽度的 80%。如高度过大、沉井过重，则会给模板、岛面处理、抽垫和下沉带来困难。第二节沉井也不宜过高，否则因沉井重心高，易使沉井在下沉过程中发生倾斜或使入土不很深的底节沉井下沉过快而发生问题。

2) 刃脚

沉井下端的形如刀刃状的部分称刃脚。其作用是使沉井在自重作用下便于切入土中,它是受力最集中的部分,必须具备足够的强度,以免挠曲与受损。刃脚通常沿沉井外壁布置。当沉井尺寸较大,考虑隔墙及底梁受力要求,中隔墙下也应布置刃脚。

刃脚有多种形式,如图 4.5 所示。沉井沉入坚硬土层和到达岩层者,宜采用以型钢(角钢或槽角钢)加强的刃脚;沉入松软土层者,宜用带踏面的刃脚,踏面可使沉井下沉初期不致下沉过快造成倾斜。一般情况下,软土地基踏面宽度可取 0.25 ~ 0.3 m,硬土地基踏面宽度一般不大于 0.15 m。刃脚斜面与水平面的夹角一般为 45° ~ 60°。刃脚斜面高度视井壁厚度、便于抽除踏面下的垫木以及封底状况综合确定,一般不小于 1.0 m。需要下沉至稍有倾斜的岩面时,在掌握岩层高低差变化的情况下,可将沉井刃脚做成与岩面倾斜相适应的高低刃脚。刃脚架设方法如图 4.6 所示。

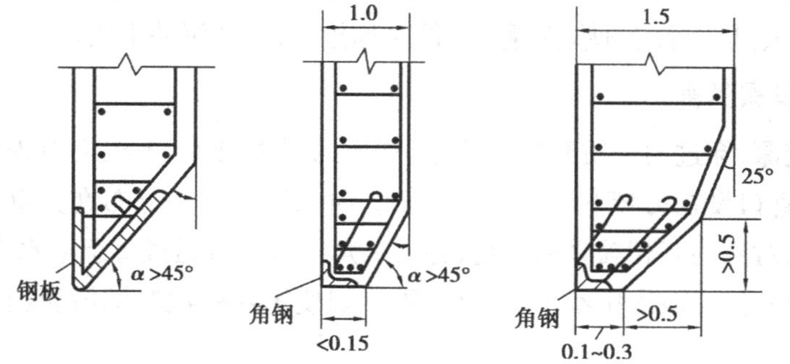

图 4.5　刃脚构造(单位:m)

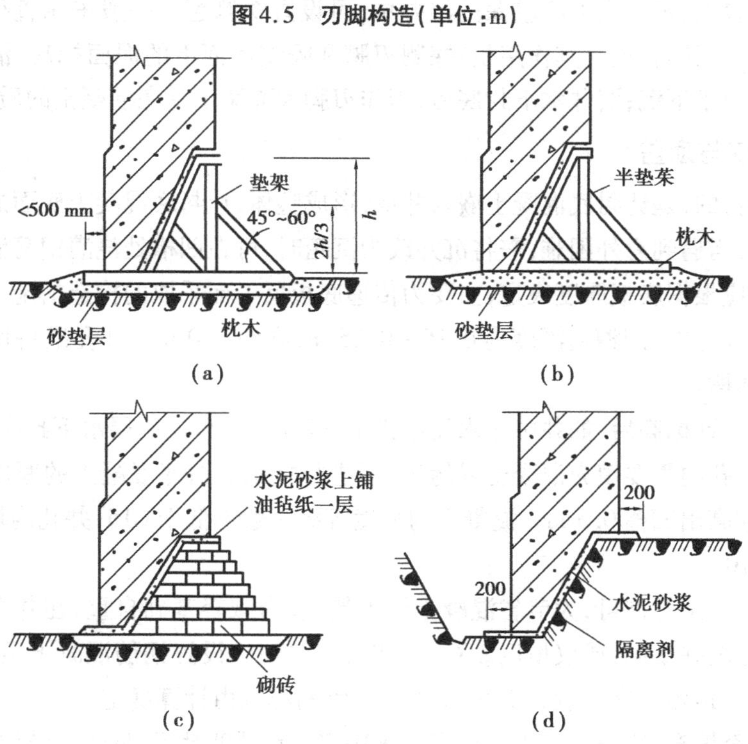

图 4.6　刃脚架设方法

3) 内隔墙

根据使用和结构上的需要,在沉井井筒内可设置内隔墙,又称内壁。其作用是加强沉井的刚度，缩小外壁跨度，减少外壁的挠曲应力。同时又把沉井分成若干个取土井，便于掌握挖土位置以控制下沉的方向。隔墙间距一般要求不大于 5 ~ 6 m，厚度可比井壁小 0.2 ~ 0.5 m。

隔墙底面距刃脚踏面的高度，既要考虑支承刃脚悬臂，使其和水平方向的封闭框架共同起作用，而又不使隔墙底面下的土搁住沉井，妨碍下沉，因此隔墙底部一般比刃脚踏面高不小于 0.5 m。

在隔墙上，距顶部 2 ~ 3 m 深处宜预设直径 200 mm 的连通管或 200 mm × 200 mm 的透水孔若干个，以便单孔抽水或吸泥下沉补水时，保持各井孔水位一致。如为人工挖土，还应在隔墙下端设置约 1.0 m × 1.0 m 的过人孔，以便工作人员在井孔间往来。

4）井孔

沉井内设置的内隔墙或纵横隔墙，或纵横框架间形成的格子空间称为井孔，为挖土、排土的工作场所和通道，平面尺寸应满足工艺要求，最小边长（或直径）一般不宜小于 2.5 ~ 3.0 m，且一般不超过 5 ~ 6 m，其布置应简单、对称，以便对称挖土，保证沉井下沉均匀。

5）射水管组和探测管

当沉井下沉较深，穿过的土质又较好，预计到土的阻力较大，下沉会有困难时，则可在沉井壁中预埋射水管，管口设在刃脚下端和井壁外侧。射水管应均匀分布在井壁横向四周，并将其连成与平面中心线对称的互相独立的 4 组，各占一角。这样可通过每组射水管的水压和水量来调整沉井的下沉方向。一般水压不小于 600 kPa。如使用触变泥浆润滑套施工法时，应预先设置压浆管路。

在平面尺寸较大、不排水下沉较深的沉井中，可设置探测管。一般采用直径 200 ~ 500 mm 的钢管或在井壁中预制管道。其作用是：探测刃脚和隔墙底面下的泥面标高；清基射水或破坏沉井正面土层以便于下沉；沉井水下封底后，当作刃脚和隔墙下封底混凝土的质量检查孔。

6）凹槽、封底与顶盖

设立凹槽的目的，是让封底混凝土嵌入井壁，形成整体，让封底混凝土底面的反力更好地传递给井壁。同时，当遇到意外困难，需将沉井改为沉箱时，可在凹槽处浇灌钢筋混凝土的沉箱顶盖。凹槽的高度应根据底板厚度决定，主要为传递底板反力而采取的构造措施。凹槽底面一般距刃脚踏面 2.5 m 左右，凹槽的深度为 0.15 ~ 0.25 m，高约 1.0 m。井孔准备用混凝土或圬工填实，也可不设凹槽。

沉井下沉到设计标高后，如井中之水无法排干，则在井底灌注一层水下封底混凝土，待达到设计强度后，如井孔内需要填充混凝土或圬工，可进行抽水。封底混凝土的厚度按受力条件计算确定，其顶面应高出凹槽 0.5 m。混凝土的强度等级一般不低于 C15，井孔内填充混凝土的强度等级不低于 C10。

沉井封底后，如条件许可，为节省混凝土圬工量，或为减轻基础自重，在井孔内可不填充任何材料，做成空心沉井基础，或仅填以砂石。这时，在井顶应设置钢筋混凝土顶盖，以承托上部墩台的全部荷重。顶盖厚度一般为 1.5 ~ 2.0 m。钢筋配置由计算确定。

沉井井孔是否填充，应根据受力或稳定要求决定。在严寒地区，低于冻结线 0.25 m 以上部分，必须用混凝土或圬工填实。

在较大型沉井中，若由于使用要求而不能设置内隔墙时，则可在沉井底部增设底梁，构成框架以增加沉井的整体刚度。有时因沉井高度过大，常在井壁不同高度处设置若干道由纵横大梁组成的水平框架,以减少井壁(在顶、底部间)的跨度,使沉井受力合理。在松软地层中下沉沉井,底梁的设置还可防止沉井“突沉”和“超沉”,便于纠偏和分割封底。但纵横底梁不宜过多,以免施工费时和提高造价。

3. 浮运沉井构造

浮运沉井有不带气筒的浮运沉井和带气筒的浮运沉井两种。

1) 不带气筒的浮运沉井

不带气筒的浮运沉井适应于水深较浅、流速不大、河床较平和冲刷较小的自然条件。一般在岸边制造,通过滑道拖拉下水,浮运到墩位,再接高下沉到河床。这种沉井可用钢、木、钢筋混凝土、钢丝网及水泥等材料制造。

(1) 双壁浮运沉井

双壁浮运(空体自浮式)沉井构造比较简单,施工方便,可用钢、木、钢丝网、水泥等材料制造。木沉井消耗木料太多,而且加工精度要求高,制作困难,近年来很少采用。

①钢丝网水泥薄壁浮运沉井。图4.7所示为钢丝网水泥薄壁浮运沉井。沉井的内壁、外壁及横隔板都由钢筋钢丝网水泥制成。钢丝网水泥由钢筋网、钢丝网和水泥砂浆组成。通常将若干层钢丝网均匀地铺设在钢筋网的两侧,外面抹以不低于M5的水泥砂浆,使之充满钢筋网和钢丝网之间的空隙,且以1~3 mm作为保护层。钢丝网和钢筋网达到一定含量时,钢丝网水泥就具有一种匀质材料的力学性能,它具有很大的弹性和抗裂性。因此,适合用来制造薄壁浮运沉井,而且制作简单,无需模板和其他特殊设备,可节约钢材和木材。

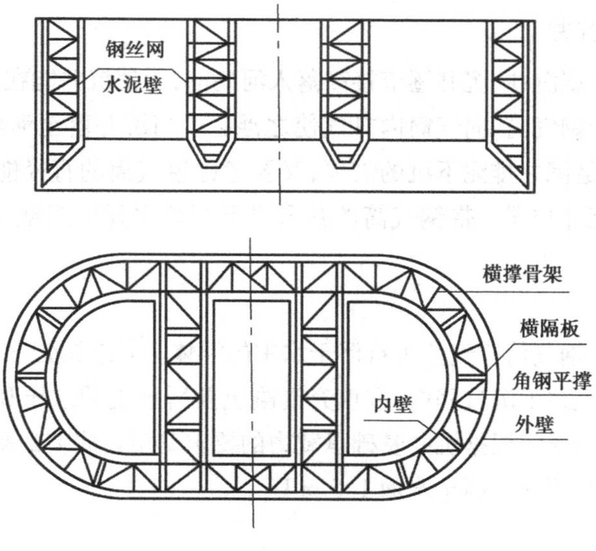

图4.7　钢丝网水泥浮运薄壁沉井构造

沉井在岸边制成后,顺着岸坡铺设的滑道滑入水中。浮运就位后,向井壁内均匀灌水下沉,使之落到河床,再逐格对称地灌注井壁水下混凝土成为厚壁沉井,以后按不排水下沉方法沉至设计标高。

②双壁钢沉井。当沉井入水较深,直径较大或需沉入土中较深时,宜用双壁钢沉井,耗钢料较多,但比较安全,制造简单,施工方便。而且在封底混凝土以上部分,当墩身出水后可由潜水工在水下烧割回收重复使用。

(2)带临时性底板的浮运沉井

不带气筒的浮运沉井的另一种形式是在取土井底部装上临时性井底,使之能在水中自浮。底板一般是在底节的井孔下端刃脚处设置的木质底板及其支撑。底板的结构应保证其水密性,能承受工作水压并便于拆除。

图4.8为带临时性底板的浮运沉井。沉井采用薄壁的钢筋混凝土空心井壳,上接防水木模板,临时性木井板用八字形斜撑支在井孔内侧特制的檐口上。浮运沉井定位后,向井孔内灌水,同时接筑井壁,使沉井逐渐下沉。到达河底后,即可打开临时性底板。以后下沉,可按一般沉井进行。这种带底板的浮运沉井与筑岛法、围堰法施工相比,可以节省工程量,施工速度也较快,但仅适用于浅水、流速较小的情况。

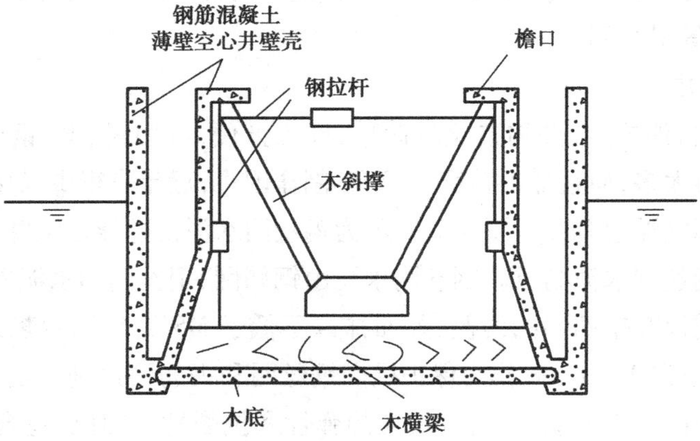

图4.8 带临时性底板的浮运沉井

2)带气筒的浮运沉井

对于水深流急的巨型沉井,沉井逐节接高落入河底前,为使沉井能在水上漂浮,也可在沉井井孔位置上装置若干个钢气筒,向气筒内打气使之浮起。当沉井落至河底后,切除气筒即为取土井孔,其尺寸既要满足沉井排泥下沉的需要,又要考虑钢气筒的直径能提供必需的气量。之后的施工步骤与一般沉井相同。带钢气筒的圆形浮运沉井主要由双壁沉井底节(能自浮)、单壁钢壳、钢气筒等组成。

(1)双壁沉井底节

双壁沉井底节是在钢气筒打气前可自浮于水中的浮体。其结构强度,不仅考虑入水自浮时的受力状态,还应满足沉井下沉过程中,在填充混凝土前所承受的水压和气压。双壁沉井底节的外径即为沉井底部的外径,根据沉井基础承载力的要求确定。底节的高度在接高第一层单壁钢壳和全部钢气筒后,其顶面应高出水面1.5 m以上。

(2)单壁钢壳

单壁钢壳是沉井底节以上接高部分的外壁,它一般由6 mm厚的钢板及若干竖向肋骨角钢构成,并以水平圆环作承受井壁外水压时的支撑。钢壳沿高度可分为几节,在接高时拼焊,单壁钢壳既是防水结构,又是接高时灌注沉井外圈混凝土的模板的一部分,其高度一般大于沉井落河床时的水深。

(3)钢气筒

钢气筒是沉井内部的防水结构,它根据压缩空气排开气筒内的水提供浮式沉井在接高过程中所需的浮力,同时在悬浮下沉中可以通过给气筒充气或放气,以及不同气筒内的气压调节使沉井可以上浮、下沉及调正偏斜。落入河床后如偏移过大，还可以将气筒全部充气，使沉井重新浮起，重新定位下沉。钢气筒的构造和位置如图4.9所示。

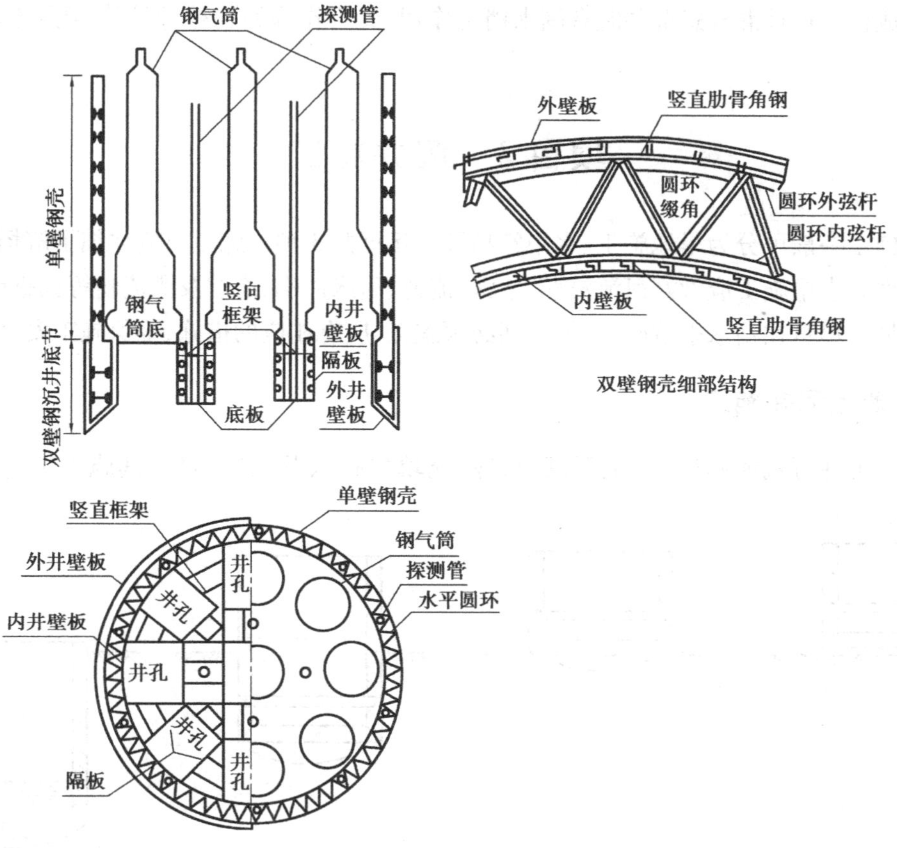

图4.9 带钢气筒的圆形浮运沉井

气筒的高度应使其顶盖高于空气中切割该顶盖时的水面高度，它的容积应满足放气落入河床时的容量。为考虑顶盖所需高度及气筒容积，气筒上部内径较下部为小，以节省钢料。中央气筒因对调节沉井倾斜的作用不大，而且其他气筒的容积已满足放气落入河床时的需要，故筒身较矮。气筒筒身及顶盖板厚6 mm，为增强筒身的刚度，沿筒身横截面设有几道加劲环。气筒顶部装有连接进气管的法兰盘。气筒制好后，应经气压试验，保证其气密性。气筒在工地整体吊起拼装，由8块连接板和底节沉井相连。气筒底部设有钢管与设置在井壁中的探测管相通，以便当气筒内气压过高，气筒内水面下降到接近隔墙底面时，可以排气以保证沉井的稳定性和施工安全。气筒水下烧割线以上部分可以回收利用。烧割线以下部分包括凹槽，是沉井永久结构的一部分。凹槽的作用与一般沉井相同。

带气筒的沉井具有下列优点：

①它可以通过不同气筒内气量的调节，很方便地控制沉井的水平；在沉井落入河床后，下沉较浅时，也可调节气量纠正沉井的倾斜。

②必要时，可以全部气筒打气，使沉井浮起重新定位落入河床。

③沉井下沉接近河床时，若流速较大，墩位处局部冲刷将随着沉井与河床面接近而不断加深，这时气筒放气可以使沉井迅速落入河床，减少局部冲刷深度。

3）组合式沉井

当采用低承台桩基而围水挖基浇筑承台有困难，或沉井刃脚遇到倾斜较大的岩层或在沉井范围内地基土软硬不均而水深较大时，可采用沉井下设置桩基的混合式基础，称为组合式沉井。施工时按设计尺寸做成沉井，下沉到预定高程后，浇筑封底混凝土和承台，在井内其上预留孔位钻孔灌注成桩。这种混合式沉井既有围水挡土作用，又可作为钻孔桩的护筒，还可作为桩基础的承台。

项目3 沉井施工

沉井施工一般可分为旱地施工、水中筑岛及浮运沉井3种。施工前应详细了解场地的地质和水文条件。水中施工应做好河流汛期、水深、流速、河床冲刷、通航及漂流物等调查研究，并制订施工计划。尽量在枯水季节施工，如汛期必须施工，应有相应的措施，确保施工安全。

1. 旱地上沉井施工

旱地上沉井可就地制造、挖土下沉、封底、充填井孔以及浇筑顶板，其施工工艺流程如图4.10所示。

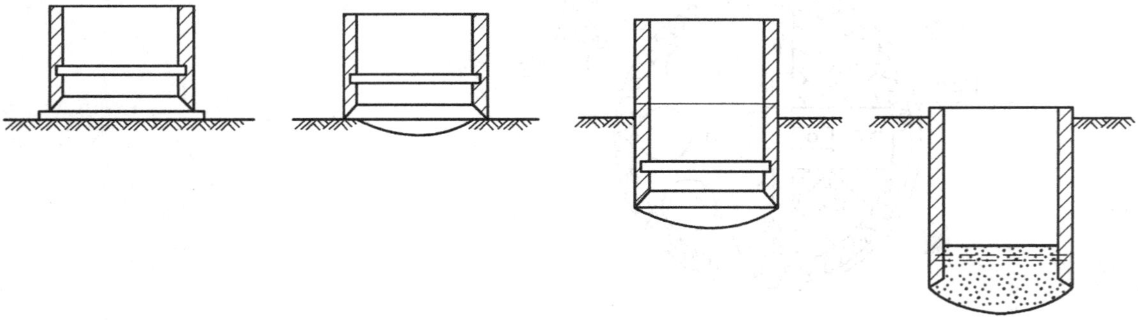

(a)制作第一节沉井　(b)抽垫木、挖土下沉　(c)沉井接高下沉　(d)封底

图4.10 沉井施工顺序示意

制造沉井前，应先平整场地，要求施工场地平整干净，地面有一定的承载能力。

1)场地准备工作

在旱地无水地区，若天然地面土质较硬，只需将地表杂物清净并整平，可在其上制造沉井。如土质松软，则应换土或在其上铺填一层不小于0.5 m厚的砂或砂夹卵石，并夯实，以免沉井在混凝土浇灌之初，因地面沉降不均产生裂缝。有时，为减少沉井在土中的插入深度，可先开挖一个基坑，使其坑底高出地下水面0.5～1.0 m，然后在坑底制造沉井。

2)制造底节沉井

制造沉井前，为扩大刃脚踏面的支承面积，应先在刃脚处对称地铺满垫木，并按垫木定位立模板和绑扎钢筋，如图4.11所示。垫木一般采用普通枕木和短方木相间铺设，垫木与刃脚垂直铺放，垫木数量按垫木底面压力不大于100 kPa计算，其布置应考虑抽垫方便。定位垫木的位置，一般根据沉井在自重作用下挠曲的正负弯矩大体相等而定，圆形沉井应布置在相隔90°的4个点上。矩形沉井则应对称布置于长边，每条长边各设两点，距离为沉井长边尺寸的60%～70%。

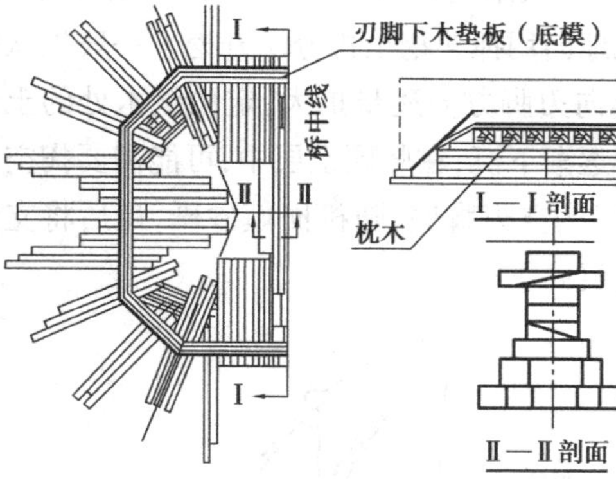

图4.11 垫木布置示意图

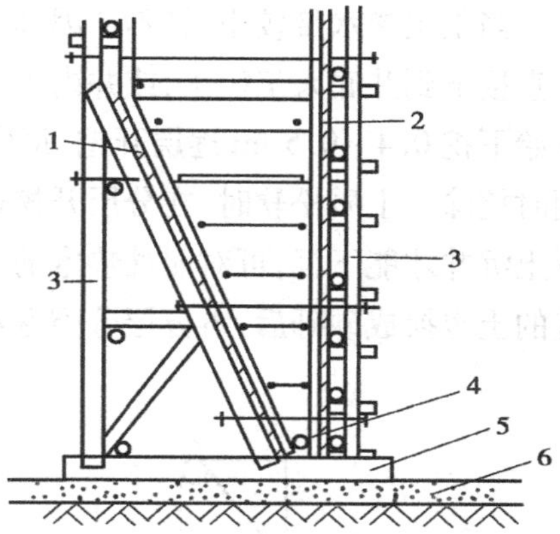

图4.12 垫木与钢刃脚

1—内膜;2—外模;3—立柱;
4—角钢;5—垫木;6—砂垫层

为考虑抽取垫木方便,垫木下要垫一层约0.3 m厚的砂,垫木间的间隙也用砂填实(填到半高即可)。如有钢刃脚时,垫木铺好后要先拼装就位,然后立内模。其顺序为:安装刃脚斜坡底模,安装隔墙底模,安装井孔内模,安装钢筋,最后安装外模和模板拉杆,如图4.12所示。模板及支撑应有较好的刚度,内隔墙与井壁连接处承垫应连成整体,以防止不均匀沉陷。场地土质较好时,也可以采用土模,包括填土内模和挖土内模(图4.13),可节省大量垫木以及刃脚斜坡和隔墙的底模,并省去撤除垫木的麻烦。

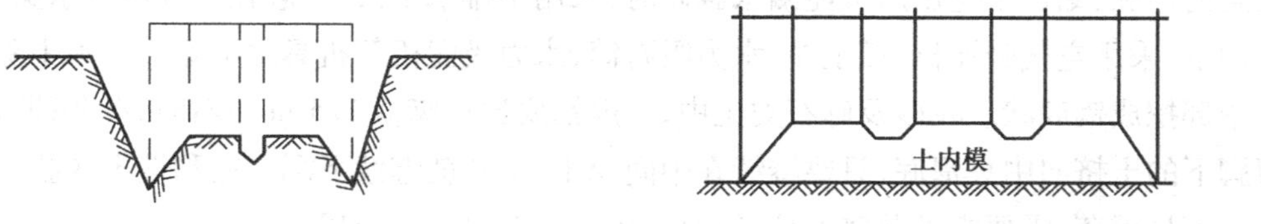

(a)填土内模　　(b)挖土内模

图4.13 土模

3)拆除模板和垫木

沉井混凝土的强度达到设计强度的25%以上时,即可拆除侧面直立模板;而刃脚斜面和隔墙底面模板,只有当强度达到设计强度的70%以上时,才可以拆除。

拆除垫木必须在沉井混凝土已达设计强度后进行。抽垫应分区、依次、对称、同步地进行。拆除垫木的顺序是:先拆内壁下,再拆短边下,最后拆长边下垫木。长边下垫木是隔一根拆一根,然后以4个定位垫木(应用红漆标明)为中心,由远而近对称地拆,最后拆除4个定位垫木。每拆出一根垫木,在刃脚处随即用砂土回填捣实,以免沉井开裂、移动或倾斜。

4)挖土下沉

沉井下沉有两种形式,即分次制作多次下沉和分节制作一次下沉。沉井下沉主要是通过在井内挖土消除或减小刃脚下土的正面阻力,有时也同时采用减小井壁外侧土摩阻力的办法,促使沉井在自重作用下逐渐下沉。

沉井下沉施工可分为排水下沉和不排水下沉两种,如图4.14所示,一般根据所处的水文、地质情况而定。

当土层渗水量较小,且不会因抽水引起翻砂时,一般采用排水开挖井内土,即排水下沉,工人直接下到井底人工挖土,或井内采用小型挖掘机地面用抓斗挖土机分层开挖。一般先从中央开始下挖0.4~0.5 m,逐层开挖,每层0.3 m,对称向刃脚方向逐步扩大,定位垫木处的土最后同时挖除。土质松软时,在分层开挖过程中沉井即逐渐下沉;在坚硬土层中,可能需要掏空刃脚下土沉井才能下沉,可对照抽垫木的方法,分段顺序掏空刃脚底,随机回填砂砾,最后将支垫位置的土也换成砂砾后,再分层分圈逐步挖除砂砾使沉井下沉。

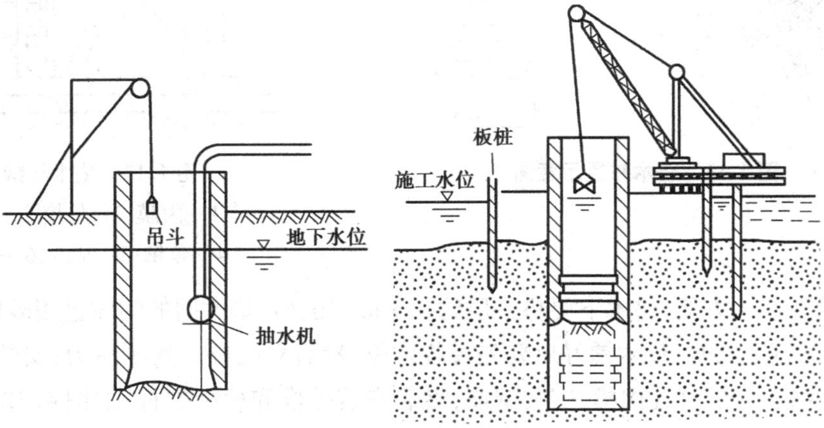

图 4.14　沉井下沉示意图

当遇到地下水位较高的粉、细砂地层,渗水量较大无法抽干,或者大量抽水会影响邻近建筑物安全的情况,黏性土挖出后可能漏水翻砂时,采用不排水下沉,一般在沉井内外水头相同的静水条件下,采用空气吸泥机、抓土斗、水力吸石筒、水力吸泥机等机具水下除土。水中除土,可将沉井中部挖成锅底状。在砂及砾石类土中,一般锅底比刃脚低1.5 m左右时,沉井即可下沉,并将刃脚下的土挤向中央锅底,只要继续在中间挖土,沉井就继续下沉。在黏性土或胶结层中,四周的土不易塌落,需要靠近井壁偏挖,同时采用高压射水破坏土层。

5)接筑沉井和筑井顶围堰

高度在10 m以内的沉井,可一次浇筑完成;超过10 m的沉井,需要分节制造与下沉。当第一节沉井顶面沉至离地面只有0.5~1.0 m时,应停止挖土下沉,底节沉井混凝土强度达到设计强度的70%后,可浇筑下一节沉井。这时,第一节沉井应保持竖直,使两节沉井的中轴线重合。接筑前刃脚不得掏空,并应尽量纠正上节沉井的倾斜,凿毛顶面,立模,然后对称均匀浇筑混凝土,待强度达设计要求后再拆模继续下沉。之后,每当前一节沉井顶面沉至离地面较近时,即接筑下一节沉井。

沉井沉至接近基底标高时,若沉井顶面低于地面或水面,应在井顶接筑临时性防水围堰。围堰的平面尺寸略小于沉井,其下端与井顶上预埋锚杆相连。井顶防水围堰应因地制宜,合理选用。常见的有土围堰、砖石围堰、木板围堰和钢板桩围堰等,如图4.15所示。若水深流急,围堰高度大于5.0 m时,宜采用钢板桩围堰。

6)基底检验和处理

当沉井沉至设计标高后,要检验基底土质,看其是否与设计相符。排水下沉时可直接检验,否则,应由潜水工下水检验,必要时用钻机取样鉴定。

当检验合乎要求后,应对地基进行必要的处理。当为排水挖土下沉时,如地基为砂土或黏性土,可在井底铺一层碎石或卵石,直达刃脚踏面以上 20 cm;如地基为未风化的岩石,只要把岩面泥土清洗掉即可;如岩面为风化层,应全部凿除。若岩层倾斜,还应凿成阶梯形。需水下清基时,用射水、吸泥和抓泥交替进行,也可由潜水员在水下操纵射水管清理,要求把井底的土面或岩面尽量整平,刃脚和隔墙下的土面应保证水下封底混凝土设计要求的最小厚度,清理后的有效面积不得小于设计要求,以保证封底混凝土、沉井与地基结合紧密。

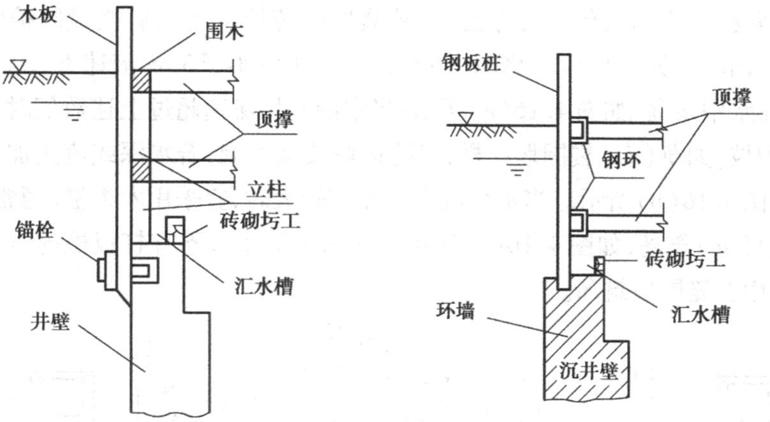

图 4.15　井顶围堰构造

7)封底、填充井孔和砌筑井顶顶盖

基底经检验合格后应及时封底。封底方法有两种:排水封底(干封)和不排水封底(湿封)。排水下沉时,如渗水量不大于 6 mm/min 且无流砂现象时,可采用普通混凝土封底,即干封底,一般需要在连续排水的条件下进行。不排水下沉,或虽采用排水下沉,但干封底有困难时,可采用垂直导管法灌注水下混凝土封底,即湿封底。若沉井面积大,可采用多导管先外后内、先低后高依次浇筑。封底一般为素混凝土,但必须与地基紧密结合,不得存在有害的夹层、夹缝。封底混凝土达设计强度后,再排干井孔中的水,填充井内圬工。如井孔中不填料或仅填砾石,则井顶应浇筑钢筋混凝土顶板,以支承上部结构,且应保持无水施工,然后砌筑井上构筑物,并随后拆除临时性的井顶围堰。

2. 水中沉井施工

1)筑岛沉井施工

(1)筑岛沉井场地准备

沉井位于浅水或可能被水淹没的岸滩上时,一般施工期间最大水深不超过 5 m,宜采用筑岛法施工。筑岛之后,沉井施工方法同陆地沉井施工。

(2)对人工岛的要求

①岛面标高一般比施工期最高水位至少高出 0.5 m,有流冰时,应再适当加高。

②岛面面积等于沉井平面尺寸加护道宽。护道宽度在无围堰岛上一般不小于 2 m;在有围堰的岛上尽可能使沉井的自重对围堰壁不产生附加侧压力,否则应考虑其附加侧压力对堰壁的作用。在其周围设置交通道路和机具材料堆场及停放场。

③筑岛材料应采用透水性好,易于压实的土(砂土、砾石和较小的卵石)。地基如在淤泥等软土上,应挖掉换填,填土要分层夯实或用机械碾压。岛面及地基承载力应满足灌注第一节沉

井混凝土时产生的最大压应力的要求。可通过现场测试或经验鉴定确定。

④岛的临水面边坡应满足稳定和抗冲刷的要求，一般采用 1∶1.75～1∶3。有围堰的岛，围堰应防止漏土，否则，在制造和下沉过程中，引起岛面沉降变形会危及沉井安全。

⑤筑岛施工时，还应考虑筑岛后压缩流水断面、加大流速和提高水位的影响。

(3)常用人工岛的类型及适用条件

根据围护情况，常用的筑岛方法有土岛(草袋麻袋防护土岛)、有围堰防护的土岛、木板桩或钢板桩围堰筑岛和石笼筑岛等，如图 4.16 所示。当水深小于 3 m、流速不大于 1.5 m/s 时，可采用砂或砾石在水中筑岛，如图 4.16(a)所示；当水的平均流速超过上述数值时，可用片石或盛土的草袋作为护坡，如草(麻)袋围堰一样，以防边坡被水冲刷；若水深或流速加大，可采用围堰防护的土岛，如图 4.16(b)所示。当水位较深或流速较大时，宜采用木板桩(通常≤5 m)或钢板桩围堰(通常≤15 m)筑岛，如图 4.16(c)所示。在水深流急且不宜打板桩的岩石、砂类卵石等河床上，也可采用石笼围堰筑岛。

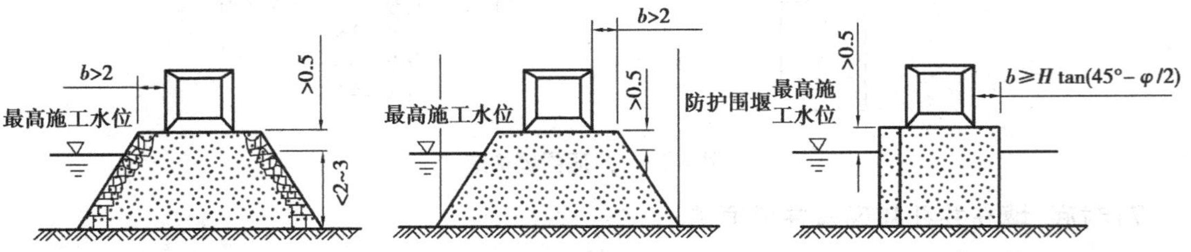

(a)无围堰防护土岛　(b)有围堰防护土岛　(c)围堰筑岛

图 4.16　水中筑岛下沉沉井(单位:m)

2)浮运沉井施工

在深水中，如超过 10 m，人工筑岛有困难或不经济时，常采用浮运法下沉沉井施工。也就是把沉井做成空体结构，或采用其他措施(如装上钢气筒或临时性井底等)，使其能在水中漂浮；可以在岸边做成后滑入水中(图 4.17)，拖运到设计墩位上；也可以在驳船上做成后，连同驳船一起拖运到设计位置再吊起放入水中。沉井就位后，在悬浮状态下，逐步用混凝土或水灌入空体中，使其徐徐下沉，直达河底。当沉井较高时，则需分段制造，在悬浮状态下逐节提高，直至沉入河底，按不排水挖土下沉。当沉井刃脚切入河底一定深度后，即可按一般沉井的下沉方法施工。施工前，必须根据河岸地形、设备条件，进行技术经济比较，确定制作场地、沉井结构及下水方案。

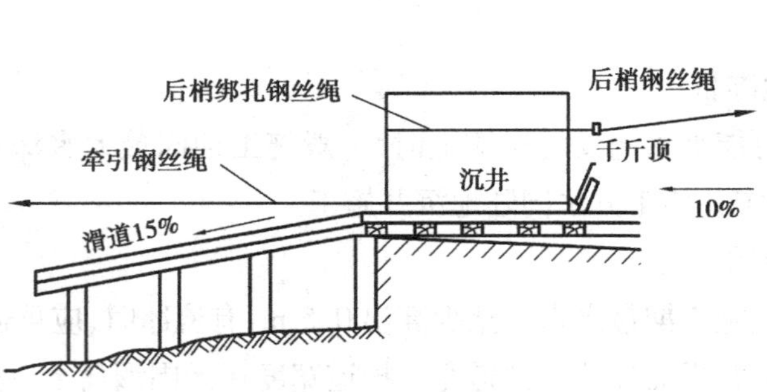

图 4.17　浮运沉井下水

3)沉井施工新方法

20 世纪 90 年代以来，国外一些国家提出了压沉法、SS(Space System Caisson)法和 SOCS (Super Open Caisson System)法、自动化沉井等施工方法。

1997 年，日本日产建设和沉井研究所共同开发的 SS 沉井技术，对沉井刃脚钢靴改形，外撇钢靴扩大了地层与井筒间的缝隙（20 cm）；缝隙中填充卵石辅助循环水技术，不仅使滑动摩擦变为球体滚动摩擦，下沉时阻力大幅度减小（可降低 7 kN/m^2）；同时采用导槽技术控制姿态，保证井筒的垂直度（偏心量 <0.1 m，倾斜度 <1/150），如图 4.18 所示。SS 沉井技术设备简单、成本低，且井筒不易发生倾斜、偏心，问世以来得到广泛应用。

SOSC 施工方法是采用预制管片拼接井筒，自动挖土、排土，自动压沉，并控制井筒姿态的高精度沉井施工方法，包括井筒预制管片拼装系统、自动挖土排土系统和自动沉降管理系统 3 部分。SOSC 施工方法适用的土质范围广，抗压强度小于 5 MPa 的地层均适用；作业周期短，对周围地层的影响小；节约人力，可以减轻作业人员的负担，成本低；对于直径 8 ~ 30 m 的沉井，均适用；施工过程振动小、噪声小。该施工方法极适于有快速施工要求的市区施工。

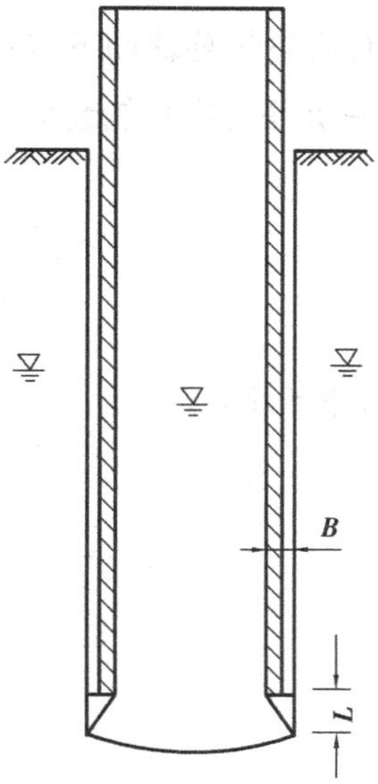

（a）一般自沉沉井

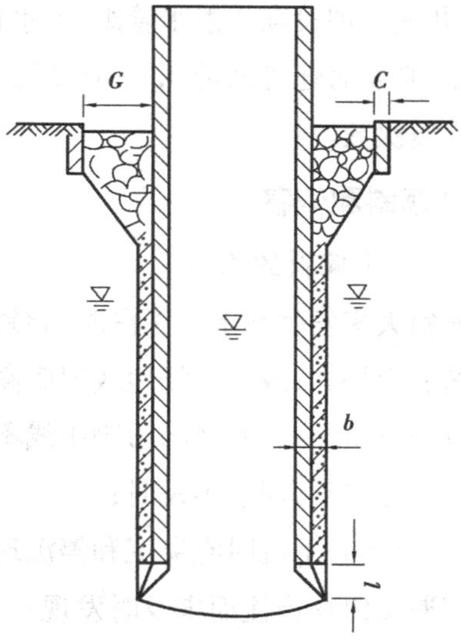

（b）SS施工法沉井

图 4.18　新型沉井

L—刃脚钢靴（垂直）；l—刃脚钢靴（八字形）；B—缝隙宽度（5 ~ 10 cm），填充土体；
b—缝隙宽度（20 cm），填充卵砾；G—井筒外壁到导向墙间的距离（填充卵砾）；C—导向墙厚度

3. 沉井下沉过程中的问题及处理

沉井下沉过程中，会经常发生下沉困难、倾斜和偏移等问题，必须事先预防。问题发生时要及时处理。

1）沉井下沉困难

下沉困难指沉井下沉过慢或停沉。导致下沉困难的主要原因有以下 4 个：

①开挖面深度不够，正面阻力大；

②偏斜或刃脚下遇到障碍物、坚硬岩层和土层；

③井壁摩阻力大于沉井自重；

④井壁无减阻措施或泥浆套、空气幕等减阻构件遭到破坏。

(1)沉井在刃脚下遇到障碍物

沉井在刃脚下遇到的障碍物主要是指如大树根、大孤石以及沉埋在土中的钢料铁件等，对这些障碍物必须予以清除，沉井才能继续下沉。在能抽干水的情况下，可用人工排除。若遇大孤石，必要时可用少量炸药(不超过0.2 kg)将其炸碎。在不能排水的情况下，需由潜水员下水处理，进行水下爆破和烧割。在进行爆破时，要严防损伤刃脚和井壁。

(2)沉井外壁土的摩擦力过大

解决该问题可以采用以下几种办法：

①增加压重：提前接筑另一节沉井，增加沉井的自重；在井顶加压沙袋、钢轨等迫使沉井下沉。在不排水下沉时，也可在井内抽水，减少浮力，迫使下沉，但需保证土体不产生流砂现象。

②减少沉井外壁土的摩擦力。减小井壁摩擦力的方法有：将沉井设计成阶梯形、钟形，或使外壁光滑；井壁内埋设高压射水管组，射水辅助下沉；利用泥浆套或空气幕辅助下沉；增大开挖范围和深度，必要时还可采用0.1 ~0.2 kg 炸药起爆助沉，但同一沉井每次只能起爆一次，且需适当控制炮震次数。

2)沉井倾斜和偏移

(1)沉井发生偏斜的原因

沉井偏斜大多发生在下沉不深时，导致偏斜的主要原因有以下6个：

①土岛表面松软，或制作场地或河底高低不平，软硬不均；

②刃脚制作质量差，井壁与刃脚中线不重合；

③抽垫方法欠妥，回填不及时；

④除土不均匀，下沉时有突沉和停沉现象；

⑤刃脚遇障碍物顶住而未及时发现；

⑥排土堆放不合理，或单侧受水流冲击掏空等导致沉井承受不对称外力作用，引起偏移。

(2)沉井纠偏扶正

在沉井下沉过程中，应不断观察下沉的位置和方向，如发现有较大的偏斜应及时纠正。否则，下沉到一定深度后，就很难纠正。采取纠正措施前，必须摸清情况，分析原因。如有障碍物，应首先排除。

①纠正倾斜的办法。一般可采用偏侧除土方法，即在沉井刃脚较高一侧偏挖土或偏压重，以纠正沉井下沉过程中的倾斜。如排水挖土，则除上述偏挖外，并可在刃脚较低一侧适当回填砂石。必要时，在采取上述措施的同时，还可在井顶施加水平力，把沉井扶正。对空气幕沉井可采取偏侧压气纠偏。

②纠正偏移的办法。可先偏挖土使沉井倾斜，然后均匀挖土，使沉井沿倾斜方向下沉至井底面中心接近设计中心位置时，再纠正沉井倾斜。排水挖土下沉时，也可在沉井一侧刃脚下加铺支垫，使沉井绕支垫旋转向有利方向倾斜；拆除支垫后，如沉井不能沿倾斜方向下沉，则可将支垫移至对侧，落平沉井，如此反复进行，以纠偏移。

③纠正扭转的方法。当沉井中心位置基本符合要求，仅水平角度扭转时，可在一对角线两角偏除土，在另外两角偏填土，借助于刃脚下不相等的土压所形成的扭矩，使沉井在下沉过程中

逐步纠正其扭转角度。一般大型沉井纠偏扶正都多种方法并用。但对于倾斜严重的沉井施加水平力则是必不可少的惯用方法，设计时，关键是水平力大小的控制。

3）突沉

突沉常发生于软土地区，容易使沉井产生较大的倾斜或超沉。引起突沉的主要原因是井壁摩阻力较小，当刃脚下土被挖除时，沉井支承削弱，或排水过多、挖土太深、出现塑流等。防止突沉的措施一般是控制均匀挖土，减小刃脚处挖土深度。此外，设计时可采用增大刃脚踏面宽度或增设底梁的措施提高刃脚阻力。

4）流砂

在粉、细砂层中下沉沉井，经常出现流砂现象，若不采取适当措施将造成沉井严重倾斜。产生流砂的主要原因是土中动水压力的水头梯度大于临界值。防止流砂的措施有以下两类：

①排水下沉时发生流砂，可采取向井内灌水，或不排水除土下沉时，减小水头梯度；

②采用井点或深井和深井泵降水，降低井壁外水位，改变水头梯度方向使土层稳定，防止流砂发生。

4. 用泥浆套和空气幕下沉沉井

对于下沉较深的沉井，井侧土质较好时，井壁与土层间的摩阻力很大。若采用增加井壁厚度或压重等办法受限时，通常可采用触变泥浆润滑套（井壁后填充减摩泥浆）法和空气幕（壁后压气）法，降低井壁阻力。相对泥浆润滑套法，壁后压气沉井法更为方便，在停气后即可恢复土对井壁的摩阻力，下沉量易于控制，且所需施工设备简单，可以水下施工，经济效果好，适用于细、粉砂类土和黏性土中。

1）用泥浆套下沉沉井

泥浆润滑套是借助泥浆泵和输送管道将特制的泥浆压入沉井外壁与土层之间，在沉井外围形成有一定厚度的泥浆层。泥浆通常由膨润土（35%～45%）、水（55%～65%）和碳酸钠分散剂（0.4%～0.6%）配置而成，具有良好的固壁性、触变性和胶体稳定性。主要利用泥浆的润滑减阻，降低沉井下沉中的摩擦阻力（可降低至3～5 kPa，一般黏性土为25～50 kPa）。

泥浆润滑套的构造主要包括射口挡板、地表围圈及压浆管。射口挡板可用角钢或钢板弯制，设置在每根压浆管的出口，固定在井壁台阶上[图4.19(a)]。其作用是防止压浆管射出的泥浆直冲土壁，以免土壁局部坍落堵塞射浆口。泥浆地表围圈是埋设在地表附近沉井外围保护泥浆套的围壁，一般用木板或钢板制成（图4.20）。其作用是确保沉井下沉时泥浆套的正确宽度，防止表层土坍落在泥浆内，保持一定储量的泥浆的流动性，保证在沉井下沉过程中泥浆补充到新造成的空隙内，以调整各压浆管出浆的不均衡。围圈高度与沉井台阶相同，为1.5～2.0 m，顶面高出地面或岛面0.5 m，圈顶面宜加盖，地表围圈外侧，应用不透水的土分层回填夯实。压浆管可分为内管法（厚壁沉井）和外管法（薄壁沉井）两种，分别如图4.19(b)、图4.20所示。通常用管径为ϕ38～50 mm的钢管制成，沿井周边每3～4 m布置一根，射口方向与井壁成45°。

此外，还需配备拌浆机及储浆池、压浆机以及连接压浆机和沉井压浆管的输浆管等。

用泥浆套下沉沉井过程中应做到三勤：勤补浆、勤观察、勤补水，发现倾斜、漏浆等问题要及时纠正。在清理基底过程中，井壁摩阻力较小，会造成边清基边下沉，使清基工作难以达到要求。因此,应压入水泥砂浆置换泥浆,以增大沉井壁的摩阻力。此外,该法不宜用于容易漏浆的卵石、砾石土层。

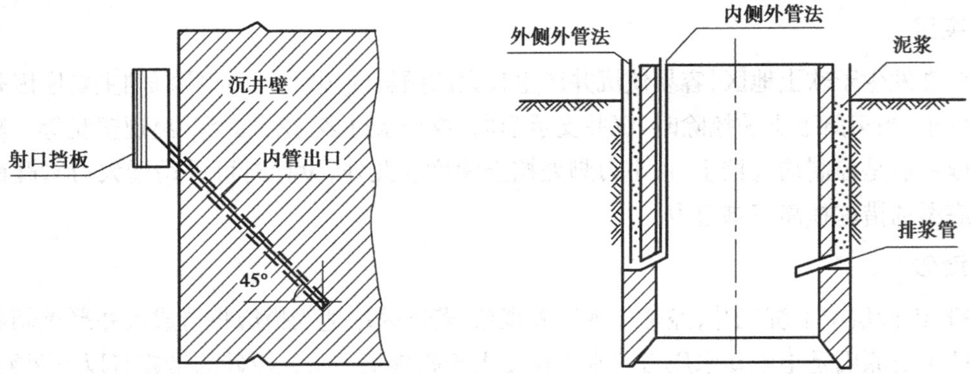

(a)射口挡板 (b)外管法压浆管构造

图 4.19 泥浆射口挡板与压浆管构造

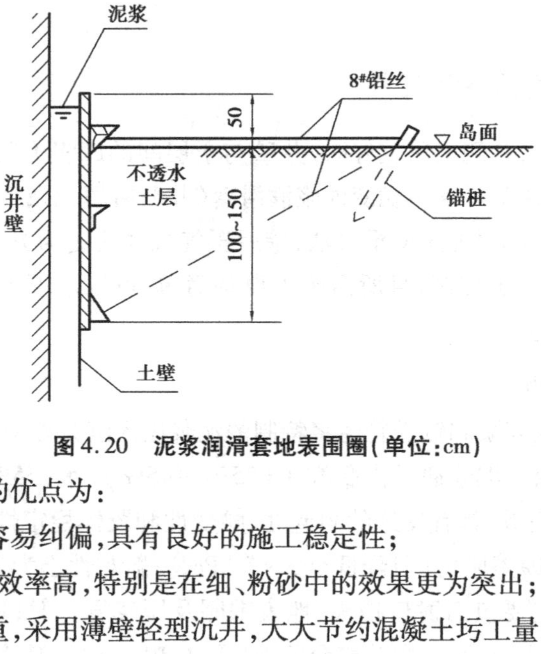

图 4.20 泥浆润滑套地表围圈(单位:cm)

用泥浆套下沉沉井的优点为:

①下沉稳,位移小,容易纠偏,具有良好的施工稳定性;

②下沉速度快,施工效率高,特别是在细、粉砂中的效果更为突出;

③可以减轻沉井自重,采用薄壁轻型沉井,大大节约混凝土圬工量。

2)用空气幕下沉沉井

用空气幕下沉沉井的方法可以有效减少下沉时井壁的摩阻力。其原理是向预先埋设在井壁四周的气管中压入高压气流,气流由喷气孔喷出,再沿沉井外壁上升,在沉井周围形成一圈空气"帷幕"(又称为空气幕、压气层),使井壁周围土松动或液化,减少井壁和土间的摩阻力,促使沉井顺利下沉。此法也称为空气喷射法、壁后压气法。

(1)压气系统

空气幕沉井在构造上增加一套压气系统,压气系统决定空气幕的效果。它由气龛、井壁中的气管、压缩空气机、贮气筒以及输气管路等组成,如图 4.21 所示。

①气龛(气斗)。气龛是沉井外壁上凹槽及槽中的喷气孔。凹槽的作用是保护喷气孔和使喷出的高压气流有一扩散空间,然后较均匀地沿井壁上升,形成气幕。气龛应布设简单、不易堵塞、便于喷气,目前多用棱锥形(150 mm×150 mm),喷气孔为 ϕ1 mm 的圆孔,如图 4.22 所示。

气龛数量根据每个气龛的有效面积确定(当喷气孔直径为 ϕ1 mm 时,每个气龛的平均作用面积应小于 1.0 ~1.5 m²/个),可等间距分,上下层交错排列。

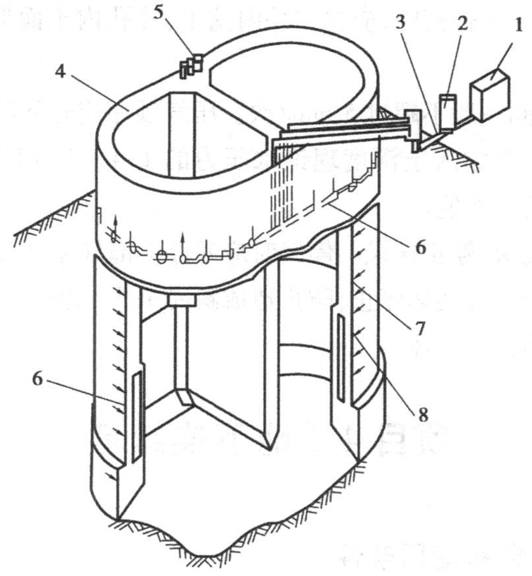

图 4.21　壁后压气施工压气系统构造图

1—压缩空气机;2—贮气筒;3—输气管路;4—沉井;5—井壁竖直气管;
6—井壁环形水平气管;7—气龛;8—气龛中的喷气孔

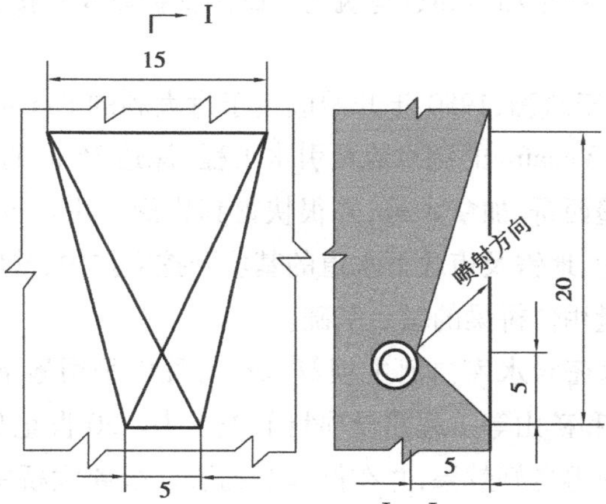

图 4.22　气龛构造图(单位:cm)

②井壁中的气管。气管有两种:一种是水平环形管或水平喷气管,连接各层气龛,每 1/4 或 1/2 周设一根,以便纠偏;另一种是竖管,每根竖管连接两根环形管,并伸出井顶。竖管和环形管可采用内径为 25 mm 的硬塑料管,沿井壁外缘埋设。压气时,高压气流由竖管进入环形管,然后从各气龛喷出。

③压缩空气机和供气系统。压缩空气机的选用主要由气压和气量决定,供气量宜按每个气龛耗气 0.015 ~0.02 m²/min 计算,并考虑可能的损耗。由压缩空气机输出的压缩空气应先输入贮风筒(又称为风包)内,其作用是防止压气时压力骤然降低而影响压气效果,起到稳定气压的作用。贮风筒内的压缩空气由地面输气管路送至沉井。

(2)压气下沉步骤

压气下沉按下列步骤进行：

①补水吸泥。在整个下沉过程中，应先在井内挖土，井孔内土面低于刃脚0.5～1.0 m时，即停止吸泥。

②压气下沉。压气时间一般不超过5 min/次。压气顺序应先下后上，以形成沿沉井外壁上喷的气流；送气压力宜大于气龛入土深度理论水压力的1.4～2.0倍，一般取静水压力的2.5倍，并尽可能使用风压机的最大值。

③下沉停止后，关上气阀，停止送风。停气时应先停下部气斗，依次向上，最后停上部气斗，并应缓慢减压，不得将高压空气突然停止，防止造成瞬时负压，使喷气孔内吸入泥沙而被堵塞。

④再补水吸泥，进行第二个循环。

项目4　地下连续墙

1. 地下连续墙的概念和使用条件

地下连续墙，简称地下墙，是在泥浆护壁条件下，使用专门的成槽机械，在地面开挖一条狭长的深槽，然后在槽内设置钢筋笼，浇筑混凝土，逐步形成一道连续的地下钢筋混凝土连续墙，用以作为基坑开挖时防渗、挡土和对邻近建筑物基础的支护以及直接成为承受上部结构荷载的基础的一部分。

地下连续墙施工起源于欧洲，1950年开始应用于意大利的Santan Malia大坝防渗工程（深达40 m的截水止漏墙）和Venafro的储水池及引水工程（深达35 m的防渗止水墙）。1954年以后，相继传入法国、德国、墨西哥、加拿大等，并很快得到广泛应用。日本从1959年引进该项技术，随后广泛应用于建筑物、地铁及市政下水道的基坑开挖支护中，并应用于地下室外墙承受上部结构的垂直荷载，也大量用作桥梁的墩台基础。

我国于1958年在北京密云水库白河主坝等水利工程中采用地下墙作为防渗墙。1976年后，逐渐推广到建筑、地铁和矿山等工程建设项目的施工中。20世纪90年代，从修建虎门大桥开始在桥梁基础中应用，获得良好效果，并在修建润扬长江公路大桥中也采用地下连续墙锚碇基础。近些年，地下连续墙在广州、上海、南京广泛应用于地铁车站施工中，发挥了巨大的作用。到目前为止，地下连续墙施工已成为我国一项重要的基础工程施工技术，广泛应用于水库大坝地基防渗、泵房、水处理设施、竖井开挖、桥梁墩台、高架道路基础、工业厂房设备基础、高层建筑深基础、地下室、地下车库、地铁车站、船坞、船闸、码头、地下油罐、地下沉渣池等各类永久性工程，甚至深埋的下水道等方面，都有成功应用的实例，特别是近年来在公路行业得到推广应用，主要用作悬索桥重力式锚碇基坑的施工支护结构，虽尚处于探索研究阶段，但发展潜力巨大。

1) 地下连续墙的特点

地下连续墙的优点是结构刚度大，整体性、防渗性和耐久性好；无须放坡，土方量小；施工时基本无噪声，无振动，机械化程度高，施工速度快，建造深度大，能适应较复杂的地质条件；无须降低地下水位、节省挡土结构造价，还可以作为地下主体结构的一部分。

当然，地下连续墙也存在一些不足和局限性，主要是弃土及废弃的泥浆多、难处理，容易造成新的环境污染;工作面大,如施工不当或土层条件特殊,容易出现不规则超挖或槽壁坍塌;与板桩、灌注桩相比造价较高;施工机械昂贵,专业化程度较高,技术应用推广难度大。因此,对其选用必须经过技术经济比较,确认采用的合理性时才可采用。

地下连续墙的成墙深度由使用要求决定,大都在50 m以内;墙宽与墙体的深度以及受力情况有关,目前常用600 mm及800 mm两种,特殊情况下也有400 mm及1 200 mm的薄型及厚型地下连续墙。

2)地下连续墙的使用条件

以下情况可以考虑采用地下连续墙:

①采用地下挡土墙、挡水围堰,或承受竖向和侧向荷载的桥梁基础,或平面尺寸大、形状复杂的地下构造物;

②软弱地基的深大基坑,周围又有密集的建筑群或重要的地下管线,对周围地面沉陷和建筑物的沉陷要求严格;

③墙体既是维护结构又作为主体结构的一部分,因此,地下连续墙适用于对抗渗要求严格的建筑物基础;

④采用逆作法,墙上地下同步施工的情况时。

2. 地下连续墙的分类

地下连续墙形式较多,如按开挖情况可分为地下连续墙(开挖)和地下防渗墙(不开挖);按功能要求,可分为临时性挡土结构、永久性挡土结构、防渗结构、竖向承载结构以及其他地下结构(如隔震墙)等;按 式,又分为自立式地下墙挡土结构、锚碇式地下墙挡土结构、支撑式地下墙挡土结 挡土结构等。

1)根据地下 式

①壁板式地 3):采用挖槽设备,在泥浆护壁的条件下,在地下挖出一个具有一定长度、宽度与 ,并在槽内吊入钢筋笼,然后采用导管法往槽内浇灌混凝土形成一个单元墙段。然后将各单元墙段相互连接起来,最终构成一道完整的地下连续墙体。

②排桩式地下连续墙(图4.24):将单桩依次施工、连接,形成一道连续墙体。

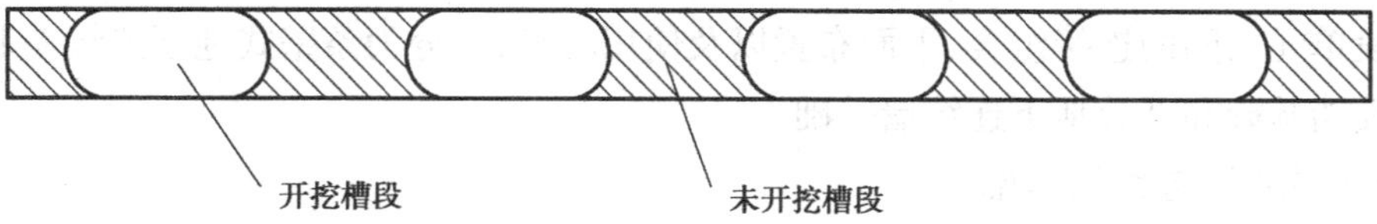

图4.23　壁板式地下连续墙

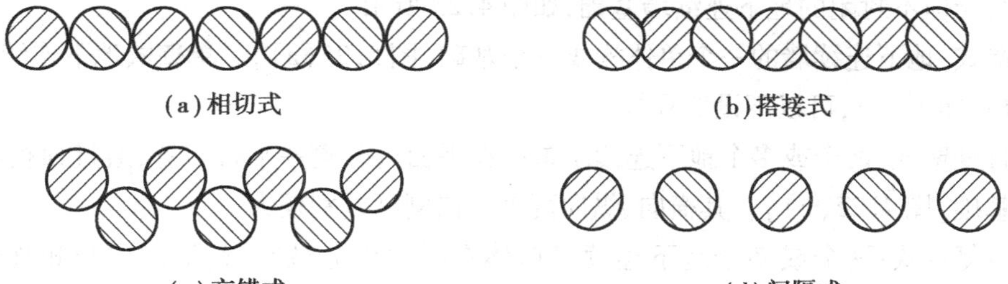

图4.24　排桩式地下连续墙

③组合式地下连续墙：将壁板式和排桩式结合起来施工而建成的组合墙。

2）按挖槽方法

按挖槽方法不同，可分为抓斗式、冲击式和回转式3种。

3）按墙体材料

按墙体材料不同，可分为钢筋混凝土、素混凝土、黏土、自凝灰浆和混合墙体材料等。

（1）刚性混凝土

刚性混凝土指普通混凝土（或钢筋混凝土）、黏土混凝土和粉煤灰混凝土等。这类混凝土抗压强度高（5～35 MPa），弹性模量大（15 000～32 000 MPa），适于作为防渗、挡土和承重等共同作用的地下墙体。

（2）塑性混凝土

塑性混凝土是用黏土、膨润土等混合材料取代普通混凝土中大部分水泥而形成的一种柔性墙体材料。塑性混凝土抗压强度的设计值一般不大于5 MPa，其弹性模量一般不超过2 000 MPa。

（3）自凝灰浆

自凝灰浆是用水泥、膨润土、缓凝剂和水配制而成的一种浆液。在地下连续墙开挖过程中，它起护壁泥浆作用，槽孔开挖完成后，浆液自行凝结成低强度柔性墙体。

（4）固化灰浆

固化灰浆是在槽段造孔完成后，向泥浆中加入水泥等固化材料、砂子、粉煤灰等掺合料、水玻璃等外加剂，经机械搅拌或压缩空气搅拌后形成的防渗固结体。固化灰浆具有凝结时间可控性好，固结体具有较好的防渗性能和抗侵蚀性能、抗压强度和弹性模量适宜、与地基变形协调能力强、对环境无污染、材料来源广、现场配制方便、不受成槽时间限制、能充分利用槽孔内废泥浆、成本低、适用范围广等性能特点。

地下连续墙墙体材料最主要的有钢筋混凝土或素混凝土，还有塑性混凝土、黏土、土工膜（塑料布）等。另外，还有预制墙、泥浆槽墙（回填砾石、黏性土和水泥三合土）、后张预应力地下连续墙、钢制地下连续墙等形式。

4）按墙段单元之间的连接组合、平面布置以及使用功能

按墙段单元之间的连接组合、平面布置以及使用功能，可分为条壁式地下连续墙基础、井筒式地下连续墙基础和部分地下连续墙基础。

（1）条壁式地下连续墙基础

条壁式地下连续墙基础是由平面长度不小于2.5倍宽度的一个或多个墙段单元组成的分离或连接组合但不封闭的地下连续墙基础，如图4.25所示。

①单壁式：地下连续墙的一个单体构成一个基础[图5.25(a)]。单壁式地下连续墙相当于异形灌注桩（矩形桩），可以不设置顶板。

②平行复壁式：两个或多个地下连续墙单体在平面内分离并平行布置，通过顶板（或冠梁）相连构成基础[图4.25(b)]。其横向、纵向两个方向刚度差别较大。

③自由复壁式：两个或多个地下连续墙单体在平面内分散布置，通过顶板相连构成基础[图4.25(c)]。根据荷载作用方向，可自由布置。

④组合复壁式：两个或多个地下连续墙单体在平面内连接组合并通过顶板相连而成的地下

连续墙基础,可分为T形、十字形、H形、工形、辐射形[图4.25(d)~(h)]。

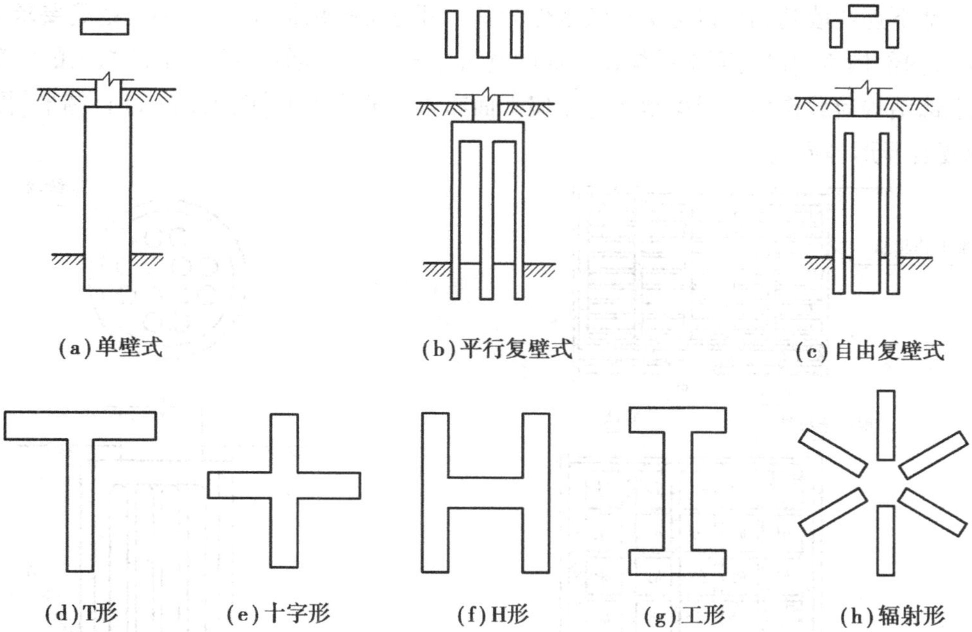

图4.25　条壁式地下连续墙基础形式

(2)井筒式地下连续墙基础

井筒式地下连续墙基础是由多个墙段单元相互刚性连接或外周墙刚性连接而内隔墙铰接组成平面封闭断面并通过顶板相连而成的地下连续墙基础,可分单室型和多室型两种形式,如图4.26所示。井筒式地下连续墙基础完工后,好似一个底朝上倒置的箱子,也称为地下连续墙井箱基础。

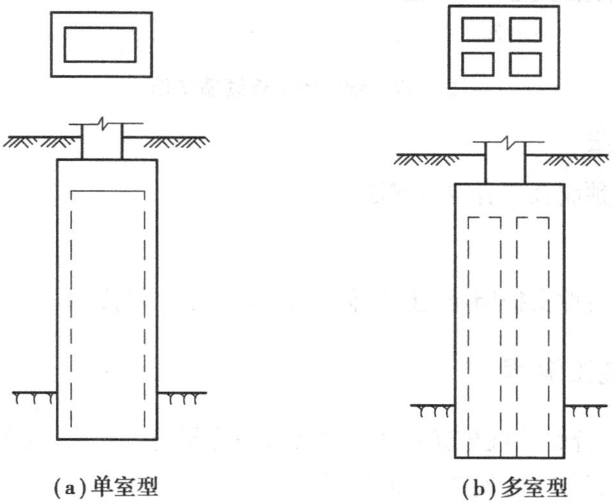

图4.26　井筒式地下连续墙基础类型

地下连续墙井箱基础,由于地下墙在施工时对周围土层的扰动比下沉沉井时小,加之井箱内留有土芯,箱壁内外均有摩阻力,但基底处和地基接触的承载面积却比沉井小,故是一种以摩阻力为主的摩擦型基础。在无明显坚硬持力层的情况下,地下墙井箱基础可获得较大的承载力。地下墙井箱基础的刚度比桩基础和沉井基础大,在日本的实测对比试验中发现,在水平力作用下地下墙井箱基础的位移和转角都较小。

(3)部分地下连续墙基础

部分地下连续墙基础是以地下连续墙作为基坑开挖支护结构,内部全体开挖到要求的深度后,在基坑内部构筑钢筋混凝土结构而形成的基础形式,地下连续墙作为基础结构的一部分参与承担上部结构荷载作用。根据地下连续墙平面布置可分为矩形[图 4.27(a)]、圆形[图 4.27(b)]或复合异形等形式。

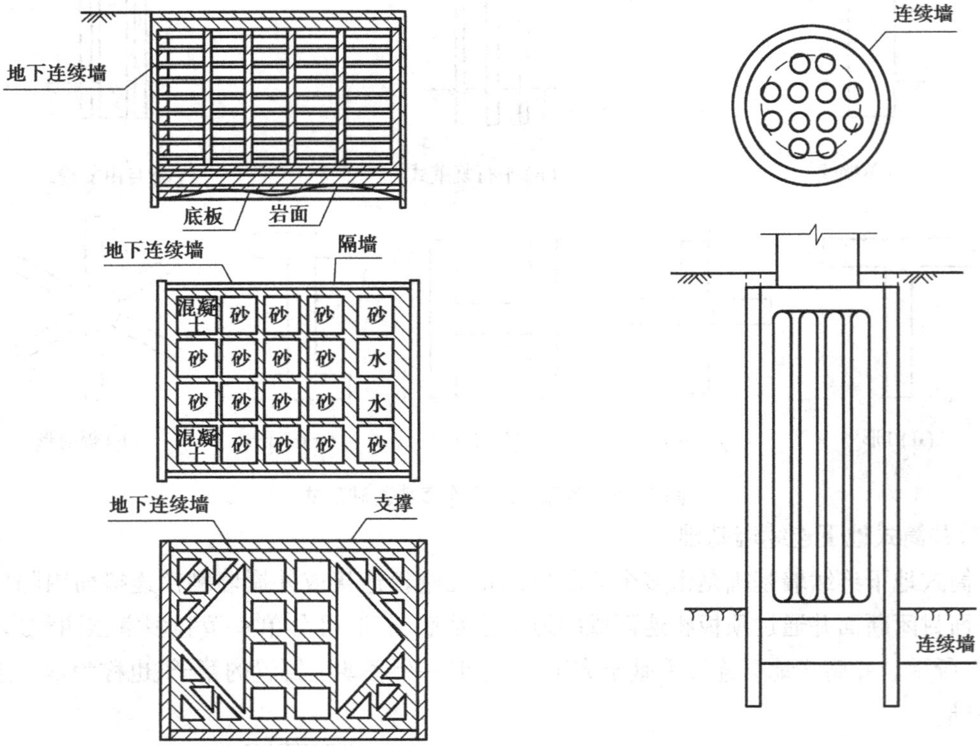

(a)矩形　　(b)圆形

图 4.27　部分地下连续墙基础

5)按墙体施工方法

可分为就地浇筑、预制及二者组合成墙。

6)按用途不同

可分为结构墙、临时性支护墙、挡土墙、防渗墙以及抗滑、隔震墙。

3. 地下连续墙施工流程

地下连续墙施工综合钻孔桩与沉井施工主要采用逐段施工方法,且周而复始地进行。每段施工流程大致可分为以下 6 步,如图 4.28 所示。

①开挖导槽,修筑导墙。

②在始终充满泥浆的沟槽中,利用专用挖槽机械进行挖槽。

③两端放入接头管(又称锁口管)。

④将已制备的钢筋笼下沉到设计高度。当钢筋笼太长,一次吊沉有困难,也可在导墙上进行分段连接,逐步下沉。

⑤待插入水下灌筑混凝土导管后,即可进行混凝土灌筑。

⑥待混凝土初凝后，拔去接头管。

作为地下连续墙的整个施工流程，还包括施工前准备、泥浆制备等细节，其中修筑导墙、泥浆制备与处理、深槽挖掘、钢筋笼制备与吊装以及混凝土浇筑是地下连续墙施工中主要的工序。

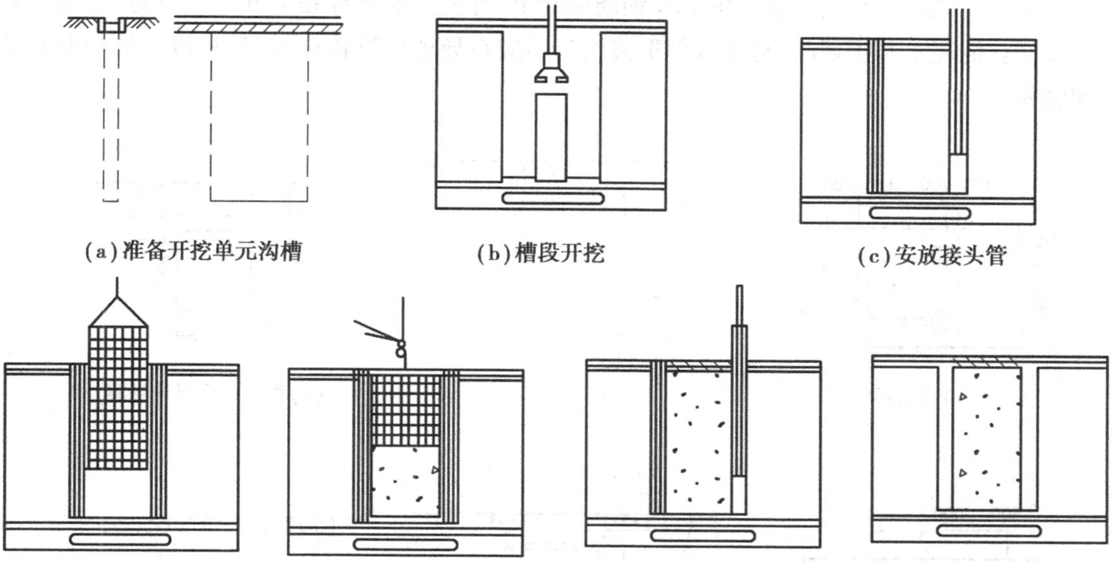

(a)准备开挖单元沟槽　(b)槽段开挖　(c)安放接头管

(d)安放钢筋笼　(e)水下混凝土灌注　(f)拔除接头管　(g)已完工的槽段

图4.28　地下连续墙施工流程

1)导墙的施工

(1)导墙的作用

①挡土墙。在挖掘地下连续墙沟槽时，接近地表的土极不稳定，容易塌陷，而泥浆也不能起到护壁的作用，因此，在单元槽段挖完之前，导墙就起挡土墙作用。

②作为测量的基准。它规定沟槽的位置，表明单元槽段的划分，同时也作为测量挖槽标高、垂直度和精度的基准。

③作为重物的支撑。它既是挖槽机械轨道的支撑，又是钢筋笼、接头管等搁置的支点，有时还承受其他施工设备的荷载。

④存储泥浆。导墙可存储泥浆，稳定槽内泥浆液面。泥浆液面应始终保持在导墙面以下20 cm，并高于地下水位1.0 m，以稳定槽壁。

此外，导墙还可以防止泥浆漏失，防止雨水等地面水流入槽内。地下连续墙距离现有建筑物很近时，施工时还起一定的补强作用。

(2)导墙形式

导墙一般为现浇钢筋混凝结构，但也有钢制或预制钢筋混凝土的装配式结构，可多次重复使用。钢筋混凝导墙的结构尺寸如图4.29所示。

现浇导墙形式有L形或倒L形，可根据不同土质选用。导墙深度一般为1 ~2 m，具体深度应视表层土质情况而定。导墙顶面应高于施工地面5 ~10 cm。导墙在转角处或纵横墙交接处做成T形或十字形，即一边或两边各增加0.6 ~1.0 m，以保证转角处断面完整。现浇钢筋混凝土导墙宜筑于密实的原状土上，如遇有未固结的杂填土层时，导墙深度必须穿过此填土层，对于松散透水性强的杂填土必须挖除。导墙背侧需回填时，应用黏性土回填并夯实，不得漏浆。预制钢筋混凝土导墙安装时,必须保证接头连接质量。已完工的导墙应检查净空尺寸、墙面平整度及垂直度。导墙墙面内间距应比地下墙设计厚度大 30 ~ 50 mm,墙面与纵轴线距离的允许偏差为 10 mm;内外导墙间距允许偏差为 5 mm。导墙顶面应保持水平,全长高差应小于 10 mm。

现浇钢筋混凝土导墙一般采用 C20 钢筋混凝土,拆模后应立即在墙间加设支撑,支撑间距 1 ~ 1.5 m。混凝土养护期间,起重机等重型设备不应在导墙附近作业或停留,以防导墙开裂变形和侧移。

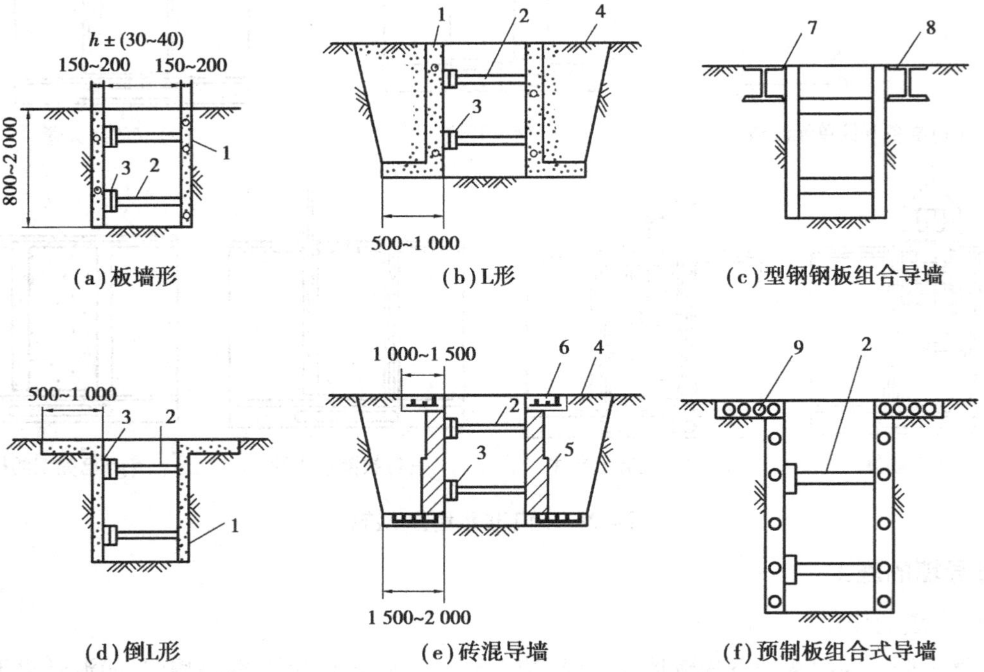

图 4.29　导墙的形式与尺寸(单位:mm)

1—混凝土或钢筋混凝土导墙;2—砖混导墙;3—木楔;4—回填土夯实;5—370 mm 厚砖墙;
6—钢筋混凝土板;7—钢板;8—H 型钢;9—路面板或多孔板

(3)导墙施工

以现浇钢筋混凝土导墙为例,导墙施工顺序为:平整场地→测量确定导墙平面位置→挖导沟(处理土方)→加工钢筋框结构→支模板(严格按设计要求保证模板安装垂直度)→浇灌混凝土→拆除模板(同时设置横撑) →回填导墙外侧空隙并压实。

2)泥浆(或稳定液)制备

(1)对泥浆的性能要求

地下连续墙施工方法的一个最基本的特点是利用泥浆护壁以成槽。泥浆技术是整个施工过程中非常重要的一环,一般说来,所用护壁泥浆不是通常概念的泥水混合物,而是由特殊要求的材料构组,具有规定要求性能的液体或流塑体。

根据挖槽的方式不同,有两种类型的泥浆,即静止方式(稳定液)和循环方式。如使用抓斗挖槽机时,随着挖槽深度不断加深,槽内泥浆应随时补充增加,直至浇灌混凝土时将泥浆替换出来为止,泥浆一直贮存在槽内,故属于静止方式。这种方式使用的泥浆只是为保持槽壁的稳定。循环方式则不同,如用钻头或其他切削具回转挖槽时,则需要在槽内充满泥浆的同时,利用泵使泥浆在槽底与地面之间进行循环,泥浆始终处于流动状态,故称为循环方式。这种方式使用的泥浆不仅可起稳定槽壁的作用，同时也可以排除钻渣。

由于槽壁土质不同，在成槽施工中槽壁坍塌程度也不同，对泥浆的要求也不一样。为保持槽壁稳定，泥浆的性能指标见表4.1、表4.2。

表4.1　挖槽泥浆性能指标

项　目	性　能	检验方法
比重	1.05～1.25	比重秤
黏度/s	20～80	500 mL漏斗黏度计
含砂量/%	<4	含砂量杯
胶体率/%	>98	量杯法
失水量/[mL·(30 min)$^{-1}$]	<30	失水仪
泥皮厚/[mL·(30 min)$^{-1}$]	1～3	失水仪
静切力/(mg·cm^{-2})	20～30/1 min,50～100/10 min	静切力仪或旋转黏度计
稳定性/(g·cm^{-3})	<0.02	静置法
pH值	7～8	pH试纸

表4.2　保持槽壁稳定时的泥浆黏度

单位：s

挖槽方法	含砂黏土层	砂质黏土层	砂砾黏土层	砂　层	砂砾层
回转法	25～30	25～30	27～34	30～38	35～44
抓斗法	25～30	25～30	30～37	33～40	45～70

(2)泥浆制备设备

①膨润土泥浆拌制宜采用高速搅拌机，根据搅拌原理分为高速回转式搅拌机和喷射式搅拌机两类。一般情况下，容积600 L的泥浆搅拌机不少于2台；用于输送泥浆用的泥浆泵不少于6台；用于清底换浆用的泥浆泵可采用潜孔型或反循环离心型泵，可配置1～2台；泥浆处理设备1套，用于回收处理泥浆。

②高速回转式搅拌机由搅拌筒和搅拌叶片组成，它是以高速回转(1 000～1 200 r/min)的叶片使泥浆产生激烈涡流而将泥浆搅拌均匀。泥浆搅拌时间取决于搅拌机搅拌筒大小和叶片回转速度、膨润土浓度、泥浆搅拌后的贮存时间和加料方式等。一般搅拌后贮存时间较长者，搅拌时间为4 min；搅拌后立即使用者，搅拌时间为7 min。

③喷射式搅拌机是一种利用喷水射流进行拌和的搅拌方式，可以进行大容量搅拌。其工作原理是用泵把水喷射成射流状，利用喷嘴附近的真空吸力，把加料器中膨润土吸出与射流进行拌和。

用此方法拌和泥浆，在泥浆达到设计浓度前，可以循环进行，即喷嘴喷出的泥浆进入贮浆罐。如未达到设计浓度，贮浆罐中的泥浆再由泵经喷嘴与膨润土拌和，如此循环直至泥浆达到设计浓度。

(3)废泥浆处理

采用泥浆护壁进行成槽施工以及在泥浆下浇筑混凝土,在实际施工过程中不可避免地出现性质劣化而不能再重复使用的变质泥浆,施工完成后这些多余的泥浆需进行处理。由于环境保护的原因,对于城市内的排污,有关部门均有严格要求,而这种含泥量和 pH 值远远超过排放标准的废浆,不但不能就地排放,即使将其用专用车辆送到郊外排放也存在较大问题。因此近些年来,尽管地下连续墙施工可以做到低噪声、低震动(相对于施打预制桩等),但造成的污染而形成的公害问题已成为施工企业的重点攻关项目。废泥浆尽管可以有化学或机械的处理方法,但成本相当高。作为施工企业,应着眼于产生废浆量少的作业方式,以减少工程废浆的产生量。这对在大城市内施工的地下连续墙等类工程至关重要。

目前,常采用的废浆处理有以下 3 种基本方式:

①自然沉淀与干燥。此法虽属需时较长、占地面积大的一种原始方式,但由于其他废浆处理方式费用高,在现场条件允许时,仍不失其可取性。

②化学处理方式。即在泥浆中加入有机或无机的化学助凝剂,促使泥浆中的悬浮物质絮凝化,加速沉淀以形成分离。

③机械处理方式。即以机械作用促进废浆中固体成分分离。

④组合方式。工程中最常用的是将化学处理和机械处理加以组合或将化学处理与自由沉淀加以组合的分离废浆方法。

3)单元槽段划分

地下连续墙施工时,预先沿墙体长度方向把地下墙划分为许多某种长度的施工单元,这种施工单元称为“单元槽段”。地下连续墙的挖槽是一个单元槽段进行挖掘。在一个单元槽段内,挖土机械挖土时可以是一个或几个挖掘段。划分单元槽段就是将各种单元槽段的形状和长度标明在场体平面图上,它是地下连续墙施工组织设计中的一个重要内容。

单元槽段的最小长度不得小于一个挖掘段(挖土机械的挖土工作装置的一次挖土长度)。从理论上讲,单元槽段越长越好,因为这样可以减少接头数量和增加地下连续墙的整体性,又可提高其防水性能和施工效率。但是单元槽段长度受许多因素限制,确定其长度时,除考虑设计要求和结构特点外,还应考虑以下因素:

①地质条件。土层不稳定时,为防止槽壁倒塌,应减小单元槽段长度,以缩短挖槽时间。这样挖槽后立即浇筑混凝土,消除或减少槽段倒塌的可能性。

②地面荷载。如附近有高大建筑物、构筑物,或邻近地下连续墙有较大的地面荷载(静载、动载),在挖槽期间会增大侧向压力,影响槽壁的稳定性。为保证槽壁的稳定,也应缩短单元槽段长度,以缩短槽壁的开挖和暴露时间。

③起重机的起重能力。由于一个单元槽段的钢筋笼多为整体吊装(过长时在竖直方向分段),所以,要根据施工单位现有起重机械的起重能力估算钢筋笼的质量和尺寸,以此推算单元槽段的长度。

④单位时间内混凝土的供应能力。一般情况下,一个单元槽段长度内的全部混凝土宜在 4 h 内浇筑完成。

$$\text{单元槽段长度}=\frac{4\ \text{h 内混凝土的最大供应量}(\text{m}^3)}{\text{墙宽}(\text{m})\times\text{墙深}(\text{m})}$$

⑤工地上具备的泥浆池(罐)的容积,应不小于每一单元槽段挖土方量的 2 倍,所以,泥浆

池(罐)的容积也影响单元槽段长度。

此外,划分单元槽段时还应考虑单元槽段之间的接头位置。一般情况下,接头避免设在转角处及地下连续墙与内部结构的连接处,以保证地下连续墙有较好的整体性,如图4.30所示。单元槽段划分还与接头形式有关。单元槽段长度多取5~7 m,但也有取10 m,甚至更长的情况。

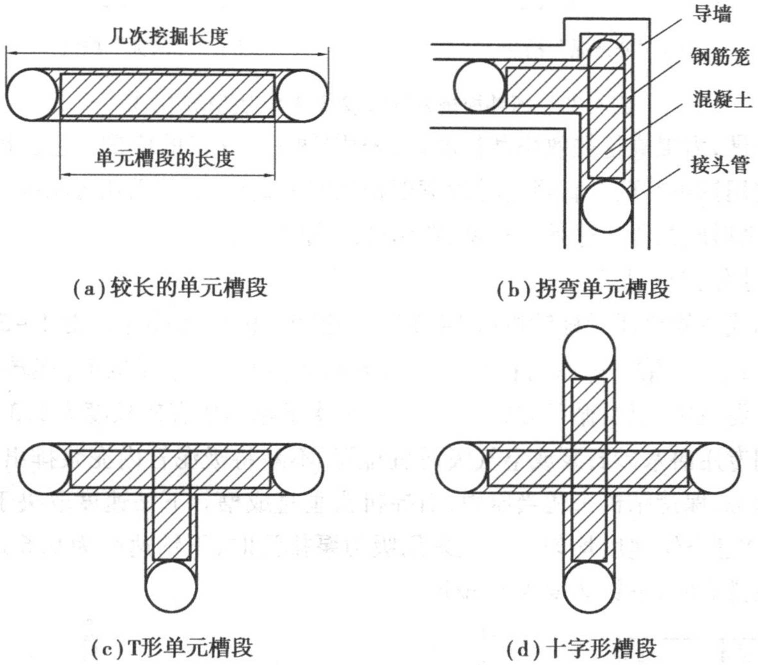

(a)较长的单元槽段　(b)拐弯单元槽段

(c)T形单元槽段　(d)十字形槽段

图4.30　按结构物形状划分单元槽段

4)挖槽

根据土质条件和现场情况,选择不同的成槽设备。目前,国内使用的成槽机,按成槽机理可分为抓斗式、多头潜水钻式和排桩式3种。

(1)抓斗式成槽机

①目前,液压蚧式抓斗成槽机应用较多。按升降方式的不同,分为导杆式和导板式(钢索提升)两种。液压抓斗可直接进行破碎挖土,将土渣运出槽外。代表机型有日本产KH-180型、德国产BS655型、意大利产HR240型等。一般液压导板抓斗的施工宽度为60~120 cm,挖掘深度为30~70 m。有的液压导板抓斗带有纠偏液压推板装置,其成槽的垂直精度较高。图4.31所示为德国BAUER公司生产的液压抓斗挖掘钻机。

图4.31　液压抓斗成槽机

②采用液压导板抓斗成槽,泥浆护壁,现浇混凝土或钢筋混凝土成墙,适应于在$N \leqslant 40$的黏性土、砂土以及冲填土等软土层中挖掘成槽。挖槽方法如图4.32所示。

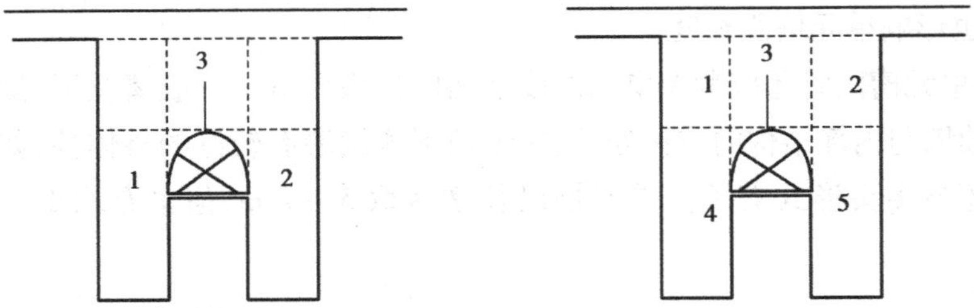

(a)“分条抓”槽法　　(b)“分块抓”槽法

图 4.32　抓斗挖槽方法(1、2、3、4、5 为抓槽顺序)

③当土层较硬,为提高挖掘效率和精度,可采用“两钻一抓”的成槽工艺。即预先在每一个挖掘单元的两端用钻机钻两个直径与槽段宽度相同的垂直导孔,然后用导板抓斗依次挖除导孔之间的土体,使之形成槽段。这是一种钻、抓结合式成槽工艺。

(2)多头潜水钻式成槽机

多头潜水钻式成槽机属无杆钻机(图 4.33),一般由组合多头钻机(由 4 ~5 台潜水钻机组成)、机架和底座组成。钻头采取对称布置正反向回转,使扭矩相互抵消,旋转切削土体成槽。掘削的泥土混在泥浆中,以反循环方式排出槽外,一次下钻形成有效长度为 1.3 ~2.0 m 的圆形掘削单元。采用专用潜水砂石泵或空气吸泥机排泥,不断将吸泥管内泥浆排出。下钻时,应使吊索处于张力状态,保持钻机头适当压力,引导机头垂直成槽。下钻速度取决于泥渣排出能力和土质硬度,应注意下钻速度均匀。一般采用吸力泵排泥时,下钻速度为 9.6 m/h。采用空气吸泥法及砂石泵排泥时,下钻速度为 5 m/h。

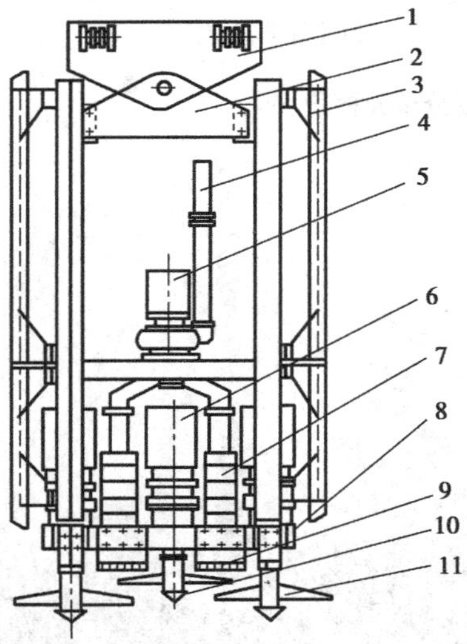

图 4.33　KQ950L 钻机示意图

1—提升架;2—连接架;3—宽导向板;4—胶管;5—潜水泵;6—潜水电机;7—配重;8—机座;9—宽切刀;10—短钻头;11—长钻头

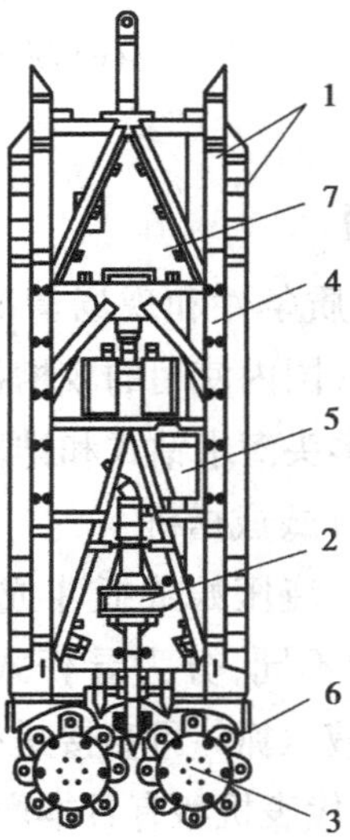

图 4.34　液压铣槽机

1—调整板;2—泥浆泵;3—齿轮箱;4—机架;5—电子倾斜角度测量仪;6—切削轮;7—配重

液压铣槽机是根据反循环原理,由液压运转的滚铣式破碎机械(图 4.34)。这种成槽机械有两个带有切削齿的铣削轮,由重型液压马达单独驱动,铣削轮本身又驱动一切削链条,以保证在整个槽宽范围内进行铣削。该液压铣槽机在铣削轮附近装有一台大功率的潜水泵,它可将土层及岩石的碎屑连同槽内的稳定液一起输送到地表，以清洗槽底并重复循环。两个铣削轮可以被独立驱动，其速度可以调节，以适应土层的变化或借此校正墙的垂直度。液压铣槽机挖槽深度可达 100 m，并确保槽的垂直度在 2‰以下。

(3)排桩式成槽机

每相隔 1 个桩孔单独成孔并浇筑混凝土，然后在两桩之间再钻孔并浇筑混凝土(桩相切)，完工后连成一排。成孔的设备和方法可采用传统的回转式钻机、冲击式钻机，也可用比较先进的旋挖斗钻机。其工艺方法等可参照同类桩基施工工艺。

5)清槽

挖槽结束后，悬浮在泥浆中的颗粒将逐渐沉淀到槽底。此外，在挖槽过程中未被排出而残留在槽内的土渣都堆积在槽底。因此，挖槽结束后必须清除以沉渣为代表的槽底沉淀物，这项作业称为清槽。

清槽的目的是置换槽孔内稠泥浆，清除钻渣和槽底沉淀物，以保证墙体结构功能要求，同时为后续工序提供良好的条件。

清槽一般采用导管吸泥泵法、空气升液法和潜水泵排泥法 3 种。一般操作程序为(以回转挖掘法为例)：到设计深度后，停止钻进，使钻头空转 4 ~ 6 min 并同时用反循环方式抽吸 10 min，使泥浆密度在要求的范围内。

清槽一般在钢筋笼安装前进行。混凝土浇筑前，再测定沉渣厚度，如不符合要求，再清槽一次。

清槽的质量要求为：清槽结束后 1 h，测定槽底沉渣淤积厚度不大于 20 cm，槽底 20 cm 处的泥浆密度不大于 1 200 kg/m^3。

6)接头施工

如何把各单元墙段连接起来，形成一道既防渗止水，又承受荷载的完整地下连续墙，特殊的接头工艺是技术关键。地下连续墙的接头分为两大类：施工接头和结构接头。施工接头是浇筑地下连续墙时横向连接两相邻单元墙段的接头；结构接头是已竣工的地下连续墙在水平方向与其他构件(地下连续墙和内部结构如梁、柱、墙、板等)相连接的接头。

(1)施工接头

施工接头是指单元墙段间的接头。它使地下连续墙成为一道完整的连续墙体，因此，要求连接部位既要防渗止水，又要承受荷载，同时便于施工。常用的施工接头如图 4.35 所示。

①接头管式接头，又称锁口管接头，这是当前地下连续墙施工应用最多的一种。施工时，待一个单元槽段土方挖好后，在槽段端部放入接头管，然后吊放钢筋笼并浇筑混凝土，待混凝土强度达到 0.05 ~ 0.20 MPa 时(一般在混凝土浇筑后 3 ~ 5 h，视气温而定)，开始用吊车或液压顶升机提拔接头管，上拔速度应与混凝土浇筑速度、混凝土强度增长速度相适应，一般为 2 ~ 4 m/h，应在混凝土浇筑结束后 8 h 以内将接头管全都拔出。接头管直径一般比墙厚小 50 mm，可根据需要分段接长。接头管拔出后，单元槽段的端部形成半圆形，继续施工即形成相邻两单元槽段的接头，它可以增强墙体的整体性和防渗能力，其施工过程如图 4.36 所示。接头管式接头的优点是接头刚性较大，可以承受较大的剪力，而且渗径也较长，抗渗性能较好。其缺点是接头管必须拔出，施工复杂，拔出时机难以掌握。

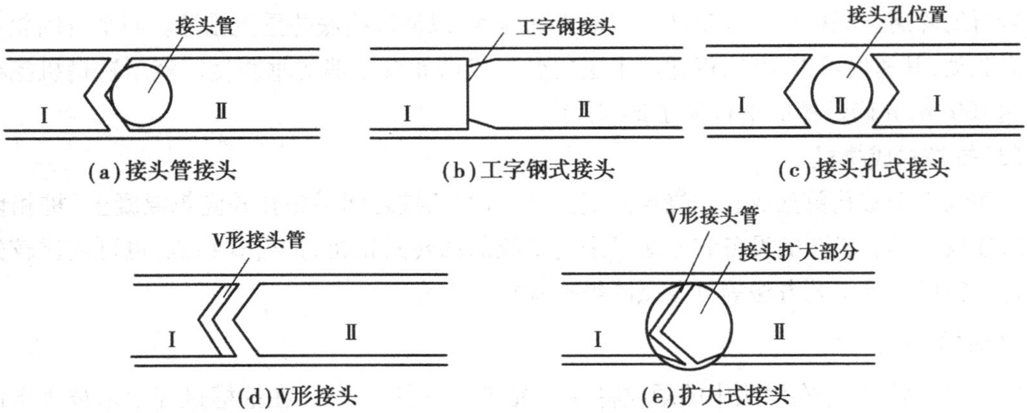

图 4.35 地下连续墙施工接头

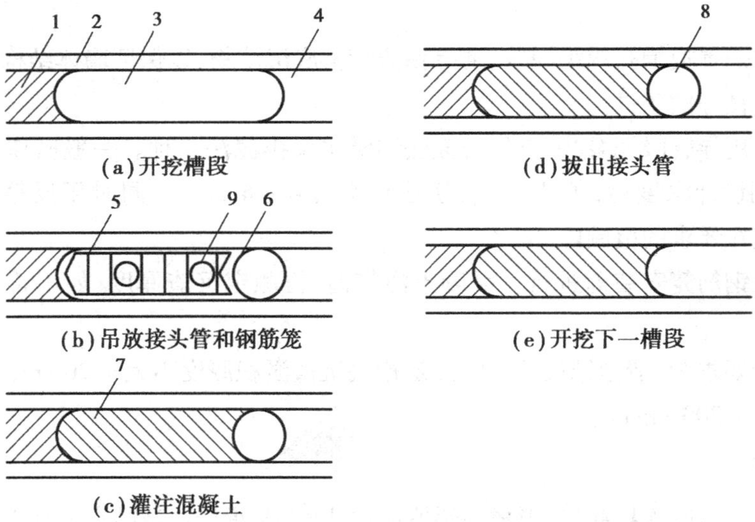

图 4.36 接头管施工过程

1—上一单元槽段;2—导墙;3—开挖槽段;4—未开挖槽段;5—钢筋笼;

6—接头管;7—混凝土;8—拔出接头管的孔洞;9—混凝土灌注导管

②工字钢式接头优点是结构简单、施工方便、速度快;缺点是接头刚度比较小,不能承受过大的横向剪切力,而且渗径较短,抗渗性能较差。

③接头孔式接头因接头部位单独于邻近的墙体,故接头位置刚度较小,抗剪性能差,而且两端先施工槽段的端头位置难以保证垂直。接头结构与墙体之间可能存在渗水通道,其抗渗性能在以上几种接头形式中是最差的。其优点是不必采用钢材。

④V 形接头结合工字钢式接头和接头管式接头的优点,具有接头刚度大、抗剪能力强、渗径比较长的特点,同时具备工字钢式接头施工速度快、施工简便的优点,是一种较好的接头形式。

⑤扩大式接头是在 V 形接头的基础上进一步扩大接头位置的尺寸,从而加大接头位置的刚度和渗径,进一步提高接头位置的抗剪能力和抗渗能力。

(2)结构接头

地下连续墙作为主体结构时,地下连续墙需与内部结构的楼板、柱、梁等进行连接。为保证地下结构的整体性,必须采用钢筋进行刚性连接。钢筋连接可以采用以下方式:

①预埋钢筋方式:把预埋钢筋处的墙面混凝土凿掉,弯出预埋的钢筋,通过搭接方式与内部结构钢筋连接,连接钢筋直径宜小于22 mm。

②预埋中继钢板方式:把预埋在钢筋笼上的钢板凿露出来,使钢板与内部结构中的钢筋连在一起,从而使地下连续墙与内部结构连成一体。

③预埋剪力连接件:把预埋在钢筋笼上的剪力连接件凿露出来,通过焊接方式加以连接。为保证混凝土易于流动,施工中剪力件形状越简单越好,但承压面积要大。

除此之外,还可在墙体上预留或凿出槽孔,将预制构件插入孔洞内填筑干硬性混土,使墙体与内部结构连接在一起。

7)钢筋笼制作与吊放

(1)钢筋笼制作

①钢筋材质、规格、根数应全部符合设计要求。钢筋笼加工一般在工厂平台上放样成型,以保证钢筋笼的几何尺寸和相对位置正确,其外形平直规则。在制作平台上,按钢筋笼设计图纸的钢筋长度和排列间距从下到上,按横筋→纵筋→桁架筋→纵筋→横筋顺序铺设钢筋,交叉点采用焊接成型(图4.37)。纵筋底端500 mm向内弯曲30°。

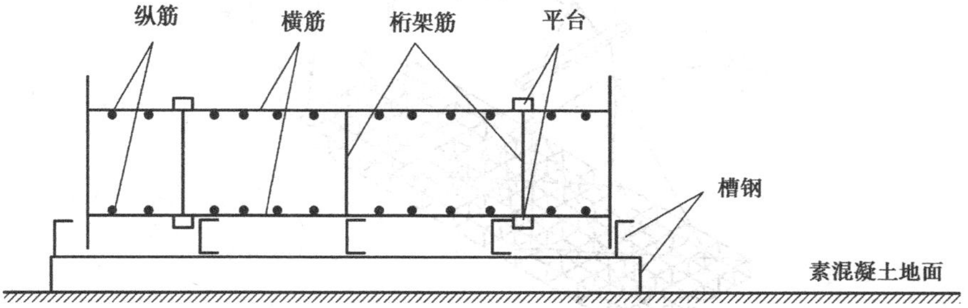

图4.37　钢筋笼制作示意图

②钢筋笼的尺寸应根据单元槽段、接头形式及现场起重机能力等确定,并应在制作台模上成型。分节制作的钢筋笼,应在制作台上预先进行试装配。接头处纵向钢筋的预留搭接长度应符合设计要求,并预留插放混凝土导管的位置。

③根据地下连续墙墙体设计尺寸和单元槽段的划分制作钢筋笼,在墙转角处,做成L形。

④主筋接头一般用闪光接触对焊,下端纵向钢筋宜略向内弯折一点,以防止钢筋笼吊放时损伤槽壁。

⑤制作钢筋笼时,要预先确定插入混凝土导管的位置,钢筋笼内净空尺寸应较混凝土导管连接处的外径大10 cm以上,使该部位的空间上下贯通,同时在周围增设箍筋、连接钢筋进行加固。钢筋笼纵向钢筋距槽底应留20~30 cm。

⑥为保证钢筋笼有足够刚度、吊放时不发生变形,钢筋笼除结构受力钢筋外,一般还设纵向钢筋挂架,与主筋平面内的水平和斜向拉筋以及闭合箍筋点焊成骨架。所有钢筋骨架都应焊接,临时绑扎的铁丝在焊接后全部拆除,以免挂泥。

⑦主筋保护层厚度一般为7~8 cm,水平筋端部距接头管和混凝土接头面应有10~15 cm间隙。一般在主筋上焊50~60 cm高钢筋耳环或扁钢板作定位垫块。其垂直方向每隔2~5 m设一排,每排每个面不少于2块,垫块与壁面间留有2~3 cm间隙,防止吊钢筋笼时擦伤槽壁。

(2)钢筋笼吊放

①钢筋笼单节起吊最大长度的确定与钢筋笼的质量、宽度和吊车的起重能力等多种因素有

关,必须综合分析并进行起吊验算后确定。

②钢筋笼必须有足够的刚度。一般在钢筋笼中布设纵横向桁架筋来解决(有些采用刚性接头、止水接头的钢筋笼,本身刚度较大,经验算满足后也可不设纵向桁架筋)。

③钢筋笼随着长度、宽度的不同,分别可采用6点、9点、12点、15点等多种布点起吊形式。起吊中,动作必须稳、慢。

④为保证钢筋笼的保护层厚度和钢筋笼在吊运过程中具有足够的刚度,可采用保护层垫块、纵向钢筋桁架及主筋平面的斜向拉条等措施。

⑤钢筋笼应在清孔换浆合格后立即安装,在运输及入槽过程中,不应产生不可恢复的变形,不得强行入槽,浇筑混凝土时钢筋笼不得上浮。

钢筋笼吊运、安装是将钢筋笼由水平状态转成悬吊垂直状态,运输、安装在槽段内的过程一般由两台吊车完成(图4.38)。

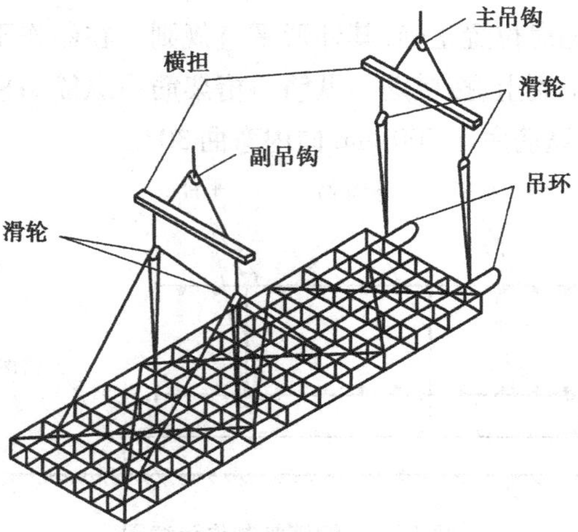

图4.38 钢筋笼起吊示意图

具体步骤如下:

①根据钢筋笼质量、长度,选择合适的履带式吊车。主吊车能力应满足承受钢筋笼质量,能使钢筋笼由水平转为竖直,悬离地面500 mm以上,并可使钢筋笼在空中转向。

②选择有足够强度的横担、滑轮、钢丝绳等起吊器具。

③主吊车通过横担、滑轮、钢丝绳四点吊于钢筋笼顶端。副吊车通过横担、滑轮组、钢丝绳六点吊于钢筋笼中、下部。

④主、副吊车同时将钢筋笼水平吊起;离开平台后,主吊车逐步提升,副吊车在提升的同时,向主吊车平移靠近,使钢筋笼由水平状态翻转成垂直状态。待主吊车承受钢筋笼全部质量后,卸去副吊车挂钩。

⑤由主吊车将钢筋笼提离地面500 mm,负重自行运输至槽段处,调整吊车及吊臂位置,对中槽段,平稳下放。安放过程要注意辨别钢筋笼的开挖面(即迎土面),保证安装正确。此时可卸去副吊车的横担、滑轮组及钢丝绳。

⑥主吊点接近导墙顶面时,用插杠将钢筋笼悬挂在导墙上;主吊车改为笼顶吊环起吊后,继续下放。使用两根钢制方杆用螺杆锁紧夹住吊筋。钢筋笼安装位置调整准确后,将钢筋笼安放在导墙上,卸去主吊车的横担、滑轮组及钢丝绳。

8)混凝土灌注工艺

①混凝土的配合比应按设计要求的强度等级,由具有资质的试验室做配合比试验,并出具报告书。水灰比不应大于 0.6,水泥用量不宜少于 370 kg/m^3,坍落度宜为 18 ~ 22 cm,扩散度宜为 34 ~ 38 cm。配制混凝土的骨料宜选用中、粗砂及粒径不大于 40 mm 的卵石或碎石。水泥宜采用普通硅酸盐水泥或矿渣硅酸盐水泥,可根据需要掺外加剂。

②永久性结构的地下连续墙,接头管和钢筋笼沉放后,应进行二次清孔,再检查沉渣厚度和泥浆密度一次。沉渣厚度及泥浆指标符合要求后,应在 4 h 以内浇筑混凝土,超时应重新清槽。

③浇筑混凝土应采用导管法,槽内混凝土面上升速度不应小于 2 m/h。浇筑混凝土速度宜控制在 30 ~ 35 m^3/h;导管埋入混凝土内的深度不得小于 1.5 m,也不宜大于 6 m。在浇筑过程中,应在导墙口设置盖板,防止混凝土掉入槽内污染槽内泥浆。混凝土浇筑不得中断,要控制在 6 h 内浇筑完。

④在单元槽段内,同时使用两根以上导管时,其间距一般不应大于 3 m,导管距槽段端部不宜大于 1.5 m。槽内混凝土应均匀上升,各导管处混凝土表面的高差不宜大于 0.3 m。

⑤导管在钢筋笼中的通道应设有导向钢筋。必须特别注意,通道内四壁的钢筋接头处必须平滑,防止在浇筑混凝土中出现导管勾住筋头事故。

⑥混凝土浇筑工艺与浇筑水下混凝土施工基本相同。混凝土导管的内径不宜太小,开始浇筑前,导管内必须先放一只直径与导管内径相符的球胆。首批混凝土要经过计算。浇筑混凝土时,顶面宜高于设计墙顶标高 300 ~ 500 m。凿去浮浆层后的墙顶标高,应符合设计要求。

⑦采用商品混凝土时,搅拌车可直接卸料。供料应连续且满足 20 m^3/h 的供应量。在槽口应随时检查所供混凝土的坍落度和扩散度,保证所供混凝土具有良好的和易性(浇筑不连续时,应防止导管内混凝土凝固堵塞)。搅拌好的混凝土应在 1.5 h 内用完。

⑧各单元槽段之间所选用的接头方式应符合设计要求。接头管(箱)应能承受混凝土的压力,并应避免混凝土绕过接头管进入另一槽段。

复习思考题

4.1　什么是沉井基础?有何特点?

4.2　沉井的类型有哪些?

4.3　沉井的构造包括哪些部分?

4.4　沉井的施工包括哪些内容?在施工中易发生哪些问题?应如何处理?

4.5　什么是泥浆润滑套?其作用是什么?其构造包括哪几部分?

4.6　什么是地下连续墙?

4.7　地下连续墙的优点有哪些?

4.8　什么是地下连续墙施工的单元槽段?

4.9　简述地下连续墙施工中导墙的作用。

4.10　简述地下连续墙施工中泥浆的作用。泥浆的净化处理方法有哪些?

练习题

某项目部承接一项顶管工程,其中 *DN*1 350 mm 管道为东西走向,长度为 90 m;

*DN*1 050 mm管道为偏东南方向走向，长度为80 m。设计要求始发工作井y采用沉井法施工，接收井A、C为其他标段施工，项目部按程序和要求完成了各项准备工作。

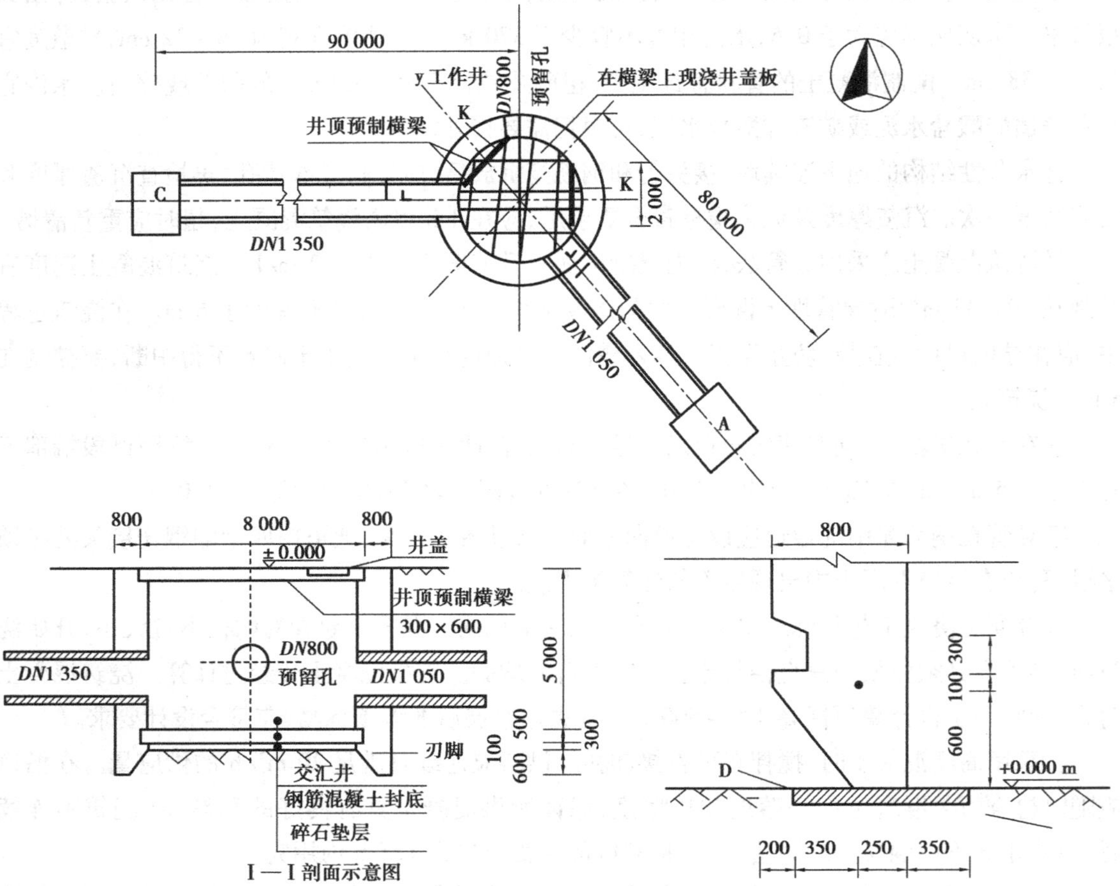

习题图

按批准的进度计划集中力量完成y井的施工作业，按沉井预制工艺流程，在已测定的圆周中心线上按要求铺设粗砂与D，采用定型钢模进行刃脚混凝土浇筑，然后按顺序先设置E与F，再安装绑扎钢筋，最后进行井壁混凝土浇筑。

下沉前，需要降低地下水（已预先布置喷射井点），采用机械取土。为防止y井下沉困难，项目部预先制定了下沉辅助措施。

y井下沉到位，经检验合格后，顶管作业队进场按施工工艺流程安装设备：K→千斤顶就位→观测仪器安放→铺设导轨→顶铁就位。为确保首节管节能顺利出洞，项目部按预先制订的方案在y井出洞口进行土体加固。加固方法采用高压旋喷注浆，深度为6 m（地质资料显示为淤泥质黏土）。

问题：

①按测量要求，该小组如何分工？测量员将测量成果交于施工员的做法是否正确，应该怎么做？

②按沉井预制工艺流程写出D、E、F的名称，本项目对刃脚是否需要加固？

③有哪些机械可以取土？下沉辅助措施有哪些？

学习情境5 地基处理

【学习目标】会根据现场条件选择合适的地基处理方法,能够进行各种地基处理工程施工操作,会进行各种地基处理工程施工方案编制,能够对各种地基处理工程进行质量验收。

【学习内容】换填地基处理技术:灰土地基处理、砂和砂石地基处理、粉煤灰地基处理以及垫层厚度与宽度确定等;挤密桩地基处理技术:灰土桩地基处理、砂石桩地基处理、水泥粉煤灰碎石桩地基处理等。

【学习重点】各种软弱地基处理的施工方法。

【学习难点】各种软弱地基处理的施工操作。

项目1 地基处理

1. 地基处理的概念

经人工处理或加固后的地基称为人工地基;人工处理或加固地基的过程称为地基处理;人工处理或加固地基所采取的工程技术措施称为地基处理方法(加固技术)。

地基处理的对象主要是软弱地基和特殊土地基。

1)软弱地基

软弱地基是指主要由淤泥、淤泥质土、冲填土、杂填土、饱和松砂或其他高压缩性土层构成的地基。

(1)软土

软土一般是指淤泥及淤泥质土的总称。软土的特性是含水率高、孔隙比大、渗透系数小、压缩性高、抗剪强度低。软土地基承载力低,在外荷载作用下,地基变形大,不均匀变形也大,且变形稳定历时较长,在比较深厚的软土层上,建筑物基础的沉降往往持续数年甚至数十年之久。软土地基是在工程实践中最需要人工处理的地基。

(2)人工填土

人工填土包括杂填土和冲填土。杂填土是由人类活动所形成的建筑垃圾、工业废弃物和生活垃圾等无规则堆填物。杂填土的成分复杂,组成的物质杂乱,分布极不均匀,结构松散且无规律性。杂填土的主要特性是强度低、压缩性高和均匀性差,即使在同一建筑场地的不同位置,其地基承载力和压缩性也有较大的差异。杂填土未经人工处理一般不宜作为持力层。

冲填土是指在整治和疏浚江河航道时,用挖泥船通过泥浆泵将夹大量水分的泥沙吹到江河两岸而形成的沉积土,也称吹填土。冲填土的工程性质主要取决于颗粒组成、均匀性和排水固结条件,如以黏性土为主的冲填土往往是欠固结的,其强度较低且压缩性较高,一般需经过人工处理才能作为建筑物地基;如以砂性土或其他粗颗粒土所组成的冲填土,其性质基本上与砂性土相类似,可按砂性土考虑是否需要进行地基处理。

(3)液化土

液化土主要指饱和粉、细砂和粉土。处于饱和状态的细、粉砂和粉土在静载作用下虽然具有较高的强度,但在动荷载作用下有可能产生液化或大量震陷变形。地基会因液化而丧失承载能力。如需要承担动荷载,这类地基也需要进行处理。

2)特殊土地基

由于土的原始沉积条件、地理环境、沉积历史、物质成分及其组成不同,某些区域所形成的土具有明显的特殊性质,通常把这些具有特殊工程性质的土类称为特殊土。由特殊土构成的地基称为特殊土地基,在其上进行工程建设时,如果不注意其特殊性就可能引起事故。世界上几种主要的特殊性土类在我国都有分布,其中最主要有软土、黄土、红土、膨胀土、冻土、盐渍土六大类。

对软弱土和特殊土进行地基处理,其目的就是提高地基的强度和保证地基的稳定、降低地基的压缩性、减少地基的沉降和不均匀沉降、防止地震时地基土的震动液化、改善地基土的渗透特性以及消除特殊土的湿陷性、胀缩性和冻胀性。

2. 地基处理的目的

桥涵基础直接建造在未经加固的天然土层上时,这种地基称为天然地基。若天然地基很软弱,不能满足地基强度和变形等要求,则要采取各种地基加固、补强等技术措施,满足工程要求后再建造基础,这些地基加固措施统称为地基处理。

地基处理的目的是采取适当的措施改善地基的工程特性,达到满足建筑物地基稳定和变形的要求,包括地基土的强度、压缩性、透水性、动力特性、湿陷性和胀缩性等。

3. 地基处理方法分类

地基处理方法的分类有很多种。按时间可分为临时处理和永久处理;按处理深度可分为浅层处理和深层处理;按土性对象可分为砂性土处理和黏性土处理、饱和土处理和非饱和土处理;也可按照地基处理的作用机理进行分类,见表5.1。表5.1所列的各种地基处理方法在使用时必须注意每种处理方法的适用范围。

表5.1　地基处理方法分类表

<table>
<tr><td rowspan="15">物理处理</td><td rowspan="3">换土处理</td><td>挖除换土法</td><td colspan="3">全部挖除换土法、部分挖除换土法</td></tr>
<tr><td>强制换土法</td><td colspan="3">自重强制换土法、强夯挤淤法</td></tr>
<tr><td>爆破换土法
（或称爆破挤密法）</td><td colspan="3">—</td></tr>
<tr><td rowspan="4">密实处理</td><td>浅层密实处理</td><td colspan="3">碾压法、重锤夯实法、振动压实法</td></tr>
<tr><td rowspan="3">深层密实处理</td><td>冲击密实法</td><td colspan="2">爆破挤密法、强夯法</td></tr>
<tr><td>振冲法
（碎石桩法）</td><td colspan="2">—</td></tr>
<tr><td>挤密法</td><td colspan="2">砂（石）桩挤密法、灰土桩挤密法、石灰桩挤密法</td></tr>
<tr><td rowspan="7">排水处理</td><td rowspan="4">力学排水</td><td>加压排水</td><td colspan="2">砂井排水法、袋装砂井排水法、塑料板排水法</td></tr>
<tr><td rowspan="2">降水</td><td>水井排水法</td><td>浅井排水法</td></tr>
<tr><td>井点法</td><td>普通井点排水法、
真空井点排水法</td></tr>
<tr><td>负压排水
（真空排水法）</td><td colspan="2">—</td></tr>
<tr><td>电学排水
（电渗排水）</td><td colspan="3">—</td></tr>
<tr><td>其他排水</td><td colspan="3">排水砂（砂石）垫层法、土工聚合物法</td></tr>
<tr><td>加筋处理</td><td>加筋土、
土工聚合物、土锚、
土钉、树根桩、
砂（石）桩</td><td colspan="3">—</td></tr>
<tr><td>热力加固
处理</td><td>热加固冻结法</td><td colspan="3">—</td></tr>
<tr><td rowspan="5">化学处理</td><td>灌浆法</td><td>—</td><td colspan="3">—</td></tr>
<tr><td rowspan="4">搅拌法</td><td>石灰系搅拌法</td><td colspan="3"></td></tr>
<tr><td rowspan="3">水泥系搅拌法</td><td rowspan="2">水泥土搅拌法</td><td colspan="2">湿喷</td></tr>
<tr><td colspan="2">干喷</td></tr>
<tr><td colspan="3">高压喷射注浆法</td></tr>
</table>

地基处理的基本方法主要是置换、夯实、挤密、排水、胶结、加筋和热学等。需要指出的是，很多地基处理方法具有多种处理效果。如碎石桩具有置换、挤密、排水和加筋的多重作用；石灰桩既挤密又吸水，吸水后又进一步挤密等，因而一种处理方法可能具有多种处理的效果。此外，由于科学技术的快速发展，如今的地基处理施工有时会采用多种地基处理方法的组合，如真空法和堆载法组合、碎石桩和褥垫法组合等。

常用地基处理方法的原理、作用及适用范围见表5.2。

表5.2 常用地基处理方法的原理、作用及适用范围

分类	处理方法	原理及作用	适用范围
换土垫层法	机械碾压法	挖除浅层软弱土或不良土，分层碾压或夯实土，按回填的材料可分为砂垫层、碎石垫层、粉煤灰垫层、干渣垫层、灰土垫层、二灰垫层和素土垫层等。它可以提高持力层的承载力，减少沉降量，消除或部分消除土的湿陷性和胀缩性，防止土的冻胀作用以及改善土的抗液化性	常用于基坑面积大和开挖土方量较大的回填土方工程，一般适用于处理浅层软弱地基、湿陷性黄土地基、膨胀土地基、季节性冻土地基、素填土和杂填土地基
	重锤夯实法		一般适用于地下水位以上稍湿的黏性土、砂土、湿陷性黄土、杂填土以及分层填土地基
	平板振动法		适用于处理无黏性土或黏粒含量少和透水性好的杂填土地基
	强夯挤淤法	采用边强夯、边填碎石、边挤淤的方法，在地基中形成碎石墩体，以提高地基承载力和减少沉降	适用于厚度较小的淤泥和淤泥质土地基，应通过现场试验才能确定其适用性
深层密实法	强夯法	强夯法是利用强大的夯击能，迫使深层土液化和动力固结而密实	适用于碎石土、砂土、素填土、低饱和度的粉土与黏性土、湿陷性黄土，对淤泥质土经试验证明施工有效时方可使用
	挤密法(砂桩挤密法)，振动水冲法，灰土、二灰或土桩挤密法，石灰桩挤密法	挤密法是通过挤密或振动使深层土密实，并在振动挤密过程中，回填砂、砾石、灰土、土或石灰等形成砂桩、碎石桩、灰土桩、二灰桩、土桩或石灰桩，与桩间土一起组成复合地基，从而提高地基承载力，减少沉降量，消除或部分消除土的湿陷性或液化性	砂桩挤密法和振动水冲法一般适用于杂填土和松散砂土，对软土地基经试验证明加固有效时方可使用；灰土桩、二灰桩、土桩挤密法一般适用于地下水位以上，深度为5～10 m的湿陷性黄土和人工填土
排水固结法	堆载预压法、真空预压法、降水预压法、电渗排水法	通过布置垂直水井，改善地基的排水条件；采取加压、抽气、抽水和电渗等措施，以加速地基土的固结和强度增长，提高地基土的稳定性，并使沉降提前完成	适用于处理厚度较大的饱和软土和冲填土地基，但需要有预压荷载和时间条件，对较厚的泥炭层则要慎重对待
加筋法	加筋土、土锚、土钉	在人工填土的路堤或挡墙内铺设人工聚合物、钢带、钢条、尼龙绳或玻璃纤维等作为拉筋，或在软弱土层上设置树根桩或碎石等，使这种人工复合土体可承受抗拉、抗压、抗剪和抗弯作用，借以提高地基承载力，增加地基稳定性和减少沉降	加筋土、土锚适用于人工填土的路堤和挡墙结构，土钉适用于土坡稳定
	土工聚合物		适用于砂土、黏性土和软土
	树根桩		适用于各类土
	碎石桩		适用于黏性土；对于软土，经试验证明施工有效时方可采用

续表

分类	处理方法	原理及作用	适用范围
热学法	热加固法	通过渗入压缩的热空气和燃烧物，并依靠热传导，而将细颗粒土加热到适当温度(如温度在100 ℃以上)，则土的强度就会增加，压缩性随之降低	适用于非饱和黏性土、粉土和湿陷性黄土
	冻结法	冻结法是采用液体氮或二氧化碳膨胀的方法，或采用普通的机械制冷设备与一个封闭式液压系统相连接，而对软而湿的土进行冻结，以提高土的强度和降低土的压缩性	适用于各类土；用于临时性支撑和地下水控制，特别是在软土地质条件下，开挖深度大于7~8 m，以及低于地下水位的情况下，是一种普遍而有效的施工措施
化学加固法	灌浆法	通过采取注入水泥浆液或化学浆液的措施，使土粒胶结，用以改善土的性质，提高地基承载力，增加稳定性，减少沉降，防止渗漏	适用于处理岩基、砂土粉土、淤泥质黏土、粉质黏土、黏土和一般填土层
	高压喷射注浆法	将注浆管置入土层的预定深度，注浆液同时以一定速度旋转，形成墙状固化体。可用以提高地基承载力，减少沉降，防止砂土液化、管涌和基坑隆起，建成防渗帷幕	适用于处理淤泥质土黏性土、粉土、黄土、砂土、人工填土和碎石等地基。当土中含有较多的大粒径块石、坚硬黏性土、大量植物根茎或有过多的有机质时，应根据现场试验结果确定其适用程度
	水泥土搅拌法	分湿法和干法两种。湿法是利用深层搅拌机，将水泥浆与地基土在原位拌和；干法是利用喷粉机，将水泥粉(或石灰粉)与地基土在原位拌和。搅拌后形成柱状水泥土体，可以提高地基承载力，减少沉降量，防止渗漏，增加稳定性	适用于处理淤泥、淤泥质土、粉土和含水率较高且地基承载力标值不大于120 kPa的黏性土等地基；当用于处理泥炭土或地下水具有慢蚀性时，宜通过试验确定其适用程度

4. 复合地基

1)复合地基的类型

自1962年国外首次使用“复合地基”一词以来，复合地基已成为很多地基处理方法的分析及理论公式建立的基础和依据。它已广泛地应用于碎石桩、砂桩、水泥土搅拌桩、旋喷桩、石灰桩、树根桩和CFG桩等加固地基的理论分析中。近年来，复合地基的研究已引起国内外岩土工程界的重视。

复合地基是指由两种刚度(或弹性模量)不同的材料(桩体和桩间土)所组成，在相对刚性基础下，两者共同分担上部荷载并协调变形(包括剪切变形)的人工地基。

复合地基属于地基范畴，而桩基属于基础范畴，两者间有内在联系，但又有本质区别。二者都是采用以桩的形式处理地基，但复合地基中桩体与基础往往不是直接相连的，它们之间通过垫层来过渡；而桩基中桩体与基础直接相连，两者形成一个整体。因此，它们的受力特性也存在着明显差异。如图 5.1 所示，复合地基的主要受力层在加固体范围内，而桩基的主要受力层是在桩尖以下一定范围内。

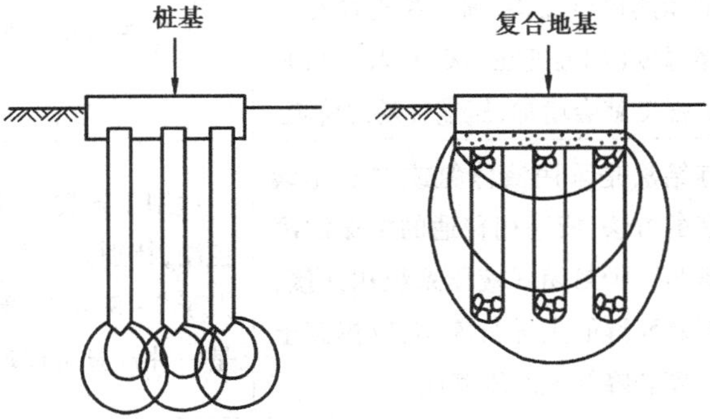

图 5.1 复合地基与桩基受力对比

复合地基犹似钢筋混凝土，其中地基中的桩体类似混凝土中的钢筋。它的实质就是考虑桩、土的共同作用，这比仅仅认为荷载由桩体来承担要经济和合理。

在复合地基的桩和桩间土中，桩的作用是主要的，而地基处理中桩的类型较多，性能变化较大。复合地基的类型一般按桩的类型进行划分，按成桩所采用的材料不同，可分为以下 3 种：

①散体材料桩复合地基，如碎石桩复合地基、砂桩复合地基、矿渣桩复合地基等；

②柔性桩复合地基，如水泥土搅拌桩复合地基、旋喷桩复合地基、灰土桩复合地基等；

③刚性桩复合地基，如树根桩复合地基、CFG 桩复合地基等。

2）复合地基的作用

复合地基的作用机理主要有以下 4 种：

（1）桩体作用

复合地基中桩的刚度较周围土体大，在刚性基础下等量变形时，桩体上产生应力集中现象，大部分荷载将由桩体承担，桩间土上应力相应减小，从而使得复合地基承载力较原地基有所提高，沉降量有所减少。随着桩体刚度增加，其桩体作用发挥得更加明显。

（2）加速固结作用

碎石桩、砂桩具有良好的透水特性，可加速地基固结。另外，水泥土类和混凝土类桩在某种程度上也可加速地基固结。因为地基的固结不仅与地基土的排水性能有关，而且还与地基的变形特性有关。水泥土类桩会降低地基土的渗透系数，但它也会减小地基土的压缩系数，而且压缩系数的减小幅度比渗透系数的减小幅度要大，因而使加固后的水泥土的固结系数大于加固前原地基土的系数，起到加速固结的作用。

（3）挤密作用

砂桩、土桩、石灰桩、碎石桩等在施工过程中由于振动、挤压、排土等原因，可对桩间土起到一定的密实作用。另外，采用生石灰桩时，由于生石灰具有吸水、发热和膨胀等作用，对桩间土同样起到挤密作用。

（4）加筋作用

各种桩土复合地基除可提高地基的承载力外，还可用来提高土体的抗剪强度，增加土坡的抗滑能力。如用于基坑开挖时的支护、路基或路堤的加固等，都利用了复合地基中桩体的加筋作用。

3)复合地基的破坏形式

复合地基的破坏形式可分为 3 种情况:第一种是桩间土首先破坏进而发生复合地基全面破坏;第二种是桩体首先破坏进而发生复合地基全面破坏;第三种是桩体和桩间土同时发生破坏。在实际工程中,第一种、第三种情况较少见,一般都是桩体先破坏,继而引起复合地基全面破坏。复合地基破坏模式可分成 4 种——刺入破坏、鼓胀破坏、整体剪切破坏和滑动破坏,如图 5.2 所示。

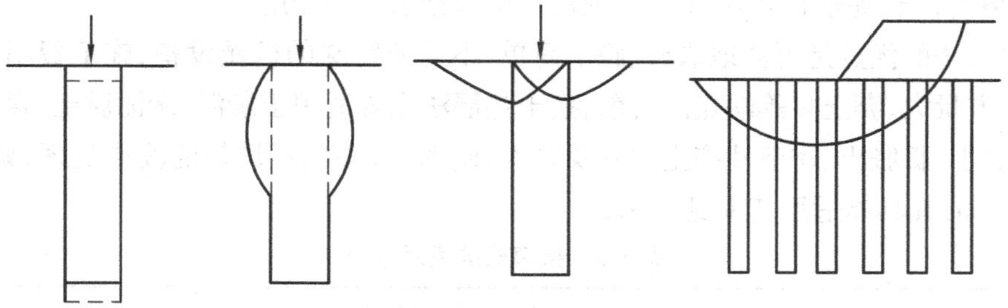

(a)刺入破坏　(b)鼓胀破坏　(c)整体剪切破坏　(d)滑动破坏

图 5.2　复合地基破坏模式

项目 2　换土垫层法

换土垫层法,是将基础底下一定深度范围内的软弱土层部分或全部挖去,然后换填强度较大的砂、碎石、素土、灰土、粉煤灰、矿渣等性能稳定且无侵蚀性的材料,并分层夯压至要求的密实度。

换填法处理地基时换填材料所形成的垫层,根据换填材料不同可分为砂垫层、砂石垫层、碎石垫层、素土垫层、灰土垫层、粉煤灰垫层、矿渣垫层和土工合成材料加筋垫层等。垫层的压实可采用机械碾压、重锤夯实和振动压实等方法。

1. 换填法的作用和适用范围

换填法处理地基的作用主要有以下 5 个方面:

(1)提高地基承载力

地基中的剪切破坏从基础底面开始,并随着基底压力的增大而逐渐向纵深发展。因此,若以强度较大的砂或其他填筑材料代替软弱土层,就可提高地基承载力,从而避免地基破坏。

(2)减少地基变形量

基础下地基浅层部分的应力较大,其沉降量一般在地基总沉降中所占的比例也较大,所以若以密实的砂或密实填筑材料代替浅层软弱土,就可以减少地基的大部分沉降量。另外,密实垫层对应力的扩散作用,使作用在下卧土层上的压力较小,因此也相应减少了下卧土层的沉降量。

(3)加速软弱土层的排水固结

由于砂或碎石等垫层材料的透水性大,软弱土层受压后,垫层可作为良好的排水面,使基础下的孔隙水压力得以迅速消散,加速垫层下软弱土层的固结,从而提高地基土强度。

(4)防止地基土冻胀

由于粗颗粒垫层材料的孔隙较大,不易产生毛细管现象,因此可以防止寒冷地区土中结冰所造成的冻胀。此时,垫层底面还应满足当地冻结深度的要求。

(5)其他作用

对于湿陷性黄土、膨胀土等特殊性土,根据具体加固对象的不同,换土垫层法还有消除湿陷性黄土的湿陷性或消除膨胀土胀缩性的作用。

在各类工程中,垫层所起的主要作用有时也不同。例如:建筑物基础下的垫层主要起换土作用;而在路堤和土坝等工程中,主要是利用垫层起排水固结作用。

换土垫层法的优点是可就地取材、施工简单、不需要特殊的机械设备、施工费用低等,但也存在施工土方量大、弃土多等缺点。目前,换土垫层法主要适用于淤泥、淤泥质土、素填土、杂填土、湿陷性黄土、膨胀土、季节性冻土地基及暗沟、暗塘、古井等不均匀的浅层处理,处理深度一般在0.5~3 m,其具体适用范围见表5.3。

表5.3 换填法的适用范围

垫层种类	适用范围
砂垫层	适用于一般饱和、非饱和的软弱土和水下黄土地基处理。不宜用于湿陷性黄土地基,也不宜用于大面积堆载、密集基础和动力基础下的软土地基处理,砂垫层不宜用于地下水流速快和流量大地区的地基处理
素土垫层	适用于中小型工程及大面积回填和湿陷性黄土和膨胀土的地基处理
灰土垫层	适用于中小型工程,尤其是适用于湿陷性黄土的地基处理
粉煤灰垫层	适用于厂房、机场、港区陆域和堆场等工程的大面积填筑。大面积填筑粉煤灰时,应考虑对地下水和土壤的环境影响
矿渣垫层	适用于中小型建筑工程,尤其适用于地坪、堆场等工程的大面积地基处理和场地平整。大量填筑矿渣时,应考虑对地下水和土壤的环境影响。受酸性或碱性废水影响的地基不得使用

2. 垫层的设计与计算

换填法处理软弱地基的设计内容主要包括选择换填材料、确定垫层的厚度和宽度。对于换土垫层,根据建筑物对地基强度和变形的要求,既要求垫层有足够的厚度以置换可能被剪切破坏的软弱土层,又要求垫层有足够的宽度以防止垫层向两侧挤出,适用于浅层软弱土层或不均匀土层的地基处理,厚度宜为0.5~3.0 m。而对于排水垫层,则主要是在基础底面下设置厚度为30~50 cm的砂、砂石或碎石等透水性大的垫层,以形成一个排水层,从而促使软弱土层的排水固结。

1)垫层材料的选用

垫层材料应选用水稳定性或透水性好的材料。

①砂石垫层。宜选用碎石、卵石、角砾、圆砾、砾砂、粗砂、中砂或石屑,应级配良好,不含植物残体、垃圾等杂质,黏土含量应不大于5%,粉土含量应不大于25%。使用粉细砂或石粉时,应掺入不少于总质量30%的碎石或卵石。砂石的最大粒径不宜大于50 mm。

②素土垫层。选用粉质黏土时，土料中有机质含量不得超过 5%，也不得含有冻土或膨胀土。含有碎石时，其粒径不宜大于 50 mm。用于湿陷性黄土或膨胀土地基的粉质黏土垫层，土料中不得夹有砖、瓦和石块。

③灰土垫层。体积配合比宜为 2∶8或 3∶7。土料宜用粉质黏土，不宜使用块状黏土和砂质粉土，不得含有松软杂质，并应过筛，其颗粒不得大于 15 mm。石灰宜用新鲜的消石灰，其颗粒不得大于 5 mm。

④粉煤灰垫层。可用于道路、堆场和小型建筑、构筑物等的换填垫层。粉煤灰垫层上宜覆土 0.3 ~0.5 m。

⑤矿渣垫层。选用矿渣的松散重度不小于 11 kN/m^3，有机质及含泥总量不超过 5%。

⑥工业废渣垫层。有充分依据或成功经验时，可采用质地坚硬、性能稳定、透水性强、无腐蚀性和无放射性危害的其他工业废渣材料，但应经过现场试验证明其经济技术效果良好且施工措施完善后方可使用。

⑦土工合成材料加筋垫层。所选用土工合成材料的品种、性能及填料，应根据工程特性和地基土质条件，满足《土工合成材料应用技术规范》(GB/T 50290—2014)的要求，通过设计计算并进行现场试验后确定。加筋土垫层所选用的土工合成材料尚应进行材料强度验算，土工合成材料应采用抗拉强度较高、耐久性好、抗腐蚀的土工带、土工格栅、土工格室、土工垫或土工织物等土工合成材料。垫层填料宜用碎石、角砾、砾砂、粗砂、中砂等材料，且不宜含氯化钙、碳酸钙、硫化物等化学物质。工程要求垫层具有排水功能时，垫层材料应具有良好的透水性。在软土地基上使用加筋垫层时，应保证建筑物稳定并满足允许变形的要求。

2)垫层厚度的确定

垫层厚度 z 应根据垫层底面下卧软弱土层的承载力确定，即要求作用在垫层底面处土的自重压力与附加压力之和不大于下卧软弱土层顶面处的地基承载力，应满足下式要求(图 5.3)：

$$p_z + p_{cz} \leqslant f_{az} \tag{5.1}$$

式中　p_z——垫层底面处的附加压力，kPa；

p_{cz}——垫层底面处的自重压力，kPa；

f_{az}——垫层底面处经深度修正后的下卧土层地基承载力设计值，kPa。

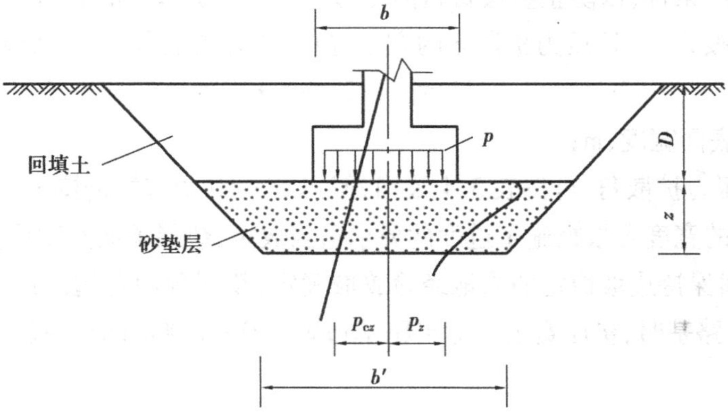

图 5.3　垫层剖面图

垫层底面处的附加压力 p_z，除可用弹性理论的土中应力公式进行计算外，常按压力扩散角的方法进行简化计算：

条形基础：

$$p_z = \frac{b(p - p_c)}{b + 2z\tan\theta} \tag{5.2}$$

矩形基础：

$$p_z = \frac{bl(p - p_c)}{(b + 2z\tan\theta)(l + 2z\tan\theta)} \tag{5.3}$$

式中 b——矩形基础或条形基础底面的宽度,m；

l——矩形基础底面的长度,m；

p——基础底面压力,kPa；

p_c——基础底面处土的自重压力,kPa；

z——基础底面下垫层的厚度,m；

θ——垫层的压力扩散角,(°),可按表5.4采用。

表5.4 垫层材料的压力扩散角 θ

z/b	换填材料				
	砂石、矿渣	粉质黏土、粉煤灰	灰　土	一层加筋	二层及二层以上加筋
0.25	20°	6°	28°	25°～30°	28°～38°
≥0.5	30°	23°			

注：①当 $z/b<0.25$ 时,除灰土取 $\theta=28°$、一层加筋取 $\theta=25°$、二层及二层以上加筋取 $\theta=28°$外,其他材料均取 $\theta=0°$,必要时宜由试验确定。

②当 $0.25<z/b<0.5$ 时,θ 可内插求得。

具体设计时,可根据下卧土层的地基承载力,先假设一个垫层的厚度,然后按式(5.1)进行验算。若不符合要求,则改变厚度,重新验算,直至满足要求为止。

3)垫层宽度的确定

确定垫层宽度时,应满足基础底面压力扩散的要求,同时还应考虑到垫层应有足够的宽度及垫层侧面土的强度条件,以防止垫层材料向侧边挤出而增加垫层的竖向变形量。

垫层的宽度可按式(5.4)压力扩散角的方法进行计算,或根据当地经验确定。

$$b' \leqslant b + 2z\tan\theta \tag{5.4}$$

式中 b'——垫层底面宽度,m；

θ——垫层压力扩散角,可按表5.4采用,但当 $z/b<0.25$ 时,仍按 $z/b=0.25$ 取值。

整片垫层底面的宽度可根据施工进度的要求适当放宽,垫层顶面宽度可从垫层底面两侧向上,按基坑开挖期间保持边坡稳定的当地经验放坡确定,垫层顶面每边超出基础底边不宜小于300 mm。处理软土路基时,垫层宽度应宽出路基边脚500～1 000 mm,两侧宜用片石护砌或其他方式防护。

3. 垫层施工与质量检验

垫层施工一般应分层铺填、分层压实、分层质量检验。施工时,最优含水率、铺填与压实厚度、压实遍数等应根据各类施工机具与设计要求通过现场试验,以确定压实效果。

1)垫层施工机械选择

垫层施工应根据不同的换填材料选择施工机械。粉质黏土、灰土宜采用平碾、振动碾或羊足碾,中小型工程也可采用蛙式夯、柴油夯。砂石等宜用振动碾。粉煤灰宜采用平碾、振动碾、平板振动器、蛙式夯。矿渣宜采用平板振动器或平碾,也可采用振动碾。

2)垫层的施工要点

①垫层施工方法、分层铺填厚度、每层压实遍数等宜通过试验确定。除接触下卧软土层的垫层底部应根据施工机械设备及下卧层土质条件确定厚度外,一般情况下,垫层的分层铺填厚度可取150~300 mm,也可参考表5.5。为保证分层压实质量,应控制机械碾压速度。

表5.5 各类垫层的虚铺厚度

单位:mm

施工方法	材料				
	砂石	素土	灰土	粉煤灰	矿渣
平振法	200~250	—	—	—	200~250
碾振法	250~350	200~350	200~300	200~300	250~300
夯实法	150~200	150~250	200~250	—	—
锤击法	—	重锤100~150,中锤50~75		—	—
插振法	插入器的插入深度	—	—	—	—

②垫层施工时,要求材料含水率控制在最佳范围内。粉质黏土和灰土垫层土料的施工含水率宜控制在最优含水率 $\omega_{op}\pm2\%$ 范围内,粉煤灰垫层的施工含水率宜控制在 $\omega_{op}\pm4\%$ 范围内。

③换土垫层施工应注意基坑排水。除采用水撼法施工砂垫层外,不得在浸水条件下施工,必要时应采用降低地下水位的措施。

④基坑开挖时应避免坑底土层受扰动,可保留约200 mm厚的土层暂不挖去,待铺填垫层前再挖至设计标高。严禁扰动垫层下的软弱土层,防止其被践踏、受冻或受水浸泡。在碎石或卵石垫层底部宜设置150~300 mm厚的砂垫层或铺一层土工织物,以防止软弱土层表面的局部破坏,同时必须防止基坑边坡坍土混入垫层。

3)垫层质量检验

换土垫层施工过程中的质量检验,主要是分层检验垫层的压实程度,并应在每层的压实系数符合设计要求后铺填上层,垫层施工结束后还应进行竣工验收。通常用压实系数(压实度)来控制,压实标准可按表5.6选用;矿渣垫层的压实指标可按最后2遍压实的压陷差小于2 mm控制。另外,工程中也常以最小干密度为控制标准,砂垫层要求最小干密度不小于16 kN/m^3;灰土最小干密度根据土料种类不同为14.5~15.5 kN/m^3;对于碎石、干渣等粗骨料垫层,也可用沉降差值来控制。换填垫层应达到一定承载力见表5.6。承载力宜通过现场静载荷试验确定。

表 5.6 各类垫层的压实标准及承载力

施工方法	换填材料类别	压实系数 λ_c	垫层承载力/kPa
碾压、振密或夯实	碎石、卵石	0.94 ~ 0.97	200 ~ 300
	砂夹石(其中碎石、卵石占总质量的 30% ~ 50%)		200 ~ 250
	土夹石(其中碎石、卵石占总质量的 30% ~ 50%)		150 ~ 200
	中砂、粗砂、砂砾、圆砾、石屑		150 ~ 200
	粉质黏土	—	130 ~ 180
	灰土	0.95	200 ~ 250
	粉煤灰	0.90 ~ 0.95	120 ~ 150

注:①压实系数 λ_c 为控制干密度 ρ_d 与最大干密度 ρ_{max} 的比值;土的最大干密度宜采用击实试验确定,碎石或卵石最大干密度可取 2.2 t/m^3。

②当采用轻型击实试验时,压实系数 λ_c 应取高值。重型击实试验应取低值。

项目 3 密实法

1. 密实法原理

密实法是利用各种机械功能,在短时间内促使土的孔隙比减小,密实度增加,从而达到增加地基强度、减少沉降的目的。利用密实原理处理地基的方法有碾压、夯实、挤密和振密 4 类,适用于非饱和黏性土以及饱和或非饱和的砂类土。

1)碾压法原理

碾压法是指利用各种压实机械,如压路机、铲运机、羊足碾、振动碾、冲击碾等设备将填土分层密实处理,适用于处理大面积填土地基。地下水位以上填土压实,主要采取碾压法和振动压实法,如图 5.4 所示。非黏性土或黏粒含量少、透水性较好的松散填土地基宜采用振动压实法。

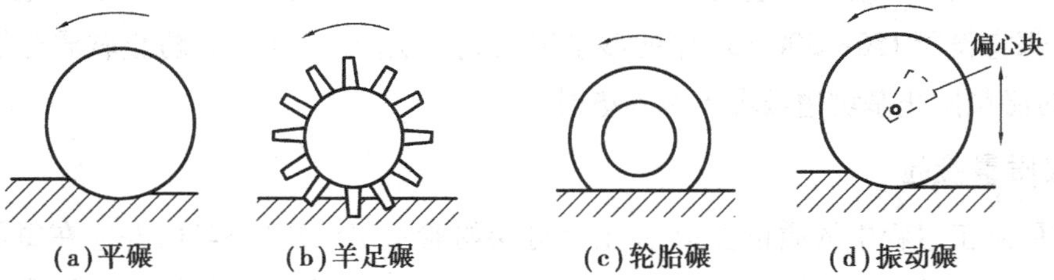

图 5.4 常用压实机械

碾压法利用机械滚轮的压力压实土壤,使之达到所需的密实度。碾压机械有平碾(光碾压路机)、羊足碾、轮胎碾等。平碾是一种以内燃机为动力的自行式压路机,表面平整光滑,使用最广,适用于各种路面、垫层、飞机场道面和广场等工程的压实。羊足碾单位面积的压力比较大,压实层厚,土壤压实的效果好,适用于路基、堤坝的压实。羊足碾一般用于碾压黏性土,不适于砂性土,因在砂土中碾压时,土的颗粒受到羊足较大的单位压力后会向四面移动而使土的结构破坏。轮胎式压路机轮胎气压可调节,可增减压重,单位压力可变,压实过程有揉搓作用,使压实土层均匀密实，且不伤路面，适用于道路、广场等垫层的压实。

振动压实法：将振动压实机放在土层表面，在压实机振动作用下，土颗粒发生相对位移而达到紧密状态。振动碾是一种振动和碾压同时作用的高效能压实机械，比一般平碾提高功效 1 ~ 2 倍，可节省动力 30% 。填料为爆破石渣、碎石类土、杂填土和粉土等非黏性土或黏粒含量少、透水性较好的松散填土地基采用振动压实法效果较好。

冲击碾压法：正多边形的冲击轮在位能落差与行驶动能的共同作用下对工作面进行静压、揉搓、冲击，其高振幅、低频率冲击碾压可使深层土石的密实度不断增加，是大面积土石方工程压实技术。与一般压路机相比，压实效率提高 3 ~ 4 倍，可用于地基冲击碾压、土石混填或填石路基分层碾压、路基冲击增强补压、旧砂石（沥青）路面冲压和旧水泥混凝土路面冲压等处理。

碾压法应根据建筑物体形、结构与荷载特点、场地土层条件、变形要求及填料等因素确定压实机械和压实参数。对于大型、重要或场地地层条件复杂的工程，在正式施工前，应通过现场试验确定地基处理效果。以压实填土作为建筑地基持力层时，应根据建筑结构类型、填料性能和现场条件等，对拟压实的填土提出质量要求。未经检验且不符合质量要求的压实填土，不得作为建筑地基持力层。

按地基承载力确定基础底面积及埋深而需要对确定的地基承载力特征值进行修正时，基础宽度的地基承载力修正系数应取零。大面积压实填土地基，基础埋深的地基承载力修正系数，对于压实系数大于 0.95、黏粒含量 ρ_c 大于 10% 的粉土，可取 1.5；对于干密度大于 2.1 t/m^3 级配砂石，可取 2.0；其他处理取 1.0。

2）夯实法原理

夯实法是利用冲击能来击实地基，根据冲击能量的大小，又可分为重锤夯实和强夯两类。

（1）重锤夯实法原理

重锤夯实法是利用起重机械将重锤提升到一定高度，然后让其自由落下，重复夯击地基表面，将浅层地基夯实。这种方法适用于稍湿的黏性土、饱和度小于 60% 的砂性土、湿陷性黄土、素填土和杂填土等地基，且需处理的土层离地下水位距离大于 0.8 ~ 0.9 m。

重锤夯实的效果与锤重、锤底直径、落距、夯击遍数、夯击土的种类以及含水率密切相关。施工时，应合理选用上述参数。根据实践经验，夯锤的重力一般为 15 ~ 30 kN，锤底直径为 0.7 ~ 1.5 m，锤底面自重静压力为 15 ~ 25 kPa，落距一般为 2.5 ~ 4.5 m。夯击 8 ~ 12 遍后，夯实的影响深度一般能达到锤底直径的 1 倍左右，约为 1.2 m；夯实后杂填土地基的承载力基本值一般可达 100 ~ 150 kPa。宜通过试夯确定施工方案，试夯的层数不宜小于两层。但若在影响深度范围内，地下水位高且存在有低渗透性饱和软土时，软土结构很可能被破坏，而水又无法排出，从而形成所谓“橡皮土”。这种情况下，土层则不可能达到密实的效果，应特别注意。

（2）强夯法原理

强夯法，也称为动力固结法，由法国工程师梅纳于 1969 年首创，是从重锤夯实的基础上发展起来的新技术。所谓强夯，是将 10 ~ 40 t 的重锤，从 10 ~ 40 m 高处自由落下，对较厚的软土层进行强力夯击，产生巨大的冲击波（图 5.5），破坏土体原有结构，迫使深层土液化和动力固结，从而提高地基土的强度，降低其压缩性，改善土的振动液化条件，消除黄土的湿陷性，同时还能提高地基土的均匀程度，减少差异沉降，从而使浅层和深层土体得到不同程度的加固。

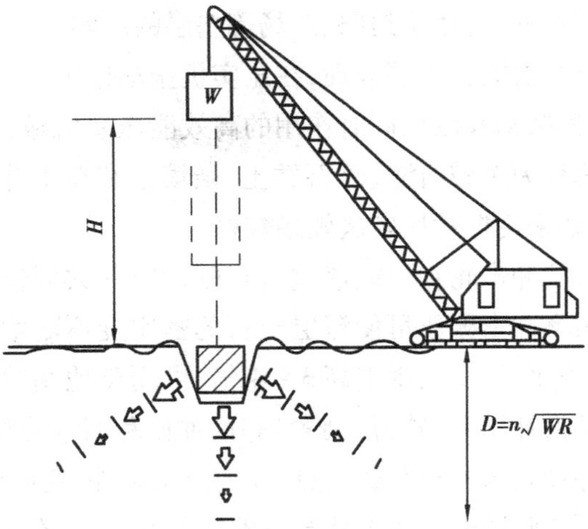

图 5.5 强夯法示意图

强夯法的显著特点是夯击能量大，因此影响深度也大，且具有工艺简单、施工速度快、费用低、适用范围广、效果好等优点。强夯法一般适用于碎石类土、砂类土、杂填土、低饱和粉土和黏土、湿陷性黄土、素填土及杂填土等各种常见地基的加固，效果较好。但强夯法施工前后及施工过程中需进行大量测试工作，具有噪声大、振动大等缺点，不宜在建筑物或人口密集处使用，加固范围较小（5 000 cm^2）时不经济。

强夯后地基强度提高的过程可分为 4 个阶段：强制压缩或振密、土体液化或土结构破坏、排水固结压密、触变恢复和固结压密。目前，根据土的类别和施工工艺的不同，强夯分为 3 种加固机理。

①动力挤密：冲击型荷载作用下，在多孔隙、粗颗粒、非饱和土中，土颗粒相对位移，孔隙中气体被挤出，从而使得土体的孔隙减小、密实度增加、强度提高以及变形减小。

②动力固结：在饱和细粒土中，土体在夯击能量作用下产生孔隙水压力使土体结构被破坏，土颗粒间出现裂隙，形成排水通道，渗透性改变，随着孔隙水压力的消散土开始密实，抗剪强度、变形模量增大。在夯击过程中，伴随土中气体体积的压缩、触变的恢复、黏粒结合水向自由水转化等。

③动力置换：在饱和软黏土特别是淤泥及淤泥质土中，通过强夯将块石、碎石、钢渣或其他粗粒料填充于土体中，并不断夯击，使其形成密实的墩体，形成复合地基，从而提高地基的承载力。这种方法称为强夯置换法，也称动力挤淤法。

3）挤密法原理

挤密法是指利用锤击沉管、振动沉管、冲击、夯扩、振冲等方法在土中挤压、振动成孔（图 5.6），使桩孔周围土体得到挤密、振密，然后向桩孔内分层投放碎石、砂、灰土、石灰或矿渣等填料充填密实成柔性的桩体，并与原地基形成一种复合型地基，从而改善地基的工程性能的方法。该法适用于处理湿陷性黄土、松散砂土、粉土、黏性土、素填土和杂填土等地基。

挤密桩可发挥以下 4 个方面的作用：

①挤密周围松散土体，使桩和被挤密的桩间土共同组成基础下的持力层；

②置换桩位处的软土，形成复合地基；

③排水固结作用，桩体为散体材料，为桩间土排水固结提供良好的排水通道；

④通过桩体对桩间土的挤密作用可消除地基液化或黄土地基的湿陷性。

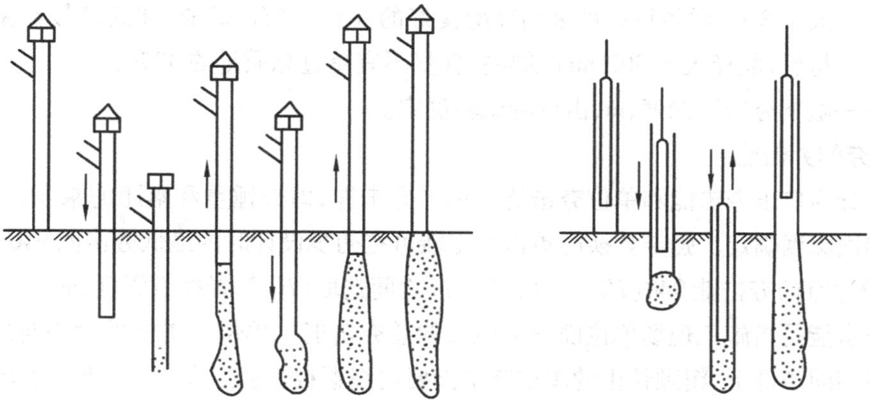

(a)振动成桩

(b)冲击成桩

图5.6 挤密法成桩示意图

根据施工方法和灌入材料不同,挤密法可分为沉管挤密砂(或碎石)桩、振冲碎石桩、挤密土桩(素土)、挤密灰土桩、挤密石灰桩、渣土桩、爆扩桩等多种桩型。碎石桩、砂石桩施工可采用振冲法或沉管法,砂桩施工可采用沉管法。当以消除地基土的湿陷性为主要目的时,宜选用土桩挤密法。当以提高地基土的承载力或增强其水稳性为主要目的时,宜选用灰土桩(或其他具有一定胶凝强度桩,如二灰桩、水泥土桩等)挤密法。当以消除地基土液化为主要目的时,宜选用振冲或振动挤密法。目前,以沉管砂石桩和振冲碎石桩较为常用。

2. 强夯法的设计和施工

1)强夯法的设计

为了使强夯加固达到预期的效果,首先根据建筑物对地基加固深度的要求,确定所需的夯击能量,然后根据被加固地基的土类,按其强夯的机理选择锤重、落高、夯点间距、排列方式、夯击遍数、每遍夯击点的击数和每遍间歇的时间等施工参数。强夯置换法还需确定置换墩的深度、墩体材料等。

(1)有效加固深度

强夯的有效加固深度影响因素很多,有锤重、锤底面积和落距,还有地基土性质、土层分布、地下水位以及其他有关设计参数等。常采用根据经验方式进行修正后的估算公式:

$$H = \alpha\sqrt{\frac{Wh}{10}} \tag{5.5}$$

式中 W——夯锤重力,kN;

h——落距,m;

α——修正系数,根据实践经验为0.35~0.8,不同地质取不同数值,一般黏性土取0.5,砂性土取0.7,黄土取0.35~0.5。

式(5.5)未反映土的物理力学性质的差别,仅作参考,应根据现场试夯或当地经验确定。缺乏资料时,也可按相关规范提供的数据预估,进而根据需要确定锤重、落距等设计参数。

强夯置换法的有效加固深度 H 也可按下式确定:

$$H = H_1 + H_2 \tag{5.6}$$

式中 H_1——穿透软弱土层的置换墩的深度,m。当单位夯击能小于 5 000 kN · m 时,一般不大于 8 m;墩体材料可采用级配良好的块石、碎石、矿渣、建筑垃圾等坚硬粗颗粒材料,粒径大于 300 mm 的颗粒含量不宜超过总质量的 30%;

H_2——墩下夯密区深度,m,由现场试验确定。

(2)强夯的夯击能

夯击能分为单击夯击能和单位夯击能。单击夯击能,即夯锤重和落距的乘积,一般根据工程要求的加固深度确定。强夯置换的单击夯击能可在初步设计时的最低夯击能 $940(H_1-3.3)$ kN · m 和较适宜的夯击能 $940(H_1-2.1)$ kN · m 之间选取(H_1 为置换墩深度,m)。

单位夯击能是指施工现场单位面积上施加的总夯击能。单位夯击能的大小与地基土的类别有关。在相同条件下,粗颗粒土的单位夯击能要比细颗粒土适当大些。例如:对于粗粒土,可取 1 000 ~4 000 kN · m/m²;对细粒土,可取 1 500 ~5 000 kN · m/m²。此外,还需考虑构筑物类型、荷载及要求处理的深度等进行选择。

(3)强夯法的夯击次数

强夯法的夯击次数根据现场试夯的夯击次数和夯沉量关系曲线确定,宜按照最后两击的平均夯沉量满足表 5.7 的要求,并且夯坑周围地面不应发生过大的隆起,不因夯坑过深而发生提锤困难的原则确定夯击次数。强夯置换法的夯击次数还应满足累计夯沉量为设计墩长的 1.5 ~2.0倍的要求。

表 5.7 强夯法最后两击平均夯沉量

单击夯击能 E/(kN · m)	$E<4\ 000$	$4\ 000\leqslant E<6\ 000$	$6\ 000\leqslant E<8\ 000$	$8\ 000\leqslant E<12\ 000$	$12\ 000\leqslant E<15\ 000$	$E\geqslant15\ 000$
最后两击平均夯沉量(不大于)/mm	50	100	150	200	250	300

(4)夯击遍数及时间间隔

各试夯点的夯击遍数应根据地基土的性质确定,应使土体竖向压缩最大,而侧向位移最小为原则,一般为 5 ~15 击。夯击遍数一般为 2 ~4 遍,对于渗透性较差的细颗粒土,必要时夯击遍数可适当增加。最后再以低能量满夯 2 遍,满夯可采用轻锤或低落距锤多次夯击,锤印搭接。

对于多遍夯击、两遍夯击之间应有一定的时间间隔,主要取决于加固土层孔隙水压力的消散时间。缺少实测资料时,可根据地基土的渗透性确定。对于渗透性较差的黏性土地基,间隔时间不应少于 3 ~4 周;对于渗透性好的地基,可连续夯击。

(5)强夯法处理范围与夯击点布置

①强夯法处理范围。强夯处理范围应大于建筑物基础范围,每边超出基础外缘的宽度宜为基底下设计处理深度的 1/3 ~1/2,且不宜小于 3 m。对于可液化地基,扩大范围不应小于可液化土层厚度的 1/2,且不应小于 5 m;对于湿陷性黄土地基,还应符合《湿陷性黄土地区建筑标准》(GB 50025—2018)的有关规定。

②夯击点布置及间距。夯击点可根据基础底面形状,采用等边三角形、等腰三角形或正方形布置。第一遍夯击点间距可取夯锤直径的 2.5 ~3.5 倍,大致为 5 ~9 m;第二遍夯击点应位于第一遍夯击点之间。以后各遍夯击点间距可适当减小。对于处理深度较深或单击夯击能较

大的工程,第一遍夯击点间距宜适当增大。一般应按"先中间后四周"和"单向前进"的原则完成全部夯击点的施工。

强夯置换墩宜采用等边三角形或正方形布置。对于独立基础或条形基础,可根据基础形状与宽度做相应布置。墩间距应根据荷载大小和原状土的承载力选定,满堂布置时,可取夯锤直径的2~3倍。对于独立基础或条形基础,可取夯锤直径的1.5~2.0倍。墩的计算直径可取夯锤直径的1.1~1.4倍。

(6)强夯置换墩的深度与材料

强夯置换法的设计,还需设计置换墩。强夯置换墩的深度应由土质条件决定,除厚层饱和粉土外,应穿透软土层,到达较硬土层上。无试验资料时,可参考表5.8选取。墩体材料可采用级配良好的块石、碎石、矿渣、工业废渣、建筑垃圾等坚硬粗颗粒材料,且粒径大于300 mm的颗粒含量不宜超过30%。墩顶应铺设一层厚度不小于300 mm的压实垫层,垫层材料与墩体材料相同,粒径不宜大于100 mm。

表5.8　强夯置换深度

单位夯击能/(kN·m)	3 000	6 000	8 000	12 000	15 000	18 000
置换深度/m	3~4	5~6	6~7	8~9	9~10	10~11

2)强夯法的施工

强夯法施工前,应先在现场进行原位试验,取原状土样测定含水率、塑限液限、粒度成分等,然后根据初步确定的强夯参数。根据强夯试验方案,进行现场试夯。应根据不同土质条件,试夯结束一周至数周后,对试夯场地进行检测,并与夯前测试数据进行对比,检验强夯效果,确定工程采用的各项强夯参数。根据基础埋深和试夯时所测得的夯沉量,确定起夯面标高、夯坑回填方式和夯后标高。

强夯施工机具宜采用带有自动脱钩装置的履带式起重机或其他专用设备。采用履带式起重机时,可在臂杆端部设置辅助门架,或采取其他安全措施,防止落锤时机架倾覆。

强夯夯锤质量宜为10~40 t,其底面形式宜采用圆形,锤底面积宜按土质确定。锤的底面宜对称设置若干个上下贯通的排气孔,孔径宜为300~400 mm,以减小夯锤下落时的空气阻力及夯锤提升时锤底软土对夯锤的吸力,如图5.7所示。强夯法锤底静接地压力值宜为25~80 kPa。单击夯击能高时,取高值;单击夯击能低时,取低值;对于细颗粒土,宜取低值。强夯置换法夯锤底静接地压力值可取80~200 kPa。

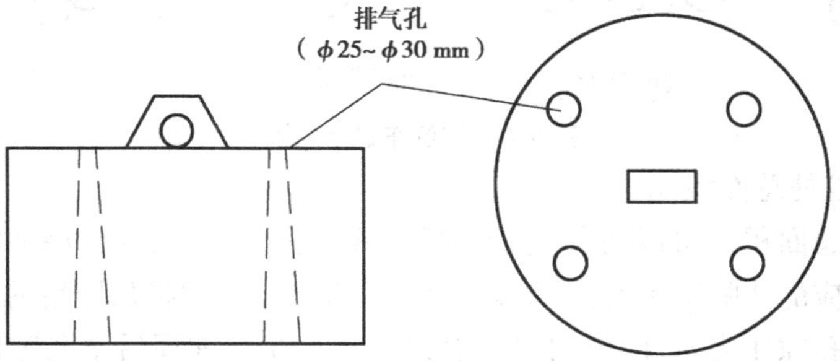

图5.7　夯锤及其排气孔

施工前,应查明场地范围内的地下构筑物和地下管线的位置及标高等,并采取必要的措施,以免因施工而造成损坏。强夯施工所产生的振动对邻近建筑物或设备会产生有害影响时,应设置监测点,并采取挖隔振沟等隔振或防振措施。

强夯处理后的地基竣工验收,承载力检验应根据静载荷试验、其他原位测试和室内土工试验等方法综合确定。强夯置换后的地基竣工验收,除采用单墩静载荷试验进行承载力检验外,还应采用动力触探等查明置换墩着底情况及密实度随深度的变化情况。

3. 挤密法的设计和施工

1)挤密法的设计

挤密法的设计首先需确定成孔方法和桩体材料,然后确定加固范围、布桩形式、桩距、桩长、桩径,计算砂石灌入量,计算地基承载力和变形验算等。

成孔方法可选择锤击沉管、振动沉管、冲击、振冲、夯扩、柱锤冲扩、爆扩等;桩体材料可选择砂桩、砂石桩、碎石桩、土桩、灰土桩、石灰桩、二灰桩(石灰、二灰通过吸水膨胀及化学反应而挤密软弱土层)、矿渣桩等,也可以选用强度较大的水泥土、水泥粉煤灰碎石等。下面以挤密砂石桩为例,介绍挤密桩的设计方法。

设计时,应计算桩位、桩距、桩长、桩径、加固范围、填砂量,并进行承载力和变形验算等。此外,还需掌握和了解砂石料的性能和来源等情况。

(1)加固范围和桩位布置

砂桩加固的范围 A(m^2)应大于基础的面积,一般应自基础向外加大不少于 0.5 m 或 $0.1b$(b 为基础短边的宽度,以 m 计),应在基础外缘扩大 1 ~ 3 排。用于防止砂土液化时,每边放宽不宜少于处理深度的 1/2,且不小于 5 m;可液化层上覆盖有厚度大于 3 m 的非液化土层时,每边放宽不应小于液化层厚度的 1/2,且不应小于 3 m;一般在基础外缘放宽 2 ~ 4 排。

为使挤密作用比较均匀,砂桩可按正方形、梅花形或等边三角形布置,也可以布置为其他形式,如放射形等(图 5.8)。对大面积满堂处理,可采用三角形、正方形、矩形布桩,当以消除地基土液化为主要目的时,宜用等边三角形布置;对于条形基础,可沿基础轴线布桩,单排桩不能满足设计要求时,可采用多排布桩;对于单独基础,可采用三角形、正方形、矩形或混合型布桩。

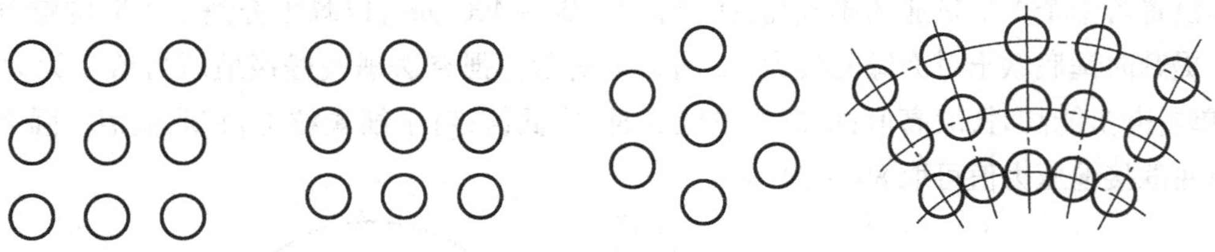

(a)正方形　(b)矩形　(c)等边三角形　(d)放射形

图 5.8　桩位布置示意图

(2)所需砂石桩的总面积 A_1

所需砂石桩的总面积 A_1 的大小除与加固范围 A 有关外,主要与土层加固后所需达到的地基容许承载力相对应的孔隙比有关(图 5.9)。图 5.10 所示为砂桩加固后的地基情况。假设砂桩加固前地基土的孔隙比为 e_0,砂土加固范围为 $A(A=BL)$,加固后土孔隙比为 e_1。从加固前后的地基中取相同大小的土样,加固前后原地基土颗粒所占体积不变,由此可得所需砂桩的面积 A_1(m^2):

$$A_1 = \frac{e_0 - e_1}{1 + e_0} \tag{5.7}$$

①砂土：

$$e_1 = e_{max} - D_r(e_{max} - e_{min}) \tag{5.8}$$

式中　e_{max}、e_{min}——砂土的最大及最小孔隙比，由相对密度试验确定；

D_r——地基挤密后砂土的相对密度，其值根据地质情况、荷载大小及施工条件选择，可采用0.7～0.85。

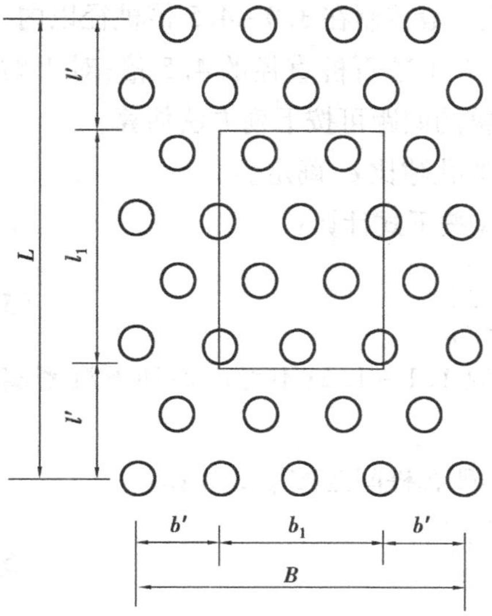

图5.9　砂桩加固的平面范围

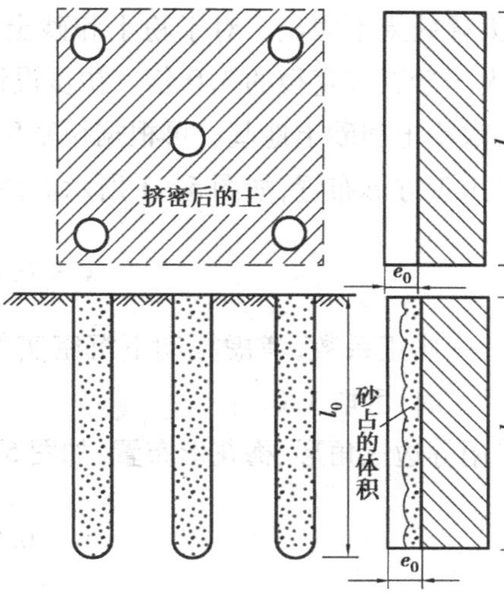

图5.10　砂桩加固后的地基情况

②饱和黏性土：

$$e_1 = d_s[\omega_p - I_L(\omega_L - \omega_P)] \tag{5.9}$$

式中　d_s——土粒的相对密度；

ω_L、ω_p——土的液限和塑限；

I_L——液性指数，黏土可取0.75，粉质黏土取0.5。

③粉土。根据试验资料，粉土 e_1 =0.6～0.8，砂质粉土取较低值，黏质粉土取较高值。e_1 值也可根据加固后地基要求的承载力或抗液化能力确定。

(3)砂桩材料、直径、根数

确定 A 后，可根据施工设备的能力、地基的类型和地基处理的加固要求，确定桩体材料、砂桩的直径 d，并由此求出砂桩根数 n。

桩体材料的选择一般因地制宜，就地取材，可用碎石、卵石、角砾、圆砾、砾砂、粗砂、中砂或石屑等硬质材料。这些材料可单独使用，也可以粗、细粒料按一定比例配合使用，改善级配，提高桩体密实度。填料的颗粒与桩管的直径和桩尖构造有关，以施工时顺利出料为宜。砂石填料中最大粒径不应大于50 mm。考虑有利于排水，同时保证具有较高的强度，填料中含泥量不得大于5%。砂石桩的直径 d 取决于施工设备的能力、处理的目的和地基土类型等因素。对于饱和黏土地基，应采用较大的直径。目前，国内使用的砂石桩直径一般为300～800 mm。采用振动沉管法成桩时，直径通常采用300～600 mm。对于采用振冲法成孔的碎石桩，直径通常采用800～1 200 mm。一般来说，小直径桩的挤密效果均匀，但施工效率较低；大直径桩则需要较大的机械设备能力,效率较高,但桩间土挤密不易均匀。对于黏土地基,采用大直径桩可以提高置换率,并减少对地基土的扰动。一般成桩直径与桩管的直径比不宜大于1.5,以免因扩径较大对地基土产生较大的扰动。

砂石桩根数按下式计算:

$$n = \frac{4A_1}{\pi d^2} \tag{5.10}$$

(4)砂石桩间距

砂石桩间距应通过现场试验确定。根据经验,桩距一般控制在3.0~4.5倍桩径以内,太密打不下,太稀效果不明显。对于粉土和砂土地基,不宜大于砂石桩直径的4.5倍;对于黏土地基,不宜大于砂石桩直径的3.0倍。初步设计时,砂石桩的间距可按下列方法估算。

①松散粉土和砂土地基。可根据挤密后要求达到的孔隙比 e_1 确定。

若采用正方形布置,如图5.11所示。砂石桩间距 s 按下式计算:

$$s = 0.89\xi d\sqrt{\frac{1+e_0}{1+e_1}} \tag{5.11}$$

式中 ξ——修正系数,考虑振动下沉密实作用时,可取1.1~1.2;不考虑振动下沉密实作用时,可取1.0。

若采用等边三角形、梅花形布置,如图5.12所示。砂石桩间距按下式计算:

$$s = 0.95\xi d\sqrt{\frac{1+e_0}{1+e_1}} \tag{5.12}$$

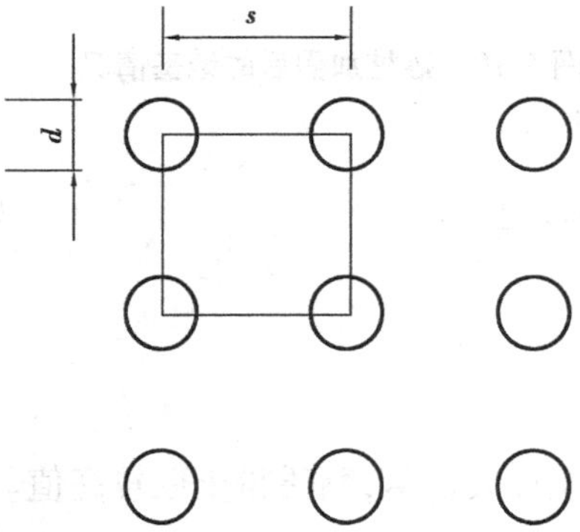

图5.11 正方形布桩

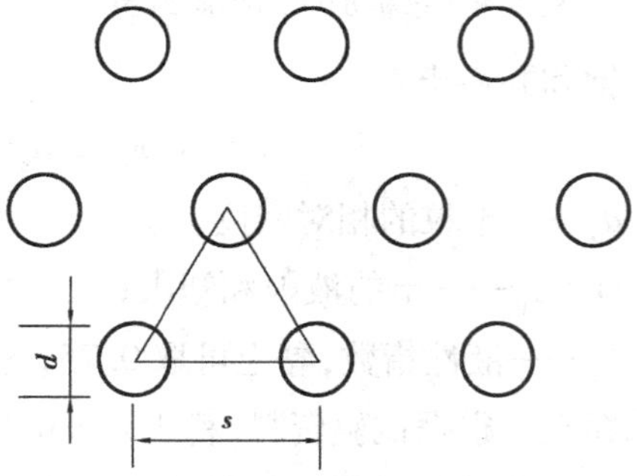

图5.12 正三角形布桩

②黏土地基。对于黏土地基,可将单桩承担的处理面积化为一个等面积的等效圆(图5.13)。按正方形和等边三角形布桩时,等效圆的面积 A_e 分别与正方形和正六边形的面积相等。

等边三角形布置时:

$$s = \sqrt{\frac{2A_e}{\sqrt{3}}} = 1.08\sqrt{A_e} \tag{5.13}$$

正方形布置时:

$$s = \sqrt{A_e}, A_e = A_P/M \tag{5.14}$$

式中 A_e——单根砂石桩承担的处理面积,m^2。

A_P——砂石桩的截面面积,m^2。

M——面积置换率，一般取0.10～0.30。

(5)砂石桩长度

砂石桩长度应根据松软土层的性质、厚度或工程要求按下列原则确定，桩长不宜小于4 m。

①相对硬层埋深较小时，应按相对硬层埋深确定。

②相对硬层埋深较大时，应按建筑地基变形允许值确定。一般单独基础为2倍基宽，条形基础取3倍基宽(主要压缩层厚度)。

③对于按稳定性控制的工程，加固深度应不小于最危险滑动面以下2.0 m的深度。

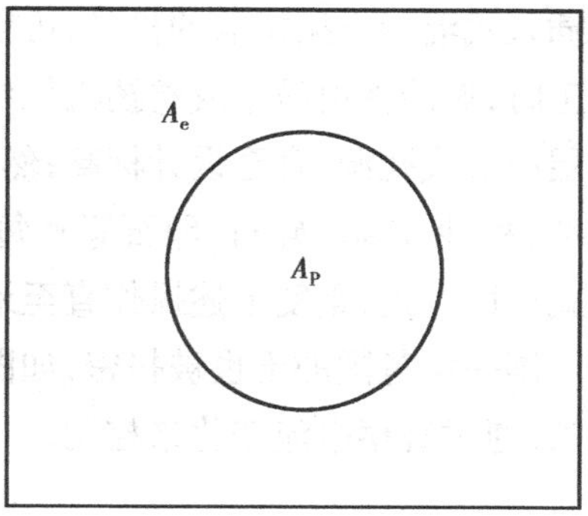

图5.13　单桩分担加固面积

④在可液化地基中，桩长应按抗震要求确定。

(6)挤密桩的砂石灌入量

为保证砂桩加固后地基达到设计要求的质量，每根桩应灌入足够的砂石量，以保证加固后土的密实度达到设计要求。

每根桩的砂石灌入量$Q(m^3)$可按下式计算：

$$Q = Kh\frac{\pi d^2}{4} \tag{5.15}$$

式中　K——充盈系数，一般为1.25～1.32；

h——砂石桩长度，m；

d——砂石桩直径，m。

砂石桩用于加固无黏性土时，设加固后地基土和砂石桩的孔隙比相同，每根桩的填料体积也可按下式计算：

$$Q = A_P h = \frac{e_0 - e_1}{1 + e_0}A_e h \tag{5.16}$$

由式(5.16)计算所得灌砂量是理论计算值，应考虑各种可能损耗，备砂量应大于此值。

(7)垫层

砂石桩复合地基在桩顶和基础之间宜铺设厚度为300～500 mm的垫层，垫层材料宜用中砂、粗砂、级配砂石和碎石等，最大粒径不宜大于30 mm，其夯填度(夯实后的厚度与虚铺厚度的比值)不应大于0.9。

2)挤密法的施工

(1)沉管法

沉管法，过去主要用于制作砂桩，近年来已开始用于制作碎石桩，这是一种干法施工。沉管法包括振动沉管、锤击沉管或冲击成孔等成桩法。沉管就位后，靠振动机的垂直上下振动作用，将带桩靴或底盖的钢套管打入土中成孔，填入砂料振动密实成桩，一边振动一边拔出套管，填料将桩孔充填密实。锤击式是将钢套管打入土中，其他工艺与振动式基本相同，但灌砂成桩和扩大用内管向下冲击而成。

(2)振冲法

振冲法根据加固机理不同，可分为振冲置换和振冲密实两类。对砂类土地基起振冲挤密作用，对黏性土地基起振冲置换作用。

振冲法主要的施工机具是振冲器、起重机、水泵和控制设备等(图5.14)。振冲器是一个类似插入式混凝土振捣器的机具,可以产生水平向振动力并可从端部和侧部进行射水和补给水。施工时,振冲器由吊车或卷扬机就位后,打开下喷水口,启动振冲器,在振动力和水冲作用下,在土层中形成孔洞,直至设计标高;然后经过清孔、用循环水带出孔中稠泥浆后,向桩孔逐段添加填料(粗砂、砾砂、碎石、卵石等),每段填料均在振冲器振动作用下振挤密实,达到要求密实度后就可以上提,重复上述操作直至地面,从而在地基中形成一根具有相当直径的密实桩体,同时孔周围一定范围的土也被挤密,如图5.15所示。孔内填料的密实度可以从振动所耗的电量来反映,通过观察电流变化来控制。

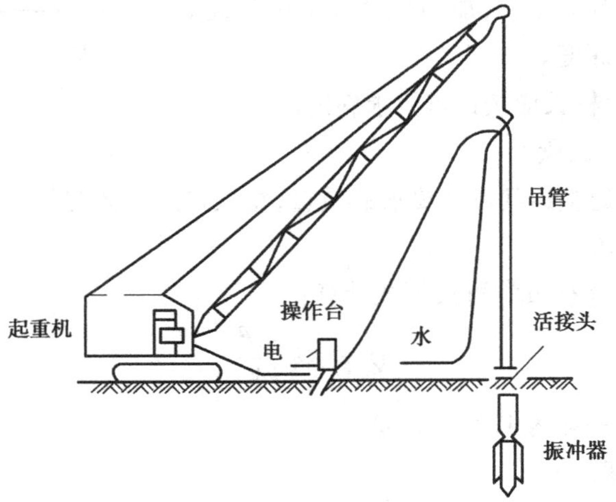

图5.14 振冲法施工配套机械

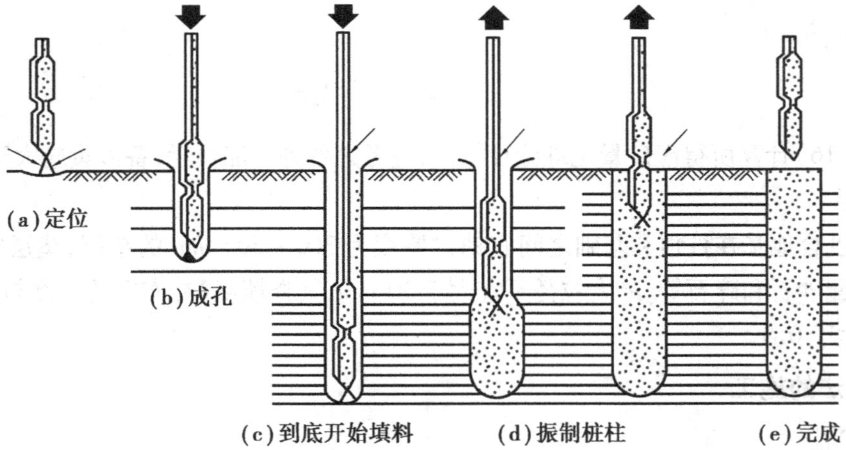

图5.15 振冲法成桩工艺

振冲法的显著优点是用一个较轻便的机具,将强大的水平振动(有的振冲器也附有垂直向的振动)直接递送到深度可达20 m左右的软弱地基内,施工设备较简单,操作方便,施工速度快,造价较低。其缺点是加固地基时要排出大量的泥浆,环境污染比较严重。

项目4 预压法

1. 预压法基本原理

预压法,又称排水固结法,是在建筑物建造前,预先在天然地基表面加载,或在设置砂井等竖向排水体的地基表面加载预压(图5.16),使土体中的孔隙水排出,逐渐固结压密,使地基强度逐渐提高的方法。该法适用于处理淤泥质土、淤泥、冲填土等饱和黏性土地基。

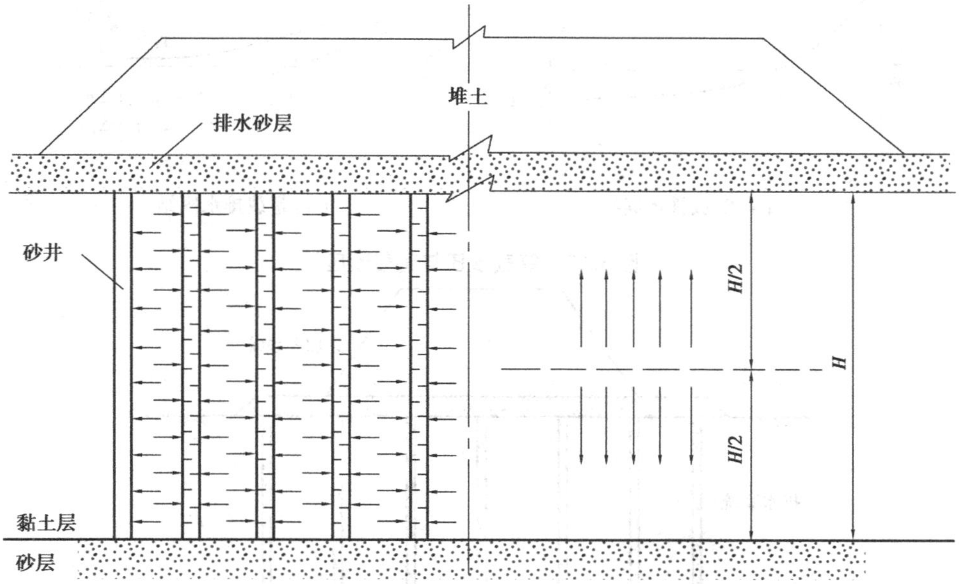

(a)沙井地基排水　(b)竖向排水

图5.16 排水固结法原理

预压法(排水固结法)主要由排水和加压两个系统组成。

1)排水系统

排水可以利用天然土层本身的透水性,尤其是软土地区多夹砂薄层的特点,也可设置排水系统。排水系统分为水平排水系统和竖向排水系统两种。水平排水系统是指软土层顶面的厚度不小于50 cm排水砂层,目的是创造一个竖向渗流的排水边界。竖向排水系统大致有普通砂井、袋装砂井和各种类型的塑料排水板等。设置竖向排水系统的目的是创造一个水平向渗流边界。

2)加压系统

(1)预压荷载

预压荷载主要有等载预压和超载预压两种情况,如图5.17所示。对于公路路基处理等情况,有时也采用欠载预压。超载预压地基处理的效果比较好,根据经验,超载Δp为20%永久荷载最为经济。当预压时间、残余沉降或工后沉降不满足工程要求时,可采取超载预压。

(2)加压系统

加压系统的形式和方法很多,目前常用的方法有堆载法、真空法、降水法、电渗法和联合法等。

①堆载预压法。通过临时堆填土石等方法对地基加载预压,常可与砂井法或塑料排水带法等同时应用(图 5.18)。如黏土层较薄,透水性较好,也可单独采用堆载预压法。该法适用于软黏土地基。

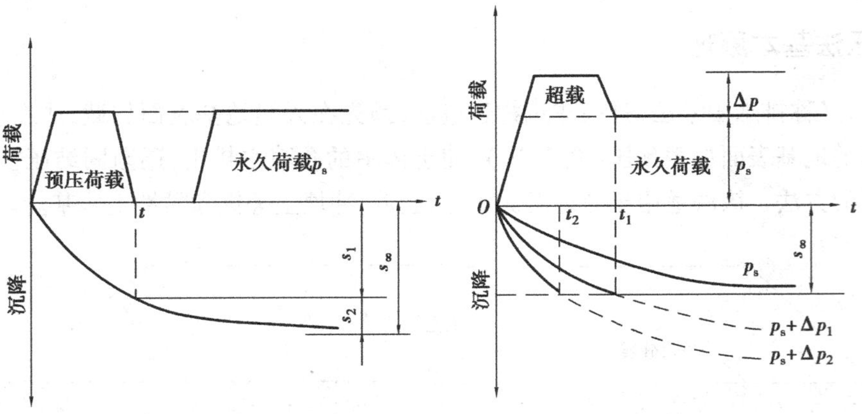

(a)等载排水固结　　(b)超载排水固结

图 5.17　等载预压与超载预压

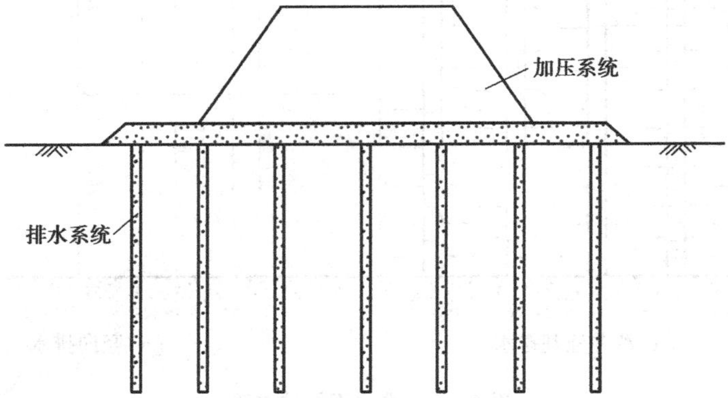

图 5.18　砂井堆载预压

②真空预压法。在黏土层上铺设砂垫层,然后用薄膜密封砂垫层,用真空泵对砂垫层及砂井抽气,使地下水位降低,同时在大气压力作用下加速地基固结(图 5.19)。该法适用于能在加固区形成(包括采取措施后形成)稳定负压边界条件的软土地基。

③真空-堆载联合预压法。真空预压达不到要求的预压荷载时,可与堆载预压联合使用,其堆载预压荷载和真空预压荷载可叠加计算。

④降低地下水位法。通过降低地下水位使土体中的孔隙水压力减小,从而增大有效应力,促进地基固结。该法适用于地下水位接近地面而开挖深度不大的工程,特别适用于饱和粉、细砂地基。

⑤电渗排水法。在土中插入金属电极并通以直流电,由于直流电场作用,土中的水从阳极流向阴极,然后将水从阴极排除,而不让水在阳极附近补充,借助电渗作用可逐渐排除土中水。工程中,常用此法降低黏性土中的含水量或降低地下水位来提高地基承载力或边坡的稳定性,特别适用于饱和软黏土地基。

3)预压法的设计

预压法的设计主要包括以下 3 项内容:

①排水系统设计;

②预压加载系统设计;

③计算堆载作用下地基土的固结度、强度增长、稳定性和变形。

对于重要工程,应选择试验区进行现场预压试验,分析地基处理效果,对设计进行修正,以指导整个场区的地基处理设计与施工。

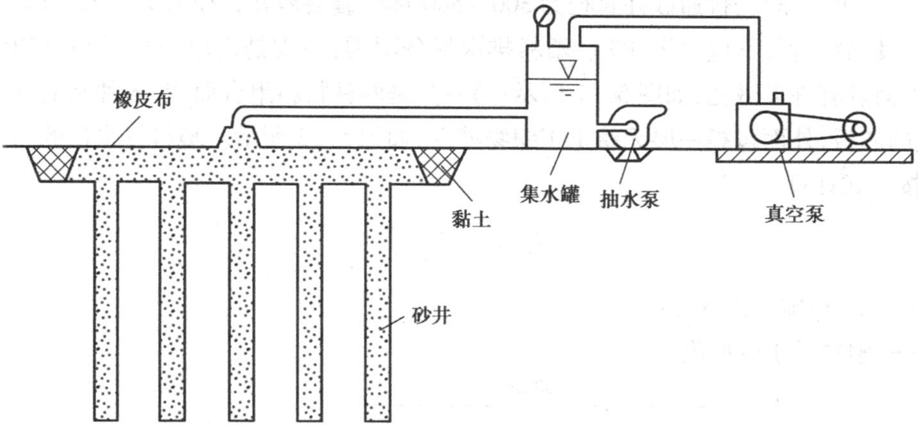

图5.19　真空预压法原理

2. 预压地基排水系统与预压加载的设计

预压地基应设计合理的排水系统与加载系统,使地基在不太长的时间内能达到90%以上的固结度。

1)排水系统的设计

(1)水平排水系统的设计

预压处理地基应在地表铺设与排水竖井相连的水平排水系统,通常采用砂垫层厚度不应小于500 mm;水下施工时砂垫层厚度一般为1.0 m左右。为节省材料,也可采用连通砂井的纵横砂沟代替整片砂垫层,如图5.20所示。砂沟的高度一般为0.5~1.0 m,砂沟宽度取砂井直径的2倍。砂垫层材料应采用透水性良好的砂料,其渗透系数一般不低于1×10^{-2} cm/s,同时能起到一定的反滤作用。通常采用级配良好的中粗砂,含泥量不大于3%~5%,砂砾垫层的干密度应大于1.5 t/m^3;一般不宜采用粉、细砂。当软土地基表面很软、施工有困难时,可先在地基表面铺一层塑料编织网或土工布,然后再铺排水砂垫层。

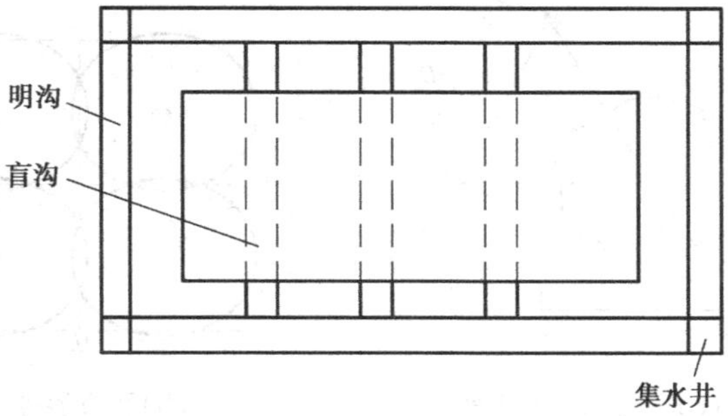

图5.20　排水砂沟盲沟的设置

另外,在预压区边缘应设置排水沟,在预压区内宜设置与砂垫层相连的排水盲沟,排水盲沟的间距不宜大于 20 m。

(2)竖向排水系统的设计

排水系统设计包括确定排水体类型、断面尺寸、布置方式与间距、深度等。

根据我国的情况,大致采用以下 3 种竖向排水体形式:普通砂井、袋装砂井、塑料排水带。考虑到施工的可操作性,普通砂井直径为 300 ~ 500 mm,袋装砂井直径为 70 ~ 120 mm。砂料宜用中粗砂,其黏粒含量不应大于 3%。塑料排水板分两类:一类是用单一材料制成的多孔管道的板带,表面刺有许多微孔,如图 5.21 所示;另一类是两种材料组合而成,各种断面形式的芯板或花式丝的芯板,外面包裹一层无纺土工织物滤套,如图 5.22 所示。塑料排水带的当量换算直径 d_p,可按下式计算:

$$d_p = \frac{2(b + \delta)}{\pi} \tag{5.17}$$

式中 b ——塑料排水带宽度;

δ——塑料排水带厚度。

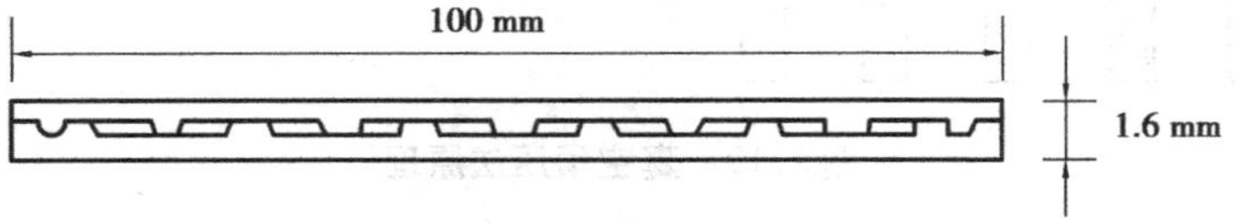

图 5.21 多孔单一结构塑料排水板

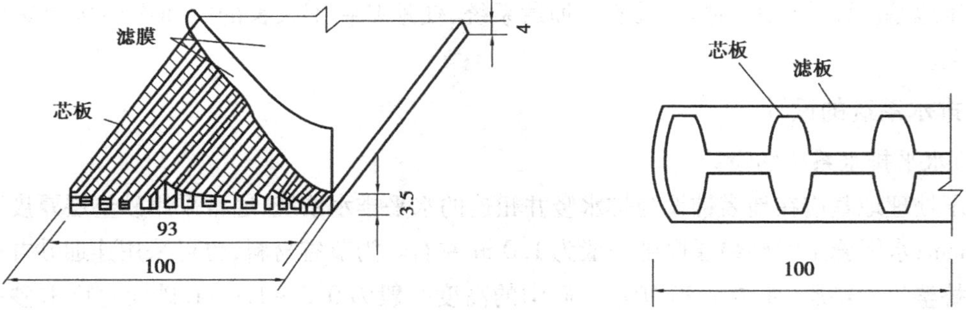

图 5.22 塑料排水板(单位:mm)

砂井的布置范围应比基础范围大为好,一般不应小于砂井直径的 2 倍,常由基础的轮廓线向外增加 2 ~ 4 m。砂井的平面布置可采取正方形或等边三角形,在大面积荷载作用下,认为每个砂井均起独立排水作用。等边三角形排列较正方形排列紧凑、有效,应用较多,如图 5.23 所示。

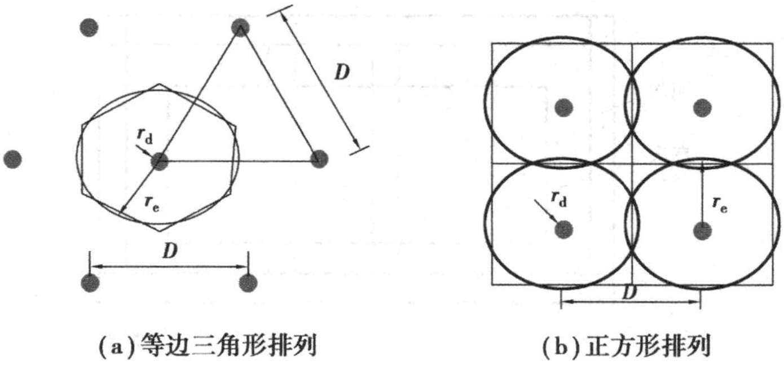

(a)等边三角形排列 (b)正方形排列

图 5.23 排水竖井平面布置

当为等边三角形排列时：

$$d_e = 1.05l \tag{5.18}$$

当为正方形排列时：

$$d_e = 1.13l \tag{5.19}$$

式中　d_e——竖井的有效排水直径；

l——竖井的间距。

竖向排水井的间距可根据地基土的固结特征和预定时间内所要求达到的固结度确定。设计时，砂井间距可按直径的6~8倍选用，袋装砂井和塑料排水板的间距可按直径的15~22倍计算。竖向排水的间距与直径之比称为井径比（$n=d_e/d_w$，d_w为竖井直径，对于塑料排水板，可取$d_w=d_p$）。

竖向排水井深度主要根据建筑物对地基的稳定性、变形要求和工期确定。对于以变形控制的建筑工程，竖井深度应根据在限定的预压时间内需完成的变形量确定，且竖井宜穿透受压土层。对于以地基抗滑稳定性控制的工程，竖井深度应大于最危险滑动面以下2.0 m。真空预压竖向排水通道宜穿透软土层，但不应进入透水层。

2）预压加载的设计

土体中的孔隙水是靠地面荷载所产生的应力将其挤出的，所以加压系统的设计和选择关系预压排水固结的效果。同时，预压法在施加荷载的过程中，任何时刻作用于地基上的荷载不得超过地基极限承载力，因此，预压加载设计包括确定预压区的范围、预压荷载的大小、荷载分级、加载速率以及预压时间等。

预压荷载顶面的范围应不小于建筑物基础外缘的范围。真空预压区边缘应大于建筑物基础轮廓线，每边增加量不得小于3.0 m。真空预压地基加固面积较大时，宜采取分区加固，每块预压面积应尽可能大且呈方形，分区面积宜为2 000~40 000 m^2。

预压荷载大小应根据设计要求确定。对于沉降有严格限制的建筑，应采取超载预压法处理地基。当受预压时间限制，残余沉降或工程投入使用后的沉降不满足工程要求时，在保证整体稳定条件下可采用超载预压。采用超载预压法处理时，超载量大小应根据预压时间内要求完成的变形量通过计算确定，并宜使预压荷载下受压土层各点的有效竖向应力大于建筑物荷载引起的相应点的附加应力，在建筑物荷载作用下地基土将不再发生主固结变形，而且将减小并推迟次固结变形的发生。

加载速率应根据地基土的强度确定。对于堆载预压工程，当天然地基土的强度满足预压荷载下地基的稳定性要求时，可一次性加载；如不满足，应分级逐渐加载，待前期预压荷载下地基土的强度增长满足下一级荷载下地基的稳定性要求时，方可加载。对于真空预压工程，可采用一次连续抽真空至最大压力的加载方式。真空预压的膜下真空度应稳定地保持在86.7 kPa（650 mmHg）以上，且应均匀分布。

对于主要以变形控制设计的建筑物，当地基土经预压所完成的变形量和平均固结度满足设计要求时，可以卸除预压荷载。对于以地基承载力或抗滑稳定性控制设计的建筑物，当地基土经预压而增长的强度满足建筑物地基承载力或稳定性要求时，方可卸载。

堆载预压处理地基设计的平均固结度不宜低于90%，且应在现场监测的变形速率明显变缓时方可卸载。真空预压时间还要求不宜低于90 d。

3. 预压地基的施工

应用预压法加固软黏土地基，其一般施工顺序如下：

①铺设水平排水垫层；

②设置竖向排水体（砂井）；

③埋设观测设备；

④实施预压；

⑤检查预压效果，若不满足设计要求，则更改设计至满足设计要求为止。

从施工角度分析，要保证预压排水固结法的加固效果，预压法施工要注意做好以下3个环节：铺设水平砂垫层、设置竖向排水体、施加预压荷载。

1）铺设水平砂垫层

常用的排水砂垫层施工方法有分堆摊铺法、顺序推进摊铺法等。若地基表面很软，可先在地基表面铺设筋网层进行适当加强后，再铺设砂垫层。

不论采用何种施工方法，都应避免对软土表层的过大扰动，以免造成砂和淤泥混合，影响砂垫层的排水效果。另外，在铺设砂垫层时，应除净砂井顶面的淤泥或其他杂物，以便砂井排水。

2）设置竖向排水体

（1）砂井施工方法

砂井成井设备一般用沉桩机（振动、锤击、静压），另配外径为井直径、下端带活瓣桩尖或预制桩尖的桩管。配套机具有吊斗、翻斗车等类似于沉管灌注桩的施工设备，其中以振动沉管效率较高。

砂井施工应尽量减少对周围土的扰动，保证砂井连续和密实，且不出现缩颈现象。砂井尺寸（长度、直径、间距）及灌砂密实度满足设计要求。砂井的灌砂量应按井孔的体积和砂在中密状态时的干密度计算，其实际灌砂量不得小于计算值的95%。

（2）塑料排水板和袋装砂井施工方法

塑料排水板和袋装砂井施工，宜配置能检测其深度的设备。塑料排水板施工一般采用插板机施工，其性能指标必须符合设计要求，破损或污染的塑料排水板不得在工程中使用。塑料排水板需接长时，应采用滤膜内芯带平搭接的连接方法，搭接长度宜大于200 mm。塑料排水板施工所用套管应保证插入地基中的带子不扭曲。袋装砂井施工所用套管内径略大于砂井直径，灌入砂袋中的砂宜用干砂，并应灌注密实。塑料排水板和袋装砂井砂袋埋入砂垫层中的长度不应小于500 mm。

3）施加预压荷载

（1）堆载预压加载

堆载预压加载时，堆载的材料一般以散体材料为主，如石料、砂、砖等。大面积施工时，通常采用自卸汽车与推土机联合作业。对于超软地基堆载预压，第一级荷载宜用轻型机械或人工作业。对于路堤、土坝、油罐、水池等工程，可以利用建筑结构物自重采用逐层填筑的方法加压。

（2）真空预压加载

真空预压法的工艺与设备以及布置如图5.24所示。真空预压法设备包括抽气设备及真空管道、真空滤水管、密封膜等。

抽气设备宜采用射流真空泵，所需真空泵数量可按加固面积的大小和形状、土层结构特点，按每套设备可抽真空的面积为1 000～1 500 m^2 确定，每块预压区至少设两台真空泵。真空管道、滤水管应设在砂垫层中，可采用钢管或塑料管，外包尼龙纱或土工织物等滤水材料，其上覆盖厚度为100～200 mm的砂垫层。密封膜应采用抗老化性能好、韧性好、抗穿刺性能强的不透气材料；宜铺设3层，膜周边可采用挖沟埋膜、平铺并用黏土覆盖压边、围埝沟内及膜上覆水等方法进行密封；密封膜热合时，宜采用双热合缝的平搭接，搭接宽度应大于15 mm。

对于表层存在良好的透气层或在处理范围内有充足水源补给的透水层，应采取有效措施隔断透气层或透水层，可采用打设黏性土密封墙、开挖换填和垂直铺设密封膜穿过透水透气层等方法。

预压地基加固应考虑预压施工对相邻建筑物、地下管线等产生附加沉降的影响。真空预压地基加固区边线与相邻建筑物、地下管线等的距离不宜小于20 m。当距离较近时，应对相邻建筑物、地下管线等采取保护措施。

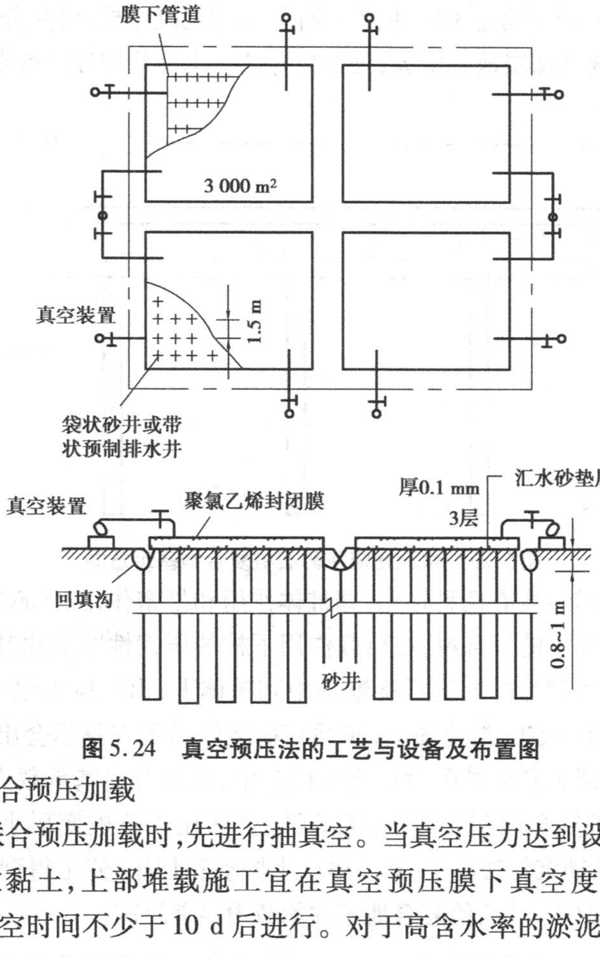

图5.24　真空预压法的工艺与设备及布置图

(3)真空-堆载联合预压加载

采用真空-堆载联合预压加载时，先进行抽真空。当真空压力达到设计要求并稳定后，再进行堆载。对于一般软黏土，上部堆载施工宜在真空预压膜下真空度稳定地达到86.7 kPa(650 mmHg)，且抽真空时间不少于10 d后进行。对于高含水率的淤泥类土，上部堆载施工宜在真空预压膜下真空度稳定地达到86.7 kPa(650 mmHg)且抽真空20～30 d后进行。堆载体的坡肩线宜与真空预压边线一致。堆载时，需在真空膜上铺设土工编织布等保护材料。

预压地基竣工验收检验应对预压的地基土进行原位试验和室内土工试验，以检验预压后地基强度是否满足要求，并检验排水竖井处理深度范围内和竖井底面以下受压土层，经预压所完成的竖向变形量和平均固结度是否满足设计要求。

项目5 水泥粉煤灰碎石桩(CFG桩)

1. 概念

水泥粉煤灰碎石桩,简称CFG桩,是近年来发展迅速、用于处理软弱地基的一种新方法。它是在碎石桩的基础上掺入适量石屑、粉煤灰和少量水泥,加水拌和后制成的一种具有一定强度的桩体。其骨料仍为碎石,用掺入石屑来改善颗粒级配;掺入粉煤灰来改善混合料的和易性,并利用其活性减少水泥用量;掺入少量水泥使其具有一定黏结强度。通过调整水泥的用量及配合比,可使桩体强度等级达C7~C15,具有明显的刚性桩特性。通常在桩顶与基础之间铺设一层150~300 mm厚的中砂、粗砂、级配砂石或碎石(称为褥垫层),以便于桩间土发挥承载力,与桩组成复合地基,如图5.25所示。CFG桩是一种低强度混凝土桩,可充分利用桩间土的承载力共同作用,并可传递荷载到深层地基中去,具有较好的技术性能和经济效果。

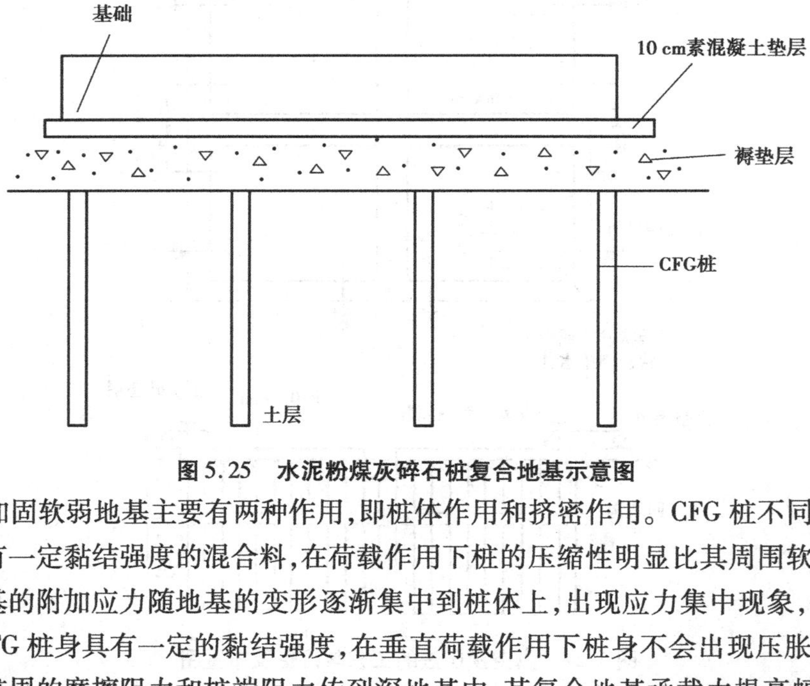

图5.25 水泥粉煤灰碎石桩复合地基示意图

CFG桩加固软弱地基主要有两种作用,即桩体作用和挤密作用。CFG桩不同于碎石桩,它的桩身为具有一定黏结强度的混合料,在荷载作用下桩的压缩性明显比其周围软土小,使基础传给复合地基的附加应力随地基的变形逐渐集中到桩体上,出现应力集中现象,使桩起到“桩体作用”。CFG桩身具有一定的黏结强度,在垂直荷载作用下桩身不会出现压胀变形,桩承受的荷载通过桩周的摩擦阻力和桩端阻力传到深地基中,其复合地基承载力提高幅度较大,约4倍或更大。另外,CFG桩复合地基变形小,沉降稳定快(比碎石桩变形小3.5倍,沉降稳定快2.5倍)。CFG桩采用振动沉管法施工,对土体产生振动和挤压,使土得到“挤密作用”,使加固后桩土的力学性能大为改善,从而使复合地基的承载力显著提高。

2. 特点及适用范围

CFG桩的特点如下:

①改变桩长、桩径、桩距等设计参数,可使承载力在较大范围内得到调整。

②有较高的承载力,承载力提高幅度在250%~300%,对软土地基承载力提高更大。

③沉降量小,变形稳定、快。如将CFG桩落在较硬土层上,可较严格地控制地基沉降量在10 mm以内。

④工艺性好。由于大量采用粉煤灰，成桩时桩体材料具有良好的流动性与和易性，灌注方便，易于控制施工质量。

⑤节约大量水泥、钢材，利用工业废料，消耗大量粉煤灰，降低工程费用。与预制钢筋混凝土加固相比，可节省费用30%～40%。

CFG桩适用于多层和高层建筑地基，如砂土、粉土、松散填土、粉质黏土、淤泥质黏土等处理。

3. 施工参数选择

CFG桩处理软弱地基，应以提高地基承载力和减少地基变形为主要目的，以发挥CFG桩的桩体作用。对于松散砂性土地基，应考虑施工时的挤密效应。若以挤密松散砂性土为主要目的，采用CFG桩是不经济的。

(1)桩径

桩径根据振动桩机的管径大小而定，一般为350～400 mm。

(2)桩距

桩距根据土质、布桩形成、场地情况而定，可按表5.9选用。

表5.9　CFG桩桩距选用表

桩　距		土　质		
		挤密性好的土，如砂土、粉土、松散填土等	可挤密性土，如粉质黏土、非饱和黏土等	不可挤密性土，如饱和黏土、淤泥质黏土等
桩基布置	单、双排布桩的条形基础	(3～5)D	(3.5～5)D	(4～5)D
	含9根以下的独立基础	(3～6)D	(3.5～6)D	(4～6)D
	满堂布置	(4～6)D	(4～6)D	(4.5～7)D

注：D为桩径，以成桩后的实际直径为准。

(3)桩长

桩长根据需挤密加固深度而定，一般为6～12 m。

(4)复合地基承载力

根据桩径、桩长、桩距、上部土层和桩尖下卧层土体物理力学性能以及桩间土内外区面积的比值等因素确定复合地基承载力。

(5)材料要求

①水泥：宜选用强度等级为32.5以上的普通硅酸盐水泥。

②褥垫层材料：宜用中砂、粗砂、碎石或级配砂石等，最大粒径不宜大于30 mm的材料。不宜选用卵石（因咬合力差，施工扰动容易使褥垫层厚度不均匀）。

③碎石：宜用粒径为20～50 mm，松散密度为1.39 t/m^3，杂质含量小于5%的碎石。

④石屑：宜用粒径为2.5～10 mm，松散密度为1.47 t/m^3，杂质含量小于5%的石屑。

⑤粉煤灰：选用Ⅲ级或Ⅲ级以上的粉煤灰。

⑥混合料配比：根据拟固场地的土质情况及加固后要求达到的承载力而定。水泥、粉煤灰、碎石混合料按抗压强度相当于C7～C15低强度等级混凝土，密度大于2 000 kg/m^3。掺入最佳

石屑率(石屑质量与碎石和石屑总质量之比)约为25%的情况下,当 W/C 为1.01~1.47、F/C(粉煤灰与水泥质量之比)为1.02~1.65时,混凝土抗压强度为8.8~14.2 MPa。

4.施工工艺

常用的施工方法有振动沉管灌注成桩、长螺旋钻孔管内泵压混合料灌注成桩两种。

1)振动沉管CFG桩施工工艺

振动沉管灌注成桩,适用于粉土、黏性土及素填土地基(使用的桩尖采用钢筋混凝土预制桩尖或钢制活瓣桩尖)。

(1)施工准备

施工前应准备以下资料:

①建筑物场地岩土工程勘察报告;

②桩基布桩图,图上应标明桩位编号、设计说明和施工说明;

③建筑场地邻近的高压电缆、电话线、地下管线、地下构筑物及障碍物等调查资料;

④建筑物场地的水准控制点和建筑物位置控制坐标等资料;

⑤具备"四通一平"条件。

(2)CFG桩施工

施工流程如图5.26所示。

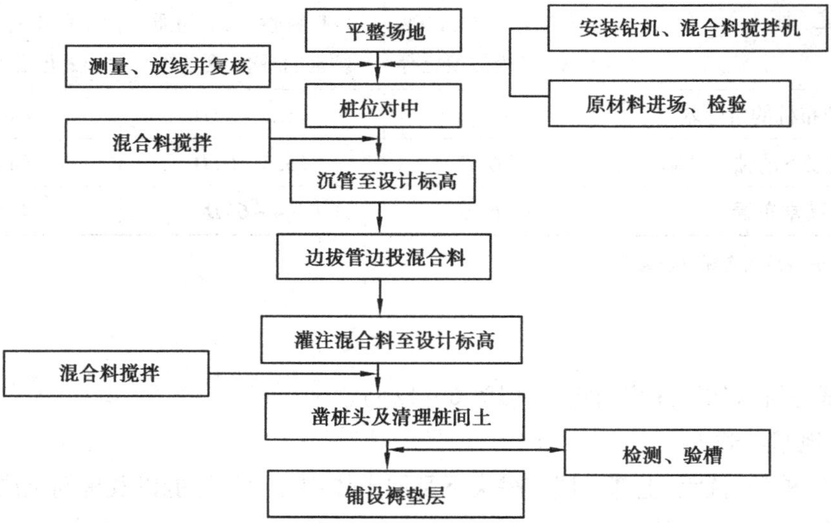

图5.26　振动沉管CFG桩施工流程图

①桩机进入现场,根据设计桩长、沉管入土深度,确定机架高度和沉管长度,并进行设备组装。

②桩机就位,调整沉管与地面垂直,确保垂直度偏差不大于1%。

③启动马达,沉管到预定标高,停机。

④沉管过程中做好记录,每沉1 m记录电流表电流一次,并对土层变化处予以说明。

⑤停机后立即向管内投料,直到混合料与进料口齐平。混合料按设计配比经搅拌机加水拌和,拌和时间不少于1 min,如粉煤灰用量较多,搅拌时间还应适当放长。加水量按坍落度3~5 m控制,成桩后浮浆厚度以不超过20 cm为宜。

⑥启动马达，留振 5~10 s，开始拔管，拔管速率一般为 1.2~1.5 m/min。如遇淤泥或淤泥质土，拔管速率可放慢。拔管过程中不允许反插。如上料不足，需在拔管过程中空中投料，以保证成桩后桩顶标高达到设计要求。成桩后桩顶标高应考虑计入保护桩长。

⑦沉管拔出地面，确认成桩符合设计要求后，用粒状材料或湿黏土封顶，然后移机进行下一根桩施工。

⑧施工过程中，抽样做混合料试块，一般一个台班做一组，试块尺寸为 15 cm×15 cm×15 cm，并测定 28 d 的抗压强度。

(3)施工中常见问题

①施工对土的强度影响。就土的挤密性而言，可将地基土分为三大类：其一为挤密性好的土，如疏松填土、粉土、砂土等；其二为可挤密性土，如塑性指数不大的松散的粉质黏土和非饱和黏性土；其三为不可挤密土，如塑性指数高的饱和软黏土和淤泥质土，振动使其结构破坏，强度反而降低。

②缩颈和断桩。在饱和软土中成桩，桩机的振动力较小。采用连打作业的，新打桩对已打桩的作用主要表现为挤压，使得已打桩被挤扁成椭圆形或不规则形，严重的产生缩颈和断桩。在上部有较硬的土层或中间夹有硬土层中成桩，桩机的振动力较大，对已打桩的影响主要为振动破坏；采用隔桩跳打工艺，若已打桩结硬强度又不太高，在中间补打新桩时，已打桩有时会被震裂。提升沉管速度太快也可能导致缩颈和断桩。

③桩体强度不均匀。拔管太慢或留振时间过长，会导致桩端水泥含量较少，桩顶浮浆过多，而且混合料也容易产生离析，造成桩身强度不均匀。

④土、料混合。采用活瓣桩靴成桩时，可能出现的问题是桩靴开口打开的宽度不够，混合料下落不充分，造成桩端与土接触不密实或桩端附近桩端桩径较小。

若采用反插法，由于桩管垂直度很难保证，反插容易使土与桩体材料混合，产生桩身掺土等缺陷。

2)长螺旋钻管内泵压 CFG 桩施工工艺

长螺旋钻孔灌注成桩适用于地下水位以上的黏性土、粉土、素填土、中等密实以上的砂土；长螺旋钻孔管内泵压 CFG 成桩适用于黏性土、粉土、砂土，以及对噪声或泥浆污染要求严格的场地。

(1)施工设备

长螺旋钻管内泵压 CFG 桩施工工艺是由长螺旋钻机、混凝土泵和强制式混凝土搅拌机组成的、完整的施工体系，如图 5.27 所示。其中，长螺旋钻机是该工艺设备的核心部分。目前，长螺旋钻机根据其成孔深度分为 12 m、16 m、18 m、24 m 和 30 m 等机型，施工前应根据设计桩长确定施工采用的设备。

(2)CFG 桩施工

长螺旋钻孔灌注成桩及长螺旋钻孔、管内泵压混合料灌注成桩施工示意如图 5.28 所示。

①钻机就位。CFG 桩施工时，钻机就位后，应用钻机塔身的前后和左右的垂直标杆检查塔身导杆正位置，使钻杆垂直对准桩位中心，确保 CFG 桩垂直度偏差不大于1%。

②混合料搅拌。混合料搅拌要求按配合比进行配料，计量要求准确。上料顺序为：先装碎石或卵石，再加水泥、粉煤灰和外加剂，最后加砂，使水泥、粉煤灰和外加剂夹在砂、石之间，不易飞扬或黏附在筒壁上，也易于搅拌均匀。每盘混合料搅拌时间不应小于60 s。混合料坍落度控

制在 16 ~20 cm。在泵送前,混凝土泵,搅拌机搅拌筒应备好熟料。

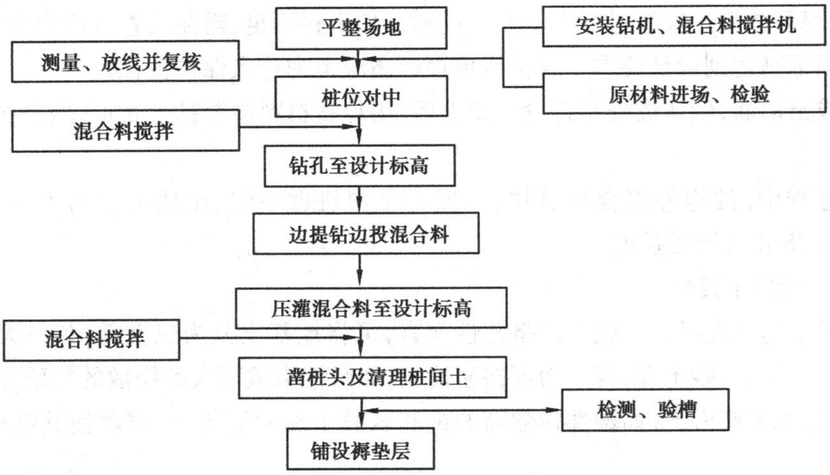

图 5.27 长螺旋钻管内泵压 CFG 桩施工流程图

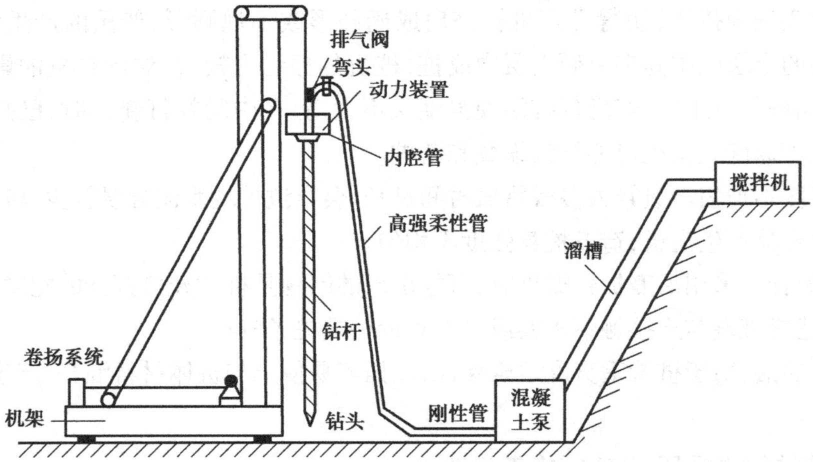

图 5.28 长螺旋钻管内泵压 CFG 桩施工示意图

③钻进成孔。钻孔开始时,关闭钻头阀门,向下移动钻杆至钻头触及地面时,启动马达钻进。一般应先慢后快,这样既能减少钻杆摇晃,又容易检查钻孔的偏差,以便及时纠正。在成孔过程中,如发现钻杆摇晃或难以钻进时,应放慢进尺,否则,较易导致桩孔偏斜、移位,甚至使钻杆、钻具损坏。钻进的深度取决于设计桩长,当钻头到达设计桩长预定标高时,应在与动力头底面停留位置相应的钻机塔身处做醒目标记,作为施工时控制桩长的依据。正式施工时,当动力头底面到达标记处,桩长即满足设计要求。施工时,还应当考虑施工工作面的标高差异,做相应增减。在钻进过程中,当遇到圆砾层或卵石层时,会发现进尺明显变慢,机架出现轻微晃动。在有些工程中,可根据这些特征来判定钻杆进入圆砾层或卵石层的深度。

④灌注及拔管。CFG 桩成孔到设计标高后,停止钻进,开始泵送混合料。当钻杆芯管充满混合料后开始拔管,严禁先提管后泵料。成桩的提拔速度宜控制在 2 ~3 m/min。成桩过程宜连续进行,应避免因后台供料缓慢而导致停机待料。若施工中因其他原因不能连续灌注,必须根据勘察报告和已掌握的施工场地的地质情况避开饱和砂土和粉土层,不得在这些土层内停机。灌注成桩后,用水泥袋盖好桩头进行保护。施工中,每根桩的投料量不得少于设计灌注量。

⑤移机。当上一根桩施工完成后，钻机移位，进行下一根桩施工。施工时由于 CFG 桩排出的土较多，经常将邻近的桩位覆盖，有时还会因钻机支撑脚压在桩位旁使原标定的桩位发生移动。因此，下一根桩施工时，还应根据轴线或周围桩的位置对目标桩位进行复核，保证桩位准确。

(3) CFG 桩施工中常见的问题及质量控制

①堵管。堵管是长螺旋钻管内泵压 CFG 桩施工中常见问题之一，它直接影响 CFG 桩的施工效率，增加工人劳动强度，还会造成材料浪费。特别是故障排除不畅时，使已搅拌的 CFG 桩混合料失水或结硬，增加再次堵管的概率，给施工带来很多困难。

造成堵管原因主要有以下几种：

a. 混合料配合比不合理。主要是混合料中的细骨料和粉煤灰用量较少，混合料的和易性较差，从而发生堵管。

b. 混合料搅拌质量有缺陷。坍落度太大的混合料，易产生泌水、离析。在管道内，水浮到上面，骨料下沉。在泵压作用下，水先流动，骨料与砂浆分离，摩擦力剧增，从而导致堵管。坍落度太小，混合料在管道内流动性差，也容易堵管。施工时，坍落度宜控制在 16 ~ 20 cm。若混合料可泵性差，可适量掺入泵送剂。

c. 设备缺陷。弯头是连接钻杆与高强度柔性管的重要部件。若弯头的曲率半径不合理，会发生堵管；弯头与钻杆垂直连接，也将发生堵管。此外，管接头不牢固，垫圈破损，也会导致水泥砂的流失，造成堵管。

d. 施工操作不当。钻杆进入土层预定标高后，开始泵送混合料，管内空气从排气阀排出，待钻杆芯管及输送管充满混合料、管内介质是连续体后，应及时提钻，保证混合料在一定压力下灌注成桩。若注满混合料后不及时提钻，混凝土泵一直泵送，在泵送压力下会使钻头处的水泥浆液挤出，同样可使钻头阀门处产生无水泥浆的干硬混合料塞体，使管道堵塞。

②窜孔。在饱和粉土和粉细砂层中常遇到这种情况，施工完 1 号桩后，接着施工相邻的 2 号桩时，随着钻杆的钻进，发现已施工完且尚未结硬的 1 号桩桩顶突然下落，有时下落甚至达 2 m 以上。当 2 号桩泵入混合料时，能使 1 号桩下降的桩顶开始回升。泵入 2 号桩的混合料足够多时，1 号桩桩顶恢复到原标高。工程中称这种现象为窜孔。窜孔发生的条件有：被加固土层中有松散饱和粉土或粉细砂；钻杆钻进过程中，叶片的剪切作用对土体产生扰动；土体受剪切扰动积累的能量，足以使土体发生液化等。大量工程实践证明，当被加固土层中有松散粉土或粉细砂，但没有地下水时，施工未发现有窜孔现象；被加固土层中有松散砂土或粉细砂且有地下水，但桩距很大且每根桩成桩时间很短时，也很少发生窜孔现象；只是在桩距较小，桩的长度较大，成桩时间较长，且成桩时一次移机施打周围桩数量过多时才发生窜孔。

工程中常用的防止窜孔的方法有以下 4 种：

a. 对有窜孔可能的被加固地基尽量采用大桩距的设计方案。增大桩距的目的在于减少新打桩对已打桩的剪切扰动，避免不良影响。

b. 改进钻头，提高钻进速度。

c. 减少在窜孔区域打桩推进排数，如将一次打 4 排改为 2 排或 1 排。尽快离开已打桩，减少对已打桩扰动能量的积累。

d. 必要时采用隔桩、隔排跳打方案，但跳打要求及时清除成桩时排出的弃土，否则会影响施工进度。

③钻头阀门不开。施工过程中,发现有时钻孔到预定标高后,泵送混合料提钻时钻头阀门打不开,无法灌注成桩。阀门打不开一般有以下两个原因:一是钻头构造缺陷,如当钻头阀门盖板采用内嵌式时,可能有砂粒、小卵石等卡住,导致阀门无法开启;二是当桩端落在透水性好的砂土或卵石层中,阀门外侧除受土侧向压力外,受到水的侧压力也很大。阀门内侧的混合料侧压力小于阀门外的侧压力,导致阀门打不开。当钻杆提升到某一高度后,侧压力逐渐减小,管内混合料侧压力不变;当管内侧压力大于管外侧压力时,阀门打开,混合料突然下落。这种情况在施工中经常发生。阀门打不开多为此种情况。该问题可采用改进阀门的结构形式或调整桩长使桩端穿过砂土而进入黏性土层的措施来解决。

④桩体上部存气。截桩头时,发现个别桩桩顶存有空间不大的空心,主要是施工过程中,排气阀不能正常工作所致。众所周知,空气无孔不入,钻杆成孔钻进时,管内充满空气,钻孔到预定标高开始泵送混合料,排气阀工作正常,能将管内空气排出。若排气阀被混合料浆液堵塞,不能正常工作,钻杆管内空气无法排出,就会导致桩体存气并形成空洞。为杜绝桩体存气,必须保证排气阀正常工作。施工时,要经常检查排气阀是否发生堵塞,若发生堵塞必须及时采取措施加以清洗。

⑤先提钻后泵料。有些施工单位施工时,当桩端达到设计标高后,为便于打开阀门,泵送混合料前将钻杆提拔 30 cm。这样操作存在的问题有:一是有可能使钻头上的土掉进桩孔;二是桩端为饱和的砂卵石层时,提拔 30 cm 易使水迅速填充该空间,泵送混合料后,混合料不足以立即排空全部水分,桩端的混合料可能存在浆液与骨料分离现象。这两种情况均会影响 CFG 桩的桩端承载力的发挥。这主要是由于桩端处存有虚土或桩端混合料离析造成的端阻力减小,随着荷载的不断增加,桩端虚土或散体材料进一步被压实,端阻进一步发挥,承载力又进一步提高。

项目6　深层搅拌法

1. 深层搅拌法的概念、特点及应用

1)概念

深层搅拌法是用于加固饱和黏性土地基的一种方法。它是利用水泥或石灰等材料作为固化剂,通过特制的搅拌机械,在地基深处就地将软土和固化剂(浆液或粉体)强制搅拌,由固化剂和软土间所产生的一系列物理化学反应,使软土硬结成具有整体性、水稳定性和一定强度的加固体,从而提高地基强度和增大变形模量。根据施工方法的不同,深层搅拌法分为水泥浆搅拌和粉体喷射搅拌两种。前者是用水泥浆和地基土搅拌,后者是用水泥粉或石灰粉和地基土搅拌。

2)特点

①深层搅拌法将固化剂和原地基软土搅拌混合,能最大限度地利用原土。

②搅拌时不会使地基侧面挤出,故对周围原有建筑物的影响很小。

③按照不同地基土的性质及工程设计要求,合理选择固化剂及其配方,设计比较灵活。

④施工时无振动、无噪声、无污染,可在市区内和密集建筑群中进行施工。

⑤土体加固后重度基本不变,对软弱下卧层不致产生附加沉降。

⑥与钢筋混凝土桩基相比,可节省大量钢材,降低造价。

⑦根据上部结构的需要,可灵活多样地采用柱状、格栅状和块状等加固形式。

3)应用

深层搅拌法可用于加固软土地基,提高软土地基的承载能力,减少沉降量,提高边坡的稳定性。一般适用于以下情况:

①作为建筑物或构筑物的地基、高填方路堤下基层等。

②进行大面积地基加固,防止码头岸壁的滑动,深基坑开挖时防坍塌。防止坑底隆起,减少软土中地下构筑物的沉降。

③加固道路、桥涵等。

④作为地下防渗墙,阻止地下渗透水流,对桩侧或板桩背后的软土加固,以增加侧向承载能力。

2.深层搅拌桩施工工艺

1)施工前的水泥土配合比试验

深层搅拌桩技术在加固机理、设计计算、施工工艺等方面还有不完善的地方,有些还处于半理论半经验状态。因此,在施工前除要获得必需的资料外,还应特别重视水泥土的室内配合比试验。

(1)施工前应取得的资料

①工程地质资料:查明填土层的厚度和组成、软土层的分布范围和厚度以及各土层的物理和力学性能。

②土质分析资料:了解土的主要成分及有机质含量,判断水泥加固地基土的效果。

③水质资料:对拟加固场地地下水的 pH 值、硫酸盐含量、侵蚀性二氧化碳等进行分析,以判断对水泥的侵蚀性。

(2)水泥土的室内配比试验

施工前必须进行室内配比试验,根据现场地基土的性质,选择合适的固化剂及外掺剂制备水泥土进行强度试验,为设计施工提供必要的参数。

①试验目的:了解水泥掺入量、水灰比、水泥的品种及外掺剂掺量对水泥土强度的影响,为设计计算及施工工艺控制提供可靠的参数。

②土样制备:在拟加固现场的不同区域采集土样。土样一般有两种:一是原状土样,把在现场钻取或挖取的原状土密封在双层塑料袋内,并在 24 h 内制成试样;二是风干土样,将现场采取的土样进行风干、碾碎并通过 2 ~5 mm 的筛子筛成的粉状土料。

③固化剂的选择。水泥品种:选用不同品种、不同强度等级的水泥(一般为 42.5 级、52.5 级)。水泥出厂日期不应超过 3 个月,并应在试验前重新测定其等级。水泥掺入比:掺入的水泥质量与被加固的软土质量之比,可根据要求选用 7% ~20%。

④外掺剂的选择:可在水泥土中加入木质素磺酸钙、石膏、三乙醇胺、氯化钠、氯化钙及粉煤灰等,通过试验确定经济合理的加量。

⑤试验设备与规程:一般仍按土工、混凝土及砂浆试验仪器和规程进行试验。

⑥试件的制作和养护:按配方分别称量土、水泥、外掺剂和水。用搅拌铲人工拌和均匀,然后在 70.7 mm ×70.7 mm ×70.7 mm 或 50 mm ×50 mm ×50 mm 的试模内装入一半试料,击振试模 50 下,紧接着填入其余试料再击 50 下,最后将试块表面刮平并盖上塑料布,以防水分过量蒸

发。试样成型后,根据水泥土强度决定拆模时间,一般为 1 ~ 2 d。拆模后,将试样装入塑料袋内,进入标准水中养护。

(3)水泥土搅拌桩的野外试验

①试验目的:

a. 根据室内配比结果求得的最佳配方进行现场试验。

b. 在相同的水泥掺入比情况下,由现场试验得到的结果,推算出室内试块与现场桩身强度之间的关系。

c. 确定施工工艺参数,如泵送时间、搅拌机提升速度、复搅次数、深度等。对于喷液施工,还要确定水泥浆的水灰比。

d. 比较不同桩长与不同桩身强度时的单桩承载力。

e. 确定水泥土搅拌桩复合地基承载力。

②试验方法:

a. 在桩身不同部位采取现场试样,在试验室内分割成与室内试块同样尺寸的试样。在相同龄期时,比较室内外试样强度之间的关系。

b. 进行单桩与复合地基承载力试验。

c. 进行复合地基承载力试验时,可在载荷板下埋设土压力盒,以了解复合地基的反力分布及桩土应力分配情况。

③试验结果:根据现场水泥土强度与室内水泥土试块强度的关系,一般为室内强度的 20% ~ 50%,推算出单桩和复合地基承载力特征值,结合具体工程要求确定合理的施工工艺参数。

2)施工技术参数选择

(1)桩长

根据工程要求的置换率和承载力确定桩长。一般湿法的加固深度不宜大于 20 m,干法的加固深度不宜大于 15 m。

(2)加固形式选择

搅拌桩应根据地基土性质及上部建筑对变形的要求进行选择,可采用柱状、壁状、格栅状、块状等不同形式。

①柱状加固形式:适用于处理局部饱和软黏土夹层和表层与桩端土质较好的建筑物地基。一般工业厂房的独立柱基础、设备基础、构筑物基础、多层住宅条形基础下的地基加固以及用来防治滑坡的抗滑桩等常采用这种加固形式。

②壁状和格栅加固形式:在深厚软土层或土层分布不均匀的场地,对于上部建筑长高比大、刚度小、易产生不均匀沉降的长条状住宅楼,采用壁状与格栅状加固形式可以减少产生不均匀沉降的可能性。这种形式也常用作基坑开挖的围护结构及防止边坡塌方。

③块状加固形式:适用于上部结构单位面积荷载大、不均匀沉降控制严格的构筑物地基。在软土地区开挖深基坑时,为防止基坑隆起或增大坑底土的被动土压力及对基坑进行封底隔渗处理等也常采用块状加固形式。

(3)桩径

深层搅拌桩的桩径一般为 500 ~ 700 mm。

(4)褥垫层

竖向承载的复合地基应在基础和桩之间设置 150 ~ 300 mm 厚的褥垫层。其材料可选用中砂、粗砂、级配砂石等,最大粒径不宜大于 20 mm。

3)水泥浆搅拌法施工

(1)搅拌机械

国内目前的搅拌机有中心管喷浆和叶片喷浆两种方式。后者是使水泥浆从叶片上若干个小孔喷出,使水泥浆与土体混合较均匀,对大直径叶片和连续搅拌是适合的,但因喷浆孔小易被浆液堵塞,它只能使用纯水泥浆而不能采用其他固化剂,且加工制造较为复杂。中心管输浆方式中的水泥浆是从两根搅拌轴间的另一中心管输出。叶片直径在1 m以下时,不影响搅拌均匀度,而且它可适用于多种固化剂,除纯水泥浆外,还可用于水泥砂浆,甚至掺入工业废料等的粗粒固化剂。

①SJB-1型深层搅拌机。该机为双搅拌轴中心管输浆的水泥搅拌专用机械。它包括电机、减速器、搅拌轴、搅拌头、中心管、输浆管、单向球阀等部件,如图5.29所示。搅拌机采用两台30 kW潜水电机,经二级行星齿轮减速驱动搅拌轴从而使拌和叶片旋转。固化剂注入被加固土中通过灰浆泵从中心管下端管口压开单向球阀实现。搅拌机的搅拌头是一个重要部件,它直接影响水泥浆和软土的拌和均匀程度,决定地基的加固效果。

②GZB-600型深层搅拌机。该机为单搅拌轴、叶片喷浆方式的搅拌机,如图5.30所示。叶片喷浆搅拌头由电机、搅拌轴和输浆管搅拌头等部件组成(图5.31)。

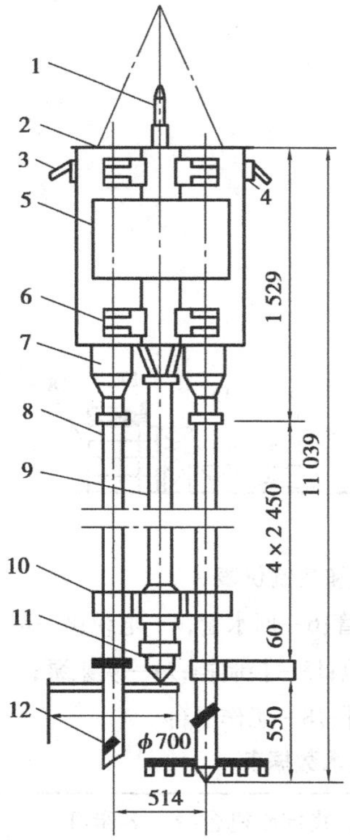

图5.29　SJB-1型搅拌机(单位:mm)

1—输浆管;2—外壳;3—出水口;4—进水口;
5—电动机;6—导向滑块;7—减速器;
8—搅拌轴;9—中心管;10—横向系板;
11—球形阀;12—搅拌头

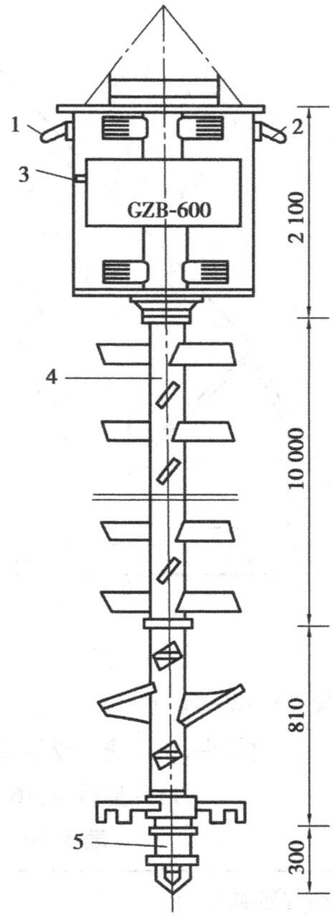

图5.30　GZB-600型搅拌机(单位:mm)

1—电缆接头;2—进浆口;3—电机;
4—搅拌轴;5—搅拌头

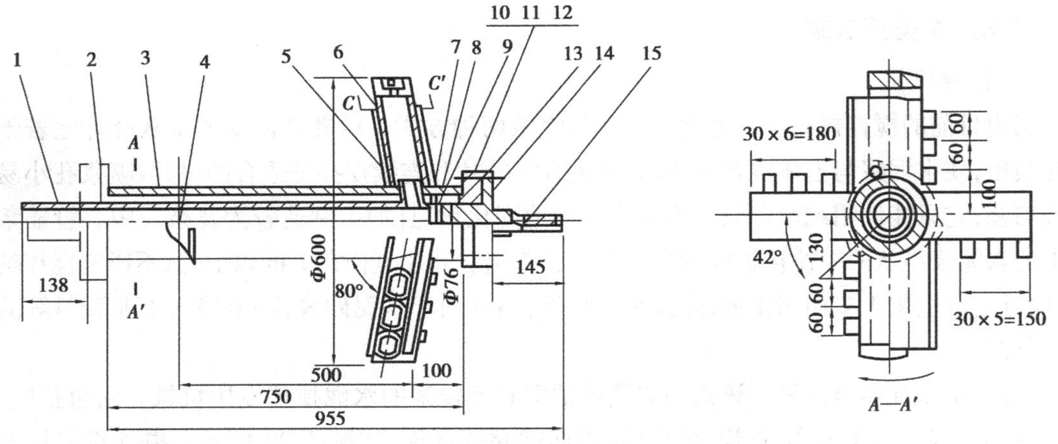

图 5.31 叶片喷浆搅拌头(单位:mm)

1—输浆管;2—上法兰;3—搅拌轴;4—搅拌叶片;5—喷浆叶片;6—输送管;7—堵头;

8—搅拌轴(同3);9—胶垫;10—螺栓;11—螺母;12—垫圈;13—下法兰;14—上法兰;15—螺旋锥头

SJB-1 型搅拌机配套机械主要有灰浆拌和机、集料斗、灰浆泵和电气控制柜(图 5.32、表 5.10)。

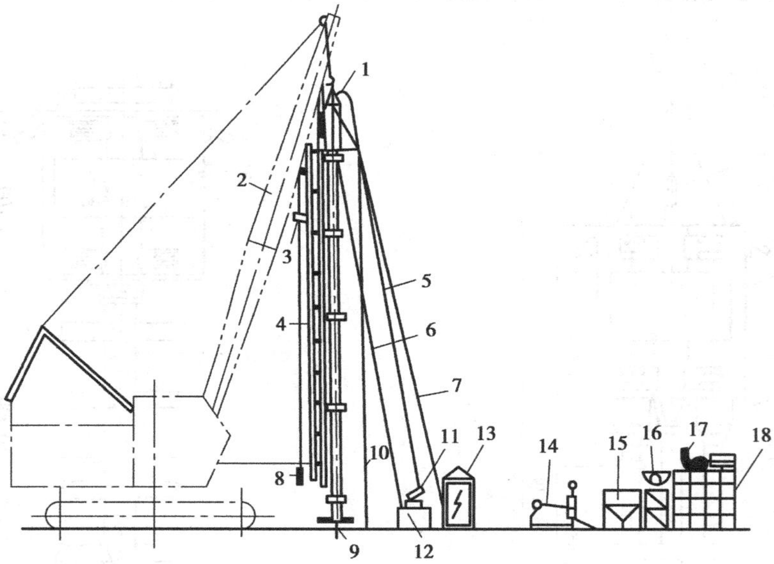

图 5.32 SJB-1 型搅拌机配套机械和控制仪表

1—搅拌机;2—起重机;3—测速仪;4—导向架;5—进水管;6—回水管;7—电缆;8—重锤;

9—搅拌头;10—输浆胶管;11—冷却泵;12—贮水池;13—控制柜;14—灰浆泵;

15—集料斗;16—灰浆拌制机;17—磅秤;18—工作平台

表 5.10 SJB-1 型搅拌机机械技术数据表

搅拌机	搅拌轴数量/根	2	固化剂制备系统	灰浆拌制机台数×容量/L	2×200
	搅拌叶片外径/mm	700~800		灰浆泵输送量/($m^3 \cdot h^{-1}$)	3
	搅拌轴转数/($r \cdot min^{-1}$)	46		灰浆泵工作压力/kPa	1 500
	电机功率/kW×台数	30×2		集料斗容量/m^3	0.4

续表

起吊设备	提升力/t	>10	技术指标	一次加固面积/m²	0.71~0.88
	提升高度/m	>14		最大加固深度/m	10
	提升速度/(m·min⁻¹)	0.2~1.0		效率/(m·态⁻¹·班⁻¹)	40
	接地压力/kPa	60		总质量(不包括吊车)/t	4.5

GZB-600 型搅拌机配套机械主要与以上不同的是 PM2-15 型灰浆计量配料装量(图 5.33、表 5.11),并配备测定灌浆压力和流量计量测定装置的电磁量计(图 5.34)。

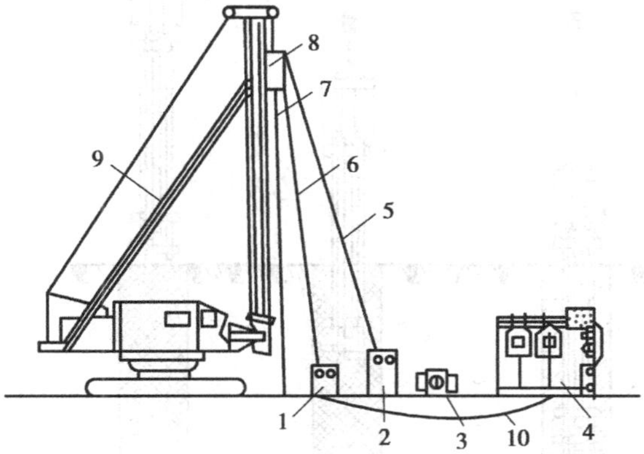

图 5.33　GZB-600 型搅拌机示意图

1—流量计;2—控制柜;3—低压变压器;
4—PM2-15 泵送装置;5—电缆;6—输浆胶管;
7—搅拌轴;8—搅拌机;9—打桩机;10—电缆

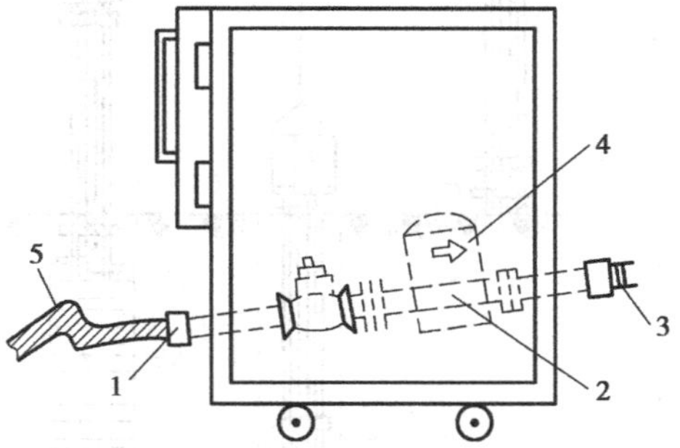

图 5.34　电磁流量计示意图

1—入口;2—绝缘导管;3—出口;
4—电磁感应器;5—软管

表 5.11　GZB-600 型搅拌机技术指标表

搅拌机	搅拌轴数量/根	1	固化剂制备系统	灰浆拌制机台数×容量/L	2×500
	搅拌叶片外径/mm	600		灰浆泵输送量/(m³·h⁻¹)	281
	搅拌轴转数/(r·min⁻¹)	50		灰浆泵工作压力/kPa	1 400
	电机功率/kW×台数	30×2		集料斗容量/L	180
起吊设备	提升力/t	150	技术指标	一次加固面积/m²	0.283
	提升高度/m	>14		最大加固深度/m	10~15
	提升速度/(m·min⁻¹)	0.6~1.0		效率/(m·态⁻¹·班⁻¹)	60
	接地压力/kPa	60		总质量(不包括吊车)/t	12

(2)施工工艺流程

水泥浆搅拌法的施工工艺流程如图 5.35 所示。

①定位:铺设走管与桩机平台,然后装塔架,再装导向架及搅拌轴、输浆管。电器系统必须装接地装置,供浆系统应在离搅拌机 50 m 范围内。用起重机或塔架悬吊深层搅拌机到达指定桩位,桩位对中误差不大于 50 mm,搅拌轴和导向架的垂直度偏差不得超过 1%。

②预搅下沉:待搅拌机的冷却水循环正常后,启动搅拌机电机,放松起重机钢丝绳,使搅拌

机沿导向架搅拌切土下沉,下沉速度可由电机的电流监测表控制。工作电流不应大于 70 A。如果下沉速度太慢,可从输浆系统补给清水以便于钻进。

③制备水泥浆:待搅拌机下沉到一定深度时,即开始按设计确定的配合比拌制水泥浆,待压浆前将水泥浆倒入集料斗中。

④提升喷浆搅拌:搅拌机下沉到设计深度后,开启灰浆泵将水泥浆压入地基中,边喷浆边旋转,同时严格按照设计确定的提升速度提升搅拌机。

⑤重复上、下搅拌:搅拌机提升至设计加固深度的顶面标高时,集料斗中的水泥浆应正好排空。为使软土和水泥浆搅拌均匀,可再次将搅拌机下入孔内设计深度旋转提升出地面。

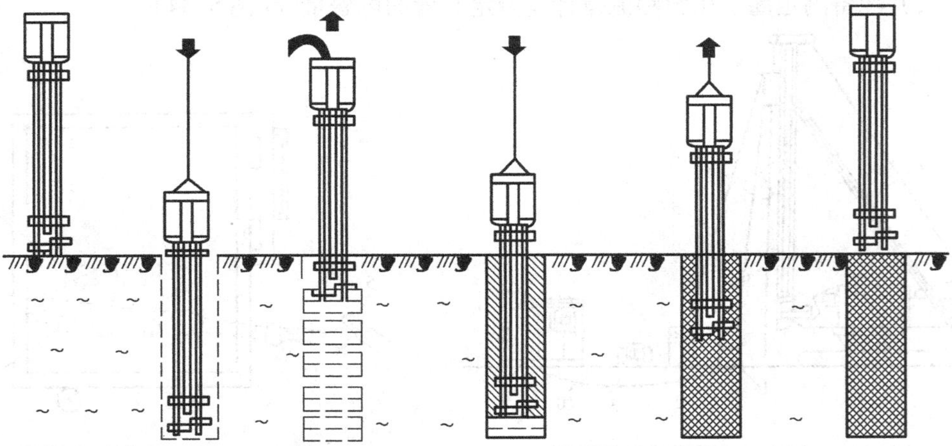

(a)定位 (b)预搅下沉 (c)喷浆搅拌上升 (d)重复搅拌下沉 (e)重复搅拌上升 (f)完毕

图 5.35 水泥土搅拌法施工工艺流程图

⑥完毕:将搅拌机提升出地面。

⑦清洗:向集料斗中注入适量清水,开启灰浆泵,清洗全部管路中残存的水泥浆,直至基本干净,并将黏附在搅拌头上的软土清洗干净。

⑧移位:重复上述①~⑥步骤,再进行下一根桩施工。

由于搅拌桩顶部与上部结构的基础或承载接触部分受力较大,因此,通常还可对桩顶 1.0~1.5 m范围内再增加一次输浆,以提高其强度。

(3)施工要点

①施工前应平整场地,清除桩位周边地上、地下一切障碍物(包括大块石、树根和生活垃圾等)。场地低洼时应回填黏土料,不得回填杂填土。基础底面以上宜预留 500 mm 厚的土层,以便搅拌桩施工到地面。开挖基坑时应将上部质量较差桩段挖除。

②水泥浆从砂浆搅拌机倒入贮浆桶前,需经过滤,将水泥块等杂物滤掉。贮浆桶容量应适中,要保证有一定余量,不会造成因浆液不足而断桩,还要防止浆液在贮浆桶内沉淀离析。

③施工前,应设定灰浆泵输浆量、灰浆经输浆管到达搅拌机喷浆口的时间和起吊设备提升速度等参数。宜用流量泵控制输浆速度,一般为 30 L/min,喷口压力保持在 0.4~0.6 MPa,并应使搅拌提升速度与输浆速度同步。

④应有专人记录搅拌机每米下沉或提升时间,深度记录误差不得大于 50 mm,时间记录误差不得大于 5 s,施工中发现的问题及处理措施均应注明。

⑤为保证桩端施工质量,当浆液达到出浆口后,应喷浆 30 s,使浆液完全到达桩端。

⑥在成桩过程中,电压过低或其他原因造成停机从而导致成桩工艺中断。为防止断桩,搅拌机重新启动时,均应将搅拌机下沉0.5 m(如采用下沉搅拌送浆时应提升0.5 m)再继续制桩。停机超过 3 h,为防止浆液硬结堵管,应拆卸输浆管并彻底清洗管路。

⑦设计要求搭接成壁状时,应连续施工相邻桩。施工间隔时间不超过 24 h,且搭接长度应大于 100 mm。

⑧搅拌机提升复搅必须反转,否则正转提升易将土带起造成空洞。

⑨每台班取水泥土试块一组(3 块),试块应取第二次复搅提升时从搅拌轴外壁返出的水泥土,取样位置在桩位图上标出,填好试块记录。

4)粉体喷射搅拌法施工工艺

粉体喷射搅拌法是利用喷粉机,使压缩空气携带粉体固化材料,经过高压软管和搅拌轴送到搅拌叶片背面的喷嘴喷出,喷入旋转叶片背后产生的空隙中,并与土黏附在一起,在不断的搅拌作用下,固化材料与地基土均匀混合,而将固化材料分离后的空气传递到搅拌轴的周围,上升到地面释放掉。

(1)施工机具和设备

粉体喷射搅拌法施工设备由喷粉桩机、粉体发送器、空气压缩机、搅拌钻头等组成。

①GPP-5 型钻机:一种步履式移位的钻机,由电动机、钻架、卷扬机、液压泵、转盘、主动钻杆、给进链条、变速箱等部件组成,如图 5.36 所示。

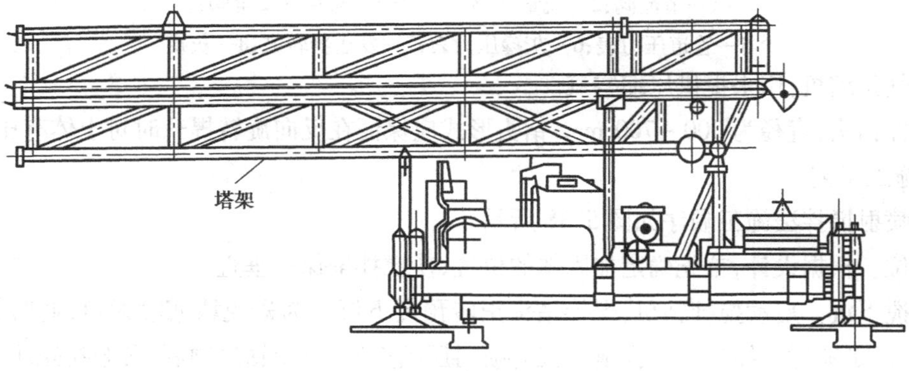

图 5.36 GPP-5 型深层喷射搅拌机示意图

常用的钻机还有 PH-5 型、PH-5A 型,它们的主要结构和 GPP-5 型钻机基本相同,主要技术参数见表 5.12。

表 5.12 GPP-5 型、PH-5 型、PH-5A 型钻机技术参数表

项目 \ 型号	GPP-5 型	PH-5 型	PH-5A 型
地基加固深度/m	12.5	12	15
成桩直径/mm	500	500	500
搅拌轴转速(正、反)/($r \cdot min^{-1}$)	28、50、92	36.42、61.76、108.66	36.42、61.76、108.66
扭矩/($kN \cdot m$)	4.9	9.37、4.98、2.85	9.37、4.98、2.85
提升速度/($m \cdot min^{-1}$)	0.48、0.8、1.47	0.639、0.745、1.31	0.639、0.745、1.31

续表

项目＼型号	GPP-5 型	PH-5 型	PH-5A 型
井架结构高度/m	14	14.5	16.86
钻杆规格/mm	—	108×108×12	114×114×12
步履纵向单步行程/m	1.2	1.2	1.2
步履横向单步行程/m	0.5	0.5	0.5
整机重量/kN	9 233	80	90

②YP-1 型粉体发送器:一种定量发送粉体材料的设备,其结构及工作原理如图 5.37 所示。

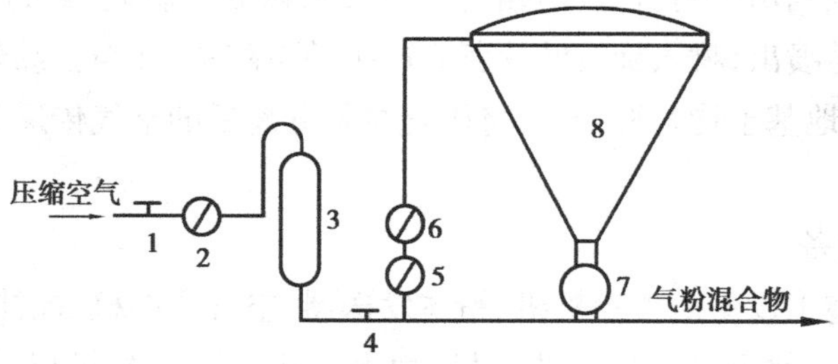

图 5.37　粉体发送器工作原理

1—节流阀;2—流量计;3—气水分离器;4—安全阀;
5—管道压力表;6—灰罐压力表;7—发送器转鼓;8—灰罐

③空气压缩机:用来提供压缩空气。

④搅拌钻头:直径为 500 ~ 700 mm,钻头形式应保证在反向旋转提升时对土体有压密作用。

(2)施工工艺

粉体喷射搅拌法施工顺序如图 5.38 所示。

①定位。根据设计,首先确定加固体的位置,使搅拌轴保持垂直。

②预搅下沉。启动搅拌钻机,搅拌钻头正转预搅下沉。为避免堵塞喷射口,此时并不喷射加固材料,而是喷射压缩空气。预搅下沉时喷射压缩空气,可使钻进顺利,负载扭矩小。随着预搅下沉,准备加固的土体在原位受到搅动。

③预搅下沉结束。预搅下沉到设计深度时停止下沉,并应在原位转动 1 ~ 2 min。

④提升喷粉搅拌。在确认加固料已喷至孔底时,搅拌钻头反向边旋转、边提升,同时通过粉体发送器不断地将加固粉料喷入被搅动的土体中,使土体和粉体料进行充分拌和。当提升到设计停灰标高后,应慢速原地搅拌 1 ~ 2 min。

⑤提升结束,搅拌桩形成。钻头提升至距离地面 0.3 ~ 0.5 m 时,发送器应停止向孔内喷射粉体,搅拌桩形成。

⑥重复搅拌。为保证粉体搅拌均匀,需再次将搅拌头下沉到设计深度。提升搅拌时,其速度控制在 0.5 ~ 0.8 m/min。

⑦钻头提升至地面后,钻机移位对孔,按上述步骤进行下一根桩施工。

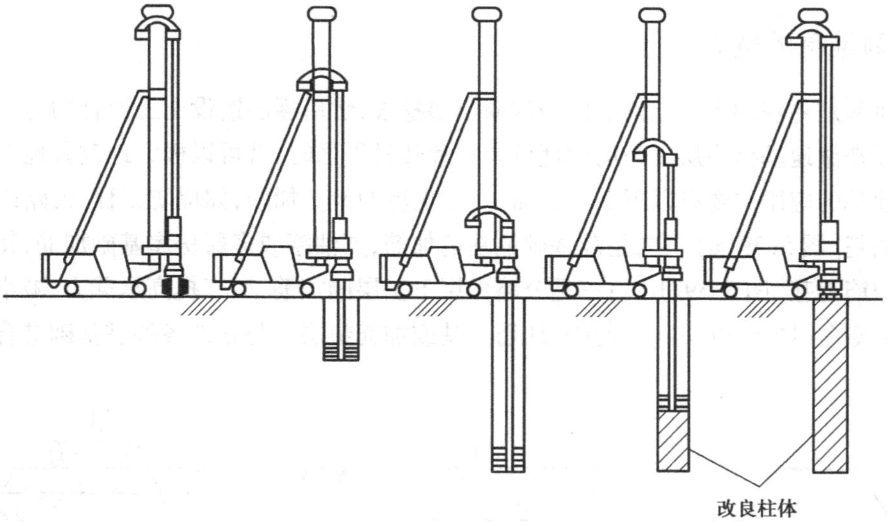

(a)定位 (b)预搅下沉 (c)预搅下沉结束 (d)提升喷粉搅拌 (e)提升结束，搅拌柱形成

图5.38 粉体喷射搅拌法施工顺序

(3)施工要点

①施二场地要求平整，并挖除含砖、瓦等杂物的表面杂填土，回填素土。清除地下障碍，对无法清除的障碍应探明其准确位置。

②桩体喷粉要求一气呵成，不得中断。应按理论计算量往灰罐投料，投一次料，打一根桩，确保成桩质量。喷粉深度应在钻杆上标线控制。

③喷粉施工时，为避免钻机移动和管路过长，施工次序宜先中轴后边轴，先里排后外排，钻机移动最长距离不超过50 m。

④施工过程中，应经常测量电压，检查钻具、流量计、水汽分离器送粉阀门、空压机和胶管灰路工作情况。

⑤施工过程中，要注意防止因管内水泥结块造成堵管，遇堵管时宜拆洗管路或向上提升再打。第二次复打时要保证至少1.0 m以上的重叠，以防断桩。

⑥设计要求搭接的桩体，需连续施工，一般相邻桩的施工间隔时间不超过8 h。

⑦送灰过程中如出现压力突然下降，一般相邻桩的施工间隔时间不超过8 h。

⑧控制好单位桩长喷粉量，实际每米喷粉量与设计要求的喷粉量误差不超过5 kg。

项目7 加筋法加固

广义的加筋法是指在软土中沉入加筋体(碎石桩、砂桩或树根桩等)，或在人工填土的路堤、挡土墙内铺设土工聚合物、拉筋作为加筋体，使这种人工复合的土体可承受拉压和剪切作用，从而提高地基承载力，减少沉降和增加土体的稳定性。加筋法的种类与结构措施很多，如在工程中用树根桩进行边坡加固、路堤底部铺设横向拉筋以增加路堤稳定性、在填土中铺设土工织物做成高填路堤的加筋挡墙等。

1. 加筋地基的概念

加筋地基是将基础下一定范围内的软弱土层挖去，然后逐层铺设土工聚合物与砂石等组成的加筋垫层来做地基持力层。当筋材埋设方式和数量得当时，就可以极大地改善地基承载力。

加筋地基的应用主要有以下3个方面：一是土堤的地基加筋，如堤防工程、公路或铁路路堤下的加筋地基[图5.39(a)]；二是浅基础地基的加筋，如油罐或多层房屋基础加筋，特别是条形基础下的加筋地基[图5.39(b)]；三是公路面层下基层的加筋，用于提高承载力、减小车辙深度和延长使用寿命[图5.39(c)]。此外，加筋地基或加筋垫层可与其他各种桩基础结合形成复合地基。

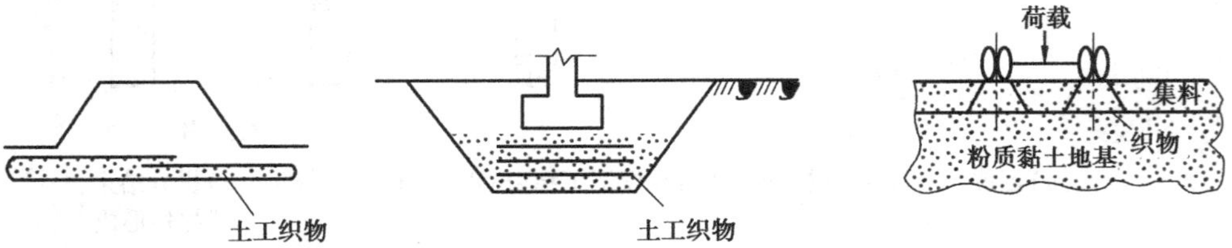

图5.39 加筋地基的布置

2. 加筋地基的设计

加筋地基的设计计算内容包括加筋材料选择以及地基承载力、变形和稳定性计算，目的是增加地基承载力、减小沉降和不均匀沉降，以及提高抗滑稳定性。

常用的加筋材料为各种土工合成材料，如土工织物、土工格栅、土工条带、土工格室和一些土工复合材料。这些土工合成材料在工程中可以起到反滤、排水、防渗、隔离、加筋和防护等作用。作为加筋土中的筋带使用时，加筋材料应具有较高的强度，受力后变形小，能与填料产生足够的摩擦力，抗腐蚀性和抗老化性好。

土工织物和土工格栅加筋地基的设计包括筋材强度和层数的确定，以及抗拉强度的选择。土工织物可被其他聚合物、玻璃纤维和钢纤维加筋构成加筋土工织物复合材料。在聚合物中加入其他纤维可使强度增大，同时降低成本。

土工格室加筋地基因为格室的侧限作用提高垫层的抗剪强度和承载力，另外，土工格室垫层相当于基础的旁侧荷载，格室厚度越大，旁侧荷载越大，从而增加的承载力也越大。如将土工格室应用于公路基层时，一般在格室中充填砂粒，用平板振动器压实，最后喷洒乳化沥青，可显著提高路面基层的使用寿命。

3. 加筋地基的施工

对于应用土工合成材料的工程，其施工要求除遵守常规的施工程序和规定外，还应着重考虑由于铺设土工合成材料带来的特殊要求，并保证设计断面及质量要求，注意现场检测。

(1)基层处理

土工合成材料用作软土地基上的加筋加固时，必须清除底部的树根、草根等杂物，基底面要求平整，否则会影响土工合成材料的加筋效果；对于不宜直接铺放土工合成材料的基层，应先设置砂垫层，砂垫层厚度不宜小于300 mm，宜用中、粗砂，含泥量不大于5%。

(2)土工合成材料铺放

①铺放的土工合成材料不得有大面积的损伤破坏,推土机的刮土板不得损坏所铺填的土工合成材料。土工合成材料受到损坏时,应立即修补。

②土工合成材料必须按其主要受力方向铺放。铺设土工合成材料时应拉紧,没有皱褶,且紧贴其下承力层,注意均匀平整并随铺随压固;在斜坡上施工时,应保持一定的松紧度;在护岸工程坡面上铺设时,上坡段土工合成材料应搭接在下坡段土工合成材料之上。土工合成材料铺放时,两端均须有不小于 1 000 mm 的富余量,且应按设计要求加以固定。土工合成材料的端部应先铺填,中间后铺填,端部锚固必须精心施工。

③对于土工合成材料的局部位置,不要加过重的局部应力。如果用块石保护土工合成材料,施工时应轻轻铺放块石,不得在高处抛掷。块石下落的高度大于 1 m 时,土工合成材料很可能被击破。如块石下落情况不可避免时,应在土工合成材料上先铺砂层保护。

④土工合成材料用作反滤层时,要求保证连续性,不得使其扭曲、折皱和重叠。

⑤在存放和铺设过程中,应尽量避免长时间的曝晒致使材料老化。

4. 土工合成材料的连接

为保证土工合成材料的整体性,必须注意其连接。连接时,可采用搭接、缝接、粘接或 U 形钉连接等方法(图 5.40)。对于土工纤维,多采用搭接和缝接。采用搭接法时,搭接必须保持足够的长度,一般为 0.3 ~ 1.0 m,视受力和基层土质条件而定,土质好且受力小时取小值。在搭接处应尽量避免受力,以防土工合成材料移动。搭接法施工简便,但用料较多。

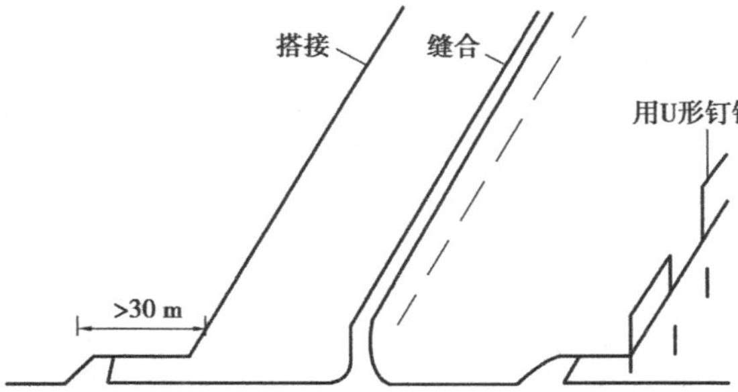

图 5.40　土工合成材料的连接方法

缝接法可采用尼龙线或涤纶线用移动式缝合机缝合,可缝成单道线,也可缝成双道线,方法分对面缝和折叠缝,一般多用前者。缝合处的强度一般可达纤维强度的 80%。缝接法节省材料,但施工费时。

粘接法是指使用合适的黏合剂将两块土工合成材料粘合在一起,最小搭接长度为 100 mm,粘合在一起的接头应放置 2 h,以便增强接缝处强度。施工时,可先将黏合剂充分涂于下层的土工合成材料上,再放上第二块土工合成材料与其搭接,最后再进行滚碾,使两层紧密地压在一起。这种连接可使接缝处强度与土工合成材料的原强度相同。

采用 U 形钉连接时,U 形钉应能防锈,但其强度低于缝接法或粘接法。

复习思考题

5.1　地基处理的主要目的是什么？地基处理的对象有哪些？

5.2　常用的软弱地基处理方法有哪些？

5.3 什么是换填垫层法？适用范围如何？换土垫层的厚度和宽度是如何确定的？应验算哪些问题？施工需注意什么？

5.4 简述预压法加固地基的机理和适用范围。

5.5 采用预压法处理地基时为什么要设置排水系统？

5.6 预压法设计及施工需注意什么？

5.7 密实法处理地基的方法有哪几种？

5.8 为什么密实法对饱和软土的效果没有非饱和土好？

5.9 比较碾压法、强夯法和挤密法的特点。强夯法的加固机理是什么？

5.10 简述复合地基的定义和分类。

5.11 深层搅拌法的加固机理是什么？包括哪些方法？各适用于什么条件？

5.12 比较注浆法、水泥土搅拌法和高压旋喷法的特点。

5.13 加筋地基中使用的土工合成材料有哪些种类？有什么作用？如何施工？

学习情境6　特殊土地基

【学习目标】了解湿陷性黄土的分布及主要特征，掌握湿陷性黄土的判定方法及湿陷类型的划分，了解膨胀土的主要形成因素，熟悉膨胀土地区基础工程问题及处理措施，掌握红黏土的形成特点及处理措施，熟悉盐渍土及冻土的分布区域。

【学习内容】湿陷性黄土地基、膨胀土地基、红黏土地基、盐渍土地基、冻土地基。

【学习重点】湿陷性黄土的判定方法及湿陷类型的划分，膨胀土地区基础工程问题及处理措施，冻土的处理措施。

【学习难点】湿陷性黄土的判定方法及湿陷类型的划分，膨胀土地区基础工程问题及处理措施。

我国地域辽阔，地质条件复杂，从沿海到内陆，从山区到平原，分布着多种物理力学性质的土。由于土的原始沉积条件、地理环境、沉积历史、物质成分及其组成不同，某些区域的土具有明显的特殊性质，通常把这些具有特殊工程性质的土类称为特殊土。因不同环境天然形成的特殊土，其地理分布存在一定的规律性，表现出一定的区域性，所以也称为区域性土。

由特殊土构成的地基称为特殊土地基，在其上进行工程建设时，如果不注意其特殊性就可能引起事故。世界上主要的特殊性土类在我国都有分布，其中最主要的有软土、黄土、红黏土、膨胀土、冻土、盐渍土六大类，其主要工程特征、分布区域及成土环境见表6.1。

表6.1　我国主要特殊土类、分布、成土环境及特征

序号	土类名称	主要分布区域	自然成土环境	主要工程特征
1	软土	东南海岸，如天津、连云港、上海、宁波、温州、福州等，此外内陆湖泊地区也有局部分布	滨河、三角洲沉积；湖泊沉积；地下水位高，由水流搬运沉积而成	压缩性高，渗透性小
2	黄土	西北内陆地区，如青海、甘肃、宁夏、陕西、山西、河南等	干旱、半干旱气候环境，降雨量少，蒸发量大，年降水量小于500 mm；由风搬运沉积而成	湿陷性
3	膨胀土	云南、贵州、广西、四川、安徽、河南等	温暖湿润，雨量充沛，年降雨量为700～1 700 mm，具备良好化学风化条件	膨胀和收缩特性

续表

序号	土类名称	主要分布区域	自然成土环境	主要工程特征
4	冻土	青藏高原和大小兴安岭、东西部一些高山顶部	高纬度寒冷地区	冻胀性、融陷性
5	红黏土	云南、四川、贵州、广西、鄂西、湘西等	碳酸盐岩系北纬33°以南，温暖湿润气候，以残坡积为主	不均匀性，结构性裂缝发育
6	盐渍土	新疆、青海、西藏、甘肃、宁夏、内蒙古等内陆地区，此外还有滨海部分地区	荒漠、半荒漠地区，年降雨量小于100 mm，蒸发量高达3 000 mm以上的内陆地区，沿海受海水浸渍或海退影响	盐胀性、融陷性和腐蚀性

此外，我国山区多而平原少，在山区建设中常会遇到比较复杂的地质和地形条件，应根据工程特点和要求，充分认识和掌握山区地基的特点和规律，使山区地基得到合理利用。

本情境主要介绍湿陷性黄土、膨胀土、冻土、山区地基和红黏土、盐渍土等特殊土地基的工程特征和评估指标，以及在这些地区从事工程建设时应采取的措施。

项目1　湿陷性黄土地基

湿陷性土是指在一定压力作用下受水浸湿时，因其结构迅速破坏而发生显著附加下沉的非饱和、结构不稳定的土。地球上的大多数地区都存在湿陷性土，主要为风积的砂和黄土、疏松的填土等，其中又以湿陷性黄土为主。

1. 黄土的特征及其分布

黄土是我国分布最广的一种特殊性土类，它是第四纪时期形成的一种特殊堆积物。其主要特征为：颜色以黄为主，有灰黄、褐黄等；含有大量粉粒(0.075 ~ 0.005 mm)，含量一般在55%以上；具有肉眼可见的大孔隙，孔隙比在1.0左右；富含碳酸盐类；无层理，垂直节理发育；具有湿陷性和易溶性、易冲刷性等，对工程建设有特殊的危害性。

黄土广泛分布于我国北纬34° ~ 35°、面积达64万 km^2，其中湿陷性黄土占3/4。在这些黄土分布地区，一般气候较为干燥，降水量少，蒸发量大，年平均降水量多在250 ~ 500 mm。世界上黄土堆积厚度以我国为最大，以黄土高原的黄土分布最为集中，沉积最为典型，其厚度中心在黄河中游黄土高原的洛河和泾河流域的中下游地区，最大厚度达180 ~ 200 m。从西北黄土高原向东、西两个方向，黄土的厚度逐渐减薄，湿陷性逐渐降低。

黄土的成因主要是以风力搬运堆积为主，按其成因可分为原生黄土和次生黄土。原生黄土具有风沉积的全部特征。黄土沉积后经其他地质作用改造再沉积的类似黄土的沉积物，称为次生黄土。黄土形成年代越久，大孔结构退化，土质越趋密实，强度增高，压缩性减小，湿陷性减弱，甚至不具有湿陷性；反之，形成年代越浅，黄土特性越明显，见表6.2。

表6.2　黄土按沉积年代划分

年代		地层名称			基本性质
全新世 Q_4	近期	—	新黄土	新近堆积	有湿陷性、常具有高压缩性
	早期	—			
晚更新世 Q_3		马兰黄土		一般湿陷性黄土	有湿陷性
中更新世 Q_2		离石黄土	老黄土	—	一般无湿陷性
早更新世 Q_1		午城黄土		—	

2. 黄土的湿陷机理与影响因素

黄土在天然状态下一般呈坚硬或硬塑状态，具有较高的强度和较低的压缩性。黄土湿陷的发生往往是由于地面积水、生产和生活用水等渗入地下，或由于降水量较大，灌溉渠和水库的渗漏或回水使地下水位上升而引起的。即受水浸湿是湿陷发生所必需的外界条件。黄土湿陷的内在机理通常认为是由于黄土的多孔隙结构特性和胶结物质的水理特性决定的。

黄土的颗粒组成以粉粒为主，达50%以上，黄土中的黏粒部分被胶结成集粒或附在砂粒及粗粉粒的表面上。黄土中的粉粒和集粒共同构成支承结构的骨架，较大的砂粒则“浮”在结构体中。由于排列比较疏松，接触连接点较少，构成一定数量的架空孔隙，故黄土又称为“大孔土”，如图6.1所示。

黄土受水浸湿时，结合水膜增厚，楔入颗粒之间，可溶性盐类溶解和软化，骨架强度降低，土体在上覆土层的自重压力或附加压力共同作用下土的结构迅速破坏，土粒滑向大孔，粒间孔隙减少，这就是黄土的湿陷机理。

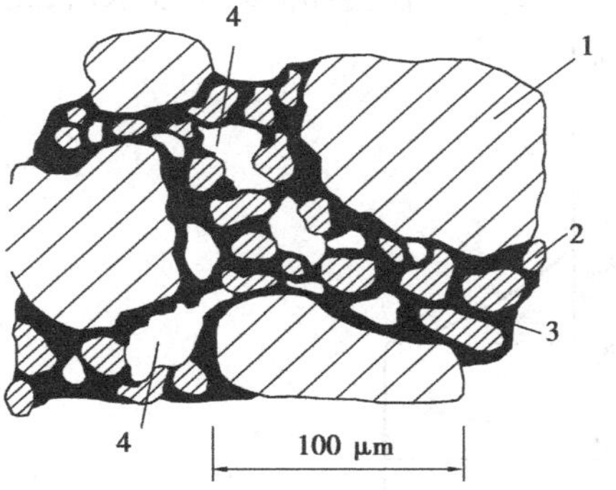

图6.1　黄土的结构示意图

1—砂粒；2—粗粉粒；3—胶结物；4—大孔隙

黄土中胶结物的含量和成分以及颗粒的组成和分布，对黄土的结构特点和湿陷性的强弱有重要影响。胶结物含量大，黏粒含量多，黄土结构则致密，湿陷性降低，并使力学性质得到改善；反之，结构疏松、强度降低、湿陷性强。此外，对于黄土中的盐类，如以难溶的碳酸钙为主，则湿陷性弱；若以石膏及易溶盐为主，则湿陷性强。

黄土的湿陷性还与孔隙比、含水率以及所受压力的大小有关。天然孔隙比越大或天然含水率越小，则湿陷性越强。在天然孔隙比和含水率不变的情况下，压力增大，黄土湿陷量也增加。压力超过某一数值后，再增加压力，湿陷量反而减少。

3. 黄土的湿陷性及其评价

湿陷性黄土最主要也最重要的特征是湿陷性，黄土湿陷性造成的地基变形一般比较迅速且非常强烈，常常是正常压缩变形和渗透溶滤变形的数倍，有时甚至是数十倍，且变形速度快得多，对工程的不利影响也往往最大。

凡在上覆土的自重应力作用下，或在上覆土的自重应力与外荷载引起的附加应力的共同作用下，受水浸湿后土的结构迅速破坏，并产生显著附加下沉的天然黄土，称为湿陷性黄土。否则，就称为非湿陷性黄土。湿陷性黄土在其上覆土的自重应力作用下不发生湿陷的，称为非自重湿陷性黄土；在上覆土的自重应力的作用下发生湿陷的，则称为自重湿陷性黄土。非湿陷性黄土的工程性质接近于一般黏性土，故非湿陷性黄土作为建筑物地基时可按一般黏性土进行设计与施工。正确评价黄土地基的湿陷性具有很重要的工程意义，主要包括以下 3 方面内容：

①判定一定压力下黄土浸水后是否具有湿陷性；

②如果是湿陷性的，还要进一步判定湿陷性黄土的湿陷类型，是自重湿陷性还是非自重湿陷性黄土；

③判定湿陷性黄土地基的湿陷等级，即其强弱程度。

1）湿陷性判断

一般采用湿陷系数 δ_s 反映黄土的湿陷变形特征，其定义为单位厚度的环刀试样在一定压力下下沉稳定后再浸水饱和所产生的附加沉降量，可通过室内侧限浸水压缩试验（图 6.2）按下式进行计算：

$$\delta_s = \frac{h_p - h'_p}{h_p} \times 100\% \approx \frac{h_p - h'_p}{h_0} \times 100\% \tag{6.1}$$

式中　h——试样开始高度；

h_0——在自重压力下的试样高度；

h_p——在实际荷载下压缩变形稳定后，浸水前的试样高度；

h'_p——在实际荷载下浸水后，无渗透溶滤变形时的试样高度。

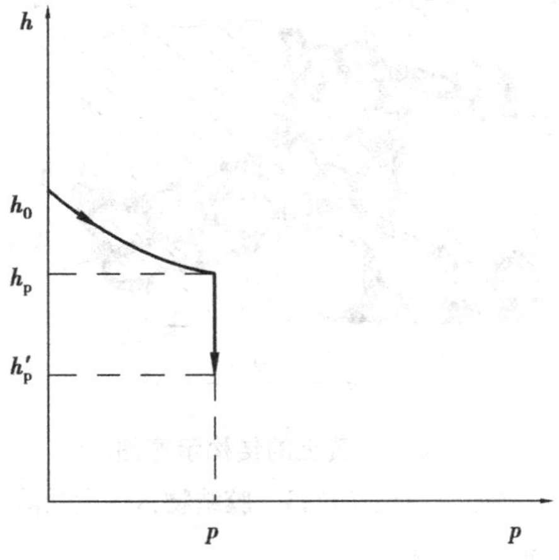

图 6.2　黄土室内侧限浸水压缩试验

若试样所受的浸水压力等于试样上覆土的饱和自重压力，则求得的湿陷系数称为自重湿陷系数，常用 δ_{zs} 表示。室内侧限浸水压缩试验测定湿陷系数可采用单线法或双线法压缩试验。《湿陷性黄土地区建筑标准》（GB 50025—2018）规定，浸水压力自基础底面算起，深度不超过 10 m 的土层应采用 200 kPa，10 m 以下至非湿陷性黄土层顶面，应用其上覆土的饱和自重压力（当压力大于 300 kPa 时，仍应用 300 kPa）；当基底压力大于 300 kPa 时，宜用实际压力；对于压缩性较高的新近堆积黄土，基底下 5 m 以内土层宜用 100 ~ 150 kPa 压力，5 ~ 10 m 和 10 m 以下至非湿陷性黄土层顶面，应分别用 200 kPa 和上覆土的饱和自重压力。

在规定的浸水压力下，当 $\delta_s < 0.015$ 时，判定为非湿陷性黄土；当 $\delta_s \geq 0.015$ 时，判定为湿陷性黄土。根据湿陷系数，还可把湿陷性黄土分为 3 类，当 $\delta_s \leq 0.03$ 时，判定为轻微湿陷性黄土；当 $0.03 < \delta_s \leq 0.07$ 时，判定为中等湿陷性黄土；当 $\delta_s > 0.07$ 时，判定为强湿陷性黄土。

2）湿陷性类型的划分

湿陷性的类型可按自重湿陷量划分。自重湿陷量 Δ_{zs} 可按自重压力下的湿陷系数进行计算：

$$\Delta_{zs} = \beta_0 \sum_{i=1}^{n} \delta_{zsi} h_i \tag{6.2}$$

式中 δ_{zsi}——第 i 层土样所对应的自重应力下的湿陷系数；

h_i——第 i 层土的厚度；

n——计算厚度内湿陷性土层的数目，总计算厚度应从天然地面算起，当挖填方厚度及面积较大时，应从设计地面算起，至其下全部湿陷性黄土的底面为止；

β_0——因土质地区而异的修正系数，陇西地区可取1.5，陇东、陕北地区取1.2，关中地区取0.9，其他黄土地区可取0.5。

自重湿陷量计算值 Δ_{zs} 的计算深度，应从天然地面（当挖填方厚度及面积较大时，应从设计地面）算起，至其下非湿陷性黄土层的顶面为止，其中自重湿陷系数为 δ_{zs}。小于0.015的土层不累计。自重湿陷量还可以根据野外试坑浸水试验求得。

根据自重湿陷量，场地的湿陷类型可划分为2类：当计算自重湿陷量或试坑实测自重湿陷量 $\Delta_{zs}>7$ cm时，应判定为自重湿陷性地区；否则，为非自重湿陷性地区。自重湿陷量的实测值和计算值出现矛盾时，应按自重湿陷量的实测值判定。

3）湿陷程度分级

湿陷性黄土地区的湿陷程度可根据自重湿陷量和总湿陷量的大小进行评价，如表6.3所示。总湿陷量按自重应力和附加应力计算：

$$\Delta_s = \sum_{i=1}^{n} \beta \delta_{si} h_i \tag{6.3}$$

式中 δ_{si}——第 i 层土样在规定压力200 kPa或300 kPa时的湿陷系数；

h_i——第 i 层土的厚度；

β——考虑地基土的侧向挤出和浸水几率等因素的修正系数。基底下5 m（或压缩层）深度内可取1.5；5～10 m取1.0；10 m以下至非自重湿陷性黄土层顶面，在自重湿陷性黄土场地可按式（6.2）中 β_0 取用。

表6.3 湿陷性黄土地基的湿陷等级

总湿陷量 Δ_s/cm	湿陷类型计算自重湿陷量/cm		
	非自重湿陷性场地	自重湿陷性场地	
	$\Delta_{zs}\le 7$	$7<\Delta_{zs}\le 35$	$\Delta_{zs}>35$
$\Delta_s\le 30$	Ⅰ（轻微）	Ⅱ（中等）	—
$30<\Delta_s\le 70$	Ⅱ（中等）	Ⅱ（中等）或Ⅲ（严重）*	Ⅲ（严重）
$\Delta_s>70$	—	Ⅲ（严重）	Ⅳ（很严重）

注：当总湿陷量 $\Delta_s>60$ cm、计算自重湿陷量 $\Delta_{zs}>30$ cm时，可判定为Ⅲ级，其他情况可判定为Ⅱ级。

计算总湿陷量时，土层厚度从基础底面算起。对于非自重湿陷地区，则累计到基底下10 m或压缩层为止；对于自重湿陷地区，应算到非湿陷性土层顶面为止，其中湿陷系数 $\delta_{si}<0.015$ 的土层不累计。

4. 黄土地基的工程措施

湿陷性黄土地基的设计和施工，除必须遵循一般的设计和施工原则外，还应针对湿陷性特点，采用适当的工程措施，包括以下3个方面：

①地基处理，以消除产生湿陷性的内在原因；

②防水和排水，以防止产生引起湿陷的外界条件；

③采取结构措施，以改善建筑物对不均匀沉降的适应性和抵抗能力并控制基底压力。

1）地基处理

湿陷性黄土地基处理的原理，主要是破坏湿陷性黄土的大孔结构，以便全部或部分消除地基的湿陷性，或采用桩基础穿透全部湿陷性黄土层，或将基础设置在非湿陷性黄土层上。目前，对于湿陷性黄土，常用的地基处理方法有土或灰土垫层法、强夯法、重锤夯实法、土桩或灰土桩法、桩基础法、预浸水法、化学加固法等，详见表6.4。此外，还有夯坑基础法、水下爆破法以及电火花加固法等地基处理方法。各种处理方法都应因地制宜，通过技术、经济比较后合理选用。

表6.4　湿陷性黄土地基处理方法

序号	处理方法	适用范围	处理厚度/m
1	垫层法	地下水位以上局部或整片处理	1～3
2	夯实法	地下水位以上，$S \leqslant 60\%$ 的湿陷性土，局部或整片处理	强夯法3～12，重锤夯实法1～2
3	挤密法	地下水位以上，$S \leqslant 65\%$ 的湿陷性土	5～15
4	桩基	基础荷载大，有可靠持力层	不限
5	预浸水法	湿陷程度很严重的自重湿陷性黄土	可消除地面下6 m以内深部土的湿陷性，上部还需采用垫层法处理
6	单液硅化或碱液加固法	一般用于加固地下水位以上的已有建筑物地基	≤10（单液硅化可达20 m）

2）防水措施

防水措施是指包括总平面、建筑、给排水、供热与通风等全方位防止地基浸水的重要措施，以避免发生湿陷。防水措施包括以下3个方面：

①场地防水措施。尽量选择具有排水畅通或利于场地排水的地形条件，避开受洪水或水库等可能引起地下水位上升的地段，确保管道和贮水构筑物不漏水，场地内应设排水沟等。

②单体建筑物的防水措施。建筑物周围必须设置具有一定宽度的混凝土散水，以便排泄屋面水，确保建筑物地面严密不漏水。室内的给水、排水管道应尽量明装，室外管道布置应尽量远离建筑物，检漏管沟应做好防水处理。

③施工阶段的防水措施。施工场地应平整，做好临时性防洪、排水措施。大型基坑开挖时应防止地面水流入，坑底应保持一定坡度便于集水和排水。尽量缩短基坑暴露时间。

3）结构措施

结构措施主要包括以下两个方面：

①选择适应差异沉降的结构体系和适宜的基础形式；

②加强建筑物的整体刚度，增设横墙，设置钢筋混凝土圈梁等。

此外，构件还应有足够的支承长度，并在相应部位预留适应沉降的净空。

4）施工措施及使用维护

湿陷性黄土地基的建筑物施工，应根据地基土的特性和设计要求合理安排施工顺序，防止施工用水和场地雨水流入建筑物地基引起湿陷。在使用期间，对建筑物和管道应经常进行维护和检修，确保防水措施有效发挥，防止地基浸水湿陷。

项目2 膨胀土地基

1. 膨胀土的成因及其分布

膨胀土一般指黏粒成分主要由强亲水性的蒙脱石和伊利石矿物组成，同时具有显著吸水膨胀和失水收缩两种特性的非饱和高塑性黏性土。其成因环境主要为温和湿润且具备化学风化的良好条件，在这种环境条件下，硅酸盐为主的矿物不断分解，钙被大量淋失，钾离子被次生矿物吸收形成伊利石和伊利石-蒙脱石混合物为主的黏性土。

膨胀土主要分布在热带和温带气候区的半干旱地区，其地理位置大致在北纬60°到南纬50°之间。膨胀土在我国分布范围很广，且常呈岛状分布。根据现有资料，膨胀土广泛分布于广西、云南、湖北、河南、安徽、四川、陕西、河北、江西、江苏、山东、山西、贵州、广东、新疆、海南等省（自治区），总面积在10万km^2以上。

我国膨胀土除少数形成于全新世（Q_4）外，地质年代多属第四纪晚更新世（Q_3）或更早，以黏土为主，结构致密，多呈硬塑或坚硬状态，有黄、红、灰白等色，常呈斑状，并含有铁锰质或钙质结核。与其他土类不同的是，膨胀土主要呈岛状分布，多出露于地形平缓，无明显自然陡坎的二级及二级以上的河谷阶地、山前和盆地边缘及丘陵地带。土中裂隙发育，有竖向、斜交和水平3种。

2. 膨胀土的工程特性及对工程的危害

1）膨胀土的工程性质及其影响因素

在自然条件下，膨胀土含水率一般接近或略小于塑限，液性指数常小于零，呈硬塑或坚硬状态，强度较高，压缩性较低，易被误认为工程性质较好的地基土。但由于膨胀土含水率发生变化时具有膨胀和收缩等特性，利用这种土作为建筑地基时，必须注意其以下工程特性，在设计和施工中采取必要措施，否则就会给建筑物造成危害，尤以低层轻型房屋或构筑物所受危害最大。

（1）胀缩性

膨胀土吸水后体积膨胀，使其上的建筑物隆起，如果膨胀受阻即产生膨胀力；膨胀土失水体积收缩，造成土体开裂，并使其上的建筑物下沉。影响膨胀土胀缩变形的因素很多，内因方面包括矿物成分、微观结构、黏粒含量、干密度、初始含水率及土的结构强度等，外因方面包括气候条件、地形地貌、日照环境也对土的胀缩性有影响。

(2)崩解性

膨胀土浸水后体积膨胀，发生崩解。强膨胀土浸水后几分钟即完全崩解，弱膨胀土则崩解缓慢且不完全。

(3)多裂隙性

膨胀土中的裂隙主要分为垂直裂隙、水平裂隙和斜交裂隙3种。这些裂隙将土层分割成具有一定几何形状的块体，从而破坏土体的完整性，容易造成边坡的塌滑。

(4)超固结性

膨胀土大多具有超固结性，天然孔隙比小，密实度大，初始结构强度高。

(5)风化特性

膨胀土受气候因素影响很敏感，极易产生风化破坏作用。基坑开挖后，在风化作用下，土体很快会破裂、剥落，从而造成土体结构破坏，强度降低。受大气风化作用影响的深度各地不完全一样，云南、四川、广西地区至地表下3~5 m，其他地区则在地表下2 m左右。

(6)强度衰减性

膨胀土的抗剪强度为典型的变动强度，具有峰值强度极高而残余强度极低的特性。由于膨胀土的超固结性，初期强度极高，现场开挖很困难，然而随着胀缩效应和风化作用时间的增加，其抗剪强度又大幅度衰减。在风化带以内，湿胀干缩效应显著，经过多次湿胀干缩循环后，特别是黏聚力大幅度下降，而内摩擦角变化不大，一般反复循环2~3次后趋于稳定。

2)膨胀土对工程的危害

基于上述特性，膨胀土对工程造成的危害是十分严重的，主要表现在以下3个方面：

(1)对桥涵工程的影响

在膨胀土地区，虽然桥梁主体工程的变形损害很少见到，但桥梁附属工程，如桥台、护坡、桥的两端与填土路堤之间的结合部位等，各种工程问题比较普遍，变形病害也较严重，如桥台不均匀下沉、护坡开裂破坏、桥台与路堤之间结合带不均匀下沉等。有的桥梁受地基膨胀土胀缩变形影响严重者，不仅桥台与护坡出现严重变形、开裂、位移，甚至桥面也遭到破坏，导致整座桥梁废弃，行车中断。

涵洞因基础埋置深度较浅，自重荷载又较小，一方面直接受地基土胀缩变形影响，另一方面还受洞顶回填膨胀土不均匀沉降与膨胀压力的影响，故变形破坏比较普遍，如涵洞翼墙和端墙的变形开裂、涵顶裂缝、洞底膨胀与开裂等。此外，由于地表膨胀土的风化剥落，在雨季地表径流夹带大量泥土向涵洞宣泄，使涵洞的淤塞和排水不畅，也是膨胀土地区常见的一种病害现象。无论是桥基或是涵基，施工开挖基坑时由于膨胀土产生的施工效应，也常造成基坑开裂、坍塌或受水浸湿软化等。尤其在涵洞基坑开挖时，常因地表浅层膨胀土体结构松散，抗剪强度较低，使坑壁土体不能直立，而出现边挖边塌、土方数量成倍增加的困难局面。

(2)对道路交通工程的影响

膨胀土地区的道路，由于路幅内土基含水率的不均匀变化，从而引起不均匀收缩，并产生幅度很大的横向波浪形变形。雨季路面渗水，路基因水浸软化，在行车荷载下形成泥浆，并沿路面的裂缝和伸缩缝溅浆冒泥。

(3)对边坡稳定性的影响

膨胀土地区的边坡坡面最易受大气风化的作用。在干旱季节蒸发强烈，坡面剥落；雨季坡面冲蚀,冲蚀沟深一般为0.1~0.5 m,最大可达1.0 m,坡面变得支离破碎。土体吸水饱和,在重力与渗透压力作用下,沿坡面向下产生塑流状溜塌。雨季雨量集中时还会形成泥流,堵塞涵洞,淹埋路面,甚至引发破坏性很大的滑坡。膨胀土地区的滑坡,一般呈浅层的牵引式滑坡,滑体厚度一般为1~3 m。滑坡与边坡的高度和坡度无明显关系,但坡度超过14°时,坡体就有蠕动现象。经验表明,建在坡度大于5°的场地上的房屋,沉降量大,损坏也较严重。

3.膨胀土地基的分类及评价

1)膨胀土的工程特性指标

膨胀土的判别指标大致可分为3类:第一类根据膨胀土潜在的膨胀势来衡量,如膨胀性指标 K_e、压实指标 K_d 和吸水指标 K_w;第二类是根据土的表观膨胀率来评价,如自由线膨胀率 δ_e、自由膨胀率 δ_{ef}、有荷膨胀率 δ_{ep}、线缩率 δ_{si} 和体缩率 δ_v 等;第三类是矿物成分及含量等间接性指标,如活动性指数 K_A、缩限 ω_s 和缩性指数 I_s 等。这些指标的表达形式和判别界限详见表6.5,凡有某一项达到或超过表中的临界值时,即可判定为膨胀土。

表6.5 膨胀土的判别标准

序 号	指标名称	计算公式	临界值	
			国 外	国 内
1	膨胀性指标 K_e	$K_e=\dfrac{e_L-e}{1+e}$	>0.4	0.2或0.4
2	压实指标 K_d	$K_d=\dfrac{e_L-e}{e_L-e_P}$	≥1.0	≥0.5或0.8
3	活动性指标 K_A	$K_A=\dfrac{I_P}{A}$	>1.25	≥0.6或≥1.00
4	吸水指标 K_w	$K_w=\dfrac{\omega_L-\omega_{sr}}{\omega_{sr}}$	>0.4	≥0.4或≥1.0
5	自由线膨胀率 δ_e	$\delta_e=\dfrac{h_t-h_0}{h_0}$	>0.5%	>1.0%
6	缩限 ω_s	—	<12%	<12%
7	缩性指数 I_s	$I_s=\omega_L-\omega_s$	>20	—
8	线缩率 δ_{si}	$\delta_{si}=\dfrac{h_s-h_0}{h_0}\times100\%$	>5.0%	—
9	收缩系数 λ_s	$\lambda_s=\dfrac{\Delta\delta_s}{\Delta\omega}\times100\%$	—	—
10	有荷膨胀率 δ_{ep}	$\delta_{ep}=\dfrac{h_p-h_0}{h_0}\times100\%$	>1.0%	—
11	体缩率 δ_v	$\delta_v=\dfrac{V_0-V_s}{V_0}\times100\%$	—	—
12	自由膨胀率 δ_{ef}	$\delta_{ef}=\dfrac{V_{we}-V_0}{V_0}\times100\%$	—	—

注:e_L—液限时的孔隙比;e_P—塑限时的孔隙比;I_P—塑性指数;A—小于0.002 mm粒径颗粒含量,%;ω_L、ω_P、ω_s—液限、塑限、缩限;ω_{sr}、$\Delta\omega$—土样饱和时含水率和收缩过程中直线变化阶段两点含水量之差,%;$\Delta\delta_s$—收缩过程中与直线变化阶段两点含水率之差对应的竖向收缩率之差,%;h_0—试样原始高度;h_t、h_p—试样在无荷载和有荷载条件下膨胀稳定后的高度;h_s—试样烘干后的高度;V_{we}、V_0—试样浸水膨胀和烘干收缩后的体积。

评价膨胀土的主要工程特性指标及其测定方法如下：

(1)自由膨胀率

将人工制备的磨细烘干土样(结构内部无约束力)，经无颈漏斗注入量土杯(容积 10 mL)，盛满刮平后，倒入盛有蒸馏水的量筒(容积 50 mL)内，加入凝聚剂并用搅拌器上下均匀搅拌 10 次，使土样充分吸水膨胀，至稳定后测其体积。在水中增加的体积与原体积之比，称为自由膨胀率 δ_{ef}，可按下式计算：

$$\delta_{ef} = \frac{V_w - V_0}{V_0} \times 100\% \tag{6.4}$$

式中 V_w——土样在水中膨胀稳定后的体积，mL；

V_0——干土样原有体积(等于 10 mL)。

自由膨胀率表示膨胀土在无结构力影响下和无压力作用下的膨胀特性，可反映土的矿物成分及含量，用于初步判定是否为膨胀土。

(2)自由线膨胀率

自由线膨胀率指原状土样在一定压力下，处于侧限条件下浸水膨胀后，土样增加的高度与原高度之比。试验时，将原状土置于侧限压缩仪中，根据工程需要确定最大压力，并逐级加荷至最大压力。待下沉稳定后，浸水使其膨胀并测读膨胀稳定值。然后逐级卸荷至零，测定各级压力下膨胀稳定时的土样高度变化值。自由线膨胀率 δ_e 可按下式计算：

$$\delta_e = \frac{h_w - h_0}{h_0} \times 100\% \tag{6.5}$$

式中 h_w——侧限条件下土样浸水膨胀稳定后的高度，mm；

h_0——土样的原始高度，mm。

自由线膨胀率 δ_e 可用于评价地基的胀缩等级，计算膨胀土地基的变形量以及测定其膨胀力。

(3)线缩率和收缩系数

膨胀土失水收缩，其收缩性可用线缩率和收缩系数表示。它们是地基变形计算中的两项主要指标。线缩率指土的竖向收缩变形与原状土样高度之比。试验时，将土样从环刀中推出后置于 20 ℃恒温或 15 ~40 ℃自然条件下干缩，按规定时间测读试样高度，并同时测定其含水率。土的线缩率 δ_s 可按下式计算：

$$\delta_s = \frac{h_0 - h_i}{h_0} \times 100\% \tag{6.6}$$

式中 h_i——某含水率 ω 时的土样高度，mm；

h_0——土样的原始高度，mm。

根据不同时刻的线缩率及相应的含水率可绘制出收缩曲线。可以看出，随着含水量的蒸发，土样高度逐渐减小，δ_s 增大。原状土样在直线收缩阶段中含水率每降低 1% 时，所对应的竖向线缩率的改变即为收缩系数 λ_s，可按下式计算：

$$\lambda_s = \frac{\Delta\delta_s}{\Delta\omega} \tag{6.7}$$

式中 $\Delta\omega$——收缩过程中，直线变化阶段内两点含水率之差，%；

$\Delta\delta_s$——两点含水量之差对应的竖向线缩率之差，%。

2)膨胀土的判别

膨胀土的判别是解决膨胀土地基勘察、设计的首要问题。其主要依据是工程地质特征与自

由膨胀率 δ_{ef}。凡具有前述工程地质特征的场地，且自由膨胀率 $\delta_{ef} \geq 40\%$ 的土，应判定为膨胀土。不同胀缩性能的膨胀土对建筑物的危害程度明显不同。故判定为膨胀土后，还要进一步确定膨胀土的胀缩性能，即胀缩强弱。研究表明：δ_{ef}较小的膨胀土，膨胀潜势较弱，建筑物损坏轻微；δ_{ef}较大的膨胀土，膨胀潜势较强，建筑物损坏严重。

3）膨胀土地基的膨胀等级

根据地基的膨胀、收缩变化时对低层砖混房屋的影响程度，可将膨胀土地基划分为 3 级（表 6.6）。表 6.6 中，计算变形量是指膨胀变形量、收缩变形量和胀缩变形量。在判定地基胀缩类型时，应根据地基可能发生的某一种变形计算。

表 6.6　膨胀土膨胀等级

计算膨胀量 S_e/mm	$15 \leq S_e < 35$	$35 \leq S_e < 70$	$S_e \geq 70$
级　别	Ⅰ	Ⅱ	Ⅲ

4. 膨胀土地基工程措施

1）建筑规划措施

（1）正确选择场地

尽量布置在地面排水畅通或易于排水处理、地形条件简单、地质均匀、胀缩性较弱的场地。尽量避开地裂、溶沟发育、地下水位变化大及存在浅层滑坡可能的地段。当地形不平坦时，应避免大挖大填，坡度应小于 14°，并尽可能设置低挡墙以防止土体溜滑发生。

（2）总平面布置

对变形有严格要求的建筑物应布置在膨胀土埋藏较深、胀缩等级较低或地形较平坦的地段；竖向设计宜保持自然地形，并按等高线布置，避免大挖大填；所有排水系统都应采取防渗措施，并远离建筑物。根据气候条件、膨胀土等级和当地经验，合理进行绿化设计，宜种植吸水量和蒸发量小的树木、花草。

（3）单体建筑设计

建筑物体形应力求简单并控制房屋长高比，必要时可采用沉降缝分隔措施隔开。屋面排水宜采用外排水，雨水管不应布置在沉降缝处，在雨水量较大地区，应采用雨水明沟或管道进行排水。做好室外散水和室内地面的设计，根据胀缩等级和对室内地面的使用要求，必要时可增设石灰焦砟隔热层、碎石缓冲层。对Ⅲ级膨胀土地基和使用要求特别严格的地面，可采取混凝土配筋地面或架空地面。此外，对现浇混凝土散水或室内地面，分隔缝不宜超过 3 m，散水或地面与墙体之间设变形缝，并以柔性防水材料嵌缝。

2）结构措施

结构措施的目的是提高建筑物适应地基变形的能力。具体方法主要有以下 3 方面：

（1）上部结构方面

应选用整体性好，对地基不均匀胀缩变形适应性较强的结构，不宜采用砖拱结构、无砂大孔混凝土砌块或无筋中型砌块等对变形敏感的结构。可用沉降缝将建筑物分成单独的单元来增加建筑物的刚度。

(2)基础设计方面

①选择合适的基础形式。应合理选择有利于克服膨胀土胀缩变形的基础类型,同一工程应采用同类型的基础形式,可采用桩基、墩基等。当大气影响深度较深、膨胀土层厚、选用地基加固或墩式基础施工有困难或不经济时,可选用桩基。这种情况下,桩尖应锚固在非膨胀土层或伸入大气影响急剧层以下的土层中。对于排架结构,可采用独立柱基将围护墙、山墙及内隔墙砌在基础梁上,基础梁下应预留 100 ~ 150 mm 的空隙,并进行防水处理。

②选择合适的基础埋深。这往往是减小或消除地基胀缩变形的有效途径。一般情况,桥涵基础应埋置在大气风化作用影响深度以下。当以基底埋深为主要防治措施时,基底埋深还可适当增大,宜超过大气影响深度或通过变形计算确定。对坡地场地,还需考虑基础的稳定性。

(3)地基处理方面

地基处理应根据土的胀缩等级、材料供给和施工工艺等情况确定处理方法,一般可采用灰土、砂石等非膨胀土进行换土处理。对于平坦场地Ⅰ、Ⅱ级膨胀土地基,常采用砂、碎石垫层处理方法,垫层厚度不小于 300 mm,宽度应大于基底宽度,并宜采用与垫层材料相同的土进行回填,同时做好防水处理。还可采用压力灌浆的办法将石灰浆液灌注入膨胀土的裂隙中起加固作用,有时也可采用暗沟预浸水等措施保持膨胀土地基中的含水率不变,从而阻止地基的胀缩变形。

3)其他措施

膨胀土地区还应注意消除局部热源和水源的影响,对供热管道应采取架空和隔热措施以消除热源影响。

膨胀土地区的施工,应根据设计要求、场地条件和施工季节,认真确定施工方案,采取措施防止因施工造成地基土含水率发生大的变化,以便减小土的胀缩变形。在膨胀土地基上进行基础施工时,宜采用分段快速作业法,特别注意防止基坑暴晒开裂与基坑浸水膨胀软化。因此,雨季应采取防水措施,最好在旱季施工,基坑随挖随砌基础,同时做好地表排水等。

项目 3 红黏土地基

1. 红黏土的成因及工程特性

红黏土是石灰岩、白云岩等碳酸盐岩系出露区的岩石,经过更新世以来在热带、亚热带的湿热环境中,经风化、淋滤和红土化作用,形成并覆盖于基岩上,呈棕红、褐黄等色的高塑性黏土。红黏土主要为第四系的残积、坡积类型,其中以残积为主,一般分布在盆地、洼地、山麓、山坡、谷地或丘陵等地区,形成缓坡、陡坎、坡积裙等微地貌。颜色为棕色或褐黄,覆盖于碳酸盐系之上,其液限大于或等于 50% 的高塑性黏土,称为原生红黏土;已经形成的红黏土,经后期水流搬运,土中成分相对变化,仍然保留着红黏土的基本特征,且其液限大于 45% 的黏土,称为次生红黏土。在我国,红黏土主要分布于黄河、秦岭以南,青藏高原以东地区,集中分布在我国长江以南,即北纬 33°以南地区,西起云贵高原,经四川盆地南缘、鄂西、湘西、广西向东延伸到粤北、湘南、皖南、浙西等丘陵山地。

红黏土的工程特性主要表现在高塑性和高孔隙比、土层的不均匀性、土体结构的裂隙性。

1)高塑性和高孔隙比

红黏土呈高分散性，黏粒含量高，粒间胶体氧化铁具有较强的黏结力，并形成团粒，因此，反映出高塑性的特征，特别是液限 ω_L 比一般黏性土高。团粒结构在形成过程中，造成总的孔隙体积大，因此孔隙比常大于1.0。它与黄土的不同之处在于单个孔隙体积很小，黏粒间胶结力强且非亲水性，故红黏土无湿陷性，其压缩性也低，力学性能好。

红黏土天然状态饱和度大多在90%以上，使红黏土成为二相体系，而且在天然竖向剖面上，地表呈坚硬或硬塑状态，向下逐渐变软，土的含水率和孔隙比随深度而递增，力学性能相应变差。但在多数情况下，满足了持力层也就满足了对下卧层承载力验算的要求。

2)土层的不均匀性

红黏土厚度不均匀特性主要表现在以下两个方面：一是母岩岩性和成土特性决定了红黏土厚度不大，尤其在高原山区，分布零星，由于石灰岩和白云岩岩溶化强烈，岩面起伏大，形成许多石笋石芽，导致红黏土厚度水平方向上变化大；二是下伏碳酸盐岩系地层中的岩溶发育，在红黏土地层中可形成洞穴，称为土洞，在自重或外荷作用下，可演变为地表塌陷。

3)土体结构的裂隙性

自然状态下的红黏土呈致密状态，无层理，表面受大气影响呈坚硬或硬塑状态。失水后土体发生收缩，土体中出现裂缝，接近地表的裂缝呈竖向开口状，往深处逐渐减弱，呈网状微裂隙且闭合。由于裂隙的存在，土体整体性遭到破坏，总体强度大为减弱，此外，裂隙又促使深部失水，有些裂隙发展成为地裂。土中裂隙发育深度一般为2～4 m，有些可达7～8 m。在这类地层内开挖，开挖面暴露后受气候的影响，裂隙的发生和发展迅速，可将开挖面切割得支离破碎，从而影响到边坡的稳定性。

2.红黏土地基的处理措施

工程建设中应充分利用红黏土上硬下软的分布特征，基础尽量浅埋。红黏土层下部存在局部的软弱下卧层和岩层起伏过大时，应考虑地基不均匀沉降的影响。

不均匀地基是丘陵山地中红黏土地基普遍存在的情况。对于不均匀地基，应确立以地基处理为主的原则，对地基处理原则和方法分为以下3类。

1)土层厚度不均匀情况

常见土层厚度不均匀有如图6.3所示的两种情况，原则上通过沉降分析来考虑处理方案。常用做法有以下两种：

①如图6.3(a)所示，一端有岩石出露、另一端为有一定厚度土层，红黏土层厚薄不均易导致建筑物出现不均匀沉降。此时，地基处理措施主要是调整沉降差，可调整基础的深度、宽度或采用桩基等进行处理，也可将基础沿基岩的倾斜方向分段做成阶梯形，从而使地基变形趋于一致。

②图6.3(b)所示为下卧岩层起伏、未出露地面两端土层厚度不一的情况。

a.石芽密布，不宽的溶槽中有红黏土。若溶槽中红黏土的厚度 $h<h_1$(对于独立基础，$h_1=1.0$ m；对于条形基础，$h_1=1.2$ m)时，可不必处理而将基础直接坐落于其上；当条件不符时，可

全部或部分挖除溶槽中的土，使其满足 h_1 的要求；当槽宽较大时，可将基底做成台阶状，保持相邻点上可压缩土层厚度呈渐变过渡，也可在溶槽中布设若干短桩（墩），使基底荷载传至基岩上。

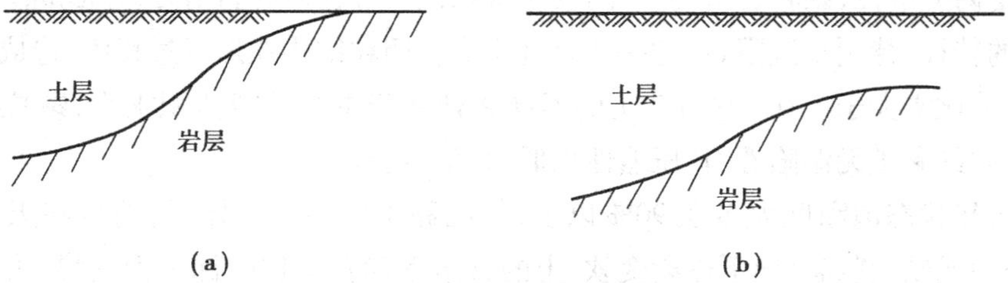

图 6.3 红黏土地基典型剖面

b. 大块孤石、石芽、石笋或局部岩层零星出露，周围为厚度不等的红黏土。宜在基础与岩石接触的部位，将岩石露头削低，做煤渣、中细砂等厚度不小于 50 cm 的褥垫，然后再根据土质情况，结合结构措施进行综合处理，采取换土、填洞、加强基础和上部结构整体刚度，或采用桩基和其他深基础措施。

2）土中裂缝的问题

①土中出现的细微网状裂缝可使抗剪强度降低 50% 以上，主要影响土体的稳定性，所以，土体承受较大水平荷载或外侧地面倾斜、有临空面等情况时，应验算其稳定性。对于仅受竖向荷载时，应适当折减地基承载力。

②土中深长的地裂缝对工程危害极大，地裂缝可长达数千米，深可达 8 ~ 9 m，在其上的建筑物无一不损坏，这不是一般工程措施可治理的，所以原则上应避免裂缝地区。

3）土的胀缩性问题

红黏土的收缩性能引起建筑物的损坏，所以在建筑物施工或使用期间均应做好防水排水措施，避免水分渗入地基。对于天然土坡和人工开挖的边坡及基槽，应防止破坏自然排水系统和坡面植被，坡面上的裂隙应加以填塞，做好地表水、地下水及生产和生活用水的排泄、防渗等措施。对于基岩面起伏大、岩质坚硬的地基，也可采用大直径嵌岩桩和墩式基础进行处理。

项目4　盐渍土地基

1. 盐渍土成因及其分布

当土体中易溶盐含量超过 0.3%，且具有溶陷、盐胀、腐蚀等工程特性时，可称为盐渍土。盐渍土的成因主要取决于盐源、迁移和积聚 3 个方面。盐渍土中盐的来源主要有 3 种：一是岩石在风化过程中分离出少量的盐；二是海水侵入、倒灌等将盐渗入土中；三是工业废水或含盐废弃物，使土体中含盐量增高。

盐的迁移和积聚主要是靠风力或水流来完成的。在沙漠干旱地区，大风常将含盐的土粒或盐的晶体吹落到远处，积聚起来，使盐重新分布。地表水和地下水在流动过程中把所溶解的盐分带到低洼处，有时形成大的盐湖。在含盐量（矿化度）很高的水流经过的地区，如遇到干旱的气候环境，由于强烈蒸发，盐类析出并积聚在土体中形成盐渍土。在滨海地区，地下水中的盐分通过毛细作用，将下部的盐输送到地表，由于地表的蒸发作用，将盐分析出，形成盐渍土。有些地区长期大量开采地下水，农田灌溉不当，也会造成盐分积聚。

盐渍土一般分布在地势比较低且地下水位较高的地段，如内陆洼地、盐湖和河流两岸的漫滩、低阶地、牛轭湖以及三角洲洼地、山间洼地等地段。盐渍土层厚度一般不大，从地表向下1.5~4.0 m，盐渍土中盐分随季节气候和地质条件的变化而变化。

我国的盐渍土主要分布在西北干旱地区的新疆、青海、西藏北部、甘肃、宁夏、内蒙古等地势低洼的盆地和平原地区，其次分布在华北平原、松辽平原、大同盆地等地区。另外，在滨海地区的辽东湾、渤海湾、莱州湾、杭州湾以及包括台湾在内的诸岛屿沿岸，也有相当面积的盐渍土存在。

2. 盐渍土的分类

①按分布区域分类。盐渍土分为内陆盐渍土和滨海盐渍土。

②按含盐的成分分类。盐渍土中含盐成分主要为氯盐、硫酸盐和碳酸盐，因此按100 g土中阴离子含量(按毫克当量计)的比值作为分类指标。

③按含盐的溶解度分类。根据土中含盐的溶解度大小，盐渍土可分为易溶盐渍土、中溶盐渍土和难溶盐渍土3类。

④按含盐量分类。按土中可溶盐含量的多少，将盐渍土分为弱盐渍土、中盐渍土、强盐渍土和超强盐渍土4类。

3. 盐渍土地基的工程特性

盐渍土对工程的危害主要包括3个方面：溶陷性、盐胀性和腐蚀性。滨海盐渍土因常年处于饱和状态，其溶陷性和膨胀性不明显，主要是腐蚀方面的危害，而内陆盐渍土则几种危害兼而有之，且较为严重。

1)溶陷性

天然状态下，盐渍土在自重压力或附加压力下，受水浸湿时所产生的附加变形称为盐渍土的溶陷变形。大量研究表明，只有干燥和稍湿的盐渍土才具有溶陷性，且大多为自重溶陷。盐渍土的溶陷性可以用单一的有荷载作用时的溶陷系数δ来衡量，δ的测定与黄土的湿陷系数相似，由室内压缩试验确定。

$$\delta = \frac{h_p - h'_p}{h_0} \tag{6.8}$$

式中 h_p——原状土样在压力p作用下沉降稳定后的高度，mm；

h'_p——在同一压力下，浸水溶滤下沉降稳定后的高度，mm；

h_0——土样原始高度，mm。

溶陷系数也可以通过现场试验确定：

$$\delta = \frac{\Delta s}{h} \tag{6.9}$$

式中 Δs——载荷板压力为p时，盐渍土浸水后的溶陷量，mm；

h——载荷板下盐渍土的湿润深度，mm。

盐渍土根据溶陷系数通常可分为两类：当溶陷系数$\delta<0.01$时，定为非溶陷性盐渍土；当溶陷系数$\delta \geqslant 0.01$时，定为溶陷性盐渍土。

根据溶陷系数计算地基的溶陷量 s：

$$s = \sum_{i=1}^{n} \delta_i h_i \tag{6.10}$$

式中 δ_i、h_i——第 i 层土的溶陷系数及其厚度，mm；

n——基础底面下地基溶陷范围内土层数目。

根据溶陷量，把盐渍土地基分为 3 个等级，如表 6.7 所示。

表 6.7 盐渍土地基的融陷等级

融陷等级	Ⅰ	Ⅱ	Ⅲ
融陷量 s/mm	$70 < s \leqslant 150$	$150 < s \leqslant 400$	$s > 400$

2）盐胀性

盐渍土地基的盐胀性一般可分为两类，即结晶膨胀和非结晶膨胀。结晶膨胀是指由于盐渍土因温度降低或失去水分后，溶于孔隙水中的盐浓缩并析出结晶所产生的体积膨胀。非结晶膨胀是指由于盐渍土中存在着大量吸附性阳离子，特别是低价的水化阳离子与黏土胶粒相互作用，使扩散层水膜厚度增大而引起的土体膨胀。在盐渍土地基上建造室内外地坪、路面、路缘石、台阶、花坛、室外球场、机场跑道等时，如果未采用有效的防膨胀措施，日后因盐胀隆起而发生开裂或破坏可能相当严重。

3）腐蚀性

盐渍土的腐蚀性是一个十分复杂的问题。盐渍土中含有大量的无机盐，它使土具有明显的腐蚀性，从而对建筑物基础和地下设施构成一种严重的腐蚀环境，影响其耐久性和安全使用。盐渍土中的氯盐是易溶盐，在水溶液中全部离解为阴、阳离子，属于电解质，具有很强的腐蚀作用，对金属类的管线、设备以及混凝土中的钢筋等都会造成严重损坏。盐渍土中的硫酸盐主要是指钠盐、镁盐和钙盐，这些都属于易溶盐和中溶盐。硫酸盐对水泥、黏土制品等腐蚀非常严重。

另外，需要注意的是，盐渍土有害毛细上升能引起地基土的浸湿软化和造成次生盐渍土，并使地基土强度降低，产生盐胀、冻胀等不良作用。氯盐渍土还具有吸湿性，这种性质使氯盐渍土在潮湿地区土体极易吸湿软化，强度降低；而在干旱地区，使土体容易压实。

4. 盐渍土地基处理措施

盐渍土地区应结合建筑物类别、场地盐渍土地基溶陷等级和当地经验，对不同地区、不同工程性能的盐渍土，区别对待，采取相应的措施。

对不具溶陷性、盐胀性的地基，除按盐腐蚀性等级采取防腐措施外，还可按一般非盐渍土地基进行设计。对于一般溶陷量较小的盐渍土地基上的次要建筑物，只要满足地基变形和强度条件，可不采取任何附加设计措施。对于溶陷量较大的盐渍土地基，经验难以满足地基变形与强度要求时，应根据建筑物类别和抵抗不均匀沉陷的能力、地基的溶陷等级以及浸水可能性，采取相应防水、地基基础和结构措施。

1）防护措施

①工程设置应尽可能避开盐渍土主要分布区。

②防止大气降水、地表水、工业和生活用水淹没或浸湿地基和附近场地，对湿润厂房地基应设置防渗层，各类建筑物基础均应采取防腐蚀措施。

③在盐渍土地区，地基开挖后应及时进行基础施工，严禁施工用水渗入地基内。

④对具有盐胀性或溶陷性的盐渍土采用桩基础时，桩的埋入深度应大于盐胀性盐渍土的盐胀临界深度。

2）地基处理

①对以溶陷性为主的盐渍土的地基处理如表6.8所示，主要是减小地基的溶陷性。

表6.8　溶陷性为主的盐渍土的地基处理方法

处理方法	适用条件
浸水预溶	厚度不大或渗透性较好的盐渍土
强夯	地下水位以上，孔隙比较大的低塑性土
浸水预溶+强夯或强夯+预压	厚度较大，渗透性较好的地基上，处理深度取决于预溶深度和夯击能量或预压深度
换土	溶陷性较大且厚度不大的盐渍土
振冲	粉土和粉细砂层，地下水位较高
物理化学处理	含盐量很高，土层较厚，其他方法难以处理，且地下水位较深

②对于以盐胀性为主的盐渍土地基处理，主要是减小或消除盐渍土的盐胀性。可以采取以下方法：

a. 换土垫层法：无须将盐渍土层全部挖除，只要将有效盐胀范围内的盐渍土挖除即可。

b. 设地面隔热层：可使盐渍土层的浓度变化减小，从而减小或完全消除盐胀。

c. 设置缓冲层：即在地坪下设一层约20 cm厚的大粒径卵石，使下面土层的盐胀变形得到缓冲。

d. 化学处理：因硫酸盐在氯盐溶液中的溶解度随浓度增加而减小，可将氯盐渗入硫酸盐渍土中，抑制其盐胀，当Cl/SO大于6时，效果显著。

③以腐蚀性为主的盐渍土的防腐蚀措施。首先要注意提高建筑材料本身的防腐能力，如选用优质水泥，提高密实性，增大保护层厚度，提高钢筋的防腐能力等，同时还可采取在混凝土或砖石砌体表面做防水层和防腐涂层等方法。此外，对搅拌混凝土或砂浆的用水和砂石料的含盐量也必须严格控制。

项目5　冻土地基

1. 冻土的分类及分布

凡温度小于或等于0 ℃，且含有固态冰的土称为冻土。冻土是由矿物颗粒、冰、未冻水和气体4种物质组成的多成分多相体系，其中冰、未冻水和气体的含量随温度而变化。

冻土按其冻结时间长短可分为3类：瞬时冻土、季节性冻土和多年冻土。瞬时冻土，冻结时间小于一个月,一般为数天或几个小时(夜间冻结),冻结深度从几毫米至几十毫米,对建筑工程影响很小,故不予讨论;季节冻土,冻结时间大于或等于一个月,冻结深度从几十毫米至一两米,它是每年冬季发生的周期性冻土;多年冻土,冻结时间连续 3 年或 3 年以上。

多年冻土的上部界限处的最高地层温度为 0 ℃,称为多年冻土上限;多年冻土的下部界限处的地层温度为 0 ℃,称为多年冻土下限。上限和下限之间没有局部融区的,称为连续的多年冻土;有局部融区的,称为非连续的多年冻土。多年冻土在剖面上的分布特征如图 6.4 所示。

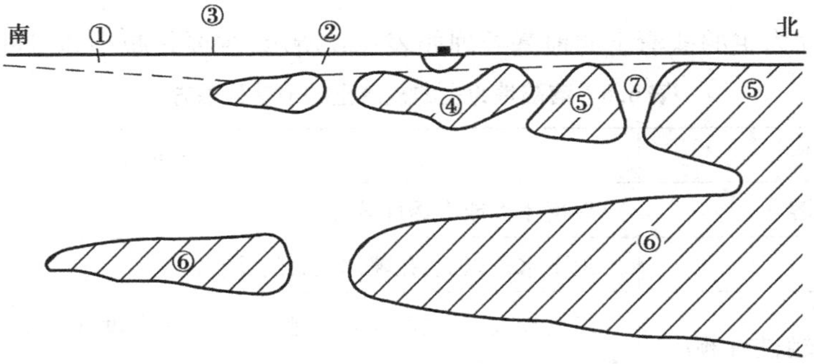

图 6.4 多年冻土剖面

①—季节冻结层;②—季节融化层;③—多年冻土南界;④—不衔接多年冻土;
⑤—衔接多年冻土;⑥—残余多年冻土;⑦—贯通融区

多年冻土地区的表土层常覆盖有季节性冻土,称为融冻层。季节融化层底部与多年冻土上限相衔接的土层,称为衔接多年冻土;不衔接的,称为不衔接多年冻土。

多年冻土在我国主要分布在青藏高原、帕米尔高原及西部高山区(天山、阿尔泰山和祁连山)等地区,在东北大小兴安岭和其他地区一些高山顶部也有分布。其总面积约为 215 万 km^2,占我国总面积的 20% 以上。

2. 冻土的特点及工程评价

土冻结时,不仅其温度处于 0 ℃以下,更重要的是土体中出现冰晶体,逐步将原来矿物颗粒间的水分联结为冰晶胶结,使土体具有特殊的性质——具有很高的抗压强度,压缩性显著减小,增大了土体的导热系数和电阻率,较其融化状态时具有更大的流变性等。随着土质、土中含水率及冻结条件、附加荷载等条件的不同,土体可产生不同程度的冻胀,在其融化后又会产生不均匀下沉现象。

地基土的冻结线侵入基础的埋置深度范围内时,将会引起基础产生冻胀,基础将受到地基土切向冻胀力及法向冻胀力的作用。在冻胀力作用下,建筑物基础将明显地表现出随季节而上抬和下落变化。这种冻融变形超过桥涵所允许的变形值时,便会产生各种形式的裂缝和破坏。地基不均匀冻胀可使涵管管身脱节,端翼墙外倾、断裂;若超过允许值,年复一年地冻胀,可使桥梁桩基上拔,导致桥面起伏不平。

融沉又称为热融沉陷,是指土体在融化固结过程中局部地面的向下运动。一般是由于自然(气候转暖)或人为因素(如砍伐与焚烧树木、房屋采暖)改变了地面的温度状况,引起季节融化深度加大,使地下冰或多年冻土层发生局部融化所造成的。天然情况下发生的融沉往往表现为热融凹地、热融湖沼和热融阶地等,这些都不利于工程建筑物的安全和正常运营条件。热融沉陷是多年冻土地区路基路面的最主要病害,如兴安岭地区一段铁路路基,由于热融沉陷,每年下沉 50 ~ 60 cm,多雨年可达 100 cm。

融沉是多年冻土地区引起结构物破坏的主要原因。结构物基础热融沉陷主要是由于施工和运营改变了原自然条件的水热平衡状态,使多年冻土的上限下降。具体原因可能有:

①施工期造成热平衡条件破坏;

②地面水渗入;

③结构物采暖散热使多年冻土融化。

在冻土地区修建结构物,除了满足非冻土区所要满足的承载力与变形条件外,还要考虑以冻土作为结构物地基时,其承载力随温度和时间而变化的情况。采取何种防冻胀和融沉措施来保证冻土区结构物地基的稳定,是关系冻土区工程建设成败的关键。

1)土的起始冻结温度和未冻结水含量

土的起始冻结温度因土类而异,砂土、砂石土约为 0 ℃;可塑性粉土为 -0.2 ~ 0.5 ℃;坚硬黏土和粉质黏土为 -0.6 ~ 1.2 ℃。土的温度低于起始冻结温度,部分孔隙水就开始冻结。土中未冻结水含量随着温度的降低而继续减少,但未冻结水总是存在的,土中未冻结水的质量与干土质量之比称为未冻含水量。土中未冻含水量越小,强度越高。未冻结水含量很小时,荷载作用下的土体表现为脆性破坏。

2)冻土的融化下沉(融陷)

冻土在融化过程中,在无外荷条件下所产生的沉降,称为融化下沉或融陷。冻土的融沉性是评价多年冻土工程性能的重要指标,融沉性可由试验测定。常用融陷系数 A 作为分级的直接控制指标,可根据下式计算:

$$A = \frac{h_1 - h_2}{h_1} \times 100\% = \frac{e_1 - e_2}{1 + e_1} \times 100\% \tag{6.11}$$

式中 h_1、e_1——季节融化层冻土试样冻结时的高度(mm)和孔隙比;

h_2、e_2——季节融化层冻土试样融化后(侧限条件下)的高度(mm)和孔隙比。

3)融陷性评价

我国多年冻土地区,建筑物基底融化深度约为 3 m,所以对多年冻土融陷性分级评价也按 3 m 考虑。根据计算融陷量及融陷系数,《冻土地区建筑地基基础设计规范》(JGJ 118—2011)等规范将冻土的溶陷性分为 5 级,如表 6.9 所示。

表 6.9 多年冻土按融陷量的划分

溶陷性分级	Ⅰ	Ⅱ	Ⅲ	Ⅳ	Ⅴ
溶陷系数 A/%	<1	1 ~ 5	5 ~ 10	10 ~ 25	>25
按 3 m 计算的融陷量/mm	<30	30 ~ 150	150 ~ 300	300 ~ 750	>750

表 6.9 中Ⅰ ~ Ⅴ及地基土的工程特性如下:

①Ⅰ级——少冰冻土(不融陷土):为基岩以外最好的地基土,一般建筑物可不考虑冻融问题。

②Ⅱ级——多冰冻土(弱融陷土):为多年冻土中较良好的地基土,一般可直接作为建筑物的地基。最大融化深度控制在 3 m 以内时,建筑物均未遭受明显破坏。

③Ⅲ级——富冰冻土(中融陷土):这类土不但有较大的融陷量和压缩量,而且在冬天回冻时有较大的冻胀性,作为地基,一般应采取专门措施,如深基、保温、防止基底融化等。

④Ⅳ级——饱冰冻土(强融陷土):作为天然地基,由于融陷量大,常造成建筑物的严重破坏。这类土作为建筑物地基,原则上不允许发生融化,宜采用保持冻结原则设计或采用桩基、架空基础等。

⑤Ⅴ级——含土冰层(极融陷土):这类土含有大量的冰,直接作为地基时,若发生融化,将产生严重融陷,造成建筑物极大破坏。如这类土受长期荷载将产生流变作用,所以作为地基应进行专门处理。

3. 多年冻土地基基础的设计

1) 多年冻土地基设计原则

冻土地区的地基基础设计应根据冻土的性质和建筑物的特点确定。在不连续多年冻土分布地区设计建筑物时,不宜将多年冻土用作地基。将多年冻土用作建筑物地基时,应选取适当的设计原则;对一栋整体建筑物必须采用同一种设计状态;对同一建筑场地应遵循一个统一的设计状态。

将多年冻土用作建筑物地基时,应根据冻土的稳定状态和修筑结构物后地基地温、冻深等可能发生的变化,分别采取两种原则设计,即保持冻结原则和容许融化原则。其中,容许融化的融化方式又分为自然融化和人工融化(预先融化),可采用下列3种状态之一进行设计:

①多年冻土地基以冻结状态用作地基,即在建筑物施工和使用期间,地基土始终保持冻结状态。

②多年冻土以逐渐融化状态用作地基,即在建筑物施工和使用期间,地基处于逐渐融化状态。

③多年冻土以预先融化状态用作地基,即在建筑物施工前,使地基融化至计算深度或全部融化。

对建筑物场地应设置排水设施,建筑物的散水宜做成装配式;对按冻结状态设计的地基,冬季应及时清除积雪;供热与给水管道应采取绝热措施。

2) 多年冻土地区地基基础设计计算内容

在多年冻土地区建筑物设计中,应对地基进行静力计算和热工计算。地基静力计算应包括承载力计算、变形计算和稳定性验算。确定冻土地基承载力时,应计入地基土的温度影响。地基的热工计算应包括地温特征值计算、地基冻结深度计算、地基融化深度计算等。

保持地基处于冻结状态时,对坚硬冻土应进行承载力计算,对塑性冻土除进行承载力计算外,还应进行变形计算。多年冻土以冻结状态用作地基,房屋下有融化盘时,应进行最大融化深度的计算。多年冻土以逐渐融化状态和预先融化状态用作地基时,应符合《建筑地基基础设计规范》(GB 50007—2011)的有关规定。建筑物使用期间地基逐渐融化时,应按《冻土地区建筑地基基础设计规范》(JGJ 118—2011)进行融化下沉和压缩沉降量计算。上述任何情况均应进行热工计算,并按《冻土地区建筑地基基础设计规范》(JGJ 118—2011)附录D的规定对持力层内地温特征值进行计算。按保持冻结状态设计时,还应进行架空通风计算;按逐渐融化状态和预先融化状态设计时,应进行建筑物地基土的融化深度计算。

3)多年冻土地基设计方法及相应措施

(1)保持冻结原则

保持基底多年冻土在施工和运营过程中处于冻结的状态,适用于多年冻土较厚、地温较低(年平均地温低于 -1.0 ℃)和冻土比较稳定的地基或地基土为融沉、强融沉时。采用本设计原则,应考虑技术的可能性和经济的合理性。

采取该原则时,地基土应按多年冻土物理力学指标进行基础工程设计和施工。相应可采取下列基础形式和措施,如架空通风基础、填土通风管基础、用粗颗粒土垫高的地基、桩基础、热桩基础、保温隔热地板、基础底面延伸至计算的最大融化深度之下、人工制冷降低土温的措施等。基础埋入人为上限以下的最小深度:对于刚性扩大基础弱融沉土,为 0.5 m;对于融沉和强融沉土,为 1.0 m;对于桩基础,为 4.0 m。

(2)容许融化原则

容许基底下的多年冻土在施工和运营过程中融化,融化方式有自然融化和人工融化(预先融化)。

若多年冻土以自然融化作为设计状态,设计时应满足下列条件之一:厚度不大、地温较高(年平均地温为 -0.5 ~ 1.0 ℃)的不稳定状态冻土;持力层范围内的地基处于塑性冻结状态;在最大融化深度范围内,地基土为不融沉或弱融沉性土。

对于较薄的、不稳定状态的融沉和强融沉冻土地基,在砌筑基础前宜采用人工融化冻土和挖除换填处理。

若多年冻土以人工融化作为设计状态,设计时方法的适用范围如下:地温较高,年平均地温不低于 -0.5 ℃的不稳定状态冻土;持力层范围内的地基处于塑性冻结状态;在最大融化深度范围内存在变形量为不允许的融沉、强融沉和融陷土及其夹层的地基;室温较高、占地面积较大的建筑地基。相应的措施为:用粗颗粒土换细颗粒土或预压加密;基础底面之下多年冻土的人为上限保持相同;加大基础埋深;必要时采用结构措施,适应变形要求。按预先融化状态设计,冻土层全部融化时,应按季节性冻土地基设计。

适用于多年冻土地基的主要基础类型有钻孔桩基础和明挖基础。其使用条件如下:钻孔插入桩,宜用于沿桩长月最高平均地温较高的各类多年冻土地基;钻孔打入桩,宜用于黏性土和砂土的多年冻土地基;钻孔灌注桩,宜用于沿桩长月最高平均地温较低的各类多年冻土地基;明挖基础,适用于埋深较浅,除含土冰层以外的各类多年冻土地基。

基础类型的选择应与冻土地基设计原则相协调。如采用保持冻结原则时,应首先考虑桩基,因桩基施工时冻土暴露面小,有利于保持冻结。施工方法宜以钻孔灌注或插入、打入桩、挖孔灌注桩等为主,小桥涵基础埋置深度不大时也可仍用扩大基础。采用容许融化原则设计时,应选择能适应地基下沉的结构形式。采用容许融化原则时,地基土取用融化土的物理力学指标进行强度和沉降验算。上部结构形式以静定结构为宜,小桥涵可采用整体性较好的基础形式或采用箱形涵等。

根据我国多年冻土特点,凡常年流水的较大河流沿岸,由于洪水的渗透和冲刷,多年冻土多退化呈不稳定状态,甚至没有,在这些地带地基基础设计一般不宜采用保持冻结原则。

另外,应注意采取以下防融沉措施:

①换填基底土。采用融化原则的基底土可换填碎、卵、砾石或粗砂等,换填深度可到季节融

化深度或到受压层深度。

②优选施工季节。采用保持冻结原则时基础宜在冬季施工，采用融化原则时，最好在夏季施工。

③优选基础形式。融沉、强融沉土宜用轻型墩台，适当增大基底面积，减少压应力，或结合具体情况，加深基础埋置深度。

④注意隔热措施。采取保持冻结原则时，施工中注意保护地表上覆盖植被，或以保温性能较好的材料铺盖地表，减少热渗入量。施工和养护中，保证建筑物周围排水通畅，防止地表水灌入基坑内。如抗冻胀稳定性不够，可在季节融化层范围内，按防冻胀措施处理。

复习思考题

6.1 什么是湿陷性黄土？简述湿陷性黄土的工程特征。

6.2 如何根据湿陷性系数判定黄土的湿陷性？

6.3 湿陷性黄土地基的处理方法有哪些？

6.4 影响膨胀土胀缩性的主要因素有哪些？膨胀土地基的工程处理措施有哪些？

6.5 简述膨胀土地区桥涵基础工程设计与施工要点。

6.6 红黏土地基有什么特征？其危害有哪些？

6.7 什么是季节性冻土？什么是多年冻土？

6.8 工程上如何处理多年冻土地基和季节性冻土地基？

6.9 多年冻土地基的工程特性是什么？在多年冻土地区，如何防止融沉和冻胀？

参考文献

[1] 中华人民共和国交通运输部. 公路桥涵地基与基础设计规范:JTG 3363—2019[S]. 北京:人民交通出版社,2019.

[2] 中华人民共和国交通运输部. 公路圬工桥涵设计规范:JTG D61—2005 [S]. 北京:人民交通出版社,2005.

[3] 中华人民共和国交通运输部. 公路桥涵设计通用规范:JTG D60—2015[S]. 北京:人民交通出版社,2015.

[4] 中华人民共和国交通运输部. 公路钢筋混凝土及预应力混凝土桥涵设计规范:JTG 3362—2018[S]. 北京:人民交通出版社,2018.

[5] 中华人民共和国交通运输部. 公路桥涵施工技术规范: JTG 3650—2020[S]. 北京:人民交通出版社,2020.

[6] 中华人民共和国住房和城乡建设部,中华人民共和国国家质量监督检验检疫总局. 建筑地基基础设计规范:GB 50007—2011 [S]. 北京:中国建筑工业出版社,2011.

[7] 中华人民共和国住房和城乡建设部,国家市场监督管理总局. 湿陷性黄土地区建筑标准:GB 50025—2018[S]. 北京:中国建筑工业出版社,2018.

[8] 中华人民共和国住房和城乡建设部,中华人民共和国国家质量监督检验检疫总局. 膨胀土地区建筑技术规范:GB 50112—2013[S]. 北京:中国建筑工业出版社,2013.

[9] 务新超,魏明. 土力学与基础工程[M]. 2 版. 北京:机械工业出版社,2018.

[10] 陈兰云. 土力学及地基基础[M]. 3 版. 北京:机械工业出版社,2015.

[11] 陈晏松. 基础工程[M]. 北京:人民交通出版社,2002.

[12] 刘玉卓. 公路工程软基处理[M]. 北京:人民交通出版社,2003.

[13] 王常才. 桥涵施工技术[M]. 2 版. 北京:人民交通出版社,2007.

[14] 陈方晔. 基础工程[M]. 3 版. 北京:人民交通出版社,2015.

[15] 姜仁安, 郭梅,王东杰. 基础工程[M]. 北京:人民交通出版社,2008.

[16] 刘辉. 基础工程[M]. 2 版. 北京:人民交通出版社,2015.

[17] 吴兴序. 基础工程[M]. 成都:西南交通大学出版社,2007.

[18] 金喜平,邓庆阳. 基础工程[M]. 2 版. 北京:机械工业出版社,2014.

[19] 王协群,章宝华. 基础工程[M]. 北京:北京大学出版社,2006.

[20] 王晓谋. 基础工程[M]. 4 版. 北京:人民交通出版社,2010.

[21] 赵明华. 基础工程[M]. 3 版. 北京:高等教育出版社,2017.

[22] 王成华. 基础工程学[M]. 天津:天津大学出版社,2002.

[23] 白晓红. 基础工程设计原理[M]. 北京:科学出版社,2005.

[24] 赵明华. 土力学与基础工程[M]. 武汉:武汉理工大学出版社,2018.
[25] 龚晓南,陶燕丽. 地基处理[M]. 2 版. 北京:中国建筑工业出版社,2017.
[26] 叶书麟,叶观宝. 地基处理[M]. 2 版. 北京:中国建筑工业出版社,2004.
[27] 陈东佐. 基础工程[M]. 北京:化学工业出版社,2010.